Infinitesimal

Amir Alexander

Infinitesimal

A teoria matemática que revolucionou o mundo

Tradução:
George Schlesinger

Revisão técnica:
Marco Moriconi
Professor do Instituto de Física/UFF

ZAHAR

Para Jordan e Ella

Título original:
Infinitesimal
(*How a Dangerous Mathematical Theory Shaped the Modern World*)

Tradução autorizada da primeira edição americana, publicada em 2014 por Scientific American / Farrar, Straus and Giroux, de Nova York, Estados Unidos

Jorge Zahar Editor Ltda.
rua Marquês de S. Vicente 99 – 1º | 22451-041 Rio de Janeiro, RJ
tel (21) 2529-4750 | fax (21) 2529-4787
editora@zahar.com.br | www.zahar.com.br

Grafia atualizada respeitando o novo Acordo Ortográfico da Língua Portuguesa

Preparação: Angela Ramalho Vianna | Revisão: Luara França, Eduardo Monteiro
Indexação: Gabriella Russano | Capa: Sérgio Campante
Imagens da capa: © iStock.com / ekychan; Latinstock / © AS400 DB / Corbis / Bettmann by Corbis

CIP-Brasil. Catalogação na publicação
Sindicato Nacional dos Editores de Livros, RJ

Alexander, Amir
A367i Infinitesimal: a teoria matemática que revolucionou o mundo / Amir Alexander; tradução George Schlesinger. – 1.ed. – Rio de Janeiro: Zahar, 2016.
il.

Tradução de: Infinitesimal: how a dangerous mathematical theory shaped the modern world
Inclui índice
ISBN 978-85-378-1522-9

1. Samuel Sorbière, 1615-1670. 2. Royal Society (Grã-Bretanha) – História. 3. Cientistas – Franceses – História. 4. Matemática – História. I. Schlesinger, George. II. Título.

15-28206 CDD: 500.8
CDU: 5-051

"Nenhuma coisa contínua é divisível em coisas sem partes."

ARISTÓTELES

Sumário

Introdução 9

PARTE I A guerra contra a desordem: os jesuítas contra os infinitamente pequenos

1. Os filhos de Inácio 25

2. Ordem matemática 63

3. Desordem matemática 92

4. "Destrua ou seja destruído" 133

5. A batalha dos matemáticos 168

PARTE II Leviatã e os infinitesimais

6. A chegada de Leviatã 205

7. Thomas Hobbes, geômetra 237

8. Quem foi John Wallis? 257

9. Matemática para um Mundo Novo 287

Epílogo: Duas modernidades 320

Dramatis personae 327

Linha do tempo 335

Notas 340

Créditos das figuras 359

Agradecimentos 360

Índice remissivo 362

Introdução

Um cortesão no estrangeiro

No inverno de 1663, o cortesão francês Samuel Sorbière[1] foi apresentado numa reunião da então recém-fundada academia científica, a Royal Society de Londres. Sorbière, explicou Henry Oldenburg, distinto secretário da Sociedade, era um amigo dos sombrios dias da guerra civil, quando o rei foi exilado da Inglaterra e estabeleceu sua corte em Paris. Agora, três anos depois que Carlos II fora reconduzido ao trono em Londres, Oldenburg orgulhava-se de receber o velho amigo em sua verdadeira casa e compartilhar com ele as novas investigações empolgantes que aconteciam sob o teto da Royal Society. Nos meses seguintes, Sorbière viajou pelo país, encontrando-se com líderes políticos, preeminentes líderes intelectuais e até com o próprio rei. Nessa época, o amigável francês fez da Royal Society seu lar, frequentando as reuniões e convivendo com seus integrantes. Estes, por sua vez, o trataram com muito respeito, conferindo-lhe a maior das honrarias: tornaram-no membro da Sociedade.

Se Sorbière era digno ou não dessa honraria, isso é discutível. Embora fosse célebre médico na época, e também de certo modo um homem de letras, nem ele próprio se considerava um pensador original. Pelo seu próprio testemunho, era um "corneteiro", e não um "soldado" na "guerra das letras",[2] alguém que não promovia suas próprias ideias, mas anunciava as invenções engenhosas dos outros por meio da sua extensa rede de conhecidos e correspondentes. Tratava-se, com toda a certeza, de uma rede impressionante, incluindo alguns dos maiores luminares da França, filósofos e cientistas da Itália, da República Holandesa e da Inglaterra. Sorbière era um tipo familiar nos círculos intelectuais desde há muito tempo, o homem que todo mundo conhece, mas não necessariamente respeita muito. De maior interesse para seu anfitrião, porém, era o fato de Sorbière ser amigo pessoal e tradutor francês de Thomas Hobbes, homem que a maioria dos membros da Sociedade considerava um perigoso subversivo e uma ameaça à religião e ao Estado.

Se os poderes dominantes na Royal Society estavam dispostos a deixar passar esse passo em falso e convidá-lo para o seu círculo, o motivo era simples: Sorbière era um homem em ascensão. Em 1650, após anos de exílio na Holanda, retornara à França e, quatro anos depois, abandonara a fé protestante, convertendo-se ao catolicismo. Numa época em que a posição dos protestantes na França se tornava cada vez mais precária, essa foi uma escolha sábia. Sorbière tornou-se protegido do cardeal Mazarino, primeiro-ministro de Luís XIV, e foi admitido no círculo íntimo do rei. Foi-lhe concedida uma pensão e o título de historiógrafo real; ele tentou usar sua influência como cortesão de alto nível para estabelecer uma academia científica na França. Sua viagem à Inglaterra, em parte, devia se dedicar ao estudo da Royal Society, para determinar se podia servir como modelo para instituição semelhante em seu país. Para as figuras importantes da nascente Royal Society, sempre à procura de patronos e benfeitores, Sorbière era um emissário da reluzente corte de Luís XIV, e portanto um homem a ser tratado com a máxima consideração.

Se Oldenburg e seus colegas tinham esperança de serem pagos na mesma moeda pela honraria que concederam a Sorbière, logo se decepcionaram. Apenas alguns meses depois de voltar para casa, Sorbière publicou um relato de suas experiências na Inglaterra mostrando pouco apreço pelo país que visitara, deixando perplexos seus recentes anfitriões. Aos olhos de Sorbière, a Inglaterra sofria de excesso de liberdade religiosa e de "espírito republicano", sendo que ambos minavam a religião estabelecida e a autoridade real. A Igreja oficial da Inglaterra, escreveu Sorbière, provavelmente era a melhor entre o grande número de seitas, porque sua "hierarquia inspira nas pessoas o respeito àqueles que são supremos acima delas, e é um sustentáculo para a monarquia".[3] Mas as outras – presbiterianos, independentes, quacres, socinianos, menonitas etc. – eram o fruto "pernicioso" da tolerância excessiva, não tinham lugar num reino pacífico.

Para ser justo, Sorbière fez pródigos elogios à Royal Society e falou com admiração dos experimentos conduzidos em suas instalações e da civilidade dos debates entre seus membros. Chegou a predizer que, "se o avançado projeto da Royal Society não fosse de algum modo destruído",[4] então "encontraremos um mundo de pessoas caindo em admiração por tão excelente corpo de aprendizagem". Os detalhes do relato de Sorbière, contudo, foram bem menos lisonjeiros. Ele dizia que a Sociedade estava dividida entre seguidores de dois filósofos franceses, Descartes e Gassendi, afirmação que ofendeu as bases patrióticas e os princípios ingleses; a Royal Society orgulhava-se de seguir apenas a natureza, abstendo-se de qualquer filosofia sistemática. Sorbière insultou o patrono da Sociedade,[5] o conde de Clarendon, alto lorde chanceler de Carlos II, escrevendo que ele entendia as formalidades da lei, mas pouco mais que isso, e que "não tinha conhecimento de literatura". Sobre o matemático de Oxford John Wallis (1616-1703), um dos fundadores e mais importantes luminares da Sociedade, Sorbière registrou que sua aparência provocava inclinação ao riso e que ele sofria de mau hálito tão intenso que era "pestilento numa conversa".[6] A única esperança de Wallis, segundo Sorbière, era ser purificado pelo "ar da corte em Londres".

Para a nêmesis da Sociedade, Thomas Hobbes, que também era inimigo pessoal de Wallis, Sorbière só tinha elogios. Hobbes, escreveu ele, era um homem refinado e "galante",[7] amigo de "cabeças coroadas", apesar da criação protestante. Além disso, Hobbes era o verdadeiro herdeiro do ilustre sir Francis Bacon, falecido lorde chanceler da Inglaterra e profeta da nova ciência. Essa foi a mais egrégia das ofensas de Sorbière aos olhos das sumidades da Royal Society. Bacon era venerado na Sociedade como seu espírito condutor e, efetivamente, santo patrono. Ter seu manto outorgado a Hobbes era intolerável. Como escreveu Thomas Sprat, historiador da instituição, numa meticulosa réplica ao relato de Sorbière, não havia mais semelhança entre Hobbes e Bacon do que "entre são Jorge e um carroceiro".

Sorbière acabou pagando caro por sua notória ingratidão aos anfitriões ingleses. É possível que tenha pouco se importado com os insultos de Sprat, despejados da longínqua Londres, mas não pôde ignorar as desagradáveis ramificações na corte real em Paris. Naquela ocasião a França tinha se aliado à Inglaterra em sua guerra contra a República Holandesa, e Luís XIV não ficou nada satisfeito que um de seus cortesãos estivesse causando atrito diplomático com um aliado útil. Prontamente despiu Sorbière do status de historiógrafo real e o baniu da corte. Embora o banimento tenha sido revogado alguns meses depois, as coisas nunca mais foram as mesmas para Sorbière. Repetidamente, ele tentou recair nas graças do rei, e, quando isso falhou, foi a Roma buscar o patrocínio do papa. Morreu em 1670, sem jamais recuperar o status e o prestígio de que desfrutava às vésperas da viagem à Inglaterra.

Embora num momento desastrosamente escolhido no que dizia respeito à sua carreira, *Relation d'un voyage en Angleterre*, de Sorbière, expressa opiniões que sob muitos aspectos eram de esperar em um homem na sua posição. Ele era, afinal, cortesão de Luís XIV, o rei responsável por estabelecer o absolutismo monárquico na França e cuja filosofia de governo era bem resumida em seu dito (provavelmente apócrifo), "*L'état c'est moi*" (O Estado sou eu). Na década de 1660, Luís concentrava rapidamente o poder estatal nas mãos reais e avançava no caminho para criar um Estado de fé única, processo completado com a expulsão dos huguenotes franceses em 1685. Se a ambição da corte francesa era criar uma nação com "*Un roi, une loi, une foi*" – "um rei, uma lei, uma fé" –, então Sorbière viu pouca evidência disso na Inglaterra. Não só os ingleses tinham suprimido efetivamente a verdadeira fé católica, como nem sequer haviam conseguido substituí-la por uma religião própria única. Uma pletora de seitas minava a religião estatal estabelecida e, por esse meio, a autoridade do rei. Personagens cujos atos durante a guerra civil tinham sugerido perigosas tendências republicanas agora ocupavam posições respeitáveis tanto na Igreja quanto no Estado, enquanto Hobbes, inabalável monarquista cuja filosofia apoiava "cabeças coroadas", era marginalizado.

As coisas tampouco ficavam melhores quando se tratava dos costumes pessoais dos ingleses. Na França, participar como membro de uma sociedade da corte era a mais elevada aspiração social, bem como política, de qualquer homem ou mulher ansiosos para deixar sua marca. Os membros dessa sociedade exclusiva eram distinguidos por seus trajes elegantes e maneiras refinadas, tudo projetado para separá-los dos não membros e estabelecer sua superioridade social. Os anfitriões ingleses de Sorbière, no entanto, mostravam pouca inclinação para seguir o exemplo francês. Enquanto alguns deles – inclusive o presidente da Royal Society, lorde Brouncker, e o nobre Robert Boyle – eram membros da alta aristocracia, cuja educação igualava a de qualquer cortesão francês, o mesmo não se podia dizer de outros. E como era claro no caso de Wallis, a falta de graça cortesã não desqualificava ninguém para um lugar de honra nos mais altos círculos intelectuais. Hobbes, ao contrário, passara a vida inteira como membro de casas aristocráticas, adotara suas maneiras e era portanto um homem segundo os próprios sentimentos de Sorbière. Ridicularizando Wallis e elogiando Hobbes, Sorbière estava fazendo mais que apenas exprimir seu sentimento pessoal; estava criticando a falta de requinte da corte na sociedade inglesa e lamentando o fato de que, na Inglaterra, a corte não ditava o tom cultural da nação, como acontecia na França. Quando os baixos se misturam com os altos, e homens rústicos como Wallis eram recebidos na alta sociedade, que esperança podia haver para a corte e o rei estabelecerem sua autoridade? Tal mistura jamais seria permitida na corte do Rei Sol, e apenas confirmava a opinião de Sorbière, segundo a qual um perigoso "espírito de republicanismo" estava à espreita sob a superfície da sociedade inglesa.

Hobbes, na visão de Sorbière, era tudo que um homem culto deveria ser: elegante nas maneiras, amigo e companheiro de grandes homens do reino, súdito firme e leal, filósofo cujos ensinamentos (na opinião de Sorbière) apoiavam o governo dos reis. Wallis era o oposto: rude e tosco, ex-parlamentar que fizera guerra ao seu rei e a quem fora concedido, sem merecimento, lugar de honra pelo monarca restaurado. Não era de admirar que, na longa rixa entre Wallis e Hobbes, o monarquista francês tivesse tomado o partido de Hobbes. Mas, em seu relato da disputa, Sorbière não se aprofunda nas diferenças políticas ou religiosas dos dois homens, ele concentra-se em algo totalmente diferente: "A discussão", explica ele, "era acerca da indivisível reta dos matemáticos,[8] que é uma simples quimera da qual não podemos ter ideia." Para Sorbière, tudo se resumia a isso: Wallis aceitava o conceito de indivisíveis matemáticos; Hobbes (e Sorbière junto com ele) não aceitava. Aí estava a diferença.

Hoje, a ideia de que um ensaísta político analisando as instituições de um país estrangeiro pudesse colocar em foco um obscuro conceito matemático não nos parece apenas surpreendente, mas bizarra. Os conceitos de matemática superior nos parecem tão abstratos e universais que não podem ser relevantes para a vida cultural ou política. Pertencem ao domínio de especialistas altamente treinados, e nem sequer entram no registro da moderna crítica cultural, para não mencionar a política. Mas esse não era o caso no início do mundo moderno, pois Sorbière estava longe de ser o único não matemático a se preocupar com os infinitamente pequenos. Na verdade, no tempo de Sorbière, os pensadores e intelectuais europeus de religiões e filiações políticas largamente divergentes empenhavam-se sem descanso em excluir a doutrina dos indivisíveis e eliminá-la da consideração científica e filosófica. No mesmíssimo ano em que Hobbes combatia Wallis na Inglaterra acerca da reta indivisível, a Companhia de Jesus comandava sua própria campanha contra os infinitamente pequenos em terras católicas. Na França, o conhecido de Hobbes, René Descartes, que inicialmente demonstrara considerável interesse em infinitesimais, mudou de opinião e, em última análise, baniu o conceito de sua filosofia superabrangente. Mesmo na década de 1730, o bispo da alta Igreja anglicana George Berkeley zombou dos matemáticos pelo uso dos infinitesimais, chamando tais objetos matemáticos de "fantasmas de coisas que se foram". Alinhados contra os "do contra" estavam alguns dos mais preeminentes matemáticos e filósofos daquela época, que defendiam o uso dos infinitamente pequenos. Estes incluíam, além de Wallis: Galileu e seus seguidores, Bernard Le Bovier de Fontenelle e Isaac Newton.

Por que as melhores cabeças do início do mundo moderno brigaram de forma tão feroz acerca dos infinitamente pequenos? A razão era que havia muito mais em jogo que um obscuro conceito matemático: a disputa era sobre o aspecto do mundo moderno. Dois campos se confrontavam a respeito dos infinitamente pequenos. De um lado estavam enfileiradas as forças da hierarquia e da ordem – jesuítas, hobbesianos, cortesãos reais franceses e a alta Igreja anglicana. Eles acreditavam numa ordem fixa e unificada do mundo, tanto natural quanto humano. E se opunham com firmeza aos infinitesimais. Do outro lado estavam relativos "liberalizadores", como Galileu, Wallis e os newtonianos. Eles acreditavam numa ordem mais pluralista e flexível, que pudesse acomodar a gama de opiniões e diversos centros de poder, e defendiam os infinitesimais e seu uso na matemática. As linhas eram claras, e a vitória para um lado ou outro deixaria sua marca no mundo pelos séculos seguintes.

O problema com os infinitesimais

Para entender por que a briga em torno dos indivisíveis tornou-se tão crítica, precisamos dar uma boa olhada no conceito em si, que parece enganadoramente simples, mas na verdade é muitíssimo problemático. Na sua forma mais simples, a doutrina afirma que toda reta é composta de uma sequência de pontos, ou "indivisíveis", que são os blocos de construção da reta, e que não podem eles mesmos ser divididos. Isso parece intuitivamente plausível, mas também deixa muita coisa sem resposta. Por exemplo, se uma reta é composta de indivisíveis, quantos são eles e qual é seu tamanho? Uma possibilidade é que haja um número muito grande de pontos numa linha, digamos 1 bilhão de bilhões de indivisíveis. Nesse caso, o tamanho de cada indivisível é 1 bilionésimo de bilionésimo da linha original, o que de fato é de uma magnitude muito pequena. O problema é que qualquer grandeza positiva, mesmo muito pequena, sempre pode ser dividida. Poderíamos, por exemplo, dividir a reta original em duas partes iguais, então dividir cada parte em 1 bilhão de bilhões de partes, o que resultaria em segmentos cujo tamanho seria metade do tamanho dos nossos "indivisíveis" originais. Isso significa que os supostos indivisíveis são, na verdade, divisíveis, e a nossa hipótese inicial de que são átomos irredutíveis de uma reta contínua é falsa.

A outra possibilidade é que não haja um "número muito grande" de indivisíveis numa reta, mas um número infinito deles. Mas, se cada um desses indivisíveis tem uma magnitude positiva, então um número infinito deles dispostos lado a lado teria comprimento infinito, o que vai contra nossa premissa de que a reta original é finita.* Assim, devemos concluir que os indivisíveis não têm magnitude positiva, ou, em outras palavras, que seu tamanho é zero. Infelizmente, como sabemos, $0 + 0 = 0$, isto é, não importa quantos indivisíveis de tamanho zero somemos, a magnitude combinada ainda será zero, e a soma jamais resultará no comprimento da reta original. Assim, mais uma vez, nossa suposição de que a reta contínua é composta de indivisíveis leva a uma contradição.

Os gregos antigos tinham plena consciência desses problemas, e o filósofo Zenão de Eleia (século V AEC)** os codificou numa série de paradoxos com nomes pitorescos. "Aquiles e a tartaruga", por exemplo, demonstra que o ágil Aquiles jamais alcançará a tartaruga, por mais lenta que ela seja, se Aquiles tiver de alcançar primeiro a posição inicial da tartaruga, depois a posição seguinte, depois a seguinte, e assim por diante. Contudo, sabemos pela experiência que Aquiles alcança sua rival mais vagarosa, levando a um paradoxo. O paradoxo da "flecha" de Zenão afirma que um objeto que preencha um espaço igual a si mesmo está em repouso. Isso, porém, é verdade para uma flecha em cada instante de seu voo, o que leva à paradoxal conclusão de que a flecha não se move. Embora aparentemente simples, os enigmas de Zenão mostram-se extremamente difíceis de resolver, baseadas como são numa contradição inerente apresentada pelos indivisíveis.

Mas os problemas não acabam aí, pois a doutrina dos indivisíveis também esbarra contra o fato de que algumas grandezas são incomensuráveis em relação a outras. Considere, por exemplo, duas linhas de comprimentos 3 e 5. Obviamente o comprimento 1 está incluído três vezes inteiras

* No original, "*the original line is finite*". A rigor, qualquer "linha" no plano é infinita. O autor utiliza livremente a palavra *line* referindo-se a um "pedaço de linha" que podemos visualizar desenhado, evitando utilizar a cada vez termos mais técnicos, como "segmento de reta". A menos que seja tecnicamente necessário, a tradução obedecerá o mesmo critério. (N.T.)

** AEC: Antes da Era Comum, coincidindo com Antes de Cristo. (N.T.)

na linha mais curta e cinco vezes inteiras na linha mais longa. Como está incluído um número inteiro de vezes em cada linha, chamamos o comprimento 1 de medida comum à linha de comprimento 3 e à linha de comprimento 5. Da mesma maneira, considere linhas de comprimentos 3½ e 4½. Aqui a medida comum é ½, que está incluída sete vezes em 3½ e nove vezes em 4½. Mas as coisas começam a não dar certo se você considerar o lado de um quadrado e sua diagonal. Em termos modernos, diríamos que a razão entre as duas linhas é $\sqrt{2}$, que é um número irracional. Os antigos diziam de outra maneira, efetivamente provando que as duas linhas não têm medida comum, ou são "incomensuráveis". Isso significa que, não importa quantas vezes você divida cada uma das linhas, ou por mais finas que você corte as fatias, jamais chegará a uma magnitude que seja sua medida comum. Por que os incomensuráveis são um problema para os indivisíveis? Porque, se linhas são compostas de indivisíveis, então a magnitude desses átomos matemáticos seria uma medida comum para duas linhas quaisquer. Mas se duas linhas são incomensuráveis, não há componente comum que elas possam compartilhar, e portanto não há átomos matemáticos, não há indivisíveis.

A descoberta desses antigos enigmas de Zenão de Eleia e dos seguidores de Pitágoras nos séculos VI e V AEC mudou o curso da matemática antiga. Daí por diante, a matemática clássica afastou-se das considerações inquietantes dos infinitamente pequenos e mudou o foco para as deduções claras, sistemáticas da geometria. Platão (c. 428-348 AEC) seguiu adiante e tornou a geometria o modelo para o raciocínio correto, em seu sistema, e (segundo a tradição) entalhando as palavras "Que ninguém ignorante de geometria entre aqui" na entrada da Academia. Seu discípulo Aristóteles (c. 384-322 AEC) diferia do mestre sob muitos aspectos, mas também concordava que os infinitesimais deviam ser evitados. Numa detalhada e competente discussão acerca dos paradoxos do continuum no Livro 6 de *Física*, concluiu que o conceito de infinitesimais estava errado, e que grandezas contínuas podem ser divididas *ad infinitum*.

Virar as costas para os infinitesimais provavelmente teria sido definitivo não fosse pelo notável trabalho do maior de todos os matemáticos antigos, Arquimedes de Siracusa (c. 287-212 AEC). Plenamente consciente dos riscos matemáticos que estava assumindo, Arquimedes mesmo assim optou por ignorar, pelo menos por um tempo, os paradoxos dos infinitamente pequenos, demonstrando que poderosa ferramenta matemática o conceito podia ser. Para calcular os volumes contidos em círculos, cilindros ou esferas, ele os cortou em fatias até um número infinito de superfícies paralelas, e então somou as áreas das superfícies para chegar a um resultado correto. Assumindo, apenas como argumento, que grandezas contínuas são de fato compostas de indivisíveis, Arquimedes foi capaz de chegar a resultados que seriam absolutamente impossíveis de outro modo.

Arquimedes teve o cuidado de não se apoiar demais no seu novo e problemático método. Depois de chegar aos resultados usando os infinitesimais, voltou ao começo e provou cada um deles por meios geométricos convencionais, evitando o uso dos infinitamente pequenos. Mesmo assim, apesar da cautela, e da sua fama de grande sábio do mundo antigo, Arquimedes não teve sucessores. Gerações futuras de matemáticos se mantiveram ao largo da novidade de sua abordagem, apoiando-se, em vez disso, nos métodos experimentados e comprovados da geometria e suas verdades irrefutáveis. Por mais de um milênio e meio, o trabalho de Arquimedes sobre infinitesimais continuou uma anomalia, o vislumbre de um caminho não trilhado.

Não foi antes de 1500 que uma nova geração de matemáticos adotou a causa dos infinitamente pequenos. Simon Stevin em Flandres, Thomas Harriot na Inglaterra, Galileu Galilei e Bonaventura Cavalieri na Itália e outros redescobriram os experimentos de Arquimedes com infinitesimais e começaram mais uma vez a examinar suas possibilidades. Como Arquimedes, calcularam áreas e volumes contidos em figuras geométricas, depois, foram mais longe que o antigo mestre calculando a velocidade de corpos em movimento e inclinações de curvas. Enquanto Arquimedes teve o cuidado de dizer que seus resultados eram apenas provisórios até que provados por meios geométricos tradicionais, os novos matemáticos se mostraram menos tímidos. Desafiando os bem conhecidos paradoxos, trataram abertamente o continuum como composto de indivisíveis e prosseguiram a partir daí. A temeridade valeu a pena, pois o "método dos indivisíveis" revolucionou a prática inicial da matemática moderna, possibilitando cálculos de áreas, volumes e inclinações antes impossíveis de se obter. Um campo respeitável, em grande parte inalterado durante séculos, transformou-se numa área dinâmica, em expansão constante, atingindo resultados sem precedentes. Mais tarde, no fim do século XVII, o método foi formalizado pelas mãos de Newton e Leibniz, tornando-se o confiável algoritmo que hoje chamamos de "cálculo", um sistema matemático elegante e preciso que pode ser aplicado a uma gama ilimitada de problemas. Nessa forma, o método dos indivisíveis, fundamentado na paradoxal doutrina dos infinitamente pequenos, tornou-se o alicerce de toda a matemática moderna.

O sonho perdido

Todavia, por mais útil que fosse, o conceito dos infinitamente pequenos era contestado a cada momento. Os jesuítas opuseram-se a ele; Hobbes e seus admiradores opuseram-se a ele; clérigos anglicanos opuseram-se a ele, como muitos outros. O que havia, então, nos infinitamente pequenos para inspirar oposição tão feroz de tantas partes diferentes? A resposta é que os infinitamente pequenos eram uma ideia que fazia furos num grande e lindo sonho: o mundo é um lugar perfeitamente racional, governado por regras matemáticas estritas. Nesse mundo, todas as coisas, naturais e humanas, têm seu lugar determinado e imutável na grande ordem universal. Tudo, desde um grão de areia até as estrelas no céu, do mais humilde mendigo até reis e imperadores, é parte de uma hierarquia fixa, eterna. Qualquer tentativa de revisá-la ou derrubá-la é uma rebelião contra a ordem única e inalterável, uma perturbação sem sentido que, em todo caso, está condenada ao fracasso.

Mas se os paradoxos de Zenão e o problema da incomensurabilidade provam alguma coisa, é que o sonho de um encaixe perfeito entre matemática e mundo físico é insustentável. Na escala dos infinitamente pequenos, números não correspondem a objetos físicos, e qualquer tentativa de forçar esse encaixe conduz a paradoxos e contradições. O raciocínio matemático, por mais rigoroso e verdadeiro em seus próprios termos, não pode nos dizer como o mundo realmente deve ser. No cerne da criação, ao que parece, reside um mistério que se esquiva do alcance do mais rigoroso raciocínio e permite ao mundo divergir das nossas melhores deduções matemáticas e seguir seu próprio caminho – não sabemos para onde.

Isso era por demais inquietante para aqueles que acreditavam num mundo racionalmente ordenado e eternamente imutável. Em ciência, significava que qualquer teoria matemática do mundo era necessariamente parcial e provisória, porque não podia explicar tudo no mundo, e talvez tivesse de ser sempre substituída por teoria melhor. Ainda mais inquietantes eram as implicações sociais e políticas. Se não havia ordem racional e inalterável na sociedade, o que sobrava para garantir a ordem social e impedi-la de cair no caos? Para grupos investidos da hierarquia e da estabilidade social existentes, os infinitesimais pareciam abrir o caminho para sedição, conflito e revolução.

Aqueles, porém, que receberam de bom grado a introdução dos infinitamente pequenos na matemática sustentavam opiniões bem menos rígidas sobre a ordem do mundo natural e da sociedade. Se o mundo físico não era regido pelo estrito raciocínio matemático, não havia como saber de antemão como ele era estruturado e como operava. Os cientistas, portanto, eram solicitados a coletar informação sobre o mundo e fazer experimentos até chegar a uma explicação do melhor encaixe para os dados disponíveis. Exatamente como fizeram para o mundo natural, os infinitesimais também abriam o mundo humano. A ordem social, religiosa e política existente não podia mais ser vista como a única possível, porque os infinitesimais haviam mostrado que não existia ordem necessária. Como haviam temido os oponentes dos infinitesimais, os infinitamente pequenos abriram caminho para uma avaliação crítica das instituições sociais existentes e para a experimentação com novas instituições. Demonstrando que a realidade nunca pode ser reduzida ao estrito raciocínio matemático, os infinitamente pequenos liberaram a ordem social e política da necessidade de hierarquias inflexíveis.

A luta em torno dos infinitamente pequenos no início do mundo moderno assumiu diferentes formas em diversos lugares, mas em nenhum ela se travou com mais determinação ou com riscos mais elevados que nos dois polos da Europa ocidental: Itália no sul e Inglaterra no norte. Na Itália, foram os jesuítas que comandaram o ataque contra os infinitesimais, como parte de seus esforços para reafirmar a autoridade da Igreja católica, na esteira dos desastrosos anos da Reforma. O relato dessa disputa, das primeiras faíscas no começo da história da Companhia de Jesus até o clímax dos confrontos com Galileu e seus seguidores, é narrado na Parte I deste livro, "A guerra contra a desordem". Na Inglaterra, também, a luta em torno dos infinitamente pequenos seguiu-se à turbulência e à convulsão – as duas décadas de guerra civil e a Revolução em meados do século XVII, durante a qual a Inglaterra foi uma terra conturbada e sem rei. O arrastado combate de gladiadores acerca dos infinitesimais entre Thomas Hobbes e John Wallis foi uma luta entre duas visões concorrentes acerca do futuro do Estado inglês. A história dessa luta – suas raízes nos dias repletos de terror da Revolução, seu papel na fundação da principal academia científica do mundo e seu efeito no surgimento da Inglaterra como principal potência mundial – está na Parte II do livro, "Leviatã e o infinitesimal".

De norte a sul, da Inglaterra à Itália, a disputa em torno dos infinitamente pequenos varreu com furor a Europa ocidental. As fileiras de combate estavam claramente dispostas. De um lado, os advogados da liberdade intelectual, do progresso científico e da reforma política; de outro, os defensores da autoridade, do conhecimento universal e imutável e da hierarquia política fixa. Os resultados da luta não foram iguais em toda parte, mas os riscos eram sempre altos: a face do mundo moderno, que começava a existir. A afirmação de que "o continuum matemático é composto de indivisíveis distintos" é inocente para nós, mas, três séculos e meio atrás, ela teve o poder de abalar as fundações do início do mundo moderno. E assim foi: a vitória final dos infinitamente pequenos ajudou a abrir caminho para uma ciência nova e dinâmica, para a tolerância religiosa e para a liberdade política, numa escala até então desconhecida na história humana.

PARTE I

A guerra contra a desordem: os jesuítas contra os infinitamente pequenos

"Uma unidade entre muitas não pode ser mantida sem ordem, nem a ordem sem o devido vínculo de obediência entre inferiores e superiores."

INÁCIO DE LOYOLA

1. Os filhos de Inácio

Um encontro em Roma

Em 10 de agosto de 1632, cinco homens em mantos pretos reuniram-se num discreto *palazzo* romano na margem esquerda do rio Tibre. A indumentária marcava-os como membros da Companhia de Jesus, a principal ordem religiosa da época, e o mesmo ocorria com o local do encontro, o Collegio Romano, sede do extenso império de estudo dos jesuítas. O líder dos cinco era o idoso padre alemão Jacob Bidermann, que obtivera fama como produtor de elaboradas apresentações teatrais sobre temas religiosos. Os outros são desconhecidos para nós, mas seus nomes – Rodriguez, Rosco, Alvarado e (possivelmente) Fordinus – os caracterizam como espanhóis e italianos, a exemplo de tantos que preenchiam as fileiras da Companhia. Naquele tempo, esses homens eram quase tão anônimos quanto hoje, mas seu alto cargo, não: eles eram os "revisores gerais" da ordem, indicados pelo geral entre o corpo docente do Collegio. Sua missão: transmitir avaliações sobre as mais recentes ideias científicas e filosóficas da época.

Aquela era uma tarefa desafiadora. Nomeados pela primeira vez na virada do século XVII pelo geral Claudio Acquaviva, os revisores entraram em cena justamente a tempo de confrontar o turbilhão intelectual que conhecemos como "revolução científica". Fazia mais de meio século que Nicolau Copérnico publicara seu tratado proclamando a nova teoria de que a Terra girava em torno do Sol, e o debate sobre a estrutura do céu havia se tornado mais acalorado desde então. Será que, contrariando nossa experiência cotidiana, o senso comum e a opinião estabelecida, a Terra se movia? As coisas tampouco eram simples em outros campos, nos quais novas ideias pareciam brotar diariamente – sobre a estrutura da matéria, a natureza do magnetismo, a transformação de metais em ouro, a circulação do sangue. De todos os cantos do mundo católico, onde quer que houvesse uma escola, missão ou residência jesuíta, um constante fluxo de questões chegava aos revisores gerais em Roma. As novas ideias são cientificamente sólidas? Podem ser encaixadas com o que conhecemos do mundo e com os ensinamentos dos grandes filósofos da Antiguidade? E, mais crucial, estão em conflito com as sagradas doutrinas da Igreja católica? Os revisores recebiam as questões, consideravam-nas à luz das doutrinas aceitas pela Igreja e pela Companhia e pronunciavam seu julgamento. Algumas ideias eram julgadas aceitáveis, mas outras eram rejeitadas, banidas e não podiam mais ser apoiadas nem ensinadas por qualquer membro da ordem.

Na verdade, o impacto das decisões dos revisores era muito maior. Dado o prestígio da Companhia como líder intelectual do mundo católico, as opiniões sustentadas por jesuítas e as doutrinas lecionadas nas instituições da Companhia carregavam um grande peso para muito além dos confins da ordem. Os pronunciamentos da Companhia eram encarados como palavras oficiais, e poucos sábios católicos ousavam defender uma ideia condenada pelos revisores gerais. Como resultado, o padre Bidermann e seus associados podiam efetivamente determinar o destino das novas propostas levadas a eles. Com uma penada, eles decidiam quais ideias prosperariam e seriam ensinadas nos quatro cantos do mundo e quais seriam condenadas ao esquecimento, como se nunca tivessem sido propostas. Essa era uma responsabilidade pesada, exigindo grande estudo e juízo sólido. Não era de admirar que apenas os mais experientes e confiáveis professores do Collegio Romano fossem considerados dignos de servir como revisores.

Mas o tópico levado perante os revisores gerais naquele dia de verão de 1632 parecia estar longe das grandes questões que abalavam os alicerces intelectuais da Europa. Enquanto a apenas algumas milhas de distância Galileu era denunciado (e posteriormente condenado) por advogar o movimento da Terra, o padre Bidermann e seus colegas preocupavam-se com uma questão técnica, até insignificante. Deviam se pronunciar sobre a doutrina (proposta por um anônimo "professor de filosofia") que tratava do tema da "composição do continuum por indivisíveis".

Como todas as propostas doutrinárias apresentadas aos revisores, aquela estava formulada na obscura linguagem filosófica da época. Mas, na essência, era muito simples: qualquer grandeza contínua, dizia ela, seja uma linha, superfície, ou extensão de tempo, é composta de distintos átomos infinitamente pequenos. Se a doutrina é verdadeira, então aquilo que nos parece uma linha contínua na realidade é formada por um número muito grande de pontos separados e absolutamente indivisíveis, postos lado a lado como contas em um colar. Da mesma maneira, uma superfície é composta de linhas finas indivisíveis postas uma do lado da outra; um período de tempo é formado de minúsculos instantes que se seguem em sucessão, e assim por diante.

Essa noção simples está longe de ser implausível. Na verdade, parece obedecer ao senso comum e se encaixa muito bem na nossa experiência cotidiana do mundo: os objetos não são todos formados de partes menores? Um pedaço de madeira não é feito de fibras? Um tecido, de fios? Uma hora, de minutos? De forma semelhante, podemos esperar que a linha seja composta de pontos; uma superfície, de linhas; e mesmo o próprio tempo, de instantes separados. Não obstante, o julgamento dos padres vestidos de preto que se reuniram no Collegio Romano naquele dia foi rápido e decisivo: "Consideramos a proposição não só repugnante à doutrina comum de Aristóteles, mas em si mesma improvável, ... é desaprovada e proibida na nossa sociedade."

Assim determinaram os santos padres, e, na vasta rede de colégios jesuítas, sua palavra tornava-se lei: a doutrina de que o continuum é composto de átomos infinitamente pequenos foi descartada, não podia ser objeto de estudo e ensino. Com isso, acreditavam os santos padres, o assunto estava encerrado. A doutrina dos infinitamente pequenos agora era proibida para todos os jesuítas, e outros centros intelectuais, sem dúvida, seguiriam o exemplo da ordem. Advogados da doutrina banida seriam excluídos e marginalizados, esmagados pela autoridade e pelo prestígio dos jesuítas. Esse fora o caso de numerosos outros pronunciamentos proferidos pelo

Collegio; padre Bidermann e seus colegas não tinham motivo para pensar que agora seria diferente. No que lhes dizia respeito, a questão da composição do continuum fora resolvida.

Olhando para trás da perspectiva privilegiada do século XXI, não se pode evitar a surpresa, e até o estarrecimento, pela rápida e inequívoca condenação da "doutrina dos indivisíveis" pelos padres jesuítas. O que, afinal, há de tão errado com a noção plausível de que grandezas contínuas, como objetos regulares, sejam feitos de minúsculas partículas atômicas? Mesmo supondo que a teoria esteja de algum modo incorreta, por que os cultos professores do Collegio Romano haveriam de sair do seu caminho habitual para condená-la? Numa época em que a briga em relação à teoria de Copérnico esquentava de forma tão feroz; quando a sorte de Galileu, um dos mais ardentes advogados de Copérnico e o mais famoso cientista da Europa, pendia na balança; quando novas teorias sobre o céu e a Terra pareciam brotar regularmente, não teriam os ilustres revisores gerais da Companhia de Jesus preocupações maiores além de negar que uma linha fosse composta de pontos separados? Falando claramente, não tinham coisas mais importantes para fazer?

Aparentemente, não. Por mais estranho que possa parecer, a condenação dos indivisíveis em 1632 não foi um incidente isolado nas crônicas dos revisores jesuítas, mas apenas mais um golpe de uma campanha em andamento. Na verdade, os registros das reuniões dos revisores, mantidos até hoje nos arquivos da Companhia no Vaticano, revelam que a estrutura do continuum era uma das principais e mais persistentes preocupações da ordem. O assunto viera à tona pela primeira vez em 1606, só alguns meses depois que o geral Acquaviva criara o cargo, quando uma primeira geração de revisores foi solicitada a ponderar se "o continuum é composto de um número finito de indivisíveis". O mesmo problema, com ligeiras variações, foi proposto dois anos mais tarde, e depois em 1613 e 1615. Todas as vezes, os revisores rejeitaram-na inequivocamente, declarando-a "falsa e errônea em filosofia, ... todos concordam que não deve ser ensinada".

Todavia, o problema recusava-se a desaparecer. Num esforço para se manter a par dos mais recentes desenvolvimentos na matemática, professores de todos os cantos do sistema educacional jesuíta propunham variações da doutrina, na esperança de que uma delas fosse tolerada. Talvez se permitisse a divisão em uma quantidade infinita de átomos e não numa quantidade finita? Talvez fosse permitido lecionar a doutrina não como verdade, mas como hipótese improvável? Se os indivisíveis fixos estavam banidos, que tal se eles se expandissem e se contraíssem conforme a necessidade? Os revisores rejeitaram todas as variações. No verão de 1632, como vimos, mais uma vez determinaram contra os indivisíveis, e os sucessores do padre Bidermann (inclusive o padre Rodriguez), quando chamados a fazer um julgamento sobre o tema, em janeiro de 1641, mais uma vez declararam a doutrina "repugnante". Como sinal de que esses decretos não tinham efeito mais duradouro que os antecedentes, os revisores sentiram necessidade de voltar a denunciar os indivisíveis em 1643 e 1649. Em 1651, a paciência se esgotara: determinados a pôr fim a opiniões não autorizadas em suas fileiras, os líderes da Companhia criaram uma lista permanente de doutrinas banidas que não podiam ser ensinadas nem defendidas por membros da ordem. Entre os ensinamentos proibidos, que apareciam repetidamente sob várias roupagens, estava a doutrina dos indivisíveis.

O que havia nos indivisíveis que incomodava tanto assim os revisores jesuítas no século XVII? Afinal, eles formavam uma ordem religiosa – a maior daquele tempo – cujo propósito era salvar almas, e não resolver questões filosóficas abstratas, técnicas. Por que, então, se davam ao trabalho de proclamar sua opinião sobre matéria tão inconsequente, persegui-la e aos seus defensores década após década, e, com a sanção das mais altas autoridades da ordem, se esforçar ao máximo para fazê-la desaparecer? Estava claro que os "mantos negros", como os jesuítas eram popularmente conhecidos, viam nessa tese aparentemente inócua algo que é invisível para o leitor moderno – algo perigoso, talvez até subversivo, capaz de ameaçar um artigo de fé ou a crença central pelos quais a Companhia tinha profundo apreço. Para entender o que era, e por que a maior e mais poderosa ordem religiosa da Europa tomou para si a tarefa de erradicar a doutrina dos indivisíveis, precisamos recuar um século, até os dias da fundação da ordem, no começo do século XVI. Foi nessa época que se plantaram as sementes da "guerra aos indivisíveis" dos jesuítas.

O imperador e o monge

Em 1521, o jovem imperador Carlos V convocou uma reunião dos Estados do Sacro Império Romano na cidade de Worms, no oeste da Alemanha. Apenas dois anos depois de sua eleição para o alto cargo, Carlos era chefe titular do Sacro Império Romano, controlando a fidelidade de seus príncipes e de uma vasta população. Na verdade, ao mesmo tempo era menos e mais que isso. Menos porque o chamado "Império" na realidade era uma colcha de retalhos de dezenas de cidades e principados, cada qual mais ferozmente defensor de sua independência e propenso tanto a opor-se quanto a ajudar o senhor imperial em tempo de necessidade. E ainda mais porque Carlos não era um príncipe comum; era um Habsburgo, um membro da maior família nobre que o Ocidente já conheceu, com possessões que se estendiam desde a costa de Castela até as planícies da Hungria. Consequentemente, Carlos não era apenas o imperador eleito da Alemanha, mas também, por direito de nascença, rei da Espanha e duque de partes da Áustria, da Itália e dos Países Baixos. Além disso, naqueles mesmos anos, Castela estava adquirindo rapidamente novos territórios na América e no Extremo Oriente, tornando Carlos, segundo frase da época, "o imperador em cujas terras o Sol nunca se põe". Embora Francisco I da França e Henrique VIII da Inglaterra pudessem ter imposto limites a essa sugestão, para seus contemporâneos, bem como para si mesmo, Carlos V era o líder da cristandade ocidental.

No inverno de 1521, porém, o que ocupava a mente do imperador era seu fraturado Império Germânico, e não as vastas possessões ultramarinas. Fazia agora três anos e meio que Martinho Lutero, desconhecido monge agostiniano e professor de teologia, pregara uma cópia de suas 95 Teses na porta da igreja do castelo de Wittenberg. As teses em si eram estritamente focadas, confrontando o que Lutero via como abuso inescrupuloso praticado pela Igreja: a venda de "indulgências", garantias de graça divina, absolvendo os compradores de seus pecados e poupando-lhes as tormentas do purgatório. Lutero não estava sozinho ao denunciar a venda de indulgências, uma entre as muitas práticas da Igreja rotineiramente condenadas tanto por clérigos quanto por leigos. No entanto, como nunca antes, o desafio aberto de Lutero às autoridades eclesiásticas atingiu um nervo exposto tanto entre os sábios quanto entre as pessoas comuns. Nos meses seguintes, com o auxílio da recém-inventada prensa gráfica, as teses foram espalhadas por todo o Sacro Império Romano, sendo entusiasticamente recebidas em quase toda parte.

Se as coisas tivessem terminado por aí, então o caso não daria preocupação nenhuma a Carlos V. Como muitos outros na época, ele também ficava angustiado pelas práticas mais escandalosas da Igreja, e talvez tenha sentido alguma simpatia em relação ao audacioso monge. Mas os acontecimentos em breve adquiriram impulso próprio. Alarmados com o sucesso de Lutero, seus superiores agostinianos o chamaram para prestar contas numa reunião em Heidelberg; ao deixar a reunião, Lutero havia convertido muitos deles para sua posição. Quando foi então convocado a Roma, abrigou-se sob a proteção de seu príncipe, o eleitor Frederico o Sábio, da Saxônia, que lhe conseguiu em vez disso uma audiência na Alemanha. Num esforço para desacreditar aquele crítico irritante, as autoridades da Igreja enviaram o professor dominicano Johann Eck de Ingolstad, teólogo e debatedor profissional, para confrontar Lutero. Os dois se encontraram em 1519 para um debate público no qual Eck habilmente manipulou seu oponente até que ele admitisse heresias claras: que a graça divina é concedida ao crente somente pela fé, não por meio dos sacramentos da Igreja; que a Igreja é um constructo puramente humano, sem nenhum poder especial para mediar a relação entre os homens e Deus; e que seu chefe supremo, o papa, é fundamentalmente um impostor. Lutero não se desculpou pelas suas crenças, e Eck o denunciou como herege.

Infelizmente, para os líderes da Igreja, essa designação nada fez para frear o zeloso Lutero. Em 1520, ele publicou três tratados que delineavam suas doutrinas básicas em deliberado desafio aos ensinamentos estabelecidos. Agora ele não era mais um crítico, era um rebelde conclamando abertamente à derrubada da hierarquia e das instituições da Igreja. Sua influência começou a se espalhar, primeiro em Wittenberg, depois na Saxônia, e em pouco tempo, de modo evidente, pela Alemanha e além.

Em diversas partes, ao que parecia, Lutero conseguia seguidores em todas as classes e status – homens e mulheres, nobres e plebeus, gente do campo e moradores das cidades, todos o viam como líder de um despertar religioso que poderia deslocar a fossilizada e corrupta Igreja de Roma. Alarmado com a situação que se deteriorava depressa, o papa Leão X excomungou Lutero, mas a essa altura o ato radical teve pouco efeito. Os ensinamentos de Lutero se espalhavam como um incêndio descontrolado pelas terras alemãs.

Foi nessa hora, induzido pela ameaça do cisma religioso, que Carlos V entrou na briga. Dois séculos depois, o filósofo francês Voltaire zombaria do imperador como "nem sacro, nem romano, nem um império"; contudo, para Carlos, seu reino era de fato sagrado. Como líder secular da cristandade, ele próprio cristão devoto, via como dever sagrado preservar a Igreja e a unidade espiritual de seu povo. Embora os imperadores sacros romanos durante séculos competissem com os papas pela supremacia na Europa, as querelas eram resolvidas apenas por guerra aberta. Para Carlos, estava evidente que um não podia fazer nada sem o outro. Afinal, era o papa quem, desde os tempos de Carlos Magno, coroava os imperadores, e a Igreja dava legitimidade e propósito ao cargo. A noção de um império sem a Igreja romana ou de um imperador sem papa era impensável para Carlos. A fim de pôr seu domínio em ordem e frear a disseminação da heresia luterana de uma vez por todas, ele convocou uma "dieta" – uma reunião dos Estados do Império.

Quando a dieta se reuniu na cidade de Worms, em janeiro de 1521, Carlos enviou a Lutero uma intimação para se apresentar perante o imperador e os Estados a fim de prestar contas de seus atos. Apesar da garantia imperial de segurança, muitos dos amigos de Lutero o advertiram quanto a ele se pôr nas mãos dos inimigos, e o aconselharam a não comparecer. Mesmo assim, em abril, Lutero chegou à cidade e foi prontamente chamado perante a assembleia de notáveis. Ali, foi-lhe apresentada imediatamente uma lista de suas doutrinas heréticas, e lhe solicitaram que as reconhecesse e renegasse. Lutero ficou surpreso; esperava ter permissão para argumentar em seu favor, não estava preparado para a rapidez do ataque. Conseguiu apenas pedir um dia de adiamento para considerar o assunto, e Carlos, o cavalheiresco imperador cristão, concedeu-lhe o prazo pedido. No dia seguinte, Lutero estava pronto. Reconheceu de boa vontade suas crenças, mesmo diante do questionamento hostil e das ferozes denúncias. Quando pressionado a renegá-las, respondeu com calma: "Aqui estou, nada de diferente posso fazer; Deus me ajude, amém."

Com essas palavras, Lutero assegurou o fracasso da missão de Carlos de erradicar a heresia em terras germânicas, mas fez também muito mais: selou o destino da cristandade ocidental. Por mais de mil anos a Igreja romana reinara suprema na Europa ocidental. Testemunhara a ascensão e queda de impérios, a invasão e expulsão de infiéis, heresias grandes e pequenas, peste e pestilência, ruinosas guerras de rei contra rei e imperador contra papa. Apesar disso tudo, a Igreja sobrevivera, prosperara e expandira seu alcance, até que, no início do século XVI, seu domínio se estendia da Sicília à Escandinávia, da Polônia a Portugal, e também na mente de vanguarda do Novo Mundo. Do batismo à extrema-unção, a Igreja romana fiscalizava a vida dos europeus, dando ordem, significado e propósito à sua existência, governando tudo, da data da Páscoa ao movimento da Terra e à estrutura do céu. Para a população da Europa ocidental, independentemente de nação, língua ou lealdade política, o próprio tecido da vida estava, de maneira inextricável, vinculado à Igreja romana.

Quando Lutero assumiu sua posição na dieta de Worms, contudo, essa unidade espiritual e cultural chegou a um abrupto fim. Ao proclamar com orgulho suas crenças heréticas, ele renunciou à autoridade da Igreja romana e conduziu seus seguidores por um novo caminho religioso. Ao desafiar abertamente tanto o papa quanto o imperador perante uma reunião pública dos grandes homens do império, ele queimou as pontes, eliminando qualquer chance de reconciliação. O que até aquele ponto podia ser encarado como rebelião interna à Igreja tornava-se agora um cisma no qual duas fés rivais confrontavam-se em aberta hostilidade. De um lado estavam os seguidores da velha Igreja; o papa e seu braço armado, o imperador. Do outro, os adeptos da nova Igreja "protestante", que alegava descendência direta da antiga Igreja apostólica e rejeitava a fé romana como monstruosa aberração. A unidade espiritual do Ocidente foi rachada com um único golpe, e qualquer esperança realista de cicatrizar a ferida com conciliação ou ameaças estava afastada. Lutero e seus seguidores recusaram-se a reconhecer seus erros ou a render-se ao poderio do Império. Consequentemente, precisavam ser subjugados pela força das armas.

Declínio em direção ao caos

Nos 34 anos seguintes de reinado, Carlos V tentou realizar precisamente isso. Embora com exagerada frequência distraído pelas ameaças de seus rivais europeus e do sultão otomano, ainda assim empreendeu uma consistente campanha para suprimir o câncer do protestantismo que se espalhava por suas terras. Mas era tarde demais. Não só a nova fé estava ganhando adeptos em meio à população, dia após dia, como os grandes príncipes do Império também se juntavam a Lutero, estabelecendo a nova Igreja em seus territórios. Primeiro foram os eleitores da Saxônia, Frederico o Sábio e seus sucessores, protetores de Lutero desde o começo. Depois foi Albrecht de Hohenzollern, grande mestre dos cavaleiros teutônicos, que se tornou primeiro duque da Prússia e assentou as bases do que viria a ser a maior potência protestante na Alemanha. O eleitor Philip de Hesse veio a seguir, bem como o margrave de Brandemburgo, os duques de Schleswig e Brunswick, e muitos outros potentados menores. As grandes cidades imperiais (Nuremberg, Estrasburgo, Augsburgo) também se alinharam a Lutero, romperam com o papa e estabeleceram suas próprias Igrejas reformadas. Em meados da década de 1520, parecia que nada poderia resistir à ascensão do luteranismo.

Como se a ruptura do Império já não fosse ruim o bastante, logo ficou claro que a dissolução da cristandade não pararia por aí. No começo dos anos 1520, na catedral de Zurique, um clérigo chamado Huldrych Zwingli começou a pregar sermões incendiários denunciando a perversidade de Roma e advogando doutrinas ainda mais radicais que a de Lutero. Em poucos anos ele arrebanhou para sua causa Zurique e as cidades vizinhas de Berna e Basileia. A morte de Zwingli numa batalha contra os cantões católicos da Confederação Suíça, em 1531, representou uma pausa temporária na disseminação de sua perspectiva radical, porém, no fim da década de 1530, um novo farol da reforma havia surgido em Genebra. Em 1536, João Calvino deflagrou sua longa campanha para tornar a cidade um cintilante exemplo da mais pura fé protestante e de justa moralidade pública e pessoal. Ao longo dos vinte anos seguintes, Calvino conseguiu transformar Genebra numa estrita teocracia na qual nenhuma ação individual estava além do escopo da fiscalização ou censura religiosa. E embora o exemplo de Genebra possa parecer pouco atraente para nós, reminiscente de alguns dos mais sombrios regimes teocráticos atuais, seus contemporâneos tinham outra opinião. A cidade de Calvino era glorificada como a "cidade na colina", um cintilante exemplo do que se poderia conseguir por meio de fervor religioso, retidão moral e trabalho árduo. Aspirantes a reformadores de toda a Europa afluíam à cidade para aprender com Calvino e difundir seus ensinamentos em suas terras natais. Graças ao exemplo de Genebra, a marca do protestantismo de Calvino, apresentada na *Instituição da religião cristã*, tornou-se o movimento mais dinâmico e influente da Reforma a partir dos anos 1540. Mesmo sem o apoio do príncipe que havia institucionalizado as reformas de Lutero, Calvino arrebanhou milhões de convertidos, da França e da Inglaterra, no oeste, até a Polônia e a Hungria, no leste.

Entrementes, desastres continuavam se acumulando sobre a Igreja romana, pois não apenas cidades e territórios, mas reinos inteiros foram perdidos para o protestantismo. Em 1527, o rei sueco Gustavo Vasa adotou o luteranismo e, nos anos seguintes, o estabeleceu como Igreja nacional. Menos de uma década depois, Frederico I, príncipe do norte da Alemanha que se tornara rei da Dinamarca, expulsou os bispos, aboliu os mosteiros e instalou o luteranismo como religião estatal. Como a Noruega estava na época sob suserania dinamarquesa e a Finlândia era uma província da Suécia, isso transformou a Escandinávia inteira na fortaleza protestante que é até hoje.

Na Inglaterra, as boas-vindas à Reforma foram inicialmente mais uma escolha pragmática que espiritual. Henrique VIII mantivera-se fielmente ao lado da cúria romana nos primeiros anos da Reforma, chegando mesmo a redigir um tratado antiluterano que lhe valeu o título de "Defensor da Fé" concedido pelo papa Leão X. Mas, com o passar dos anos, Henrique foi ficando inquieto, à medida que sua esposa, a princesa espanhola Catarina de Aragão, não conseguia lhe dar um herdeiro varão. Decidido a substituir Catarina pela carismática dama de honra Ana Bolena, ele apelou ao papa Clemente VII para anular seu casamento. Clemente, ansioso por manter relações estreitas com seus defensores reais, provavelmente teria cedido ao pedido de Henrique, não fosse o fato de a rainha ser tia materna de Carlos V. Este deixou claro que qualquer tentativa de abandonar Catarina seria uma afronta pessoal à sua honra, e o papa Clemente VII não podia desafiar seu principal protetor. Ele negou a petição, levando Henrique a romper os laços com Roma, casar-se com Ana e declarar-se chefe da independente "Igreja da Inglaterra", em 1534.

Henrique não tinha interesse nos ensinamentos dos reformadores do continente e pretendia apenas substituir a autoridade do papa pela sua. Não obstante, uma vez que a Igreja inglesa rompeu com Roma, a tendência para o protestantismo mostrou-se irreversível. Sob o filho de Henrique, o rei menino Eduardo VI (1547-53), a reforma inglesa voltou-se para o protestantismo radical, apenas para reverter seu curso sob a meia-irmã de Eduardo (e filha de Catarina), Maria I (1553-58), que restaurou o catolicismo em seu tumultuado governo de cinco anos. Só quando a filha de Ana Bolena, Elizabeth I (1558-1603), ascendeu ao trono o protestantismo foi estabelecido como religião oficial de uma vez por todas. Sob os Trinta e Nove Artigos de 1563, a Igreja da Inglaterra reteve muitas das formas exteriores da Igreja romana que eram favorecidas por Henrique, inclusive o cargo de bispo, os sacramentos e o culto em igrejas e catedrais grandiosas e luxuosamente decoradas. Do ponto de vista doutrinário, porém, a Igreja da Inglaterra não olhava para Roma, e sim para Genebra, adotando os ensinamentos centrais de João Calvino. Para a Santa Sé, a Inglaterra estava irremediavelmente perdida.

À medida que a Reforma se espalhava, logo ficou claro que a verdade religiosa estava longe de ser a única coisa em jogo. Com o papa denunciado, o imperador ignorado e todas as autoridades estabelecidas questionadas e escarnecidas, a ordem social passou a ser observada, a ameaça de revolução pairava no ar. Reformadores respeitáveis, como Lutero e Calvino, e reis e príncipes conservadores que os apoiavam, lutaram fortemente para conter as paixões revolucionárias liberadas pela Reforma, mas nem sempre com sucesso. Já em 1524 os camponeses no sul da Alemanha levantaram-se em revolta contra seus príncipes exigindo mais liberdade e maior participação no governo da terra. Declararam-se seguidores de Lutero, acreditando que a derrubada da autoridade espiritual da Igreja romana era apenas o prelúdio da debacle da ordem social e política que ela sustentava. No entanto, o socialmente conservador Lutero ficou horrorizado pelo que via como um profundo mal-entendido e mau uso de suas doutrinas, e denunciou ferozmente a rebelião num folheto, *Contra as hordas assassinas e salteadoras dos camponeses*. Embora o levante tenha sido esmagado em menos de um ano pelas forças combinadas de príncipes católicos e protestantes, o medo de que a reforma religiosa pudesse significar revolução social já havia fincado raízes.

O temor de um levante social continuou a assombrar, à medida que mais e mais reformadores e pretensos profetas questionavam abertamente as verdades estabelecidas, desafiando a autoridade dos poderes constituídos. Muitos eram pacíficos, como o reformador de Estrasburgo, Martin Bucer, ou os santos andarilhos Caspar von Schwenckfeld e Sébastian Franck. Mas outros não. Thomas Müntzer foi um dos primeiros seguidores de Lutero, até romper com ele, pela sua adesão ao poder dos príncipes e à ordem social existente. Em 1524, Müntzer juntou-se à rebelião dos camponeses, pregando para seus seguidores que o fim dos dias estava próximo e clamando pelo sangue dos príncipes. Foi capturado em 1525, torturado e morto, mas seu legado ainda se fazia sentir dez anos depois, quando um grupo de anabatistas radicais tomou o controle da cidade de Münster, no noroeste da Alemanha. Ao contrário dos reformadores nas correntes principais, cujas Igrejas incluíam todos os membros de uma comunidade, os anabatistas insistiam em que apenas eles eram os eleitos, a verdadeira Igreja de Deus, excluindo todos os demais. Em Münster, mostraram exatamente quanto pode ser perigosa uma doutrina dessas quando tem acesso ao poder terreno. Sob a liderança de Jan Bockelson de Leiden, os anabatistas impuseram um reino de terror à cidade, matando ou expulsando quem atravessasse seu caminho. Quando o ex-bispo católico de Münster, apoiado pelo eleitor luterano de Hesse, sitiou a cidade, Bockelson declarou-se o Messias, aboliu a propriedade privada e instituiu a poligamia. Em 1535, as forças do bispo e do príncipe finalmente venceram a feroz resistência dos fanáticos seguidores de Bockelson e reclamaram uma sangrenta vingança dos anabatistas e de qualquer um remotamente suspeito de associação com eles. Pela Europa, contudo, o temor de um colapso iminente de toda a hierarquia e ordem social apenas se aprofundava.

Para muitos europeus, naqueles anos, parecia que os demônios do inferno haviam se levantado do mundo inferior para espalhar sofrimento e confusão sobre a terra. A velha Igreja, que dera significado, consolo e certeza a seus membros desde tempos imemoriais, estava sendo dilacerada por um número cada vez maior de credos concorrentes. Todo dia parecia trazer mais notícias de terras nas garras do turbilhão religioso, com toda verdade contestada e toda certeza desaparecida. A ruptura da Igreja foi seguida pela divisão política, pois os príncipes católicos e protestantes se confrontavam em decorrência da divisão religiosa. Por sob a divisão política e religiosa espreitava traiçoeiramente o pesadelo de uma revolução social que varreria toda a ordem social, a única que as pessoas da época haviam conhecido. Aquele foi um tempo de discórdia e caos para a maioria dos europeus, um período de debilitante confusão e incerteza. Com todas as velhas certezas contestadas ou desacreditadas, e novas certezas anunciando-se a cada dia, como era possível saber a diferença entre verdade e mentira? Entre o caminho do céu e o caminho do inferno?

A instituição que, aos olhos da maioria dos europeus, estava encarregada de fornecer as respostas e a resolução dessas questões era, inevitavelmente, o papado em Roma. Como o papa era o vigário de Cristo na terra e o líder espiritual da cristandade ocidental, suas terras e sua gente estavam perdidas em confusão ou tomadas de certezas estranhas trazidas por sectários e cismáticos. Era portanto dever do papa intervir, deter o progresso da heresia protestante e reimpor a unidade, a ordem e a certeza para a cristandade. No entanto, infelizmente – e até de forma catastrófica – para a Igreja romana, os homens que ocuparam o trono de Pedro durante aqueles anos estavam muito mal equipados para lidar com a crise que os confrontava.

Sob muitos aspectos, os papas do começo do século XVI eram homens impressionantes. Rebentos de famílias italianas ilustres, eram inteligentes e muito cultos, merecendo um lugar na história como os maiores patronos da arte renascentista. Os papas Júlio II (1503-13), Leão X (1513-21), Clemente VII (1523-34) e Paulo III (1534-49) encomendaram pinturas, afrescos e esculturas de Michelangelo, Rafael e Ticiano; igrejas e palácios dos arquitetos Sangallo e Bramante. Foram responsáveis por algumas das maiores obras na tradição ocidental, como a basílica e a praça de São Pedro e o teto da Capela Sistina. Contudo, defrontados com a maior crise da história da Igreja, sentiram-se impotentes. Por mais capazes que fossem como administradores, não possuíam nem a amplitude de visão nem a autoridade espiritual requerida para enfrentar o desafio do protestantismo.

O problema era que os papas do Renascimento não eram, em primeiro lugar, líderes da cristandade, mas príncipes italianos com lealdade básica às suas famílias e seus clãs. Júlio II pertencia ao poderoso clã Della Rovere de Roma, Leão X e Clemente VII eram ambos membros da família Médici, governante em Florença, e Paulo III era rebento da antiga família toscana Farnese, e logo se tornariam duques de Parma. Para cada um desses clãs, ter um de seus membros elevado a papa era não somente uma tremenda honra, mas também uma oportunidade ímpar para acumular riqueza e poder. Esperava-se que os papas cuidassem dos seus, sendo pródigos na concessão de territórios, títulos (seculares e eclesiásticos), presentes e rendimentos. Plenamente conscientes de que jamais teriam obtido a elevada posição sem o patrocínio de suas famílias, os papas logo as favoreciam, tornando o reinado de cada qual uma corrida contra o tempo para acumular o máximo possível de posses e títulos. Aquele era um triste espetáculo de nepotismo e ganância, lembrando alguns dos mais corruptos regimes do mundo em desenvolvimento hoje. Aquilo pairava como uma nuvem malsã em torno da Santa Sé e minava qualquer esforço por parte do papa para exercer autoridade moral e espiritual.

Ademais, além de serem nomeados chefes da cristandade e patriarcas de famílias gananciosas e ricas, os papas do Renascimento eram também governantes de um substancial patrimônio territorial no centro da Itália. No seu esforço de consolidar e expandir suas posses, os papas tornaram-se protagonistas da política de degola na península Itálica, fazendo uso de todos os meios à sua disposição – da diplomacia à guerra e à pura e simples traição – para fazer valer seus interesses. Tão notórios eram pela amoralidade e crueldade na política italiana que César Bórgia, filho ilegítimo do papa Alexandre VI (1492-1503) e comandante militar do pai, serviu de modelo para o astuto e brutal príncipe de Maquiavel.[1]

O ativo envolvimento do papa nas lutas de poder italianas não só erodia sua posição espiritual, mas também o incapacitavam politicamente. Em seu esforço para proteger seus domínios, os papas tiveram de competir com o crescente poder dos Estados nacionais da França e da Espanha, que procuravam dominar a península Itálica, cada qual com poderio militar e recursos numa escala que jamais poderia ser igualada por um príncipe italiano. A única esperança de manter a independência dos Estados papais era jogar os dois reinos um contra o outro, jamais permitindo que um deles conquistasse uma vitória permanente. Os papas manipularam essa delicada dança com bastante sucesso durante várias décadas, ainda que à custa do povo da Itália, que sofria repetidas invasões e contrainvasões por parte dos vizinhos mais poderosos. O desastre finalmente ocorreu em 1527, em meio a uma das periódicas guerras entre Carlos V, rei da Espanha, e Francisco I, rei da França. As tropas de Carlos, que não recebiam soldo havia meses, amotinaram-se e saquearam a cidade de Roma. Assassinato, estupro e saques campearam durante semanas. O papa Clemente VII fugiu do Vaticano bem a tempo, escondendo-se na fortaleza próxima de Castel Sant'Angelo, enquanto a carnificina grassava à sua volta. Por fim, rendeu-se ao rei, pagou um resgate pela própria vida e concedeu extensos territórios à Espanha. Nos anos seguintes, o humilhado e diminuído papa continuou a ser um "príncipe comandado" pelas ordens do imperador.

O desfecho de tudo isso foi que, quando confrontados com o desafio da Reforma, os papas do Renascimento não tiveram resposta. Leão X primeiro tentou usar a arma mais provada do arsenal papal excomungando Martinho Lutero, mas isso teve pouco efeito. O príncipe Médici, amante do prazer, simplesmente não possuía estatura moral para enfrentar o corretíssimo Lutero, e seus pronunciamentos tinham pouco peso. A opção seguinte para os papas era contar com a força militar do imperador para pôr os cismáticos de joelhos, e Carlos V estava mais que disposto a assumir esse papel. Os papas, porém, de Leão X em diante, temiam que o envolvimento direto com o Império significasse abandonar a estratégia de jogar os Habsburgo contra os Valois da França. Recorrer a Carlos efetivamente acabaria com a independência dos Estados papais e reduziria a nada o poder temporal do papa. Assim, enquanto Carlos V lutou por décadas para suprimir a heresia protestante e restaurar a unidade cristã, ele o fez com o apoio hesitante da Santa Sé ou, com igual frequência, com sua aberta animosidade. Para os contemporâneos, parecia que os papas preferiam ver a cristandade rasgada em trapos a abrir mão de uma lasca que fosse de seu poder na Itália.

Em 1540, as chamas da Reforma ainda se espalhavam incontroladas pelos domínios da Igreja romana, e as terras que haviam estado sob a influência de Roma durante séculos caíam uma a uma. A comunidade de fé e ritual que unificava a cristandade ocidental foi substituída por uma cacofonia de credos concorrentes, cada um denunciando o outro como impostor, ou pior. Enquanto o caos, a guerra e a subversão imperavam, o papa revelava-se impotente para apagar o incêndio, mas mantinha-se determinado como sempre a acumular títulos e rendimentos para seus parentes e proteger seus interesses territoriais. Com um cisma instalado no solo e uma liderança corrupta no alto, um observador objetivo da cena europeia em 1540 provavelmente teria concluído que os dias da antiga Igreja de Roma estavam contados.

Mas, em 27 de setembro daquele ano, no auge da tormenta, o papa Paulo III deu um pequeno passo administrativo que parecia ter pouca relação com os grandes acontecimentos do dia: aprovou a petição de um grupo de dez padres para formar uma companhia religiosa dedicada a servir ao papa e à Igreja. Embora pouco notado na época, pode ter sido o passo isolado mais importante dado pelo papado para salvar a Igreja romana da dissolução. Na bula anunciando a nova ordem, Paulo também aprovou o nome requisitado pelo grupo para sua nova associação: eles a chamaram Companhia de Jesus.

Um raio de esperança

A Companhia de Jesus ou, mais comumente, a ordem jesuítica, foi criação de um homem, o nobre espanhol Inácio de Loyola. Nascido em 1491, numa velha família aristocrática, no país basco, Inácio passou a juventude como cavaleiro cortesão no séquito de Fernando de Aragão. Embora reputadamente bom cristão, o charmoso Inigo, como era então chamado, concentrava suas energias nas artes da corte e do amor romântico, e não na devoção religiosa. Herdeiro da tradição marcial de seus ancestrais e ardente leitor da literatura de cavalaria da época, mais que tudo aspirava a realizar seus sonhos de glória militar. A oportunidade finalmente chegou na primavera de 1521, na cidade espanhola de Pamplona, apenas poucas semanas depois de Lutero assumir sua posição em Worms, em outro canto do Império de Carlos V. Com as forças francesas avançando sobre a cidade e o exército espanhol em retirada, Inácio convenceu o comandante local a manter suas posições e a recusar a exigência francesa de rendição. Segundo a lenda jesuíta, quando os sitiantes romperam as muralhas de Pamplona, Inigo continuou inflexível no caminho deles, mas logo foi atravessado por uma espada, e a cidade foi tomada. Com risco de morte, foi tratado com gentileza pelos franceses e mandado para o castelo de Loyola, de sua família.

Os dez meses que Inácio passou convalescendo no solar da família podem ser acertadamente considerados um ponto de virada na história do cristianismo. Faminto de entretenimento e sem romances de cavalaria à mão, Inácio começou a ler a vida dos santos e foi afetado pela sua essência.

Os santos, percebeu ele, eram o próprio exército de Deus na eterna luta contra o diabo pela posse da alma humana. Aí estava uma guerra realmente digna de ser lutada, e Inácio ficou determinado a participar dela. Logo que estivesse fisicamente capaz, faria uma peregrinação a Jerusalém e dedicaria sua vida a serviço de Deus. Como para confirmá-lo na nova vocação, foi premiado, uma noite, com a visão mística da Virgem Maria.

No inverno de 1522, Inácio levantou-se do leito de convalescença como um novo homem. Desaparecera o cortesão elegante que passava os dias atrás de mulheres e de glória marcial. Em seu lugar estava um santo peregrino que jurara enfrentar qualquer dificuldade e privação que se pusessem em seu caminho na disseminação da palavra de Deus. Antes de partir para a viagem a Jerusalém, passou um ano na pequena cidade de Manresa, onde meditou, rogou por sustento e teve visões do Deus Pai, do Filho e dos santos. Também escreveu o primeiro rascunho dos *Exercícios espirituais*, seu manual de meditação que viria a tornar-se a pedra angular do treinamento e formação dos jesuítas durante os próximos séculos. Quando finalmente chegou à Terra Santa, passou ali apenas dezenove dias. O frade franciscano encarregado dos lugares santos ficou assustado com a devoção fervorosa daquele estranho peregrino, e sem a menor cerimônia o mandou de volta para casa.

Contrariado, Inácio voltou à Espanha e embarcou num caminho sistemático de estudo de teologia nas grandes universidades espanholas de Barcelona, Alcalá e Salamanca. Aos 32 anos, era bem mais velho que seus colegas de classe, e nada jovem pelos padrões da época. Debateu-se com os estudos, mas mesmo assim causou profunda impressão em seus colegas pela dedicação e pobreza autoimposta. Fez por merecer a reputação de místico e conselheiro espiritual, e conquistou um bando de seguidores leais que haviam feito o curso de meditação com os *Exercícios espirituais*. Seu sucesso despertou sobre ele a atenção da Inquisição espanhola, que o prendeu por um breve tempo enquanto o investigava por suspeita de heresia. Embora libertado, Inácio concluiu que não podia retomar seu trabalho em segurança na Espanha, e em 1527 mudou-se para Paris, a fim de continuar seus estudos na Sorbonne.

Foi na Sorbonne, entre seus colegas, que Inácio encontrou os homens que formariam o núcleo da Companhia de Jesus. Em poucos anos ele havia se cercado de um grupo fechado de estudantes de teologia espanhóis, portugueses e franceses, todos muito mais jovens que ele, e que o viam como seu indiscutível líder em todas as coisas, espirituais e terrenas. Junto com seus seguidores, mais uma vez decidiu viajar a Jerusalém, com a meta de pregar o cristianismo aos muçulmanos da Terra Santa. Dessa vez, porém, com um toque de realismo adquirido na primeira peregrinação, incluiu um plano de reserva: se, por algum motivo, se revelasse impraticável para o grupo viajar a Jerusalém ou ali permanecer, viajariam para Roma e se colocariam a serviço do papa.

Nunca chegaram a Jerusalém. Em 1534 reuniram-se em Veneza a fim de esperar um navio para a Terra Santa, mas ficaram encalhados, por falta de recursos e pela guerra entre Carlos V e o sultão otomano. Enquanto aguardavam, o bando de Inácio passava o tempo pregando a palavra de Deus e servindo aos pobres, enfermos e moribundos em Veneza e nas cidades vizinhas. Em 1539, com as esperanças de viagem em declínio, decidiram formalizar sua associação estabelecendo uma nova ordem religiosa, dedicada a servir à Igreja e ao papa em qualquer canto do mundo. A Companhia, como Inácio anunciava em sua petição ao papa, estaria aberta a "quem quer que deseje servir como soldado de Deus[2] sob a bandeira da cruz". Seria o próprio exército do papa.

Os filhos de Inácio

Levou quase um ano, mas Paulo III finalmente aprovou a Companhia de Jesus. Mostrando suas dúvidas, limitou o número de participantes da nova ordem a meros sessenta, mas a restrição foi logo revogada à medida que a ordem cresceu e prosperou. De fato, o crescimento inicial da Companhia de Jesus não foi nada menos que espetacular. Apenas dez homens, todos conhecidos íntimos, elegeram Inácio primeiro geral da Companhia em 1540. Mas na época da morte do fundador, em 1556, as fileiras da ordem haviam crescido cem vezes, chegando a mil membros. Uma década depois, a Companhia compreendia 3.500 membros, e, por ocasião da morte do geral Acquaviva, em 1615, nada menos que 13 mil homens haviam vestido o hábito jesuíta. Dali em diante, o crescimento da Companhia[3] foi também impressionante, ainda que um pouco mais lento, chegando a 20 mil na virada do século XVIII. Durante todo esse processo, a Companhia nunca comprometeu a qualidade dos novos recrutas visando a expandir seus números. Desde o começo, Inácio havia insistido em que todos os candidatos fossem rigorosamente examinados antes de serem aceitos como noviços. Para os aceitos, o caminho de noviço a membro pleno era longo e árduo, demorando anos e às vezes décadas. Os jesuítas nunca relaxaram esses padrões, ainda que nenhuma outra ordem fosse nem remotamente tão exigente. Apesar disso, ou talvez por causa disso, os jesuítas nunca careceram de voluntários do mais alto calibre social e intelectual.

Muitos dos primeiros líderes da Companhia vinham de famílias antigas e nobres, como o próprio Inácio e seu companheiro da Sorbonne Francisco Xavier (1506-1552). O terceiro geral da ordem, Francisco Bórgia (1510-1572) fora duque de Gandia em Castela, antes de assumir o hábito (além de ser bisneto do notório "papa Bórgia", Alexandre VI), e Claudio Acquaviva era filho do duque de Arti, do Reino de Nápoles. Outros jesuítas tinham origens mais humildes, mas distinguiam-se como intelectuais na época, como, por exemplo, os teólogos espanhóis Francisco de Toledo (1532-1596) e Francisco Suárez (1548-1617) e o veneziano Roberto Bellarmino (1542-1621). Cristóvão Clávio (1538-1612), Grégoire de Saint-Vincent (1548-1667) e André Tacquet (1612-1660) foram preeminentes matemáticos; Cristóvão Grienberger (1561-1636) e Cristóvão Scheiner (1573-1650), renomados astrônomos; Athanasius Kircher (1601-1680) e Roger Boscovich (1711-1787), influentes filósofos naturais. Nenhuma lista de jesuítas famosos poderia deixar de fora o brilhante Matteo Ricci (1552-1610), que viajou para a China a fim de difundir a palavra de Deus e tornou-se importante erudito e expoente do ensino ocidental na corte imperial Ming. Essa é somente uma pequena amostra, mas suficiente para justificar a avaliação do filósofo e ensaísta francês Michel de Montaigne, que visitou os jesuítas em sua sede romana, em 1581. Ele chamou a ordem de "berçário de grandes homens".[4]

Os jesuítas, porém, eram muito mais que uma associação de indivíduos impressionantes. Eles eram um coletivo altamente treinado e disciplinado, afiado como poderoso instrumento para um único objetivo: difundir os ensinamentos da Igreja católica, expandir seu alcance e reforçar sua autoridade. Já era assim desde o começo, quando Inácio e seu grupo de seguidores se ofereceram para servir ao papa em qualquer canto da Terra, imaginando-se a pregar a palavra de Deus aos muçulmanos na Terra Santa. Embora essa missão nunca tenha se materializado, não demorou muito para que os jesuítas se distinguissem por um notável trabalho missionário em quatro continentes. Já em 1541, Francisco Xavier partiu de Portugal numa missão que o levaria a Goa, na Índia, a Java, às Ilhas Molucas e ao Japão, pregando o Evangelho e estabelecendo missões onde quer que fosse. Morreu em 1552, enquanto aguardava transporte para a China, onde esperava converter a mais populosa nação do mundo para a fé romana. Nesse ínterim, outros jesuítas viajaram ao México, Peru e Brasil, onde se juntaram a frades dominicanos e franciscanos no esforço para cristianizar o Novo Mundo. Eles trabalhavam com fervor e eficiência, estabelecendo residências e missões, cuidando das almas dos novos colonizadores e labutando sem descanso para converter os povos nativos das Américas.

Apesar de tudo, o impacto crucial dos jesuítas foi lidar com os ignorantes que estavam muito mais perto de casa. Nos anos turbulentos da Reforma, quando a própria sobrevivência da velha Igreja estava na balança, os jesuítas tornaram-se a vanguarda de elite do catolicismo romano, dedicada a manter as linhas de defesa contra a maré protestante que parecia carregar tudo que encontrava. Com notável habilidade, dedicação e espírito enérgico e empreendedor, conduziram uma impressionante ressurgência católica que não só conteve a disseminação da Reforma, mas também recuperou para o papa inúmeros territórios que pareciam perdidos para sempre. Eles eram exatamente como Inácio os imaginara: o próprio exército de Deus combatendo seus inimigos, comandando um movimento de renascer católico que se tornou conhecido como Contrarreforma.

Era a visão de seu fundador que tornava os jesuítas um instrumento tão formidável a serviço do papa. Já nos *Exercícios espirituais*, de 1522 – quase duas décadas antes da formação oficial da Companhia –, Inácio demonstrava o paradoxo interno que moldaria os jesuítas durante séculos. Em primeira instância, os *Exercícios* são um texto místico, com intenção de elevar os leitores acima de seu ambiente mundano e levá-los à união extática com Deus. A história da Igreja medieval é repleta de místicos carismáticos que, como Inácio, tinham visões de Cristo e da Virgem, e que ascendiam a um plano mais elevado, divino, de existência. Em seus escritos, os místicos como Joaquim de Fiore e Catarina de Siena tentavam compartilhar com seus seguidores algo de sua experiência, e sob este aspecto o texto de Inácio era bastante típico.

Mas os *Exercícios* também são outra coisa: um manual prático meticuloso e detalhado de como estabelecer a união com Deus. O curso de meditação prescrito é dividido em quatro "semanas", embora elas não precisem corresponder exatamente a sete dias. As meditações de cada semana têm um foco diferente, da natureza do pecado e as tormentas do inferno, na primeira semana, até os sofrimentos de Cristo e a Ressurreição, na quarta. O "exercitante" deve seguir essas orientações com precisão, o coração aberto e disposição de renunciar ao egoísmo e aceitar a graça de Deus. O caminho para Deus, como está mapeado nos *Exercícios*, não é um único salto misterioso do nosso mundo decaído para o céu divino, explicável apenas pela graça divina. Na realidade, é uma longa e árdua jornada que requer disciplina, dedicação, confiança inconteste na orientação dos superiores e estrita obediência às suas orientações.

A tensão entre misticismo extático e disciplina rigorosa, cerne dos *Exercícios*, torna o livro profundamente diferente de outros textos místicos, que enfocam a glória da união com Deus, mas não oferecem nenhum mapa do caminho para se chegar lá. Foi precisamente esse paradoxo que animou a Companhia de Jesus e a transformou em poderosa e efetiva ferramenta nas mãos do papado. Os jesuítas eram inequivocamente místicos. Cada noviço que entrava na Companhia passava pelo curso dos *Exercícios espirituais* e vivenciava a bem-aventurada união com

Deus que está em seu ápice. A partir daí agiria com a inquestionável confiança que é território de todos aqueles que encontraram Deus e sabem o que Deus espera deles. Mas enquanto os místicos tradicionais eram levados a uma vida de solidão e contemplação interior, os jesuítas projetavam sua confiança interior no mundo, seguindo adiante com disciplina, ordem e persistência. O resultado era que eles apresentavam a combinação única de traços que os tornaram uma das mais efetivas organizações, religiosas ou não, na história do mundo: a devoção e a certeza do místico, a organização rígida e o propósito concentrado de uma unidade militar de elite.

Além de estabelecer os princípios norteadores da ordem, Inácio também implantou os mecanismos que transformariam esses princípios em realidade. O maior desafio, reconheceu ele, era criar um corpo de homens inquestionavelmente comprometidos com a Companhia e seus objetivos, dispostos a dedicar-lhes a vida. Mesmo um indivíduo brilhante e altamente moral podia ser rejeitado se a comissão de seleção determinasse que era individualista demais, e portanto inadequado para levar a vida num coletivo disciplinado. Uma vez admitido, o jovem era separado da vida pregressa e passava por um noviciado de dois anos, no qual lhe eram inculcados os ideais de pobreza e servilismo da Companhia. Ele praticaria a sequência completa dos *Exercícios espirituais* e serviria em missões, colégios e residências distantes da ordem. Acima de tudo, exigia-se que aceitasse sem questionar a autoridade de seus superiores e seguisse a orientação destes nas grandes e pequenas coisas.

No fim dos dois anos, os noviços faziam os votos monásticos de pobreza, castidade e obediência. Para aqueles que não esperavam ser ordenados padres, esse era o fim do treinamento formal. Eles tornavam-se "coadjutores aprovados" e, anos depois, "coadjutores formados", servindo talvez como administradores, cozinheiros ou jardineiros, membros plenos da Companhia, mas num grau mais baixo que seus irmãos ordenados. Noviços destinados ao sacerdócio, porém, tornavam-se "escolásticos", cursando anos de estudos avançados em instituições jesuítas. Ao longo do caminho, eram ordenados padres e também abdicavam de vários anos de estudos a fim de lecionar para os estudantes recém-ingressados. Uma vez completos os estudos, o escolástico passava por mais um ano de "formação espiritual", no fim do qual pronunciava os votos finais. Alguns pronunciavam mais uma vez os três votos tradicionais, tornando-se "coadjutores espirituais". Os que eram julgados mais excepcionais em termos de aprendizagem e de caráter, faziam o quarto voto, exclusivo dos jesuítas, professando obediência pessoal absoluta ao papa. Esses homens eram conhecidos como "professos" e formavam a inconteste elite da ordem. De forma geral, esse longo processo, que durava entre oito e catorze anos, produzia o tipo de indivíduo que Inácio tinha imaginado: inteligente, enérgico e disciplinado. Juntos, eles constituíam uma irmandade de fortes laços, ligada pela profunda identificação com os objetivos da ordem, firme senso de camaradagem e orgulho de pertencer a um corpo de elite a serviço de Cristo e da Igreja.

Os jesuítas, no entanto, não eram apenas uma fraternidade de afeto e solidariedade; eram também uma hierarquia, estritamente organizada de alto a baixo, construída para operar com a agilidade e eficiência de uma moderna unidade militar. No cume estava o geral superior, invariavelmente membro professo eleito de forma vitalícia pela congregação geral da ordem. Seus poderes dentro da ordem eram ilimitados, e ele tinha liberdade para nomear ou destituir qualquer jesuíta de qualquer posição dentro da ordem. Abaixo dele estavam os superiores provinciais, responsáveis pelo trabalho da Companhia em grandes "províncias" territoriais, como o Reno superior e inferior na Alemanha, ou o Brasil, no Novo Mundo; abaixo destes estavam os superiores locais, responsáveis por regiões ou cidades específicas, incluindo colégios e residências individuais. Ao contrário das outras ordens religiosas, em que as comunidades locais desfrutavam considerável autonomia e podiam escolher seus próprios líderes, o poder entre os jesuítas fluía exclusivamente de cima para baixo: era o geral superior em Roma, e não os membros locais, quem indicava os superiores provinciais, estes, por sua vez, em estreita consulta a Roma, nomeavam os superiores locais. Dos membros de cada comunidade local esperava-se que aceitassem essas decisões, gostassem delas ou não, e com raras exceções isso não acontecia.

A disposição de jesuítas locais em submeter-se aos éditos de superiores distantes exige explicação. Afinal, o geral superior em Roma, por mais capaz e dedicado que fosse, muitas vezes ignorava as condições locais, e suas instruções podiam ser equivocadas e até desastrosas. Essa foi, por exemplo, a experiência dos jesuítas franceses em 1594, quando foram solicitados a jurar lealdade a Henrique IV, o novo rei da França, que então recentemente se convertera ao catolicismo. O geral Claudio Acquaviva proibiu estritamente os jesuítas de fazer o juramento, decisão que resultou na expulsão da ordem de Paris e, por muito pouco, no fim de suas atividades na França.[5] Mesmo em tais situações extremas, contudo, quando sabiam muito bem que as orientações de Roma estavam equivocadas e se baseavam numa compreensão falha das condições locais, e mesmo que tivessem de pagar eles mesmos o preço pelas asneiras dos superiores, os jesuítas obedeciam.

O motivo era que, para eles, o princípio de "obediência" não era apenas uma concessão prática às exigências de uma ação eficiente, mas um ideal religioso da mais alta ordem. "Com todo nosso julgamento próprio deixado de lado, devemos ... ser obedientes à verdadeira Esposa de Cristo nosso Senhor, que é a nossa Santa Mãe, a hierárquica Igreja",[6] escreveu Inácio nos *Exercícios espirituais*. A obediência estende-se não só a ações, mas também a opiniões e até percepções sensoriais. "Para mantermo-nos corretos em todas as coisas", disse ele, "devemos nos ater firmemente a esse princípio: o que eu vejo como branco acreditarei ser preto se a hierárquica Igreja assim o determinar."[7]

Leitores modernos compreensivelmente associariam essa obediência absoluta a uma hierarquia governante com os regimes totalitários que obscureceram a história no século XX. De fato, a exigência de enxergar branco como preto se assim fosse ordenado traz à mente o livro *1984*, de George Orwell, no qual se exige que Winston veja quatro dedos em vez de cinco para provar sua lealdade ao Grande Irmão. Mas há uma importante diferença: em 1984, Winston está sendo torturado e obrigado a aceitar a supremacia do Grande Irmão contra a sua vontade.[8] Para os jesuítas, a obediência era um ideal elevado, e sua obtenção, totalmente voluntária. Obedecer à ordem de um superior, escreveu Inácio, não era um ato de submissão abjeta, mas a reafirmação positiva da missão da Companhia e do papel do indivíduo dentro dela. Por conseguinte, embora existissem na Companhia de Jesus medidas disciplinares como reprimendas e até expulsão, na prática elas eram usadas com pouca frequência. Aqueles que tinham passado pelo rigoroso regime de treinamento para se tornar jesuítas formados raramente exigiam tais medidas para lembrá-los do valor da obediência. Em última análise, Inácio escreveu, "toda autoridade deriva de Deus", consequentemente, obedecer aos comandos de um superior deve ser algo imediato e espontâneo, "como se viesse de Cristo nosso Salvador".[9]

No sentido mais amplo, impor ordem ao caos era o cerne da missão da Companhia, tanto em suas disposições internas quanto no seu engajamento com o mundo. Isso já se evidenciava no texto dos *Exercícios espirituais*, que transforma uma inefável experiência mística em algo como um ordeiro curso de estudos. E é também evidente nas *Constituições* de Inácio, que fornecem detalhadas instruções sistemáticas para dirigir a Companhia. E, finalmente, no *Ratio studiorum*, documento que delineava em detalhes o que devia ser ensinado nos colégios jesuítas, como e por quem. Mesmo em suas vidas pessoais os jesuítas mantinham um código de estrita ordem: "Quem quer que tenha estudado o regime dos jesuítas deve ficar impressionado pela frequente ênfase no asseio e na arrumação", observou um historiador dos jesuítas, no começo do século XX. Asseio, limpeza e ordem tanto nos aposentos pessoais quanto na casa comunal eram "uma exigência absoluta".[10] Acima de tudo, era um traço expresso na clara hierarquia da ordem, na qual a cada membro era atribuído um lugar preciso e inconteste. Foi a capacidade de impor ordem ao caos que fez da Companhia um instrumento tão efetivo na luta para derrotar o protestantismo e restabelecer o poder e o prestígio da hierarquia da Igreja.

Os jesuítas contra-atacam

Educados em alto grau e fanaticamente dedicados à causa da Igreja e do papa, os jesuítas foram um exército espiritual como a Europa jamais vira.

Para o papado, representaram uma arma sem igual na luta para impor a autoridade e os ensinamentos da Igreja sobre um mundo cético e turbulento, e os papas não hesitaram em fazer bom uso dela. Desde o começo, foram mobilizados para apoiar a fé em regiões onde ela estava sob ataque. Pierre Favre, companheiro de Inácio desde os primórdios em Paris, foi o primeiro jesuíta a trabalhar na Alemanha. A maior esperança para a Igreja romana, supunha Favre, era fortalecer a ligação do povo com os ritos e serviços sagrados: "Se os hereges vissem nas igrejas a prática frequente da comunhão, com os fiéis recebendo sua força e sua vida, ... nenhum deles ousaria pregar a doutrina de Zwingli da Santa Eucaristia."[11] Viajou pelo país, visitando paróquias, pregando para grandes agrupamentos e revivendo as velhas tradições comunais da Igreja.

Favre morreu em 1546, mas dois outros jesuítas excepcionais ocuparam seu lugar: primeiro, o espanhol Jerónimo Nadal, depois, Pedro Canísio, o "segundo apóstolo" da Alemanha. Nas décadas de 1540 a 1560, Canísio percorreu aproximadamente 30 mil quilômetros de estradas na Áustria, Boêmia, Alemanha, Suíça e Itália. Indo além da pregação e do trabalho organizacional de reviver a vida paroquial, publicou um fluxo constante de livros populares instruindo tanto padres quanto seus rebanhos nas corretas doutrinas e práticas católicas. Os resultados que ele e outros jesuítas conseguiram eram nada menos que drásticos: os padres da igreja jesuíta em Viena, por exemplo, ouviram setecentas confissões na Páscoa de 1560, e nove anos depois o número tinha crescido para 3 mil. Da mesma forma em Colônia, em 1576, 15 mil fiéis receberam a santa comunhão na capela jesuíta, mas apenas cinco anos depois o número havia triplicado, para 45 mil. Aí estava a prova da façanha jesuíta de reviver a vida católica em terras propensas ao controle protestante.

Os jesuítas serviram como máquinas para o renascimento católico em outros aspectos. Alguns, como Francisco Suárez, eram extraordinários teólogos formais, registraram as doutrinas da Igreja e eram mais que capazes de sustentar um debate com os críticos protestantes. Outros, tais como Diego Laynez e Antonio Possevino, serviram de emissários pessoais do papa em importantes missões diplomáticas. Outros, ainda, como Roberto Bellarmino, combinavam os dois papéis de teólogos e conselheiros papais. Alguns, como François de la Chaise, confessor pessoal de Luís XIV e homônimo do famoso cemitério Père Lachaise em Paris, proporcionaram orientação moral e consolo espiritual para a realeza europeia. Ainda outros, como o inglês Edmund Campion, foram mandados em missões secretas para suas terras natais protestantes a fim de manter acesa a chama do catolicismo, com enorme risco pessoal. Em todos esses papéis os jesuítas mostraram-se excepcionais guerreiros religiosos: cultos, com frequência brilhantes, talentosos, enérgicos e zelosamente devotados à causa da Igreja e do papa.

Um império de ensino

Mesmo bem-sucedidos em todas essas empreitadas, numa área em particular eles não tinham rival: a educação. De modo significativo, além de treinar novos membros, a princípio Inácio não considerava a educação o foco primário de sua ordem. Ele pensava os jesuítas como padres itinerantes, prontos a fazer as malas de um momento para outro e viajar aos quatro cantos da terra em nome do papa ou de seu superior imediato – consequentemente, inadequados para dirigir escolas. Mas quando Fran cisco Bórgia fundou o primeiro colégio jesuíta, em Gandia, Espanha, em 1545, os principais cidadãos locais o assediaram com pedidos para que permitisse que seus filhos fossem ali educados. Bórgia voltou-se para Inácio, que, sentindo a oportunidade de ampliar a causa do renascimento católico, deu seu consentimento. Em 1548, o colégio de Gandia abriu suas portas para os jovens da cidade.

A experiência de Gandia definiu a linha para outras instituições. O ano de 1548 também viu a abertura de um colégio em Messina, na Sicília, a primeira instituição jesuíta dedicada basicamente a educar alunos seculares. Para supervisionar a fundação, Inácio despachou seus subordinados mais confiáveis, inclusive Nadal e Canísio, que transformaram Messina num modelo para futuros colégios. Seguindo as instruções de Inácio, o currículo incluía um curso intensivo de latim, os autores clássicos e a filosofia guiada pelos escritos de Aristóteles. No topo da hierarquia de aprendizagem estava a teologia, a "rainha das ciências", que tinha a palavra final em todos os assuntos do verdadeiro conhecimento. O corpo docente de Messina, liderado por Nadal, trabalhou para transformar esse amplo programa de instrução num currículo sistemático e organizado, e emitiu diversas propostas para uma "ordem de estudo", ou, na sua forma latina mais familiar, *ratio studiorum*. Após passar por muitas revisões e várias redações distintas, a *Ratio studiorum* foi formalmente aprovada em 1599 pela congregação geral da Companhia e tornou-se modelo para o ensino jesuíta em toda parte.

Seguindo os primeiros sucessos, a demanda por colégios jesuítas explodiu em toda a Europa católica. Em cidades grandes e pequenas, príncipes regentes, bispos locais e cidadãos importantes solicitavam que a Companhia fundasse colégios em suas comunidades. Reconhecendo o valor da educação para disseminar os ensinamentos da Igreja, Inácio optou por abraçar a nova missão jesuítica e incentivou o estabelecimento de instituições em toda a Europa. Na época de sua morte, em 1556, já havia 33 colégios jesuítas, e a demanda só crescia: 144 colégios em 1579, 444 colégios e cem seminários e escolas em 1626, e 669 colégios e 176 seminários e escolas em 1749. A maioria ficava na Europa, mas nem todos. Colégios jesuítas podiam ser encontrados no longínquo Oriente, em Nagasaki, no Japão, bem como no Novo Mundo, em Lima, no Peru. Aquele era verdadeiramente um sistema educacional de abrangência mundial, numa escala que o planeta nunca vira antes – e, sob esse aspecto, nem depois.

No centro da grande rede educacional estava o Collegio Romano, como era conhecido universalmente. Fundado em 1551, esteve de início abrigado em vários locais modestos em torno de Roma. O papa Gregório XIII (1572-85), admirador e apoiador dos jesuítas, decidiu dar à sua instituição-mãe lar mais condizente. Expropriou dois quarteirões na cidade, perto da principal via pública, a via del Corso, e encarregou o renomado arquiteto Bartolomeo Ammannati de projetar uma sede adequada para o sistema educacional jesuíta. O resultado foi um *palazzo* grande e impressionante, porém com pouca ostentação, que refletia o poder e o prestígio da Companhia de Jesus, mas também a seriedade de sua missão e seu pragmatismo realista. O Collegio mudou-se para sua nova casa em 1584, e foi ali, quase meio século depois, que os revisores gerais reuniram-se para selar a sorte dos infinitesimais. E ali permaneceria, na praça do Collegio Romano, de forma quase contínua, durante os três séculos seguintes.

O simples nome do Collegio Romano, não diferente de um colégio jesuíta em qualquer outra cidade, sugere que sua função era servir aos jovens rapazes de Roma exatamente como, digamos, o "Colégio de Colônia", criado para educar a juventude da cidade alemã. Mas isso é enganador. Embora educar a elite romana fosse de fato parte da missão do colégio, ele era também, desde sua concepção, um modelo e farol intelectual para as outras instituições de ensino do sistema. Apenas os jesuítas mais eruditos eram convocados a Roma para lecionar no Collegio, que reunia sob um único teto os maiores luminares da ordem. Os matemáticos Cristóvão Clávio e Cristóvão Grienberger, os filósofos naturais Athanasius Kircher e Roger Boscovich, os teólogos Francisco Suárez e Roberto Bellarmino, e muitos outros – na verdade, quase todos os intelectuais jesuítas de primeira grandeza – ensinaram no Collegio Romano. Mantendo-se fiel às práticas hierárquicas da Companhia, o corpo docente romano tinha autoridade para estabelecer o currículo dos colégios provinciais e determinar o que seria ou não ensinado nas instituições jesuítas. Assim como o geral superior da ordem governava cada jesuíta, o Collegio Romano governava todas as centenas de colégios da ordem ao redor do mundo.

Não é difícil ver por que aristocratas e plebeus abastados de toda a Europa católica clamavam pelo estabelecimento de colégios jesuítas em suas cidades. As escolas tradicionais de paróquia eram de qualidade duvidosa, e a vida estudantil nas grandes universidades era notoriamente dissoluta e imoral, pouco preocupada com os estudos. Os jesuítas ofereciam algo diferente: currículo rigoroso e exigente, ensinado por professores altamente qualificados e atualizado pelos luminares do Collegio Romano. Enquanto os estudantes universitários eram livres para mergulhar em bebedeiras e devassidão, os alunos dos colégios jesuítas eram fiscalizados de perto e preenchiam seus dias com estudo e oração. Um aristocrata ou mercador que mandasse o filho para uma escola jesuíta tinha confiança de que o rapaz seria imensamente educado do ponto de vista intelectual e moral.

O Collegio Romano, projetado por Bartolomeo Ammannati, tal como é hoje. O edifício abriga uma escola pública de ensino médio.

A longa lista de alunos distintos dos colégios jesuítas corrobora plenamente essa avaliação. Além dos destacados jesuítas, os graduados incluem a realeza, como o imperador Fernando II (1620-37), estadistas como o cardeal Richelieu, humanistas como Justus Lipsius, filósofos e cientistas como René Descartes e Marin Mersenne. A educação jesuíta, como até mesmo inimigos da Companhia reconheciam, era simplesmente a melhor disponível em toda a cristandade. Mesmo Francis Bacon, lorde chanceler da Inglaterra e nada amigo dos jesuítas, pesarosamente comentou: "*Talis quus sis, utinam noster esses*" (Sois tão bons, quisera que fôsseis nossos).[12]

Bacon tinha boas razões para lamentar a excelência educacional dos jesuítas. Pois, de todos os serviços que a Companhia de Jesus oferecia ao papado na luta contra o protestantismo, nenhum se mostrou mais poderoso ou efetivo que os colégios. Em todo lugar onde um colégio se estabelecesse, ele tornava-se o centro da vida católica e uma demonstração viva do que a Igreja romana era capaz. Rara era a escola luterana ou calvinista que se comparasse aos jesuítas em termos de pura qualidade educacional, ou que competisse com eles em atrair os jovens da elite laica. Uma vez tendo esses jovens sob seus cuidados, os jesuítas passavam anos transmitindo-lhes ensinamentos católicos, complementados com refutações competentes das doutrinas protestantes. Inevitavelmente os estudantes ficavam imbuídos da devoção jesuíta ao papado e com o espírito de dedicação e sacrifício pela causa da Igreja e sua hierarquia. Com centenas desses colégios por toda a Europa, e com centenas e às vezes milhares de alunos matriculados em cada um deles, o sistema educacional jesuíta criou gerações de católicos bem-educados e devotos que, em última instância, assumiriam posições de liderança em suas comunidades. Na verdade, como principais educadores da elite católica, os jesuítas asseguraram a sobrevivência – e o renascimento – da Igreja romana em grandes partes da Europa.

O impacto dos colégios jesuítas era inequívoco. O primeiro deles no Sacro Império Romano foi fundado em Colônia, em 1556, numa época em que o Império parecia a ponto de sucumbir ao surto luterano. Mas, com o colégio estabelecido, Colônia tornou-se bastião católico e base para a futura expansão das atividades jesuíticas. Nas décadas seguintes, com forte apoio das famílias governantes Wittelsbach e Habsburgo, os jesuítas fundaram dezenas de colégios na Baviera e na Áustria, e assumiram a administração das universidades existentes. Chegaram a ponto de fundar uma escola especial em Roma, dedicada a treinar jovens alemães promissores para ocupar os altos cargos no funcionalismo da Igreja. Ao completar seus estudos, os graduados do Collegium Germanicum regressavam para casa, onde se tornavam bispos e arcebispos, e também a espinha dorsal do renascimento católico na Alemanha. Também nos Países Baixos os jesuítas eram excepcionalmente ativos: quando as províncias do norte voltaram-se para o protestantismo e pegaram em armas contra seu soberano Habsburgo, os jesuítas ajudaram a fazer das províncias do sul um bastião católico. Graças em grande parte a seus esforços, a região foi mantida sob influência da Igreja católica, adquiriu sua própria identidade em separado e finalmente ganhou independência como Estado moderno da Bélgica.

Como a Alemanha, a Polônia do século XVI parecia estar a caminho de aceitar uma forma ou outra de protestantismo quando nobres católicos convidaram os jesuítas a abrir ali seus colégios na década de 1560. Depressa eles conquistaram a confiança e o apoio da família real polonesa, que os ajudou a expandir de cinco colégios, em 1576, para 32, em 1648. Os jesuítas tornaram-se os educadores da classe governante polonesa, tanto da aristocracia rural quanto da elite urbana, enquanto em Roma educavam um devoto quadro de padres que retornavam à Polônia para assumir a liderança da Igreja. Tão próximos estavam os jesuítas dos monarcas poloneses que o rei Sigismundo III (1587-1632) era conhecido como "Rei Jesuíta", e seu filho, João II Casimiro (1648-68), foi membro da ordem e cardeal antes de assumir o trono. A Polônia transformou-se, de nação que antes se orgulhava de tolerância religiosa, e que abrira suas igrejas e paróquias para os reformadores, na devota terra católica que ainda hoje conhecemos. Lá, como em outros lugares, a intervenção jesuíta mostrou-se decisiva.[13]

Os discípulos diretos de Inácio conseguiram o que não foi obtido pelos mundanos papas do Renascimento: detiveram o aparente progresso irreprimível do protestantismo pela Europa e reviveram o poder e o prestígio da Igreja romana. Em todo lugar onde a Companhia ergueu seu estandarte e abriu seus colégios, uma nova energia de devoção espiritual e de propósito de ação renovou a velha Igreja e inspirou seus seguidores a assumir posição contra os hereges. Um grato papa Gregório XIII reconheceu isso tudo quando se dirigiu à congregação geral da Companhia em 1581:

> Vossa sagrada ordem ... está espalhada pelo mundo inteiro. Em qualquer lugar onde se olhe, tendes colégios e casas. Vossos diretos reinos, províncias, de fato, o mundo inteiro. Em suma, hoje, não há um único instrumento erguido por Deus contra os hereges maior que vossa sagrada ordem. Ela veio a mundo no momento exato em que novos erros começavam a se espalhar no exterior. É absolutamente importante, por conseguinte, ... que esta ordem aumente e prospere dia após dia.[14]

Ordem a partir do caos

Os milagres de santo Inácio, uma pintura enorme cuja intenção original era adornar o altar da catedral de Antuérpia, encontra-se hoje no Kunsthistorisches Museum em Viena. É uma obra do pintor flamengo Peter Paul Rubens (1577-1640), cuja reputação atual reside em grande parte nos retratos eróticos de mulheres opulentas que desafiam nosso ideal de beleza feminina. Mas Rubens era um católico devoto, que assistia à missa toda manhã e tinha intimidade com os jesuítas em sua cidade natal, Antuérpia.[15] Em 1605, quando os jesuítas faziam campanha pela canonização de seu fundador, Rubens contribuiu com oitenta gravuras para uma hagiografia jesuíta, *A vida de Inácio*. Quatro anos depois, quando Inácio foi beatificado, o que o colocou a um pequeno passo da canonização, Rubens foi encarregado pela Companhia de produzir vários retratos grandes do futuro santo para a Igreja de Gesù, a casa dos jesuítas em Roma, e para a catedral de Antuérpia. No imponente *Os milagres de santo Inácio*, ele realizou o que provavelmente é sua maior obra-prima para a ordem.

A pintura nos conduz para uma cena altamente dramática, que tem lugar num amplo saguão, provavelmente de uma igreja, retratado desde o teto abobadado até o chão de pedra. No alto, perto de uma cúpula iluminada, flutua um bando de alegres anjos e querubins que parecem não prestar atenção ao caos humano abaixo deles. De fato, o chão da igreja é uma cena de dor, medo e confusão, onde um grande grupo de homens, mulheres e várias crianças estão capturados em agonizante frenesi. Um homem está recurvado para trás, como numa convulsão, enquanto outro, com faixas ensanguentadas nas costas, inclina-se para ele. Uma mulher desgrenhada, punhos cerrados, face barbaramente retorcida e olhos vítreos, luta para afastar-se, enquanto dois homens tentam apoiá-la. Um homem de cabelos grisalhos, apenas a cabeça visível, fita a cena em desespero, a face retorcida numa máscara de horror. Os demais, aqueles que não foram possuídos, olham para cima numa torturante mistura de súplica e esperança: podem ser salvos daquilo que os atormenta?

A figura que é objeto de seu olhar é o próprio Inácio, de pé e ereto, resplandecente em seus trajes sacerdotais. Sobre o seu dossel, Inácio está apenas alguns passos acima do chão, mas habita um reino completamente diferente. Calmo e determinado, a mão direita erguida em bênção, realiza um exorcismo, expulsando os espíritos malignos das pessoas, trazendo paz e ordem aos afligidos pela tormenta e pelo caos. Demônios maus, do lado esquerdo do quadro, surgiram entre as pessoas e fogem diante da santidade de Inácio, enquanto um dos anjos lhe deseja um irônico adeus. Embora seja o inquestionável foco da pintura, Inácio não está só: atrás dele, na plataforma elevada, estão seus seguidores, uma longa fila de jesuítas vestidos de preto que se perde na distância. Como ele, estão calmos e sóbrios, examinando o sofrimento à sua frente. Eles são o exército de Inácio, estão ali para aprender com o mestre, seguir suas instruções e assumir sua missão de transformar o caos em ordem e levar paz aos aflitos.

Pois esse foi de fato o "milagre" de santo Inácio e seus seguidores. Como mais ninguém, eles conseguiram restaurar a paz e a ordem numa terra dilacerada pelo desafio da Reforma. Em lugar de heresia e confusão, trouxeram unidade e ortodoxia; onde o domínio da Santa Igreja foi subvertido, e padres e bispos renegados, eles reconstruíram o grandioso e antigo edifício, restabelecendo o ditame de sua hierarquia; onde reinava confusão, restauraram uma rígida certeza na verdade e na correção da Igreja romana. Seu sucesso em fazer isso não foi nada menos que milagroso. As chaves para o milagre, como bem o viram os jesuítas, eram simples: verdade, hierarquia e ordem.

Peter Paul Rubens, *Os milagres de santo Inácio*, 1617.

Os jesuítas não acreditavam na pluralidade de opinião: a verdade era absoluta. Não acreditavam no pluralismo de poder e autoridade: uma vez conhecida a verdade, todo poder deve fluir daqueles que a conhecem e a reconhecem, e ser imposto aos que ainda não a aceitam. E decerto não acreditavam em democracia, que permite a expressão de opiniões diferentes e opostas, e prospera com o debate vívido e a competição pelo poder. A verdade não tem lugar para tais dissenções ou desafios. Apenas a autoridade absoluta dos emissários de Deus e da verdade divina que eles carregam, acreditavam os jesuítas, permite que paz e harmonia prevaleçam.[16] Essa era sua visão de mundo, e eles trabalharam arduamente para implantá-la dentro de sua ordem, dentro da Igreja como um todo e no mundo de forma geral. Estruturado numa hierarquia clara, *Os milagres de santo Inácio* coloca essa narrativa inteira na forma visual. No alto está o reino da luz e da verdade divinas; embaixo estão os atormentados e confusos. No meio estão Inácio e seus homens: disciplinados, calmos e determinados, eles expulsam os demônios do conflito e conferem a luz da verdade às pessoas. Graças aos jesuítas, a paz há de prevalecer.

2. Ordem matemática

Ensinando a ordem

Inácio de Loyola, padre fundador da Companhia de Jesus, não era um enamorado da matemática. Como cortesão aristocrata e arrojado cavaleiro na primeira fase da vida, aprendeu a desprezar o pedantismo de eruditos e matemáticos. As revelações extáticas dos anos posteriores o levaram, no máximo, para mais longe do frio e lógico mundo de números e cifras, e seus estudos universitários em Barcelona, Alcalá, Salamanca e Paris aparentemente não incluíram a matemática. Em 1553, quando, sob sua liderança, os jesuítas lançavam uma rede mundial de instituições de ensino, Inácio começou a enxergar o valor de se ter algum tipo de educação matemática, escrevendo que o colégio deveria ensinar "as partes da matemática que um teólogo deve saber".[1] E isso, deve-se admitir, não era muita coisa.

A posição inferior da matemática nos primeiros períodos do sistema de educação jesuítica na verdade não é surpresa. Os colégios da ordem, afinal, tinham uma meta muito específica e urgente, bem diversa dos objetivos de seus sucessores modernos: deter o crescimento do protestantismo e restabelecer o prestígio e a autoridade da Igreja católica. Como lugar-tenente de Inácio, Juan de Polanco, explicou numa carta de 1655, nos colégios da Companhia, "homens daquelas nações" onde a verdadeira fé está ameaçada "são ensinados com exemplo e doutrina sólida ... a manter o que resta e restaurar o que foi perdido da religião cristã".[2] Um tema tão remoto e abstrato como a matemática pouco tinha a contribuir para essa missão.

O objetivo de reverter o progresso da Reforma, porém, não significava que os colégios jesuítas concentrassem seu currículo exclusivamente em ensinamentos religiosos. Inácio acreditava que a instrução religiosa adequada deve fundamentar-se em ensinamentos mais amplos de filosofia, gramática, línguas clássicas e outros campos humanistas; era também essencial que os colégios cumprissem a promessa de prover uma educação ampla e atualizada. De outra maneira, as elites locais se voltariam para outro lugar em busca de educação para os filhos, o que representaria um desastre para a missão espiritual da ordem. Como observou Jerónimo Nadal em 1567: "Para nós, aulas e exercícios acadêmicos são uma espécie de anzol que usamos para fisgar almas."[3]

O "anzol" recomendado por Inácio incluía as línguas exigidas para ler os mestres antigos: latim, grego e hebraico, mas também, em alguns colégios, caldeu, árabe e hindi. Em filosofia, ele determinou que os colégios seguiriam os ensinamentos do antigo filósofo grego Aristóteles, de longe o que maior influência exercia no Ocidente desde que seus escritos foram traduzidos para o latim no século XII. Seu corpo de textos, cobrindo campos tão diversificados quanto lógica, biologia, ética, política, física e astronomia, era o mais abrangente conhecido na época, ele era aceito como autoridade pela maioria dos estudiosos europeus. Foi portanto fácil para Inácio, que estudara Aristóteles nas universidades, basear-se nele para estabelecer o currículo dos colégios da ordem. Em teologia, decretou Inácio, eles seguiriam são Tomás de Aquino, o dominicano do século XIII que conciliara os ensinamentos de Aristóteles com os da Igreja. O "Doutor Angelical", *Doctor Angelicus*, como Aquino era conhecido, tornou-se, após a morte, o teólogo de maior autoridade no Ocidente, e Inácio o considerava quase infalível.[4] Como o tomismo (a teologia de Aquino) se baseava fortemente na filosofia aristotélica, era essencial que os estudantes dos colégios jesuítas mergulhassem em Aristóteles antes de se engajar no estudo religioso.

Se, por um lado, o currículo dos colégios jesuítas era diversificado e abrangente, também era rigoroso, claramente organizado e hierárquico. O valor relativo das diferentes disciplinas nunca foi posto em dúvida. No topo estava a teologia, compreendendo os infalíveis ensinamentos da Igreja católica. Depois vinha a filosofia, tanto moral quanto natural, que ensinava verdades acerca do mundo natural e humano, e podia ser exigida para compreender os ensinamentos religiosos. Abaixo da filosofia estavam as áreas auxiliares, como línguas e matemática, que não tratavam das verdades em si, porém, podiam mostrar-se úteis na compreensão de disciplinas mais elevadas. Aqui, como em outros lugares do mundo jesuíta, prevalecia a ordem. Cada campo tinha seu lugar no grande esquema das disciplinas. As verdades da teologia eram as mais elevadas, e nenhuma doutrina filosófica, mesmo que sustentada pela autoridade do próprio Aristóteles, podia contradizer uma verdade teológica. As ciências matemáticas estavam em um patamar ainda mais baixo, e seus resultados nem sequer eram classificados como verdades, mas apenas como hipóteses. Aquela era uma hierarquia impecável, na qual a teologia tomista reinava suprema.

A ordem clara das disciplinas nos colégios jesuítas contrastava bem com as ofertas das universidades da época, onde os estudos muitas vezes eram aleatórios e os alunos frequentavam aulas que não tinham relação entre si. Inúmeros estudantes se perdiam nesse labirinto desestruturado. Os jesuítas, em contraste, ofereciam uma sequência clara de aprendizagem, começando com línguas e os muitos ramos da filosofia aristotélica, passando depois para a teologia. Com a vida regulada e ordeira dos colégios, e o íntegro exemplo moral dos instrutores jesuítas, essa progressão rígida mantinha os estudantes nos trilhos e longe das tentações que afligiam seus pares de outras escolas.

A hierarquia da verdade, todavia, era para os membros da ordem mais que um dispositivo pedagógico. Ela refletia a inflexível fé de que uma hierarquia clara e indiscutível era essencial para a reconstituição da ordem divina perdida com a Reforma. A hierarquia governava a própria sociedade e a Igreja, desde o papa até a congregação laica. Os jesuítas acreditavam que ela devia prevalecer no mundo caso se desejasse que a heresia fosse derrotada e que a verdade triunfasse sobre o erro. Afinal, o flagelo da própria Reforma não era resultado de uma quebra da ordem correta do conhecimento? Não ousara Lutero, um simples monge, desafiar a autoridade do próprio papa? Não formularam Lutero, e depois Zwingli, Calvino e outros suas próprias teologias em oposição aos ensinamentos autorizados da Igreja? E qual foi o resultado? Caos e confusão, em que a única voz com autoridade da Igreja romana fora afogada por uma cacofonia de vozes concorrentes. Para os membros da Companhia, parecia óbvio que o colapso da antiga unidade cristã e o caos daí decorrente eram resultado direto do colapso da apropriada ordem do conhecimento. Apenas preservando a estrita hierarquia do conhecimento a verdade poderia prevalecer, e a heresia ser derrotada.

Como a verdade, para a Companhia, era imutável, eterna e fundamentada na autoridade da Igreja, novidade e inovação apresentavam um risco inaceitável, e devia-se resistir a elas com fervor. "Não se deve ser atraído por opiniões novas, isto é, aquelas que alguém descobriu", advertiu o teólogo Benito Pereira, do Collegio Romano, em 1564. Em vez disso, deve-se "aderir às opiniões velhas e de forma geral aceitas, ... e seguir a doutrina sólida e verdadeira". Duas décadas depois, o geral Acquaviva exortou seus companheiros a evitar não só a inovação, mas também "qualquer um suspeito de tentar criar algo novo".[5] A inovação, hoje tão valorizada, era vista pelos jesuítas com profunda desconfiança.

Legem impone subactis (impõe tua norma sobre os temas) era o lema da Accademia Parthenia no Collegio Romano, aberta aos membros da escola excepcionalmente devotados ao modo de vida e aos ideais jesuítas.[6] Acompanhando o lema havia o igualmente transparente brasão, conhecido como um "impresse". No alto, sentado no trono, está a figura feminina da Teologia. A seu lado, num plano mais baixo, estão suas servas Filosofia e Matemática, reclinadas e aguardando seu comando. Assim era nas escolas da Companhia, onde a teologia reinava como a "rainha das ciências" e impunha sua norma sobre as matérias subordinadas. Esse sistema de conhecimento hoje nos parece alienado, até asfixiante, planejado como era para estabelecer verdades absolutas e suprimir discordâncias. Mas os jesuítas acreditavam que o propósito da educação não era encorajar o livre intercâmbio de ideias, mas inculcar certas verdades. E nisso foram inegavelmente bem-sucedidos.

Um homem não apreciado

Assim eram as coisas nas primeiras décadas da Companhia de Jesus, quando a matemática, se chegasse a ser abordada, era lecionada apenas na medida em que fosse útil para outras disciplinas, suas superiores. E assim provavelmente teriam permanecido não fosse o trabalho de um homem que fez da sua vida a missão de levar a matemática para o centro do currículo dos colégios da Companhia. Foi graças a seus esforços que, no alvorecer do século XVII, os jesuítas haviam se tornado não só professores de matemática qualificados, mas também os principais estudiosos nesse campo, figurando entre os mais renomados matemáticos de toda a Europa. Seu nome era Cristóvão Clávio.

Pouco se sabe sobre os primeiros anos de Clávio – até seu verdadeiro nome de nascença permanece em dúvida –, mas sabemos que nasceu em 25 de março de 1538, na cidade de Bamberg, no sul da Alemanha, província da Francônia. Reduto de um príncipe-bispo católico, mas cercada pelos territórios protestantes de Nuremberg, Hesse e a Saxônia, Bamberg estava na linha de frente da luta pela alma do Sacro Império Romano. Eram cidades como Bamberg o alvo do jesuíta Pedro Canísio ao perambular pelo Império, revivendo o ânimo decaído dos fiéis e exortando-os a assumir uma posição contra a usurpadora maré protestante. É fácil imaginar o jovem Clávio participando de uma das gigantescas missas de Canísio na catedral de Bamberg, e se comovendo pela ardente pregação, mas não temos certeza de que isso de fato tenha ocorrido. O que sabemos é que, em 1555, enquanto sua cidade natal rechaçava as forças do margrave protestante Alberto Alcibíades, Clávio estava em Roma. Em 12 de abril foi recebido pelo próprio Inácio de Loyola como noviço da Companhia de Jesus.[7]

Clávio tinha apenas dezessete anos quando entrou para a ordem, mas tinha 37 ao professar seus votos solenes definitivos. Mesmo considerando o prolongado e rigoroso regime de treinamento jesuíta, vinte anos é um tempo muito longo para um jovem inteligente ser alçado de noviço a jesuíta plenamente formado, em especial um que foi desde cedo reconhecido como promissor, e que, em última instância, viria a se tornar um dos jesuítas mais famosos da época. Isso deve ter tido algo a ver com o fato de Clávio passar grande parte do tempo na campanha interna da Companhia em prol de uma causa impopular: elevar o status da matemática na hierarquia jesuíta do conhecimento e melhorar o ensino dessa matéria nas escolas da ordem. Alguns membros, como Benito Pereira, colega de Clávio no Collegio Romano, opunham-se vigorosamente a ele. Não obstante, na época em que Clávio entrou para as fileiras dos jesuítas "professos", em 1575, ele estava caminhando a passos largos para vencer aquela briga.

Clávio passou apenas um ano em Roma após ser admitido na Companhia como noviço, antes de ser enviado para a casa jesuíta em Coimbra, Portugal. Ao contrário dos mosteiros isolados das ordens tradicionais, como os beneditinos, essas "casas" (ou "residências") estavam localizadas no coração da cidade. Ali, os jesuítas locais viviam como uma rígida comunidade sob o comando de um superior nomeado, e saíam diariamente à rua para conduzir suas atividades na sociedade mais ampla. Pouco se sabe sobre os quatro anos que Clávio passou em Coimbra no fim da adolescência e começo da casa dos vinte anos, mas, sem sombra de dúvida, foram anos de formação. Naquele tempo, a cidade era famosa como sede de uma antiga universidade cujo residente mais celebrado era Pedro Nuñez, um dos maiores matemáticos e astrônomos da época. Não há evidência direta de que Clávio tenha estudado com Nuñez, mas o matemático Bernardino Baldi (1553-1617), que escreveu uma breve biografia de Clávio, menciona que ambos se conheceram. Decerto, dado o interesse do jovem alemão e o pequeno tamanho da Universidade de Coimbra, é difícil imaginar que Clávio e Nuñez não tivessem se encontrado. No entanto, segundo Baldi, Clávio era autodidata,[8] adquirindo conhecimento da matemática por meio de meticuloso estudo dos textos matemáticos clássicos.

Quando Clávio foi reconvocado a Roma, em 1560, era para continuar o estudo de filosofia e teologia, e lecionar matemática. Em 1563, dava aulas de matemática no Collegio Romano, e por volta de 1565, aos trinta anos, tornou-se professor titular de matemática, posto que conservaria de modo mais ou menos contínuo até a morte, 47 anos depois. Até esse ponto, a carreira de Clávio era respeitável, mas nada extraordinária. Embora reconhecido por seus superiores pelas habilidades matemáticas, era apenas um jovem membro do corpo docente labutando na obscuridade entre colegas que não respeitavam muito seu campo de especialidade. Anos depois, ainda brigava pelo direito de o professor de matemática tomar parte em debates e cerimônias públicas com seus colegas, queixa que sugere que isso geralmente não acontecia.[9] A despeito de ser detentor de uma cadeira na escola-mãe da Companhia, foi excluído durante anos das fileiras dos "professos", o que nos diz tudo que é preciso saber sobre seu status na rígida hierarquia da ordem.[10]

Contudo, em algum momento entre 1572 e 1575, mais de uma década depois de seu regresso das províncias, a carreira de Clávio deu uma drástica guinada. O então recém-eleito papa Gregório XIII reuniu uma distinta comissão para tratar de um assunto que vinha incomodando a Igreja por séculos: a reforma do calendário. Para assessor técnico da comissão o papa indicou o jovem professor jesuíta do Collegio Romano que alcançara fama como perito em assuntos matemáticos e astronômicos. A indicação foi, inquestionavelmente, uma grande honra para Clávio, colocando-o no centro de um dos projetos mais ambiciosos que a Igreja assumira. E também fez dele o representante oficial dos jesuítas num comitê de alto escalão da Igreja, cujas recomendações seriam conhecidas por muitos e conferidas por estudiosos de toda a Europa. Posto em posição tão visível, esperava-se que Clávio trouxesse honra e distinção para a Companhia, incrementando seu prestígio na corte papal. Essa era uma proposta difícil, até arriscada, para um professor de matemática jovem e relativamente desconhecido. Mas Clávio e sua causa vinham esperando uma oportunidade dessas.

Ordenar o Universo

O problema que a comissão foi chamada a examinar vinha se produzindo por mais de 1.200 anos. Em 325, o Concílio de Niceia determinara que a Páscoa devia ser celebrada na primeira lua cheia após o equinócio de primavera, ou ponto vernal, que, segundo o Concílio, caía em 21 de março. Infelizmente, o calendário juliano usado na época não se encaixava exatamente na verdadeira duração do ano solar – o tempo que o Sol leva para voltar ao mesmo ponto no céu. Enquanto o ano juliano tem exatamente 365 dias e seis horas, o verdadeiro ano solar tem quase exatamente onze minutos a menos. Essa discrepância minúscula não tem importância de um ano para outro, nem mesmo durante o tempo de vida de uma pessoa, mas um erro de onze minutos repetido mais de 1.200 vezes acaba se acumulando. Por volta da década de 1570, a data do equinócio de primavera mudara para 11 de março, e a data da Páscoa, a festa mais importante no calendário cristão, havia ido junto. Se nada fosse feito para corrigir o problema, o erro continuaria a crescer, e a Páscoa, a se deslocar. Ao mesmo tempo, o calendário lunar, usado para calcular a data de ocorrência da lua cheia, tinha um problema parecido, deslocando um dia a cada 310 anos. No século XVI, a lua cheia apareceria quatro dias depois da data prevista pelo calendário.

Tudo isso era inaceitável: não estava em risco só a data da Páscoa, mas todo o calendário de festas e dias santos, para não mencionar o calendário agrícola e sazonal, jogado na mesma desordem. Já no século XIII, o filósofo inglês Roger Bacon havia se queixado de que o calendário era "intolerável para todos os sábios, horrível para todos os astrônomos e ridículo para todos os calculadores".[11] Na verdade, o próprio sentido de tempo e sua regularidade estava de tal forma caótico para toda a cristandade que a Igreja, guardiã dos ritmos sagrados da vida, foi chamada a agir. Vários concílios eclesiásticos, a começar pelo Concílio de Constança (1414-18), tentaram solucionar o problema, mas nada resultou desses esforços. Finalmente, o Concílio de Trento, que se reuniu periodicamente na cidade de Trento, na Itália setentrional, entre 1545 e 1563, ordenou que fosse convocada uma comissão especial com o propósito expresso de reformar o calendário. Mais ou menos uma década depois, o recém-eleito papa Gregório XIII finalmente agiu em obediência ao decreto do concílio.

A tarefa da comissão que Clávio integrava era complexa. Primeiro, precisava determinar a dimensão exata dos erros nos calendários juliano e lunar. Depois, tinha de criar novas tabelas lunares que predissessem acuradamente as fases futuras da Lua. Por fim, devia corrigir o "deslocamento" já acumulado e propor um novo calendário que evitasse o erro. Em 1577 a comissão enviou um *compendium* de mudanças propostas para os principais eruditos católicos, solicitando comentários e sugestões. Depois de analisar e classificar as muitas respostas, a comissão ficou particularmente impressionada com as propostas simples e elegantes do médico da Calábria Luigi Lílio (Aloysius Lilius). Em setembro de 1580, quando a comissão apresentou suas conclusões ao papa, baseava amplamente suas recomendações nas sugestões de Lílio.[12]

A primeira recomendação era para, de uma só vez, corrigir o calendário eliminando-se dez dias. Para evitar que o problema ressurgisse em séculos futuros, a comissão também propôs um ajuste permanente do calendário juliano: como antes, todo ano divisível por quatro seria bissexto, com duração de 366 dias em vez de 365. Mas, ao contrário do calendário antigo, anos que fossem divisíveis por cem (por exemplo, 1800, 1900) seriam normais, de 365 dias, com exceção dos anos divisíveis por quatrocentos, que continuariam bissextos. O efeito combinado seria reduzir a duração do ano em 10 minutos e 48 segundos, sincronizando de forma eficaz o ano do calendário com o ano solar. Daí em diante, o equinócio de primavera cairia sempre em 21 de março. Em fevereiro de 1582, na bula papal *Inter gravissimas*, o pontífice oficializou a mudança. Aceitando as recomendações da comissão, decretou que a quinta-feira, dia 4 de outubro daquele ano, seria seguida da sexta-feira 15 de outubro, tornando 1582 um ano de apenas 355 dias registrados. E também instituiu o calendário concebido por Clávio e seus colegas, ainda hoje usado ao redor do mundo. Ele é conhecido, apropriadamente, como calendário gregoriano.

Ao longo de todo esse processo, o conhecimento astronômico e matemático de Clávio foi indispensável. Fora tarefa sua apresentar os cálculos astronômicos mais atualizados para seus colegas de comissão menos aptos tecnicamente. E sem dúvida desempenhou papel fundamental no novo cálculo das fases da Lua e na análise das várias propostas acadêmicas para reforma do calendário. Durante todo o processo, provou-se não só excelente matemático e astrônomo, mas também alguém capaz de navegar pela intricada política da corte papal. Em anos posteriores, quando outros membros da comissão haviam retomado suas ocupações regulares, Clávio surgiria como porta-voz público do novo sistema,[13] publicando uma "explicação" de seiscentas páginas acerca do novo calendário e lidando com suas críticas veementes. O obscuro e pouco apreciado professor do Collegio Romano tornara-se um matemático de primeira linha, um porta-voz da ascendente ciência matemática, um jesuíta "professo" e a face pública da ordem. Ele nunca mais olharia para trás.

Uma vitória matemática

A reforma gregoriana do calendário foi um triunfo espetacular para a Igreja católica nos sombrios dias de sua luta com os "hereges" protestantes. Aí estava o papa exercendo sua autoridade universal para corrigir um problema que vinha perturbando a humanidade por mais de um milênio. Numa exibição de poder quase divino, o papa transformou o ano, os feriados religiosos e as estações para milhões de pessoas em torno do globo. Um baixo-relevo no monumento ao papa Gregório XIII, na basílica de São Pedro, em Roma, do escultor Camillo Rusconi, mostra os membros da comissão da reforma do calendário, com Clávio (segundo a tradição jesuíta) ajoelhado no centro. Ele apresenta o novo calendário ao papa, sentado em seu trono com os braços bem abertos, apontando para o globo, como se ele fosse seu e de mais ninguém. Ainda que os inimigos protestantes do papa com toda a certeza contassem entre seus membros estudiosos tão cultos e capazes quanto Clávio e seus colegas de comissão, nenhum príncipe ou clérigo protestante podia se tornar, como o papa, senhor do próprio tempo.

Os protestantes não tiveram escolha a não ser reconhecer o poder compulsório da proclamação papal, e sua capacidade ímpar de reordenar o Universo. Quanto isso foi problemático para eles pode ser vislumbrado em *Ignatius His Conclave*, sátira antijesuíta do poeta e clérigo inglês John Donne, datada de 1611. Inácio, na descrição de Donne, reside no inferno com seus associados, entre eles Clávio. "Nosso Clávio", proclama Inácio, deve ser honrado

> pelas grandes dores ... que assumiu no *calendário gregoriano*, pelo qual tanto a paz da Igreja quanto os negócios civis foram egregiamente afetados: tampouco o próprio céu escapou de sua violência, mas desde então obedeceu a seus compromissos: assim como santo Estevão, João Batista e todo o resto, que foram comandados a operar milagres em certas datas apropriadas, ... não comparecem agora antes da chegada do dia, como estavam acostumados a fazer, mas são despertados dez dias antes e obrigados por ele a descer do céu para cumprir suas obrigações.[14]

A sátira mordaz não mascara a sincera consternação anticatólica de Donne por ter de sucumbir ao reordenamento papal do tempo religioso e do tempo civil.

Príncipes protestantes foram forçados a uma desagradável escolha: podiam aceitar o calendário gregoriano, e desse modo reconhecer de forma implícita a autoridade universal do papa, ou rejeitá-lo, e manter um calendário constrangedoramente errado. Sentindo-se acuados, eles reagiram com compreensível confusão. A rainha Elizabeth I, da Inglaterra, no começo anunciou que acompanharia a reforma, apenas para voltar atrás diante da oposição da Igreja da Inglaterra. A reforma gregoriana só chegaria às Ilhas Britânicas em 1752. A República Holandesa dividiu-se, com algumas províncias adotando a reforma de imediato, enquanto outras mantiveram o calendário juliano até 1700; a Suécia foi e voltou entre os dois calendários até afinal decidir-se pelo gregoriano, em 1753. Mais para leste, a Igreja ortodoxa russa, cuja rixa com o papa precedia Lutero em setecentos anos, também apegou-se ao calendário juliano, até que os bolcheviques, de quem não se podia desconfiar de serem agentes papais, impuseram o calendário reformado em 1918. O último país europeu a adotar o calendário gregoriano foi a Grécia, em 1923, quase três séculos e meio depois que Clávio e seus associados completaram seu trabalho. Fazendo vigorar um calendário que tomou conta do mundo, a Igreja romana exibiu autoridade de comando, enquanto seus rivais mostraram apenas fraqueza e confusão, e as limitações inerentes de suas Igrejas nacionais.

A reforma do calendário era precisamente o tipo de triunfo que a Companhia de Jesus batalhava para conquistar. Aí estava um exemplo perfeito da Igreja católica impondo verdade, ordem e regularidade ao mundo sem regras. Como santo Inácio na obra-prima de Rubens, o papa Gregório trazia a luz da verdade universal para o povo, que por muito tempo sofrera em trevas e confusão. A reação às reformas confirmou isso: onde quer que a palavra do papa fosse lei, ordem, paz e verdade prevaleciam; onde quer que governassem hereges e cismáticos, persistiam erro, confusão e conflito. Nada podia ilustrar melhor a justeza da abordagem que era a essência da visão de mundo dos jesuítas. Aqui, acreditavam eles, estava o modelo para o triunfo final da Igreja romana.

A vitória decisiva da Igreja romana na questão do calendário parecia ainda mais impressionante quando comparada com o impasse que prevalecia em outras áreas de disputa teológica. Os católicos, por exemplo, acreditavam que a graça de Deus era concedida aos pecadores apenas por meio da Santa Igreja e seus sacramentos ministrados por um padre ordenado. Os protestantes, ao contrário, acreditavam num "sacerdócio de todos os crentes", querendo com isso dizer que Deus concederia sua graça diretamente a eles. Os católicos acreditavam que Cristo estava presente no pão e no vinho durante o sacramento da missa. Os protestantes acreditavam que Cristo estava presente em todo lugar (Lutero), ou que a missa era uma pura celebração ritual de seus sofrimentos (Zwingli). Os católicos acreditavam que Deus levaria em conta as boas obras do homem em seu mundo para determinar se ele seria salvo ou condenado. Os protestantes julgavam que somente a fé e a graça divina tinham importância. Os católicos acreditavam que a Bíblia exigia interpretações por parte da hierarquia e das tradições da Igreja. Os protestantes achavam que a Bíblia era um guia claro para o comportamento correto, acessível a qualquer um. E assim por diante. O que esses argumentos tinham (e ainda têm) em comum é que eles são inteiramente inconclusivos. Desde os dias de Lutero até hoje, nenhum lado cedeu um centímetro, nem viu razão para tanto.

É certo que os defensores de ambos os lados engajaram-se em debates apaixonados, com frequência violentos. Publicaram caricaturas grosseiras uns dos outros, retratando Lutero como emissário do diabo, ou o papa como o Anticristo, e as espalharam o máximo permitido pela nova tecnologia da imprensa. Publicaram panfletos populares denunciando mutuamente suas doutrinas como heréticas e catecismos detalhando os fundamentos de cada fé. Redigiram tratados como *Instituição da religião cristã*, de Calvino, ou *Disputationes metaphysicae*, do jesuíta Francisco Suárez; e, ocasionalmente, envolveram-se em debates formais, como o que Lutero manteve com Eck em 1519. Contudo, apesar do empenho, do tempo e dos recursos investidos nessas batalhas, nenhum lado foi capaz de impor ao outro sua posição. Que contraste entre esse atoleiro de indecisão e a gloriosa, claríssima vitória conquistada pela Igreja romana com a reforma do calendário! Se o segredo do triunfo do calendário pudesse ser infundido nesses outros campos, a vitória final do papa e da Igreja estaria assegurada.

Clávio acreditava que sabia qual era esse segredo: a matemática.[15] Disputas teológicas e filosóficas podiam se prolongar para sempre, acreditava ele, porque não havia maneira universalmente aceita para decidir quem estava certo e quem estava errado. Mesmo quando um lado possuía a verdade absoluta (como Clávio acreditava) e o outro, nada senão erros, os adeptos dos erros ainda assim podiam recusar-se a aceitar a verdade. Mas a matemática era diferente: com ela a verdade se impõe por si só à audiência, quer ela queira, quer não. Podia-se discutir a doutrina católica dos sacramentos, mas não era possível negar o teorema de Pitágoras; ninguém podia contestar a exatidão do novo calendário, pois ele se baseava em detalhados cálculos matemáticos. Aqui, acreditava Clávio, estava a chave para o triunfo final da Igreja.

A certeza da matemática

Clávio elaborou suas opiniões sobre a matemática num ensaio que anexou à sua edição de Euclides que circulou pela primeira vez em 1574, exatamente quando a comissão do calendário se punha a trabalhar. Intitulado "In disciplina mathematicas prolegomena" (Prolegômenos à disciplina matemática), ele é na verdade um apaixonado apelo em prol do reconhecimento do poder das ciências matemáticas e sua superioridade em relação às outras disciplinas. Se "a nobreza e a excelência de uma ciência devem ser julgadas pela certeza das demonstrações que ela usa", escreveu Clávio, então "sem dúvida as disciplinas matemáticas estão em primeiro lugar entre todas as outras": "Elas demonstram tudo em que veem uma disputa pelas razões mais fortes, e confirmam de tal maneira que engendram o verdadeiro conhecimento nas mentes dos ouvintes, e removem completamente qualquer dúvida."[16] A matemática, em outras palavras, se impõe na mente de seus ouvintes e compele mesmo os mais recalcitrantes entre eles a aceitar suas verdades.

"Os teoremas de Euclides", ele continua, "e do restante dos matemáticos",

> ainda hoje, como durante muitos anos passados, retêm nas escolas sua verdadeira pureza, sua real certeza e suas fortes e firmes demonstrações. ... Tanto é assim que as disciplinas matemáticas desejam, estimam e fomentam a verdade, rejeitam tudo que é falso, até qualquer coisa meramente provável, e nada admitem que não empreste sustentação e corroboração às mais certas demonstrações.[17]

Mas o caso é muito diferente com as outras "ciências". Aqui, argumenta Clávio, o intelecto lida com "enorme quantidade de opiniões" e uma "variedade de visões sobre a verdade das conclusões que estão sendo avaliadas". O resultado é que, enquanto a matemática leva à certeza que põe fim a todo debate, outros campos deixam a mente confusa e incerta. De fato, continua Clávio, comentando a inerente inconclusividade dos campos não matemáticos, "acho que ninguém admite quanto tudo isso está longe da matemática". "Não pode haver dúvida", ele conclui, "de que o primeiro lugar em meio às outras ciências deveria ser concedido à matemática."[18]

Rigorosa, ordeira, irresistível, a matemática era para Clávio a corporificação do programa jesuíta. Impondo verdade e superando o erro, ela estabelecia uma ordem e certeza fixas em lugar do caos e da confusão. Deve-se lembrar, porém, que quando Clávio fala de "matemática", ele tem em mente algo muito específico. Com toda a certeza era a aritmética usada por mercadores e comerciantes, bem como a nova ciência emergente da álgebra, que ensina como resolver equações quadráticas, cúbicas e quárticas. Mas, para Clávio, o verdadeiro modelo de perfeição matemática era a geometria tal como apresentada pela grande obra de Euclides, os *Elementos*. Esse era o único campo matemático, acreditava ele, que captava o poder e a verdade da disciplina na sua forma mais aprimorada. Quando Clávio desejava enfatizar a verdade eterna da matemática, citava "as demonstrações de Euclides", e decerto não é coincidência que, entre todos os seus livros-texto sobre os muitos campos matemáticos, ele tenha escolhido acrescentar "Prolegômenos" à edição que fez de Euclides.

Composto por volta de 300 AEC, os *Elementos* é indiscutivelmente o texto matemático mais influente da história. Não porque apresentasse resultados novos e originais. A obra baseava-se no trabalho de gerações anteriores de geômetras, e a maioria de seus resultados era bem conhecida dos matemáticos praticantes. O revolucionário na obra de Euclides era o método sistemático e rigoroso. Ela começava com uma série de definições e postulados tão simples a ponto de constituir verdade evidente. Segundo uma definição, "Uma figura é o que é contido por qualquer fronteira ou fronteiras"; segundo um postulado, "todos os ângulos retos são iguais entre si", e assim por diante. A partir desse início aparentemente trivial, Euclides move-se passo a passo para demonstrar resultados cada vez mais complexos: os ângulos da base de um triângulo isósceles são iguais; no triângulo retângulo, as somas dos quadrados dos dois lados que compõem o ângulo reto é igual ao quadrado do terceiro lado (o teorema de Pitágoras); num círculo, os ângulos que contêm um mesmo segmento são iguais entre si etc.[19] A cada passo, Euclides não se limita a argumentar que seu resultado é plausível ou provável, mas demonstra que é absolutamente verdadeiro – e não pode ser diferente. Dessa maneira, camada por camada,

Euclides constrói um edifício de verdade matemática composto de proposições interligadas e inabalavelmente verdadeiras, cada qual dependente daquelas que a precedem. Como observa Clávio em "Prolegômenos", era o edifício mais sólido no reino do conhecimento.

Para ter um gostinho do método de Euclides, considere sua prova da proposição 32 do Livro I: a soma dos ângulos de qualquer triângulo é igual a dois ângulos retos – ou, como diríamos hoje, 180°. Euclides, nesse ponto, já provara que, quando uma linha reta cruza duas retas paralelas, ela cria os mesmos ângulos numa paralela e na outra (Livro I, proposição 29). Aqui ele faz bom uso desse teorema:

> Proposição 32. Em qualquer triângulo, se um dos lados é prolongado, o ângulo externo é igual aos dois ângulos internos e opostos, e os três ângulos internos do triângulo são iguais a dois ângulos retos.
>
> Prova:
>
> Seja ABC um triângulo e seja prolongado um lado até D. Eu digo que o ângulo externo ACD é igual aos dois ângulos internos e opostos CAB, ABC, e que os três ângulos internos do triângulo, ABC, BCA e CAB são iguais a dois ângulos retos.[20]

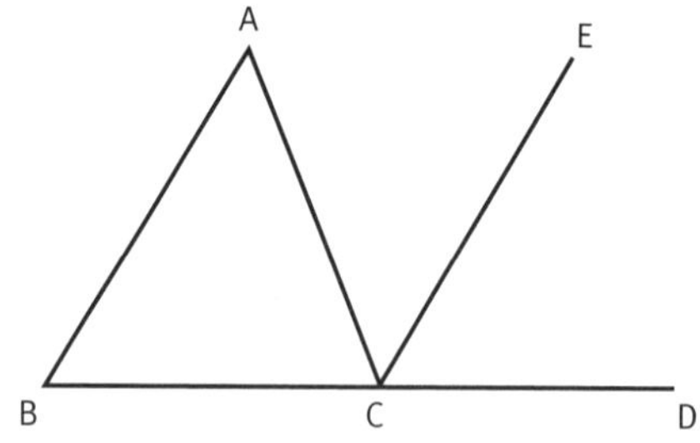

Figura 2.1. A soma dos ângulos de um triângulo.

> Seja desenhada a reta CE a partir do ponto C, paralela à reta AB.
>
> Então, como AB é paralela a CE e AC cruza as duas retas, os ângulos alternos BAC e ACE são iguais entre si.
>
> Novamente, como AB é paralela a CE e a reta BD cruza as duas, o ângulo externo ECD é igual ao ângulo interno e oposto ABC.

Mas foi provado que o ângulo ACE também é igual a BAC. Segue-se que todo o ângulo ACD (composto de ACE e ECD) é igual aos dois ângulos internos e opostos BAC e ABC.

Soma-se o ângulo ACB a cada um; segue-se que a soma dos ângulos ACB e ACD é igual à soma dos ângulos internos do triângulo ABC, BCA, CAB.

Mas como os ângulos ACB e ACD são iguais a dois ângulos retos, segue-se que os ângulos do triângulo ABC, BCA, CAB também são iguais a dois ângulos retos.

*CQD.**

Aqui a prova de Euclides é fundamentalmente simples. Ele prolonga o lado BC até o ponto D, então traça uma paralela a AB pelo vértice oposto C. Usando o que já havia provado sobre as propriedades das paralelas, transfere os ângulos A e B do triângulo para a reta BD junto ao ângulo C, mostrando assim que os três ângulos juntos se combinam para formar uma reta – ou seja, 180°. Mas mesmo nessa prova simples todos os elementos que tornam Euclides tão atraente estão claramente presentes. A prova baseia-se em provas anteriores, nesse caso, as propriedades específicas das paralelas; daí ele prossegue sistematicamente, passo a passo, mostrando com clareza que cada pequeno passo é logicamente correto e necessário; e, por fim, chega à sua conclusão, que é absolutamente verdadeira e universal. Não só o triângulo específico ABC tem ângulos que se combinam para formar 180°, mas todo triângulo que já existiu, existe ou existirá apresenta exatamente as mesmas características. Por fim, a prova da proposição 32 e qualquer outra prova euclidiana é um microcosmo da geometria de Euclides como um todo. Assim como cada prova é composta de pequenos passos lógicos, as próprias provas não são mais que pequenos blocos no edifício que é a geometria euclidiana. E, como cada prova sozinha, a geometria como um todo é universal e eternamente verdadeira, ordenando o mundo e governando sua estrutura em toda parte e sempre.

---

* *CQD*: "como se queria demonstrar", tradução de *quod erat demonstrandum*. (N.T.)

Estava claro para Clávio que o método de Euclides tinha conseguido fazer o que os jesuítas lutavam tão duramente para realizar: impor uma ordem verdadeira, eterna e inquestionável à realidade em aparência caótica. O mundo diversificado que vemos ao nosso redor, feito de formas, cores e texturas ilimitadas, pode nos parecer caótico e desregrado. Mas, graças a Euclides, podemos saber: toda essa diversidade e aparente caos estão na realidade estritamente organizados pelas verdades eternas e universais da geometria. Antonio Possevino, jesuíta, núncio papal, amigo e colaborador de Clávio, deixa isso claro em *Bibliotheca selecta*, de 1591, onde argumenta que

> se alguém concebe mentalmente Deus como o mais sábio e o arquiteto geômetra de tudo, ... compreenderá que o mundo foi unido por Deus a partir de todas as substâncias e a partir do todo da matéria; mas como não queria deixar nada discordante e desordenado, mas adornar tudo com proporção, medida e número, ... portanto o Artesão do mundo copiou o mais justo e eterno exemplar.[21]

Deus havia imposto a geometria sobre a matéria desordenada, e portanto as regras eternas da geometria prevalecem em todo lugar e sempre.

A matemática, a geometria em particular, era para Clávio a expressão dos mais altos ideais jesuíticos e fornecia um mapa claro para a Companhia na sua luta para construir uma nova ordem católica. Em algumas instâncias a matemática podia ser usada diretamente para engrandecer o poder da Igreja, como foi o caso na reforma do calendário. Em outras palavras, a matemática podia servir de modelo ideal para o verdadeiro conhecimento, e as outras disciplinas podiam apenas aspirar a emulá-la. De um jeito ou de outro, para Clávio, uma coisa era clara: a matemática não podia mais definhar como simples adendo no império jesuíta de ensino, mas devia se tornar uma disciplina central do currículo e componente-chave na formação dos jesuítas.

Clávio contra os teólogos

O caminho para estabelecer a matemática como disciplina essencial no currículo jesuíta foi difícil. Em primeiro lugar, Clávio teve de lidar com aqueles entre seus colegas que simplesmente não acreditavam que a matemática merecesse a alta posição na qual ele queria situá-la. Inácio, insistiam eles, não dera muita importância à matemática, e as regras que ele determinara não eram muito favoráveis à disciplina. Aquino, a autoridade escolhida de Inácio, atribuíra apenas uso limitado para a matemática; Aristóteles, guia dos jesuítas em filosofia, atribuía à matemática papel muito menor que lhe dera seu mestre e rival filosófico Platão; na física e na biologia aristotélicas, a matemática não tinha papel algum.

O mais incisivo dos oponentes de Clávio no Collegio Romano parece ter sido o teólogo Benito Pereira, o mesmo jesuíta que proclamara ser preciso "aderir às opiniões antigas e de forma geral aceitas". "Minha opinião", declarou Pereira em 1576, quando Clávio estava mergulhando no projeto da reforma do calendário, "é que as disciplinas matemáticas não são propriamente ciências."[22] O problema com a matemática, segundo Pereira, é que suas demonstrações são fracas; por conseguinte, ela não produz verdadeiro conhecimento, referido na linguagem filosófica da época como *scientia*. Isso porque demonstrações apropriadas, segundo Aristóteles, procedem de causas verdadeiras – aquelas enraizadas na natureza essencial dos objetos discutidos. Por exemplo, o silogismo clássico, "Todos os homens são mortais. Sócrates é um homem. Portanto, Sócrates é mortal", procede do fato de que a mortalidade é parte essencial do ser humano. Na matemática, argumenta Pereira, não existe nada semelhante a isso, porque as demonstrações matemáticas não levam em conta a essência das coisas. Em vez disso, apontam para relações complexas entre números, linhas, figuras etc. – todas interessantes em si, sem dúvida, mas carecendo da força lógica de uma demonstração a partir de causas verdadeiras. O uso de retas paralelas, por exemplo, pode nos revelar que a soma dos ângulos de um triângulo equivale a dois ângulos retos, mas as retas paralelas não são *causa* para que isso seja verdade. Para todos os intentos e propósitos, Pereira sugere, a matemática não tem sequer uma matéria-tema verdadeira; ela apenas deduz ligações entre diferentes propriedades. Se alguém procura demonstrações fortes, deve voltar-se para outro lugar: para as demonstrações silogísticas da física aristotélica, que são quase inteiramente destituídas de matemática.[23]

Não é assim, retorquiu Clávio em "Prolegômenos". O tema da matemática é a própria matéria, já que toda a matemática está "imersa" na matéria.[24] Isso, argumenta ele, situa a matemática num lugar distinto na ordem do conhecimento: ao mesmo tempo imersa na matéria e abstraída dela. A matemática está a meio caminho entre a física, que lida apenas com a matéria, e a metafísica, que lida com coisas separadas da matéria. A matemática, segundo Clávio, não deveria aspirar à igualdade com a teologia metafísica, que lida com coisas tais como a alma e a salvação. Mas ela está, não obstante, claramente em posição superior à física aristotélica favorecida por Pereira. Se Clávio ganhou ou não o debate, essa é uma questão de opinião. Contemporâneos acharam que ele ao menos sustentou sua posição, e isso era tudo que precisava fazer. Seu crescente prestígio como representante da Companhia na comissão do calendário fez mais que suas habilidades lógicas e retóricas para reforçar seus argumentos; de todo modo, ele estava mais interessado numa reforma pedagógica real que no abstrato debate filosófico. Foi para essa reforma que ele direcionou sua luta, e foi aí que, em última instância, a venceu.

Clávio apresentou seus planos para erguer o perfil da matemática na Companhia num documento chamado "Os modos como as disciplinas matemáticas podem ser promovidas nas escolas da Companhia", que fez circular por volta de 1582, logo depois que a comissão do calendário havia completado seu trabalho. Para o programa ter êxito, argumentava ele, era necessário primeiro elevar o prestígio daquele campo aos olhos dos alunos. Isso exigia alguma cooperação de seus colegas, e Clávio não hesitou em atacar diretamente aqueles que ele desconfiava estar sabotando seus esforços. Tinha Pereira e seus aliados em mente quando se queixou de que fontes confiáveis tinham lhe informado que certos professores zombavam abertamente das ciências matemáticas. "Será uma grande contribuição", ele escreveu, para a promoção da matemática

> se os professores de filosofia se abstiverem das questões que não ajudam a entender as coisas naturais e que muito depreciam a autoridade das disciplinas matemáticas aos olhos dos estudantes, tais como as que ensinam que as ciências matemáticas não são ciências [e] não têm demonstração.[25]

"A experiência ensina", acrescentava de forma ácida, "que essas questões são um grande obstáculo para os estudantes e de nenhuma serventia para eles."

Além de denunciar a influência perniciosa de colegas hostis, Clávio também deu sugestões positivas para o progresso da matemática nas escolas da Companhia.[26] Primeiro, e mais importante, argumentava ele, devem-se encontrar professores magistrais, "com erudição e autoridade incomuns", pois sem eles os estudantes "parecem incapazes de sentir atração pelas disciplinas matemáticas". Visando produzir um quadro de professores capazes, Clávio sugeriu estabelecer uma escola especial, para onde seriam mandados os alunos de matemática mais promissores nos colégios jesuítas a fim de cursar estudos superiores. Depois, uma vez que tivessem assumido seus postos regulares de ensino, os graduados nessa escola "não deveriam se ocupar de muitos outros afazeres", mas se concentrar na instrução matemática. Para combater o preconceito antimatemático, era extremamente importante que esses matemáticos muito bem treinados fossem tratados pelos colegas com o máximo respeito e convidados a tomar parte em debates públicos com os professores de teologia e filosofia. O prestígio da matemática, explicava ele, exigia isso. "Os alunos até agora parecem quase ter desprezado essas ciências, porque acham que elas não têm valor e são inúteis, uma vez que a pessoa que lhes dá aula nunca é convocada para atos públicos com outros professores."

Naquele tempo, como agora, os estudantes logo percebiam quais eram as matérias e os professores mais valorizados e quais não eram. Era quase impossível para os instrutores de uma área subvalorizada fazer com que os alunos os levassem a sério. Hoje é mais provável que professores de filosofia e ciências humanas se queixem de que suas áreas são desrespeitadas pelos instrutores das prestigiosas ciências matemáticas. Contudo, mesmo que os papéis das diferentes disciplinas agora estejam quase invertidos, a dinâmica ainda é em grande parte a mesma.

A chave euclidiana

Admitir professores qualificados no corpo docente dos colégios era uma coisa. Dar-lhes algo para ensinar era outra. Aqui também Clávio apresentou uma proposta. Já em 1581 redigiu um detalhado currículo de matemática, que chamou literalmente de "Ordem a ser mantida no ensino de disciplinas matemáticas".[27] O currículo completo consistia em 22 conjuntos de aulas divididos ao longo de três anos de estudo, plano que, em última análise, se mostrou ambicioso demais para ser implantado. Nos colégios jesuítas, teologia e filosofia ainda vinham primeiro. No entanto, isso não impediu Clávio de forçar a introdução, nas escolas, do máximo possível de seu currículo.

O primeiro e mais importante componente-chave do currículo de Clávio era inevitavelmente a geometria euclidiana. Qualquer aluno iniciante começaria estudando os primeiros quatro livros de Euclides, que tratam de geometria plana. Em seguida estudaria os fundamentos da aritmética, antes de passar para astronomia, geografia, perspectiva e teoria da música, entre outras, cada qual de acordo com a autoridade aceita na matéria: Jordanus de Nemore em aritmética, Sacrobosco em astronomia, Ptolomeu em geografia, e assim por diante. Mas, de tempos em tempos, voltaria para o maior mestre das ciências matemáticas, Euclides, até ter dominado meticulosamente os treze livros dos *Elementos*. Essa era uma sequência lógica de estudos, porém, para Clávio, representava também um compromisso ideológico mais profundo. A geometria, sendo rigorosa e hierárquica, era para ele a ciência ideal. As ciências matemáticas que se seguiam – astronomia, geografia, perspectiva, música – eram todas derivadas das verdades da geometria, e demonstravam como essas verdades governavam o mundo. Por conseguinte, o currículo de matemática de Clávio não só ensinava aos alunos competências específicas, mas também demonstrava como verdades eternas e absolutas moldam e governam o mundo.

Clávio passou grande parte dos últimos trinta anos de vida tentando implantar seu programa. Inicialmente, tinha esperança de incorporar seu plano no *Ratio studiorum* da Companhia, o documento-mestre da educação colegial jesuíta que vinha sendo utilizado havia décadas.[28] Um esboço produzido no Collegio Romano em 1586 segue tão de perto as sugestões de Clávio que provavelmente foi ele próprio o autor do capítulo sobre matemática. Ele propunha, por exemplo, que o professor de matemática, "que poderia ser padre Clávio", deveria lecionar um curso avançado da disciplina, de três anos, para instruir futuros professores jesuítas nesse campo. Um esboço posterior, de 1591, repetia grande parte dessa linguagem, chegando a advertir, como Clávio fizera, contra professores que subvertiam a autoridade e a importância da matemática. A versão final do *Ratio*, divulgada em 1599 e oficialmente aprovada, era mais seca e breve que suas rebuscadas predecessoras, mas também aceitava a linha geral das propostas de Clávio. Cada aluno aprenderia as bases dos *Elementos* de Euclides e depois estudaria esporadicamente tópicos mais avançados. Além disso, "os aptos e inclinados para a matemática deveriam ser treinados em particular, após o curso". Clávio, por fim, não conseguira sua própria escola de matemática, mas ainda assim obteve muito do que queria.

A obstinada defesa da matemática feita por Clávio nunca se limitou apenas à questão do currículo; ele também se lançou no temerário projeto de escrever novos livros-texto[29] para substituir os textos medievais em uso nas escolas da Companhia. Ainda que fossem considerados autoridades, eles datavam de centenas de anos e apresentavam o material num estilo pouco atraente para estudantes do século XVI. Em 1570, Clávio publicou a primeira edição de seu comentário sobre o *Tractatus de Sphaera* de Sacrobosco, livro-texto medieval que era o padrão de astronomia; e, em 1574, a primeira de muitas edições de seu comentário sobre Euclides. Essas publicações foram seguidas de livros sobre teoria e prática do gnômon – a ponta vertical do relógio de sol –, em 1581; o astrolábio – usado para medir a altura de uma estrela acima do horizonte –, em 1581; geometria prática (1604); e álgebra (1608). Os livros-texto muitas vezes eram disfarçados sob comentários acerca de textos tradicionais, como os *Elementos* de Euclides e *Da Sphaera* de Sacrobosco, e na verdade conservavam os ensinamentos centrais de suas fontes (tal como a premissa de Sacrobosco, de que o Sol gira ao redor da Terra). No entanto, as edições de Clávio eram mesmo livros novos, introduzindo tópicos inovadores e atualizados, enfatizando aplicações e apresentando as matérias de forma clara e atraente. Muitas foram as edições durante os séculos XVI e XVII; eles continuaram como livros-texto nas escolas jesuítas até boa parte do século XVIII.

Contudo, o projeto mais querido de Clávio era estabelecer uma academia de matemática no Collegio Romano.[30] No começo, entre 1570 e 1580, ela consistiu num grupo informal de estudantes de matemática selecionados que se reuniam em torno de Clávio para estudar tópicos avançados. Contudo, no começo dos anos 1590, Clávio deu um jeito de convencer seu amigo, o teólogo Roberto Bellarmino, que era reitor do colégio na época, a formalizar esse arranjo. Daí por diante, os membros da academia eram isentados de outros deveres durante um ou dois anos de estudo, tendo permissão para se concentrar exclusivamente na matemática. Em 1593, o geral Acquaviva emprestou sua própria autoridade ao arranjo, decretando que os melhores alunos de matemática na rede de colégios jesuítas seriam enviados a Roma para estudar com Clávio. O resultado foi que o padre logo se tornou líder de um grupo de jovens matemáticos que não eram apenas competentes professores, mas matemáticos brilhantes. Entre eles estava o estadista Cristóvão Grienberger, sucessor de Clávio no Collegio; o impetuoso padre Orazio Grassi (1583-1654), famoso por se enredar num debate com Galileu acerca da natureza dos cometas; o padre Grégoire de Saint-Vincent (1584-1667); e o padre Paul Guldin (1577-1643) – todos situados entre os mais importantes matemáticos europeus de sua geração. Em 1581, Clávio se queixara de que os jesuítas eram ignorantes em matemática e ficavam calados quando se debatia a matéria. No entanto, graças quase exclusivamente à sua obstinada e incansável liderança, apenas algumas décadas depois, os jesuítas estabeleciam o padrão para o estudo de matemática na Europa.

Ao longo de todo o caminho, mesmo em seu trabalho avançado, os jesuítas nunca se desviavam de seu compromisso com a geometria euclidiana.[31] Ela era o núcleo de seus ensinamentos e o alicerce de sua prática matemática. Não se tratava de uma escolha estilística, mas de um profundo compromisso ideológico: todo o sentido de estudar e ensinar matemática era que ela demonstrava como a verdade universal se impunha ao mundo – de forma racional, hierárquica e inevitável. De modo ideal, acreditavam os jesuítas, as verdades da religião seriam impostas ao mundo exatamente como os teoremas geométricos, sem deixar espaço para serem evitadas ou negadas por protestantes ou outros hereges, e levando ao triunfo inescapável da Igreja. Para eles, a matemática seria estudada de acordo com os princípios e procedimentos de Euclides, ou não devia nem ser estudada. A matemática que contrariasse essas práticas era inútil para seus propósitos, e ainda desafiaria sua invencível fé de que a verdade, estabelecida pela hierarquia universal da Igreja católica, haveria inevitavelmente de prevalecer.

A besta de raciocínio lento

Cristóvão Clávio morreu em Roma, em 12 de fevereiro de 1612, no auge do poder e do prestígio. As lutas dos primeiros anos tinham ficado bem longe no passado, e "nosso Clávio", como era citado nos documentos jesuítas, era um dos tesouros mais queridos da Companhia. Era o inquestionável fundador e líder de uma brilhante escola matemática que não só trouxera honra aos jesuítas, mas que também ampliara sua potência política, quando eles tentaram se estabelecer como autoridade intelectual da Igreja católica. Mesmo seus grandes rivais, os dominicanos, não podiam se gabar de conquistas comparáveis.[32] Ainda em 1610, Clávio foi chamado a confirmar ou negar as espantosas observações telescópicas de Galileu, inclusive as alegações de que havia montanhas na Lua e que Júpiter era orbitado por quatro luas. A intervenção de Clávio foi decisiva: ele apoiou Galileu, assegurando assim que as descobertas fossem quase universalmente aceitas.

A reverência dos jesuítas pelo idoso Clávio nos chega por meio das palavras do astrônomo da Companhia, Giambattista Riccioli, que comentou em 1651: "Alguns preferiam ser criticados por Clávio a ser elogiados por outros."[33] Seus muitos admiradores fora da Companhia incluíam o astrônomo dinamarquês Tycho Brahe, os matemáticos italianos Federico Commandino e Guidobaldo del Monte, e figuras eminentes, como o arcebispo de Colônia, que em 1597 escreveu que Clávio era visto como "o pai dos matemáticos", é "venerado por espanhóis, franceses, italianos e pela maioria dos alemães".[34] Mas não faltavam detratores. Alguns, claro, eram protestantes, como o astrônomo e matemático alemão Michael Maestlin, mais conhecido como mentor de Kepler, agudo crítico da reforma do calendário. O mesmo se passava com o humanista francês Joseph Justus Scaliger, que desprezava todos os jesuítas e referia-se a Clávio como "uma besta alemã, de barriga enorme, raciocínio lento e moroso".[35]

Outros, porém, eram católicos. O cardeal Jacques Davy Duperron também julgou útil a comparação com bichos, referindo-se a Clávio como o "cavalo gordo da Alemanha". O matemático francês François Viète, que travou uma briga feroz com Clávio sobre os méritos do novo calendário, denunciou-o como "falso matemático e falso teólogo".

Essas denúncias corrosivas, que hoje consideraríamos extrapolar o pálido discurso acadêmico, não eram incomuns nos séculos XVI e XVII. Mesmo assim, as referências a Clávio como "besta" de raciocínio lento ou "cavalo" não eram insultos inocentes para um homem conhecido pela grande corpulência. Eles sugeriam uma crítica mais profunda a Clávio, crítica que não podia ser simplesmente deixada de lado. Jacques-Auguste de Thou a expressa claramente em *História*, de 1622, quando cita a visão que Viète tinha do jesuíta. De Thou escreve que Clávio era um magistral expositor que possuía talento para explicar as descobertas dos outros, mas não deu nenhuma contribuição original para as disciplinas que presidia. Segundo essa visão, ele não passava de uma besta de carga capaz de imensos dispêndios de energia em nome de sua causa, mas incapaz de produzir uma ideia nova e original.

Deve-se dizer que essa não é uma avaliação inteiramente injusta. Clávio foi, inquestionavelmente, um grande promotor das ciências matemáticas, elevando seu perfil dentro e fora da Companhia. Era um organizador efetivo, que superou à força obstáculos políticos e organizacionais para estabelecer seu instituto matemático no Collegio Romano. E também um professor magistral, amado e reverenciado por gerações de estudantes, sendo que não poucos deles tornaram-se matemáticos famosos. Foi um dos maiores pedagogos da época, cujo detalhado currículo matemático moldou profundamente o ensino da disciplina na Europa nos anos seguintes. E foi autor de livros-texto, publicando repetidas edições de seus livros de geometria, álgebra e astronomia.

"O cavalo gordo da Alemanha". Cristóvão Clávio por volta de 1606. Gravura de E. de Boulonois, baseada em pintura de Francisco Villamena.

Mas era ele um matemático criativo? Seus livros-texto oferecem pouca evidência disso. *Euclides* é essencialmente uma exposição moderna do texto antigo, embora se tenha ressaltado que contém alguns resultados novos na teoria das combinações.[36] Sua edição do *Tractatus de Sphaera*, de Sacrobosco, faz uso de algumas observações e teorias que pós-datam o original da Idade Média, mas, numa época em que a visão geocêntrica do mundo era questionada por Nicolau Copérnico, Tycho Brahe e Johannes Kepler, o texto de Clávio é uma estrita defesa da velha ortodoxia.[37] Embora ele conhecesse o trabalho pioneiro de Viète, que é o fundamento da álgebra moderna,[38] a *Algebra* de Clávio não contém nada disso, limitando-se a resumir as ideias de algebristas italianos e alemães mais antigos cuja obra se desvanece em comparação com a de Viète. Tudo para dizer que a descrição de Clávio feita por De Thou, como matemático pouco original, que nunca se afastou muito da trilha batida de seus predecessores, é apoiada pela evidência. A descrição sem dúvida teve a intenção de insultar o velho jesuíta, mas parece particularmente severa até na nossa própria época, quando os matemáticos são julgados quase exclusivamente pela força da criação e da originalidade.

Todavia, julgar Clávio por esse padrão seria uma injustiça. Ele nunca quis dar qualquer contribuição original para a matemática, e teria ficado muito feliz se ninguém mais o fizesse. "Os teoremas de Euclides e dos demais matemáticos",[39] explica ele em "Prolegômenos", "ainda hoje, como durante muitos anos passados, mantêm … sua verdadeira pureza, sua real certeza e suas fortes e firmes demonstrações." Para Clávio, a matemática é digna de ser estudada não porque oferece um campo para investigações com resultados abertos e novas descobertas, como acontece com a matemática moderna, mas porque nunca muda: seus resultados são verdadeiros hoje como eram no passado distante e como serão no futuro distante. A matemática, mais que qualquer outro campo, oferece estabilidade, ordem e verdades eternas e imutáveis. Para esse objetivo, novas descobertas são irrelevantes e potencialmente perturbadoras, e não deveriam de forma alguma ser encorajadas. A julgar desse ponto de vista, Clávio pode ter sido um dos grandes matemáticos de sua época, mas era um tipo de matemático muito diferente daquele que hoje conhecemos.

Mantendo-se próximo das antigas e estabelecidas verdades da matemática, Clávio era fiel às tradições intelectuais de sua ordem e aos decretos de seus líderes. Ninguém, advertira o geral Acquaviva, jamais deveria suspeitar que os jesuítas inovassem.[40] E ainda que esse conservadorismo arraigado se aplicasse a todas as áreas do conhecimento, ele era particularmente radical no caso da matemática. Todo o caso que Clávio criara para elevar o status da disciplina nas escolas jesuítas residia no fato de que ela, mais que qualquer outra ciência, era fixa, ordenada e eternamente verdadeira. Outras áreas podiam ser buscadas por outras razões: a teologia, porque era o estudo da palavra de Deus; a filosofia, porque era o estudo do mundo e era essencial para se entender teologia. Mas por que estudar matemática? Apenas porque ela fornecia um modelo de perfeita ordem e certeza racionais, um exemplo de como verdades universais governavam o mundo. Se a matemática devia se tornar um campo de inovações de longo alcance, nas quais novas verdades eram propostas e ficavam sujeitas a questionamento e debate, então ela seria mais que inútil. Seria perigosa, pois comprometeria os próprios alicerces da verdade que deveria sustentar.

A marca de Clávio continuou forte na tradição matemática jesuíta. Durante séculos, os matemáticos da Companhia optaram por ater-se aos métodos tentados e aprovados, seguindo o máximo possível Euclides e evitando novos campos traiçoeiros. Todavia, nos anos em que Clávio estabelecia a poderosa escola jesuíta da disciplina, uma prática matemática muito diferente ganhava terreno, prática que iria testar todos os seus tão prezados princípios. Onde os jesuítas insistiam em postulados claros e simples, os novos matemáticos baseavam-se numa intuição vaga da estrutura interna da matéria; onde os jesuítas celebravam a certeza absoluta, os novos matemáticos propunham um método repleto de paradoxos; onde os jesuítas buscavam a todo custo evitar controvérsia, o novo método parecia enterrado em controvérsias intratáveis, aparentemente desde a sua própria concepção. Aquilo era tudo que os jesuítas julgavam que a matemática não deveria ser, e, ainda assim, floresceu, ganhando novo terreno e novos adeptos. Era conhecido como método dos indivisíveis.

3. Desordem matemática

O cientista e o cardeal

Em dezembro de 1621, Galileu Galilei, matemático e filósofo da corte do grão-duque Fernando II da Toscana, recebeu a carta de um admirador, o monge milanês de 23 anos Bonaventura Cavalieri. Galileu conhecera Cavalieri em Florença alguns meses antes; ficou impressionado com a perspicácia matemática do jovem monge e o convidou para continuar suas conversas por correspondência. Cavalieri fez exatamente isso; a carta, cheia de admiração e louvor pelo sábio florentino, relatava seu mais recente trabalho matemático e pedia a opinião de Galileu sobre a direção nova e radical que estava tomando.

Galileu na época se encontrava no auge da fama e do poder, e estava acostumado com jovens ambiciosos que buscavam seu conselho e proteção. Fazia doze anos que, ainda professor de matemática na Universidade de Pádua, construíra um telescópio e o apontara para o céu. O que viu ali mudou para sempre a visão humana do Universo: inúmeras estrelas invisíveis a olho nu, montanhas e vales no supostamente esférico disco da Lua, manchas escuras na teoricamente perfeita superfície do Sol. O mais notável foram as quatro manchinhas minúsculas que observou circulando em torno de Júpiter, que inferiu serem luas orbitando o planeta, exatamente como a nossa Lua orbita a Terra. Galileu logo compilou seus achados num livreto que intitulou *Sidereus nuncius* (Mensageiro das estrelas) e o enviou aos principais estudiosos e astrônomos da época. O impacto foi imediato. Aparentemente da noite para o dia, o obscuro professor tornou-se conhecido em toda a Europa como o homem que abriu as portas do céu. Ao visitar Roma em 1611, Galileu presenteou o papa com relatos de suas descobertas e foi convidado para uma amigável audiência privada com o cardeal jesuíta Bellarmino. No Collegio Romano, padre Clávio, sempre desconfiado de inovações, inicialmente objetou, observando com sarcasmo que, para ver aquelas coisas, era preciso primeiro colocá-las dentro do telescópio. Contudo, até ele mudou de opinião quando astrônomos jesuítas confirmaram as descobertas do florentino, dando-lhes suas bênçãos. O venerável matemático, agora em seu último ano de vida, estava presente quando os jesuítas celebraram Galileu com um dia de pródigas cerimônias no Collegio.[1]

Como muitos professores daquela época e de hoje, Galileu não era apaixonado por seus deveres de ensino na universidade. Sentindo a oportunidade de se livrar desse fardo de uma vez por todas, dedicou *Sidereus nuncius* ao governante de sua Florença natal, o grão-duque Cosme II de Médici da Toscana, insinuando abertamente que nada lhe agradaria mais que se juntar à corte do príncipe. Para adoçar ainda mais as coisas, batizou os recém-descobertos satélites de Júpiter, em honra ao grão-duque e sua família, de "estrelas mediceias", inscrevendo assim o nome de Médici para todo o sempre no céu. A jogada deu certo: em 1611, Galileu havia trocado Pádua pela corte dos Médici em Florença, onde foi nomeado matemático-chefe e filósofo do grão-duque. Felizmente para ele, sua nova posição vinha sem obrigações de ensino, embora fosse oficialmente matemático-chefe da Universidade de Pisa. A posição representava um salário várias vezes maior que o que recebia como modesto professor.

Agora famoso, Galileu não se acomodou sobre seus louros. Homem extravagante, de presença de espírito e pena afiada, apreciava o tumulto das disputas científicas. Não muito depois de se mudar para Florença, escreveu um *Discurso sobre corpos flutuantes* que era, efetivamente, um ataque direto aos princípios da física aristotélica.[2] Em 1613 ele já havia publicado *Cartas sobre as manchas solares*, que narra a história de seu debate com o misterioso "Apelles" acerca da descoberta e da natureza desse fenômeno solar.[3] No livro, Galileu argumenta que foi o primeiro a observar as manchas solares (alegação que podia ser sincera, mas que, em todo caso, era equivocada). Argumenta também, corretamente, que as manchas estão na superfície do Sol ou muito perto dela, e que demonstram que o astro gira em torno do seu eixo. Finalmente, indo além do assunto imediato, ele alega que as manchas solares fornecem apoio crucial para o sistema de Copérnico, que punha o Sol, e não a Terra, no centro do cosmo. Como Galileu bem sabia, essas afirmações irritavam os estudiosos aristotélicos tradicionais, que acreditavam que o céu era perfeito e que as manchas deviam ser um efeito atmosférico próximo da Terra. As coisas ficaram ainda mais irritantes quando se revelou que "Apelles" era o acadêmico jesuíta Cristóvão Scheiner de Ingolstadt, que ficou muitíssimo ofendido com a zombaria de Galileu. Aquele foi o primeiro sinal de atrito entre Galileu e os jesuítas, e veio apenas dois anos depois de ele ter sido homenageado publicamente no Collegio Romano. Mas estava longe de ser o último, pois as tensões entre Galileu e a Companhia de Jesus só iriam crescer nos anos seguintes. Quando, cerca de vinte anos depois, o cientista florentino foi levado a julgamento pela Inquisição, acusado e afinal condenado por heresia, foram os jesuítas que comandaram a acusação.

Galileu pisava em terreno perigoso. Ele não apenas contestava a autoridade de Aristóteles, prezada pelos teólogos da Igreja, mas também ia contra o claro significado da Escritura, que em diversos lugares deixava implícito que o Sol girava em torno da Terra. Uma personalidade mais cuidadosa teria se mantido ao largo de tema tão explosivo, mas Galileu era tudo, menos cuidadoso. Em vez de esperar os ataques de seus adversários, resolveu levar o combate para sua terra natal, publicando seu próprio tratado teológico. A "Carta à grã-duquesa Cristina"[4] era endereçada a Cristina de Lorena, mãe do grão-duque da Toscana, que manifestou a Galileu suas preocupações de que o sistema fosse inconsistente com a palavra revelada de Deus. Circulando em 1615, mas publicada apenas muitos anos depois, a carta contém a resposta de Galileu que veio a ser conhecida como doutrina "dos dois livros". O livro da natureza, raciocinava ele, e o livro da Escritura nunca podem estar em conflito. Um contém tudo que vemos à nossa volta no mundo, o outro contém a revelação divina, mas ambos, em última análise, derivam da mesma fonte: o próprio Deus. Portanto, se

Galileu no auge da fama.
Retrato de Ottavio Leoni (1578-1630).

parece haver conflito entre os dois, a única explicação possível é que não compreendemos adequadamente um ou outro livro.

Enquanto não temos "prova" científica de uma tese particular, reconhecia Galileu, devemos sempre aceitar a autoridade da Escritura, entendida no seu sentido mais simples e direto. Contudo, se possuímos uma prova científica, então os papéis se invertem, e a Escritura precisa ser reinterpretada de acordo com o livro da natureza. Senão, adverte Galileu, seremos obrigados a acreditar em algo que é evidentemente falso, jogando ridículo e descrédito sobre a Igreja. Esse, insistia Galileu, era o motivo pelo qual a Igreja devia aceitar a teoria de Copérnico. Ele podia provar que a Terra e os planetas de fato giravam em torno do Sol, e a Igreja só traria descrédito a si mesma contradizendo essa verdade manifesta. A compreensão tradicional da Escritura precisava ser substituída por interpretações consistentes com a verdade científica, argumentava Galileu, e incluiu suas próprias leituras de passagens bíblicas cruciais para mostrar que eram perfeitamente consistentes com Copérnico.

Lindamente escrita e bastante persuasiva, a "Carta à grã-duquesa Cristina" é uma convincente defesa não só do copernicanismo, mas da compatibilidade entre fé e pesquisa científica. Contudo, as autoridades religiosas do século XVII não estavam inclinadas a encarar com gentileza uma invasão não consentida à sua área. De fato, Galileu era um astrônomo talentoso, mas não lhe cabia pronunciar-se sobre teologia, campo em que era estritamente um amador. A tarefa de lembrar ao intruso o seu lugar recaiu sobre o velho amigo de Clávio, o venerável teólogo jesuíta cardeal Roberto Bellarmino. Em abril de 1615, o cardeal emitiu opinião sobre o trabalho de um dos mais ardentes seguidores de Galileu, o monge carmelita Paolo Foscarini. Embora nominalmente dirigida a Foscarini, a opinião tinha a clara intenção de advertir Galileu. Se houvesse prova científica para Copérnico, argumenta Bellarmino na sua carta, então passagens da Escritura tinham de ser reconsideradas, pois "deveríamos melhor dizer que não as entendemos que afirmar como falso algo que foi provado". Mas, uma vez que nenhuma prova "me foi mostrada", continua ele, devemos nos ater ao sentido manifesto da Escritura e ao "comum acordo dos santos padres". Todos eles concordavam que o Sol gira em torno da Terra.

Sem dúvida Bellarmino tinha razão. Galileu podia trazer, e trouxe, muitos argumentos fortes em apoio ao sistema de Copérnico, mas, apesar de suas corajosas proclamações, não podia realmente comprová-lo. A suposta "prova", baseada na enchente e vazante das marés, era fraca e, como mostraram alguns contemporâneos, profundamente falha. Na ausência de provas, a insistência de Bellarmino de que a Escritura devia ser tomada pelo seu valor nominal parece razoável. Ademais, ele não proibiu Galileu de estudar o sistema copernicano como uma hipótese que se encaixava bem nas observações. Apenas insistia em que Galileu não podia sustentar que o copernicanismo era de fato verdadeiro e descrevia os movimentos reais do Sol e dos planetas.

Menos de um ano depois que Bellarmino escreveu a carta, sua opinião tornou-se a posição oficial da Igreja, impondo limites estritos à capacidade de Galileu advogar em prol do copernicanismo. Em 1616, porém, a Igreja não estava pronta para abrir mão do seu herói de outrora, não só o mais celebrado cientista de Europa, mas também um bom católico. Num sinal da alta estima em que ele era tido em Roma, foi concedida a Galileu uma entrevista com o papa Paulo V, que lhe assegurou sua boa vontade, e com Bellarmino, que explicou os termos do banimento e os confirmou por escrito. Foi a suposta violação dessa ordem por parte de Galileu que o levou à Inquisição, dezesseis anos depois.

Nos anos seguintes, Galileu aparentemente deixara para trás esse caso aflitivo. Ainda era um homem famoso, admirado por cientistas e leigos, e seguro em sua posição na corte dos Médici. Suas escaramuças com autoridades da Igreja o tornavam suspeito em alguns círculos, sobretudo entre os jesuítas. Mas elas também o transformaram no herói de segmentos mais liberais da sociedade italiana, que se ressentiam da insistência da Igreja em ser árbitra de toda verdade e mais ainda dos modos dominadores dos jesuítas. O bastião desse "partido liberal" era a Academia dos Linces (Accademia dei Lincei), em Roma, da qual Galileu era o membro mais ilustre. Fundada em 1603 pelo aristocrata Federico Cesi, a Academia era ponto de reunião para alguns dos mais brilhantes intelectuais de Roma, eclesiásticos e leigos. Durante os turbulentos anos de 1615-16, os "linces" puseram-se ombro a ombro com Galileu, e o apoio sem dúvida o ajudou a se safar com tranquilidade. Eles se mostrariam igualmente importantes nos anos seguintes, quando Galileu começou mais uma vez a exprimir opiniões proibidas acerca do céu.

Paradoxos e infinitesimais

Em 1621 Galileu, ainda cauteloso, provavelmente ficou contente de receber uma indagação sobre um tema matemático aparentemente correto. Suponha, sugeria Cavalieri, que tenhamos uma figura plana e tracemos uma linha reta dentro dela; e suponha, além disso, que desenhemos todas as possíveis retas dentro da figura que sejam paralelas à primeira. "Nesse caso", escreve ele, "chamo as retas assim desenhadas de 'todas as retas' daquela figura plana. Da mesma maneira, dado um sólido tridimensional, todos os possíveis planos dentro do sólido que sejam paralelos a um plano dado são 'todos os planos' daquele sólido."[5] É permitido, indagava ele a Galileu, equiparar a figura plana com "todas as retas" da figura e o sólido com "todos os planos" do sólido? Indo além disso, se houver duas figuras, é permitido comparar "todas as retas" de uma a "todas as retas" da outra, ou "todos os planos" de um a "todos os planos" do outro?

A pergunta de Cavalieri parece simples, mas vai direto ao paradoxal núcleo dos infinitamente pequenos. Num nível intuitivo, o plano parece composto de linhas paralelas, e o sólido parece composto de planos paralelos. Mas, como Cavalieri comenta em sua carta, podemos desenhar infinitas linhas paralelas atravessando qualquer figura e um número infinito de planos através de qualquer sólido, o que significa que o número de "todas as retas" ou "todos os planos" é sempre infinito. Agora, se cada uma dessas linhas tem largura positiva, por menor que seja, então um número infinito delas resultará numa figura infinitamente grande – não naquela pela qual começamos. Mas se as linhas não têm largura (ou largura zero), então, qualquer acúmulo delas, não importa quão grande seja, ainda terá largura zero e magnitude zero, e acabamos sem figura alguma. O mesmo se aplica a "todos os planos" de um sólido tridimensional: se tiverem espessura, por menor que seja, inevitavelmente irão se combinar formando um sólido de tamanho infinito; mas, se não tiverem espessura, seu acúmulo sempre resultará numa soma zero.

Essa é a velha questão da composição do continuum que havia confundido filósofos e matemáticos desde os dias de Pitágoras e Zenão. A essa questão familiar, ainda que problemática, Cavalieri agora acrescentava: é permitido comparar "todas as retas" de uma figura com "todas as retas" de outra? Isso, observa ele em sua carta, envolve comparar um infinito com outro, coisa estritamente proibida pelas regras tradicionais da matemática. Isso ocorre porque, segundo o "axioma de Arquimedes", duas grandezas têm uma razão entre si se, e somente se, for possível multiplicar a grandeza menor tantas vezes que se torne maior que a grandeza maior. Isso, porém, não ocorre com infinitos, pois, por mais que se multiplique um infinito, sempre se chegará ao mesmo resultado imutável: infinito.

Por infortúnio, não temos a resposta de Galileu a esse jovem colega, pois apenas um lado da correspondência sobreviveu. Cartas de Cavalieri datadas dos meses seguintes sugerem que Galileu, no mínimo, o encorajou a continuar suas investigações. Provavelmente era isso que Cavalieri esperava, uma vez que Galileu já tinha reputação de manter opiniões não ortodoxas sobre a composição do continuum. Já em 1604, enquanto elaborava a lei dos corpos em queda, ele fizera experimentos com a ideia de que a área da superfície de um triângulo, representando a distância percorrida por um corpo, era composta de um número infinito de linhas paralelas, cada qual representando a velocidade do corpo num dado instante.[6] Alguns anos depois, em 1610, Galileu ainda se ocupava dos paradoxos do continuum, anunciando sua intenção de dedicar um livro inteiro ao assunto.[7] O livro nunca se concretizou, talvez por causa dos dramáticos acontecimentos que transformaram sua vida naqueles anos, porém, três décadas depois, ele fez uma exposição bastante detalhada de seus pontos de vista em sua última grande obra, *Discursos e demonstrações matemáticas sobre duas novas ciências*, que hoje muitos consideram a reunião de suas contribuições científicas mais importantes. *Discursos*, como ficou conhecida a obra, foi escrito na *villa* de Galileu em Arcetri, nos arredores de Florença, durante os longos anos de prisão domiciliar que se seguiram ao seu julgamento pela Inquisição, em 1633. Embora publicado na Holanda, em 1638, o livro baseia-se nos estudos que Galileu realizou muitas décadas antes, quando era professor nas universidades de Pisa e Pádua.

Os *Discursos* são escritos como uma conversa entre três amigos, Salviati, Sagredo e Simplício, com quem os leitores do livro deviam estar familiarizados. Apenas algumas décadas antes, o mesmo trio estrelara o *Diálogo sobre os dois máximos sistemas do mundo*,[8] livro imensamente popular de Galileu sobre o sistema de Copérnico, trabalho que provocara seu julgamento e condenação. Embora muito da centelha e da espirituosidade que caracterizavam o *Diálogo* estivessem ausentes nos *Discursos*, os três amigos mantêm seus antigos papéis: Salviati como porta-voz de Galileu, Simplício como a voz dos obsoletos críticos aristotélicos e Sagredo como árbitro sábio, que regularmente toma o partido de Salviati. No primeiro dos quatro dias de diálogo, os três amigos debatem o problema da coesão: o que mantém os materiais unidos, impedindo-os de se desmanchar sob pressões externas? Salviati começa discutindo as cordas, mostrando que sua força se deve ao fato de elas serem compostas de grande número de fios reunidos e retorcidos juntos. Então, ele estende o raciocínio para a madeira, cuja força interna, argumenta, também se justifica por ela ser composta de fibras firmemente unidas. Mas, pergunta ele, e quanto a outros materiais, como o mármore ou os metais? Que força os mantém unidos com tamanha e impressionante intensidade?

A resposta, de acordo com Salviati, é o *horror vacui* – a aversão que a natureza tem ao vácuo. Sabemos pela experiência, argumenta ele, que o *horror vacui* é uma força extremamente poderosa: duas superfícies perfeitamente lisas de mármore ou metal dificilmente podem ser separadas, uma vez que as separar com um puxão produziria um vácuo momentâneo. Essa poderosa força, continua ele, é ativa não só entre corpos, mas também no interior de cada corpo, mantendo-o coeso. Assim como uma corda é composta de fios separados e a madeira de fibras separadas, um bloco de mármore e uma lâmina de metal também são compostos de inúmeros átomos dispostos lado a lado. Existe, porém, uma diferença: enquanto a corda é composta de uma quantidade grande, mas finita, de fios e o pedaço de madeira de uma quantidade ainda maior, mas finita, de fibras, o bloco de mármore e a lâmina de metal são compostos de quantidades *infinitas* de átomos infinitamente pequenos, ou "indivisíveis". Separando-os, há um número infinito de pequenos espaços vazios. O vácuo nesses infinitos espaços é a cola que mantém o objeto grudado e é responsável por sua força interna.

Essa era a teoria da matéria de Salviati (de Galileu), e, como ele mesmo admite, era uma teoria difícil. "Em que mar estamos entrando sem saber!", Salviati exclama a certa altura. "Com vácuos, e infinitos, e indivisíveis, ... será que seremos capazes, mesmo que com mil discussões, de chegar em terra firme?" De fato, pode uma quantidade finita de matéria ser composta de um número infinito de átomos e de um número infinito de espaços vazios? Para provar que era possível, ele voltou-se para a matemática.

Salviati investigou a questão do continuum por meio de um paradoxo medieval conhecido como a roda de Aristóteles, embora nada tenha a ver com o antigo filósofo, e sua revelação seja qualquer coisa, menos aristotélica. Imaginem, sugere Salviati aos seus amigos, um hexágono ABCDEF e um hexágono menor HIKLMN dentro dele e concêntrico a ele, ambos com centro G. E suponham, além disso, que prolonguemos o lado AB do hexágono grande, formando a reta AS, e o lado paralelo do hexágono pequeno formando a reta HT. Em seguida, giramos o hexágono grande em torno do ponto B, de modo que o lado BC coincida com o segmento BQ da reta AS. Quando isso ocorre, o hexágono menor também gira, até que o lado IK coincida com o segmento OP da reta HT. Há uma diferença,

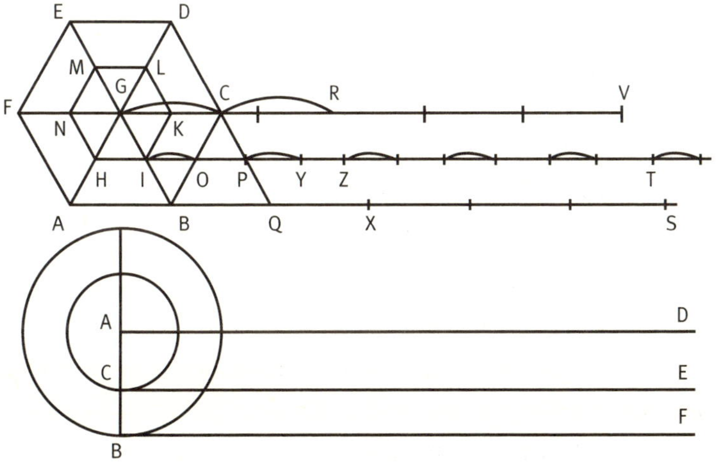

Figura 3.1. O paradoxo da roda de Aristóteles.

ressalta Salviati, entre a linha criada pela rotação do hexágono grande e a linha criada pela rotação do hexágono menor: o hexágono grande cria uma linha contínua, porque o segmento BQ está colocado exatamente ao lado do segmento AB. A linha do hexágono menor, porém, tem vazios, porque entre os segmentos HI e OP há um espaço IO, onde o hexágono em sua rotação jamais toca a linha. Se completarmos uma rotação inteira do hexágono grande ao longo da reta AS, ela criará um segmento contínuo cujo comprimento é igual ao do perímetro do hexágono. Ao mesmo tempo, o hexágono menor percorrerá uma distância aproximadamente igual em comprimento ao longo da reta HT, mas a linha que ele cria não será contínua: ela será composta dos seis lados do hexágono com seis vazios iguais entre eles.

Agora, o que vale para os hexágonos, segundo Salviati, vale também para qualquer polígono, mesmo um polígono de 100 mil lados. Fazendo-o rolar, criaremos uma linha reta de comprimento igual à sua circunferência, enquanto um polígono menor, mas semelhante, dentro dele traçará uma linha de comprimento igual, mas composta de 100 mil segmentos intercalados de 100 mil espaços vazios. O que acontece se substituirmos esses polígonos finitos por um polígono com número infinito de lados – em outras palavras, um círculo? Como mostra a parte inferior da roda de Aristóteles, rolando o círculo uma volta inteira, ele traçará a linha BF igual à circunferência do círculo; e o círculo interno, enquanto isso, traçará uma linha de igual comprimento ao longo de CE ao completar uma volta inteira. Nisso os círculos não são diferentes dos polígonos. Mas eis aqui o problema: o comprimento da linha CE é igual ao da linha BF, uma linha criada pelo círculo de circunferência maior. Como o círculo menor pode criar uma linha mais comprida que sua própria circunferência? A resposta, de acordo com Salviati, é que a linha aparentemente contínua CE é, exatamente como aquela criada pelos polígonos em rotação, intercalada de espaços vazios que contribuem para seu comprimento. A linha criada pelo polígono menor de 100 mil lados é composta de 100 mil segmentos separados por 100 mil vazios; segue-se disso que a linha traçada pelo círculo menor é composta de infinitos segmentos separados por infinitos espaços vazios.

Forçando a roda de Aristóteles até o limite lógico, Galileu chegou a uma conclusão radical e paradoxal: uma linha contínua é composta de um número infinito de pontos indivisíveis separados por um número infinito de minúsculos espaços vazios. Isso sustentava tanto sua teoria da estrutura da matéria quanto sua visão de que os objetos materiais são mantidos unidos pelo vácuo que os permeia. Fornecia uma nova maneira de pensar sobre o mundo material e também apontava para uma nova visão da matemática, na qual, segundo Salviati, qualquer "quantidade contínua é formada de átomos absolutamente indivisíveis". A estrutura interna do continuum matemático é indistinguível dos fios da corda, das fibras dentro da madeira ou dos átomos que formam uma superfície lisa: ela é composta de indivisíveis rigidamente comprimidos, com espaços vazios entre eles. Para Galileu, o continuum matemático era modelado na realidade física.[9]

A abordagem de Galileu era problemática para os matemáticos contemporâneos, pois se chocava diretamente contra os estabelecidos paradoxos que haviam guiado o tratamento do continuum desde a Antiguidade. Ele teve, no entanto, pelo menos um proeminente correligionário no colega lince Luca Valerio (1553-1618), que fora aceito na Academia dos Linces por recomendação de Galileu. Valerio era professor de retórica e filosofia na Universidade Sapienza em Roma, e amplamente reconhecido como um dos matemáticos de primeira linha na Itália. Em *De centro gravitatis*, de 1603, e *Quadratura parabola*, de 1606, ele havia experimentado extensivamente com os indivisíveis, o que lhe permitiu determinar os centros de gravidade para figuras planas e sólidos.[10]

Mas Valerio aprendeu sua matemática entre os jesuítas do Collegio Romano, sob a tutela do próprio Clávio, e com esse proeminente grupo o atomismo matemático de Galileu não tinha chance. Para os jesuítas, indivisíveis representavam o inverso exato da abordagem correta e adequada para a matemática. Os jesuítas, cabe recordar, valorizavam a matemática pela estrita ordem racional que ela impunha sobre um Universo aparentemente desregrado. A matemática, e em particular a geometria euclidiana, representava o triunfo da mente sobre a matéria e da razão sobre o mundo material indomado, e refletia o ideal jesuíta não só na matemática, mas também em questões religiosas e mesmo políticas. Ancorando suas especulações matemáticas numa intuição sobre a estrutura da matéria, e não nos evidentes postulados euclidianos, Galileu virava essa ordem de cabeça para baixo. A composição do continuum matemático, segundo Galileu, podia ser derivada da composição de cordas e da estrutura interna de um pedaço de madeira, e podia ser investigada imaginando-se uma roda girando sobre uma superfície reta. Em lugar da abordagem jesuíta, Galileu propunha que objetos geométricos como planos e sólidos eram pouco diferentes dos objetos materiais que vemos ao nosso redor. Em vez de raciocínio matemático impondo ordem sobre o mundo físico, temos objetos matemáticos puros criados à imagem dos objetos físicos, incorporando toda sua incoerência. Clávio, desnecessário dizer, não teria ficado nada contente.

Embora o apoio de Galileu aos infinitesimais lhes desse um grau de visibilidade e influência que nenhum outro aval lhe poderia conferir, ele próprio fez pouco uso dos indivisíveis em seu trabalho matemático efetivo. Uma das poucas exceções está no famoso argumento sobre a distância percorrida por um corpo em queda livre. Suponham, propõe Salviati no Dia 3 dos *Discursos*, um corpo em repouso num ponto C, e que então acelera numa taxa constante, como na queda livre, até chegar ao ponto D. Agora, façamos a linha AB representar o tempo total que aquele corpo leva para ir de C a D e a linha BE, perpendicular a AB, representar a maior velocidade do corpo, quando chega a D. Desenhamos a linha de A até E, e as paralelas a BE em intervalos regulares entre AB e AE. Cada uma dessas linhas, argumenta Salviati, representa a velocidade do objeto num instante particular durante sua aceleração constante. Como há um número infinito de pontos sobre AB, cada um representando um instante no tempo, há também um número infinito de linhas paralelas que, juntas, preenchem o triângulo ABE. A soma de todas as velocidades em todos os pontos, ademais, é equivalente à distância total percorrida pelo objeto durante o tempo AB.

Agora, diz Salviati, se pegarmos um ponto F a meio caminho entre B e E, e traçarmos por ele uma paralela a AB, com a reta AG paralela a BF

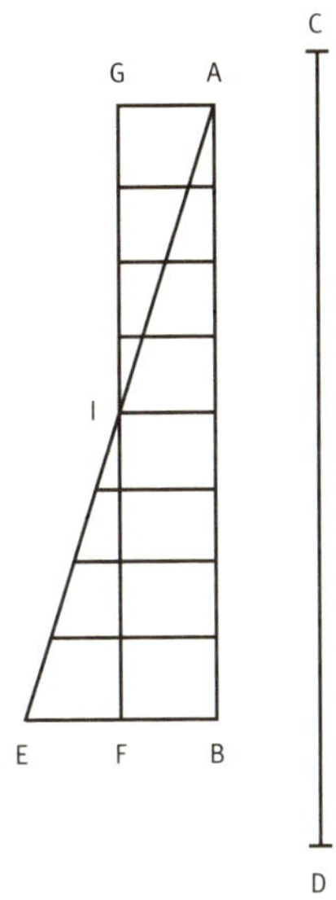

Figura 3.2. Galileu sobre corpos uniformemente acelerados.

intersectando-a, então o retângulo ABFG tem área igual à do triângulo ABE. Mas, assim como a área do triângulo representa a distância percorrida por um corpo em movimento com velocidade uniformemente acelerada, a área do retângulo representa a distância coberta por um corpo que se move com velocidade fixa. Segue-se, conclui Salviati, que a distância percorrida num dado tempo por um corpo que parte do repouso e acelera uniformemente é igual à distância percorrida por um corpo movendo-se com velocidade fixa durante o mesmo intervalo de tempo, se a velocidade for metade da velocidade máxima alcançada pelo corpo acelerado.[11]

Conhecida como lei dos corpos em queda, essa é uma das primeiras coisas que qualquer aluno aprende hoje no curso de física do ensino médio. Contudo, naquela época, era nada menos que algo revolucionário. Foi a primeira descrição matemática quantitativa do movimento na ciência moderna, e assentou os alicerces para o moderno campo da mecânica – e, efetivamente, da física moderna. Galileu tinha consciência perfeita da importância da lei, e a incluiu em duas de suas obras mais populares: o *Diálogo*, de 1632, e os *Discursos*, de 1638. Embora se baseie sobretudo em relações geométricas euclidianas, ela mostra a disposição de Galileu de assumir que uma reta é composta de infinitos pontos. Era essa precisamente a pergunta que lhe foi formulada por Cavalieri em 1621, e qualquer que tenha sido a resposta dada por Galileu, o jovem monge não foi desencorajado. Durante a década de 1620, ele pegou a ideia dos infinitamente pequenos e a transformou em poderosa ferramenta matemática, que chamou de método dos indivisíveis. O nome pegou.

O monge consciencioso

Cavalieri nasceu em Milão, em 1598, numa família provavelmente respeitável e talvez até nobre. Seus pais lhe deram o nome de Francesco, mas ele adotou Bonaventura aos quinze anos, quando se tornou noviço na ordem dos Clérigos Apostólicos de São Jerônimo, comumente conhecidos como jesuatas. Apenas uma letra distingue os jesuatas dos famosos jesuítas de Inácio, mas as duas ordens não poderiam ser mais diferentes. Enquanto os jesuítas eram uma ordem moderna, forjada no cadinho da crise da Reforma, os jesuatas datavam do século XIV e eram produto da feroz devoção das décadas que se seguiram à "peste negra". Enquanto os jesuítas eram uma força dinâmica, cujas escolas e missões abrangiam o globo, os jesuatas eram uma ordem italiana local, respeitada pelo seu trabalho com os enfermos e moribundos, mas carecendo totalmente da ambição dos seguidores de Inácio. A formação de um jesuíta, como vimos, podia levar décadas, enquanto o treinamento de um jesuata era muito mais breve: em 1615, aos dezessete anos, dois anos após entrar no noviciado, Cavalieri pronunciou seus votos e recebeu o hábito branco com cinto de couro escuro que o identificava como membro pleno da ordem. Alguns meses depois deixou sua cidade natal, Milão, mudando-se para a casa dos jesuatas em Pisa.

Não sabemos se a mudança para Pisa foi ideia de Cavalieri ou de seus superiores, mas ela se revelaria auspiciosa para o jovem jesuata e para a matemática. "Tenho orgulho, e sempre terei", escreveu muitos anos depois para o colega matemático Evangelista Torricelli (1608-47), "de ter recebido sob a serenidade daquele céu os primeiros alimentos e elementos de matemática".[12] O instigador do seu florescente fascínio pela matemática foi Benedetto Castelli (1578-1643), ex-aluno, encorajador e amigo perene de Galileu, que na época era professor de geometria na Universidade de Pisa. Castelli apresentou Cavalieri ao trabalho de Galileu tanto em matemática quanto em física, e, no devido tempo, ao grande florentino em pessoa. Em 1617, Cavalieri mudou-se para Florença, onde, auxiliado pela influência de seu patrono milanês, o cardeal Federico Borromeo, juntou-se ao círculo de discípulos e admiradores de Galileu, na corte dos Médici. "Com a sua ajuda", o cardeal escreveu a Galileu, Cavalieri "atingirá aquele nível em sua profissão que já podemos perceber pelas suas singulares inclinações e capacidade".[13]

No ano seguinte, Cavalieri retornou a Pisa, onde começou a dar aulas particulares substituindo Castelli, que fora convocado à casa do grão-duque Cosme para ser tutor de seus filhos. Cavalieri agora era um matemático profissional em tudo, menos no título; na década seguinte, porém, ficou dividido entre seu campo de escolha e seus deveres para com a ordem jesuata. Em 1619, candidatou-se à cadeira de matemática na Universidade de Bolonha, que estivera vaga desde a morte de Giovanni Antonio Magini, dois anos antes. Apenas o apoio ativo de Galileu podia assegurar cargo tão prestigioso para um candidato tão jovem, mas Galileu parecia relutante em intervir, de modo que a oportunidade se perdeu. Em vez disso, em 1620, Cavalieri foi reconvocado para a casa jesuata de Milão, onde também se tornou decano do cardeal Borromeo. Longe do esplendor da corte dos Médici, Cavalieri descobriu que seus talentos nem sempre eram apreciados. "Encontro-me agora em minha própria terra", escreveu para Galileu, "onde estão esses velhos que esperavam de mim grande progresso em teologia, bem como nas pregações. Pode imaginar com que má vontade eles me veem tão afeiçoado à matemática."[14]

Apesar da sua crescente imersão na matemática, Cavalieri era sério em termos de vocação religiosa. Dispôs-se a estudar teologia e logo recuperou o tempo perdido, "para grande admiração de todos".[15] Como resultado, e também graças ao apoio do cardeal, ele logo ascendeu na hierarquia da ordem, e em 1623 foi nomeado prior do mosteiro jesuata de São Pedro, na cidade de Lodi, não longe de Milão. Três anos mais tarde foi promovido a prior do mosteiro de São Benedito, na cidade de Parma. Todavia, o tempo todo Cavalieri continuava a se empenhar para obter o posto de matemático profissional. Em 1623, renovou seus esforços para conseguir o professorado em Bolonha, mas o Senado bolonhês, embora não rejeitando sua petição diretamente, lhe pedia cada vez mais amostras do seu trabalho. Quando, em 1626, seu velho mentor Castelli foi nomeado para a cadeira de matemática na Universidade Sapienza, Cavalieri sentiu que era uma boa oportunidade. Contudo, apesar de se licenciar das obrigações comuns para promover seu caso, e de passar seis meses em Roma com o lince amigo e colega de Galileu, o influente Giovanni Ciampoli (1589-1643), nada foi obtido. De volta a Parma, abordou os padres jesuítas que dirigiam a Universidade de Parma, contudo, como escreveu a Galileu depois, eles não permitiriam que um mero jesuata, ainda por cima aluno de Galileu, lecionasse na universidade.[16]

Só em 1629 a maré virou a favor de Cavalieri. Galileu, afinal interessado na causa de seu aluno, declarou que "poucos estudiosos desde Arquimedes, possivelmente ninguém, penetraram de maneira tão profunda na compreensão da geometria" quanto Cavalieri.[17] O Senado bolonhês ficou impressionado e em 25 de agosto ofereceu ao jesuata a vaga de matemática na Universidade de Bolonha. Depois de toda uma década tentando conquistar a posição, Cavalieri não hesitou: mudou-se depressa para a casa jesuata em Bolonha e começou a lecionar na universidade no mês de outubro. Ali permaneceria pelos dezenove anos finais de sua vida, morando no mosteiro e lecionando. Embora jovem pelos padrões modernos, tinha saúde frágil e sofria repetidas crises de gota, o que lhe tornava extremamente difícil qualquer tipo de viagem. Apenas uma vez durante aqueles anos aventurou-se a deixar sua cidade de adoção, e foi pela única causa que poderia seduzi-lo a sair do conforto da rotina diária: em 1636, quando visitou Galileu durante os longos e solitários anos de prisão domiciliar do velho mestre.

A década entre a permanência de Cavalieri em Pisa e sua nomeação como professor em Bolonha foi desconfortável para o jovem monge, mas também foi seu período mais produtivo do ponto de vista matemático. Na verdade, quase todas as provas originais pelas quais tornou-se conhecido, e até grande parte do próprio texto de seus livros, datam desses anos itinerantes. Uma vez estabelecido em Bolonha, ele passou a ser consumido pelos deveres de professor, bem como pelas exigências do Senado, que requeriam que o professor de matemática produzisse um fluxo constante de tabelas astronômicas e astrológicas. Mesmo assim, o industrioso monge conseguiu publicar *O espelho em chamas*, em 1632, *Geometria por indivisíveis*, em 1635, e *Seis exercícios geométricos*, em 1647. Essas obras, concebidas e em grande parte escritas durante os anos 1620, estabeleceram a reputação de Cavalieri como matemático – e como principal proponente dos infinitesimais.

Sobre fios e livros

Assim como Galileu começou sua teorização matemática sobre o continuum com um debate acerca da composição interna de cordas e blocos de madeira, Cavalieri também baseou seu método matemático em intuições materiais: "É manifesto", escreve, "que figuras planas deveriam ser concebidas por nós como panos tecidos de fios paralelos; e os sólidos, como livros, compostos de páginas paralelas."[18] Qualquer superfície, não importa quão lisa seja, é na verdade formada de minúsculas linhas paralelas, dispostas lado a lado; e qualquer figura tridimensional, não importa quão sólida pareça, nada mais é que uma pilha de planos finos como lâminas, um em cima do outro. Cavalieri chamou essas finíssimas fatias, equivalentes aos menores componentes, ou átomos, de figuras materiais, de indivisíveis.

Como ele logo ressaltou, há diferenças importantes entre objetos físicos e seus parentes matemáticos: um pedaço de pano e um livro, observou, são compostos de um número finito de fios e páginas, mas planos e sólidos são formados de um número indefinido de indivisíveis. Essa é uma distinção simples que está no coração dos paradoxos do continuum, e, enquanto Galileu passou por cima do assunto em seu *Discursos*, o mais cauteloso Cavalieri trouxe-o para o centro do palco. Mesmo assim, fica claro que Cavalieri, como Galileu, começou suas especulações matemáticas não com axiomas universais abstratos, mas com a humilde matéria. Daí ele se elevou, generalizando nossas intuições do mundo material e transformando-as num método matemático geral.

Para se ter uma ideia do método de Cavalieri, consideremos a proposição 19 no primeiro exercício de *Exercitationes*:[19]

> Se num paralelogramo é desenhada uma diagonal, o paralelogramo é o dobro de cada um dos triângulos formados pela diagonal.

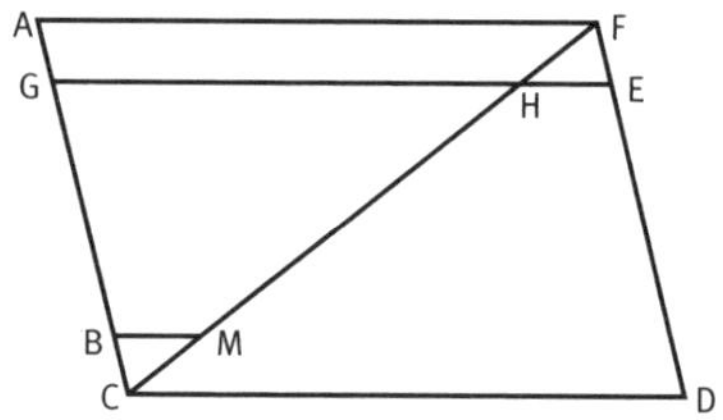

Figura 3.3.

Isso significa que, se for desenhada uma diagonal FC no paralelogramo AFDC, a área do paralelogramo é o dobro da área de cada um dos triângulos FAC e CDF. Se abordarmos a prova do modo tradicional euclidiano, então ela é quase trivial: os triângulos FAC e CDF são congruentes, porque, primeiro, têm o lado CF em comum; segundo, o ângulo ACF é igual ao ângulo CFD (porque AC é paralelo a FD); e terceiro, o ângulo AFC é igual ao ângulo DCF (porque AF é paralelo a CD). Como os dois triângulos juntos compõem o paralelogramo, e como, sendo congruentes, eles têm áreas iguais, conclui-se que a área do paralelogramo é o dobro da área de cada um deles. *CQD.*

Cavalieri, claro, sabia muito bem tudo isso, e provavelmente não teria desperdiçado um teorema no seu livro para provar algo tão elementar. Mas ele estava à procura de outra coisa, então, procedeu de maneira diferente:

> Sejam segmentos iguais FE e CB marcados a partir dos pontos F e C pertencentes aos lados FD e CA, respectivamente. E dos pontos E e B marcam-se os segmentos EH e BM, paralelos a CD, que cruzam a diagonal FC nos pontos H e M, respectivamente.

Cavalieri demonstra então que os triângulos pequenos FEH e CBM são congruentes, porque os lados BC e FE são iguais, o ângulo BCM é igual a EFH, e o ângulo MBC é igual a FEH. Segue-se que os segmentos EH e BM são iguais.

> Do mesmo modo demonstramos que as outras devem ser paralelas a CD, ou seja, aquelas que são marcadas a distâncias iguais dos pontos F e C ao longo dos lados FD e AC também são iguais entre si, exatamente como são iguais as extremas AF e CD. Portanto, todas as retas do triângulo CAF são iguais a todas as retas do triângulo FDC.

Como "todas as retas" de um triângulo são iguais a "todas as retas" do outro, argumenta Cavalieri, suas áreas são iguais, e o paralelogramo é o dobro da área de cada um deles. *CQD.*

O contraste entre a prova de Cavalieri e a tradicional demonstração euclidiana é inquestionável. A prova euclidiana começa com as características evidentes de Euclides. A partir desse início universal, ela avança de passo lógico em passo lógico para estabelecer relações nesse caso particular – de um paralelogramo dividido em dois triângulos. Ela mostra, em essência, que as leis universais do raciocínio *requerem* que os dois triângulos sejam iguais. Mas Cavalieri se recusa a partir de princípios universais tão abstratos, e, em vez disso, começa com uma intuição material e pergunta: de que é feita a área de um triângulo? Sua resposta, baseada numa analogia grosseira com um pedaço de pano, é que ela é composta de linhas paralelas dispostas ordenadamente lado a lado. Para achar a área total de cada triângulo, ele começa então a "contar" as linhas que o compõem. Como há uma infinidade de linhas em cada superfície, contar literalmente é impossível, mas Cavalieri mostra que seu número e tamanho são iguais em um triângulo e outro, portanto, as áreas dos dois triângulos são iguais.

O ponto da prova de Cavalieri não é mostrar que o teorema é verdadeiro – o que é óbvio –, mas *por que* é verdadeiro: os dois triângulos são iguais porque são compostos da mesma quantidade de linhas indivisíveis idênticas colocadas lado a lado. E é precisamente essa abordagem material de figuras geométricas que distingue a abordagem de Cavalieri da abordagem clássica euclidiana. Esta última ordena objetos geométricos, e, em última análise, o mundo, por meio de seus primeiros princípios universais e de seu método lógico. A abordagem de Cavalieri, em contraste, começa com uma intuição do mundo como nós o vemos, e então prossegue para generalizações matemáticas mais amplas e mais abstratas. Ela pode ser chamada acertadamente de matemática "de baixo para cima".

A prova do paralelogramo de Cavalieri mostrava que seu método de indivisíveis funcionava, mas não que houvesse alguma vantagem em adotá-lo. Ao contrário: fornecia uma demonstração longa e complicada de um teorema que podia ser provado em uma ou duas linhas usando a abordagem euclidiana tradicional. Se todas as provas de Cavalieri ocupassem tanto espaço para provar tão pouco, é improvável que ele tivesse encontrado muitos seguidores. Mas este, obviamente, não foi o caso: a prova do paralelogramo demonstrava a confiabilidade dos indivisíveis. Para mostrar seu poder, Cavalieri voltou-se para desafios mais difíceis.

A "espiral de Arquimedes", conhecida desde a Antiguidade, é gerada por um ponto que percorre em velocidade constante uma linha reta, enquanto a própria linha gira com uma velocidade angular constante em torno de um ponto de origem. No diagrama, a curva é traçada por um ponto que viaja uniformemente de A para E, enquanto a própria linha AE gira com velocidade em torno do ponto central A. Depois de uma única volta inteira, a espiral chega ao ponto E, e abarca uma área "em forma de caracol" AIE dentro do círculo maior MSE, cujo raio é AE. Cavalieri propôs-se provar que a área abarcada pela espiral AIE é ⅓ da área do círculo MSE. Arquimedes usara sua própria e engenhosa abordagem para demonstrar que era assim.[20] Cavalieri, porém, atacou o problema de maneira nova, intuitiva, usando indivisíveis para transformar a complexa espiral na familiar e bem-definida parábola.

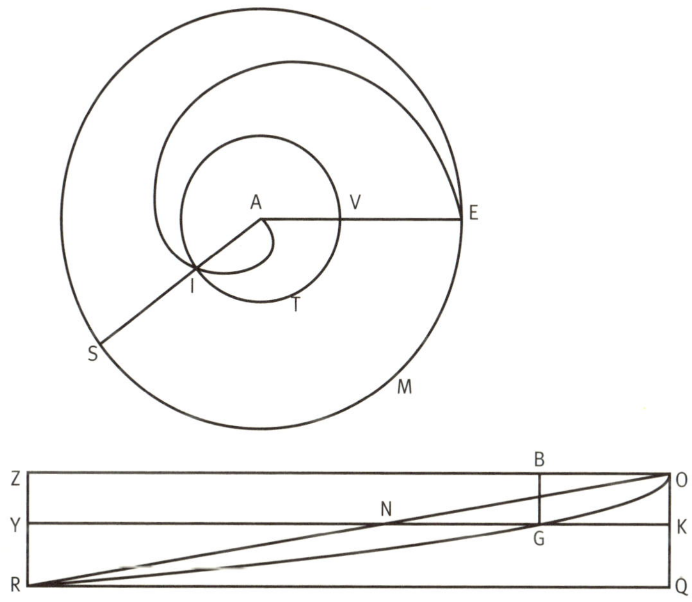

Figura 3.4. Cálculo de Cavalieri da área abrangida dentro de uma espiral.[21]

Cavalieri apresenta um retângulo OQRZ no qual o lado OQ é igual ao raio AE do círculo MSE e o lado QR é igual à circunferência do círculo. Voltando à espiral, ele toma um ponto V qualquer, no segmento AE, e gera um círculo IVT em torno do ponto central A. O círculo IVT tem duas partes: uma, VTI, está fora da área abarcada pela espiral; a outra, IV, está dentro da espiral. Ele pega o comprimento VTI (externo à espiral) e o aplica numa linha reta KG dentro do retângulo e paralelo a QR, com K sendo o ponto do segmento OQ e OK (isto é, a distância de K até O) igual ao raio AV. Ele faz então a mesma coisa para cada ponto ao longo de AE, pegando a porção de seu círculo que está fora da espiral e colocando-a no lugar adequado ao longo do lado OQ, dentro do retângulo. Cada ponto ao longo de AE tem um ponto equivalente ao longo de OQ, com uma linha reta saindo dele e representando a porção do círculo que está fora da espiral. No fim, todas as linhas circulares formando a área AES fora da espiral são iguais a todas as linhas retas que compõem a área OGRQ dentro do retângulo. Consequentemente, segundo Cavalieri, a área abrangida por OGRQ é igual à área dentro do círculo MSE que não é contida pela espiral.

Resta determinar a área da figura OGRQ (igual à parte do círculo fora da espiral) e compará-la com a área do círculo inteiro. Cavalieri o faz em duas etapas: primeiro, usando métodos da geometria clássica, ele demonstra que a curva OGR é uma parábola. Então, usando indivisíveis, mostra que a área do triângulo ORQ é igual à área total do círculo inteiro. Isso fica claro se considerarmos a área do círculo formada pelas circunferências de círculos concêntricos sucessivos, começando no centro (raio zero) e culminando na borda (raio AE). Colocando os comprimentos de todas essas circunferências lado a lado, argumenta Cavalieri, produzimos o triângulo ORQ. Ele mostrara que a área definida por meia parábola (OGRQ) é ⅔ da área do triângulo que a abrange, ORQ. Como ORQ é igual à área do círculo inteiro e a OGRQ é igual à área do círculo que jaz *fora* da espiral, conclui-se que a área do círculo *dentro* da espiral ocupa a área remanescente do círculo, ou ⅓ dele. *CQD.*

A prova de Cavalieri da área abarcada dentro de uma espiral mostrou que seu método podia lidar com áreas e volumes de figuras geométricas, temas que estavam na linha de frente da pesquisa geométrica da época. De fato, ela demonstrava que os indivisíveis chegavam ao próprio cerne das questões geométricas, de uma maneira que as provas euclidianas não conseguiam: os indivisíveis não só provavam que certas relações se mantêm válidas, mas também *por que* isso ocorria. Os dois triângulos que compõem o paralelogramo são iguais porque são formados pelas mesmas linhas indivisíveis; uma espiral de Arquimedes abrange ⅓ do círculo que a abarca porque suas curvas indivisíveis podem ser rearranjadas numa parábola. Enquanto as provas euclidianas deduziam verdades necessárias sobre figuras geométricas, os indivisíveis permitiam aos matemáticos espiar dentro do *sanctum* interior das figuras geométricas e observar sua estrutura oculta.

O indivisibilista cauteloso

No entanto, por mais radical que fosse seu método, Cavalieri era, por temperamento e convicção, um matemático conservador e bastante ortodoxo. Profundamente cônscio dos enigmas lógicos apresentados pelos infinitesimais, tentou polir suas credenciais ortodoxas permanecendo o mais próximo possível do estilo euclidiano tradicional de apresentação. E também incorporou ao seu método certas restrições desajeitadas, numa tentativa de contornar os paradoxos.

A tensão interna do trabalho de Cavalieri aparece numa carta escrita por ele ao idoso Galileu em junho de 1639. O monge recentemente recebera uma cópia dos *Discursos* de Galileu, e escreveu para agradecer ao velho mestre pelo seu vigoroso endosso aos indivisíveis. Citando o poeta romano Horácio, Cavalieri comparava Galileu ao "primeiro a ousar conduzir a imensidão do mar e mergulhar no oceano", e continuava:

> Pode-se dizer que, acompanhado da boa geometria e graças ao espírito do vosso supremo gênio, conseguistes navegar facilmente pelo imenso oceano dos indivisíveis, do vácuo, da luz e de um milhar de outras coisas difíceis e distantes que poderiam fazer naufragar qualquer um, mesmo o maior dos espíritos. Ó, que grande dívida tem o mundo convosco por ter pavimentado a estrada para coisas tão novas e tão delicadas! ... e quanto a mim, não pouco serei grato a vós, pois os indivisíveis da minha *Geometria* ganharão lustro individual a partir da nobreza e da clareza dos vossos indivisíveis.[22]

Até aí tudo bem – Cavalieri está irrigando o velho mestre de louvor e aquecendo-se ao sol da sua aprovação. Então, sem avisar, ele dá um passo atrás e renuncia à própria doutrina pela qual acabara de elogiar Galileu: "Não ousei afirmar que o continuum é composto de indivisíveis", escreve ele. Tudo que fez, insiste, foi mostrar "que entre os continua existe a mesma proporção que entre a coleção de indivisíveis".

Aqui Cavalieri chega extraordinariamente perto de renegar seus próprios indivisíveis. Enquanto em seus livros ele compara com audácia um plano geométrico a um pedaço de pano tecido de fios, um sólido a um livro composto de páginas, agora insinua que na verdade não pretendia dizer isso. Ele não assumiu posição, sugere, sobre a verdadeira composição do continuum matemático. Tudo que fez foi introduzir uma nova entidade chamada "todas as retas"de uma figura plana e "todos os planos"[23] de um sólido. Agora, se existe uma proporção entre "todas as retas" de uma figura e "todas as retas" de outra, então, alega ele, a mesma proporção existe entre as áreas das duas figuras. E o mesmo vale para "todos os planos" dos sólidos.

Cavalieri, atacado por críticas, insistia em ser agnóstico no espinhoso problema da composição do continuum. Seu método, dizia ele, era legítimo, independentemente de as grandezas do continuum serem compostas de indivisíveis. Ele até evitava usar o próprio termo ofensivo. Embora seu mais famoso trabalho se chamasse *Geometria indivisibilibus* (Geometria por meio de indivisíveis), e embora ele discutisse os indivisíveis nas passagens metodológicas e filosóficas de suas obras, na verdade nunca mencionava o termo em suas demonstrações matemáticas, onde o conceito é sempre tratado como "todas as retas" ou "todos os planos". Cavalieri impôs limitações estritas para os tipos de indivisíveis permitidos, e saiu do caminho para fazer seu trabalho parecer tradicional e ortodoxo, apresentando-o do modo euclidiano tradicional de postulados, demonstrações e corolários. Quanto a resultados novos e antes desconhecidos, Cavalieri os evitou de todo.

Tudo isso, porém, de nada serviu. Os contemporâneos de Cavalieri, fossem hostis ou simpáticos a ele, simplesmente não acreditaram na alegação de que ele estava indeciso quanto ao problema da composição do continuum. Seu método, pensaram eles, falava por si e dependia claramente da noção de que grandezas contínuas são formadas de componentes infinitesimais. Por que haveríamos de estar tão interessados numa grandeza chamada "todas as retas" se implicitamente não assumíssemos que essas linhas compreendiam uma superfície? Por que haveríamos de comparar "todos os planos" de um sólido com "todos os planos" de outro se não pensássemos que esses planos constituem os respectivos volumes? Os contemporâneos julgaram as metáforas arrojadas de Cavalieri, referindo-se ao pano e ao livro, que endossam abertamente os indivisíveis, criativas e inspiradoras, levando a descobertas sempre novas. As cautelosas rejeições que se seguiram apenas serviram para levar a uma terminologia canhestra e a um método incômodo, que negava em grande parte o poder e a promessa dos indivisíveis.

Nos anos seguintes, os matemáticos que não gostavam do método de Cavalieri, como os jesuítas Paul Guldin e André Tacquet, o denunciaram por violação dos cânones tradicionais; aqueles que deram boas-vindas à sua abordagem, como o italiano Evangelista Torricelli e o inglês John Wallis, alegavam ser seus seguidores enquanto faziam livre uso dos infinitesimais com completa desconsideração pelas bem ponderadas restrições do jesuata. Ninguém, mas realmente ninguém, seguiu de fato o sistema restritivo de Cavalieri.

O nome de Cavalieri e seus livros eram frequentemente citados por matemáticos sob ataque dos críticos dos infinitesimais. Os pesados e canhestros volumes, com seu latim retorcido, estrutura euclidiana e ar de solene autoridade, proporcionavam alguma cobertura para os adeptos recentes dos métodos infinitesimais. Esses matemáticos achavam que era seguro apontar o mestre jesuata como fonte de seu sistema, aquele que resolvera todas as dificuldades em seus estudados volumes. Afinal, como sabiam muito bem, era difícil que alguém tivesse lido os livros de Cavalieri.

O último discípulo de Galileu

Por fim, foi o contemporâneo mais jovem de Cavalieri,[24] o brilhante Evangelista Torricelli, que levou os infinitesimais aonde o jesuata não estava disposto a chegar. Nascido em 1608, numa família de recursos modestos, provavelmente na cidade de Faenza, no norte da Itália, o jovem Evangelista mudou-se para Roma aos dezesseis ou dezessete anos e ali se apaixonou pela matemática. Como escreveu para Galileu em 1632, ele não recebera educação matemática formal: "Estudei sozinho, sob a orientação dos padres jesuítas." No entanto, foi o monge beneditino Benedetto Castelli – o mesmo que havia incentivado Cavalieri nos estudos matemáticos em Pisa – quem mais teve influência na escolha de vocação do rapaz. Ao contrário de seu professor Galileu, Castelli parecia ter prazer em ser mentor, e mantinha um olho atento para os jovens matemáticos promissores. Agora professor na Universidade Sapienza em Roma, ele tomou Torricelli sob suas asas e o apresentou ao trabalho de Galileu e Cavalieri.

Em setembro de 1632, sem dúvida com o incentivo de Castelli, Torricelli escreveu a Galileu, apresentando-se como "matemático de profissão, embora ainda jovem, aluno do padre Castelli pelos últimos seis anos". O *Diálogo sobre os dois máximos sistemas de mundo* surgira apenas alguns meses antes, e a série de acontecimentos que levariam à condenação e prisão domiciliar de Galileu no ano seguinte já estava a caminho. Torricelli começa assegurando ao velho mestre que Castelli aproveita qualquer oportunidade para defender o *Diálogo*, buscando evitar uma "decisão não ponderada". Em seguida, estabelece suas próprias credenciais como geômetra e astrônomo, e dedicado seguidor de Galileu. "Eu fui o primeiro em Roma", escreve ele,

> a estudar vosso livro assiduamente e em detalhe ... Eu o fiz com o prazer que podeis imaginar para alguém que, já tendo boa e suficiente experiência da geometria de Apolônio, Arquimedes, Teodósio, e tendo estudado Ptolomeu e visto quase tudo de Tycho, Kepler e Longomontanus, finalmente aderi a Copérnico ... e professei minha ligação à escola galileana.[25]

Infelizmente para Torricelli, "ardente galileano" provou-se uma identidade precária em Roma, uma vez que o *Diálogo* e seu autor foram condenados menos de um ano depois. Isso provavelmente explica por que não ouvimos nada de Torricelli por quase uma década. Ele ficou em Roma, realizou seu trabalho matemático privadamente, estudou os *Discursos sobre duas novas ciências*, que surgiu em 1638, e de modo geral manteve um perfil discreto. Reaparece somente em março de 1641, quando Castelli obteve permissão para visitar Arcetri, e escreveu a Galileu para anunciar a boa notícia. Ele levará consigo, promete, um manuscrito do jovem Torricelli, que fora seu aluno dez anos antes. "Vereis", lisonjeia o velho homem, "como a estrada que abristes para o espírito humano é seguida por um homem muito virtuoso. Ele nos mostra quanto é rica e frutífera a semente por vossa mão semeada no tema do movimento; e vereis também que ele traz honra para a escola de Vossa Excelência."[26]

As visões de estradas abertas e campos semeados aparentemente seduziram o velho solitário, confinado em sua casa nos últimos oito anos. Mas foi o brilhantismo do trabalho de Torricelli que teve maior efeito sobre Galileu. Ele ficou profundamente impressionado com o que Castelli lhe mostrou e pediu para conhecer o jovem matemático. Castelli, por sua vez, ficou comovido com a fragilidade e quase cegueira de Galileu, e preocupado com a possibilidade de ele não viver muito mais. Juntos elaboraram um plano para levar Torricelli a Arcetri, a fim de servir como secretário de Galileu e ajudá-lo a editar e publicar seus últimos trabalhos. Tendo recebido o convite no começo de abril, Torricelli escreveu de volta para dizer que estava impressionado e "confuso" com a grande honra que lhe era feita. Contudo, não pareceu ter pressa de deixar a agitada Roma e juntar-se ao velho mestre em seu retiro solitário. Deu repetidas desculpas, até que finalmente, no outono de 1641, empacotou seus pertences e viajou para a *villa* de Galileu em Arcetri. Ali passou seu tempo editando o "quinto dia" dos *Discursos*, a ser acrescentado aos quatro dias de diálogo publicados em 1638.

Apenas três meses depois da chegada de Torricelli, sua missão chegou abruptamente ao fim. Nos primeiros dias de 1642, Galileu estava com palpitações cardíacas e febre, e em 8 de janeiro, aos 77 anos, o velho mestre deu seu último suspiro. Como homem condenado por "veemente heresia", foi sepultado numa pequena câmara lateral, na basílica da Santa Croce, em Florença, e só foi transferido para um lugar de honra na basílica central um século depois. Torricelli, entrementes, empacotava suas coisas para a viagem de volta a Roma quando recebeu uma oferta surpreendente: podia ficar em Florença como sucessor de Galileu, tornar-se matemático do grão-duque da Toscana e professor de matemática na Universidade de Pisa. A oferta não incluía o posto de Galileu como "filósofo" da corte, provavelmente porque Galileu insistira em seu direito, como filósofo, de pronunciar-se sobre a estrutura do mundo que o metera em apuros com a Igreja. Contudo, mesmo sem essa honraria adicional, a oferta proporcionava a Torricelli a oportunidade de sua vida: uma posição segura com generoso salário, a chance de prosseguir seus estudos sem interrupção e o reconhecimento público como herdeiro do maior cientista da Europa. Ele aceitou sem hesitar.

Os seis anos seguintes foram notavelmente produtivos para Torricelli. Antes era tão pouco conhecido que Galileu mal ouvira falar dele, e Castelli tivera de apresentá-lo como um antigo aluno. Mas, com o falecimento de Galileu e sua nomeação como matemático da corte dos Médici, Torricelli subitamente tornou-se um dos mais importantes cientistas da Europa. Começou uma longa e frutífera correspondência com cientistas e matemáticos franceses, incluindo Marin Mersenne (1588-1648) e Gilles Personne de Roberval (1602-1675), e estabeleceu ligações com os colegas italianos adeptos de Galileu, Raffaello Magiotti (1597-1656), Antonio Nardi (morto cerca de 1656) e Cavalieri. Inspirado pelos *Discursos*, ponderou sobre a tese de Galileu de que é o *horror vacui* (aversão ao vácuo) da natureza que mantém os objetos unidos. Isso o levou, em 1643, a experimentos estabelecendo que o vácuo podia, efetivamente, existir na natureza e à construção do primeiro barômetro do mundo.[27]

Ao contrário de Galileu e Cavalieri, que publicavam com frequência, o trabalho de Torricelli podia ser encontrado principalmente em sua correspondência e em manuscritos não publicados que ele fazia circular entre amigos e colegas. A única exceção é um livro intitulado *Opera geometrica*,[28] publicado em 1644 e que contém uma coletânea de ensaios sobre temas que variavam da física do movimento até a área abarcada por uma parábola. Alguns desses ensaios, como a discussão de Torricelli sobre os esferoides, baseiam-se em métodos matemáticos convencionais derivados dos antigos. O terceiro tratado, porém, intitulado "De dimensione parabolae" (Da dimensão da parábola),[29] é tudo, menos tradicional: é a dramática introdução feita por Torricelli ao seu próprio método de indivisíveis.

Vinte e uma provas

Surpreendentemente, dado seu nome, o propósito de "De dimensione parabolae" não é o cálculo da área interna de uma parábola. Esta foi calculada e demonstrada por Arquimedes mais de 1.800 anos antes, e era bem conhecida de Torricelli e seus contemporâneos. E não exige prova adicional. O que o tratado oferece são nada menos que 21 provas diferentes desse resultado familiar. Vinte e uma vezes em sucessão, Torricelli apresenta o teorema de que "a área de uma parábola é 4⁄3 da área de um triângulo com a mesma base e altura"; e 21 vezes ele prova o enunciado, a cada feita de uma maneira diferente. Esse provavelmente é o único texto na história da matemática a fornecer tantas provas diferentes de um único resultado, e com ampla margem. É um testemunho da virtuosidade de Torricelli como matemático, mas seu propósito era outro: contrastar os métodos clássicos tradicionais de prova com as novas provas por indivisíveis, mostrando assim a manifesta superioridade do novo método.

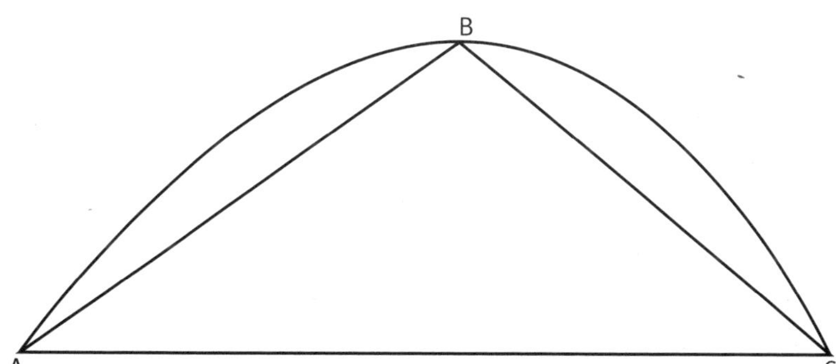

Figura 3.5. "De dimensione parabolae", de Torricelli.
A área abarcada pela parábola ABC é 4⁄3 da área do triângulo ABC.

As onze primeiras provas do "De dimensione" estão de acordo com os mais elevados padrões de rigor euclidiano. Para calcular a área abarcada por uma parábola, fazem uso do clássico "método da exaustão", atribuído ao matemático grego Eudoxo de Cnido, que viveu no século IV AEC. Nesse método, a curva da parábola (ou alguma outra curva diferente) é cercada por um polígono inscrito e um circunscrito. As áreas dos dois polígonos são fáceis de calcular, e a área abarcada pela parábola possui algum valor intermediário. À medida que se aumenta o número de lados dos dois polígonos, a diferença entre elas se torna cada vez menor, limitando a possível amplitude da área da parábola.

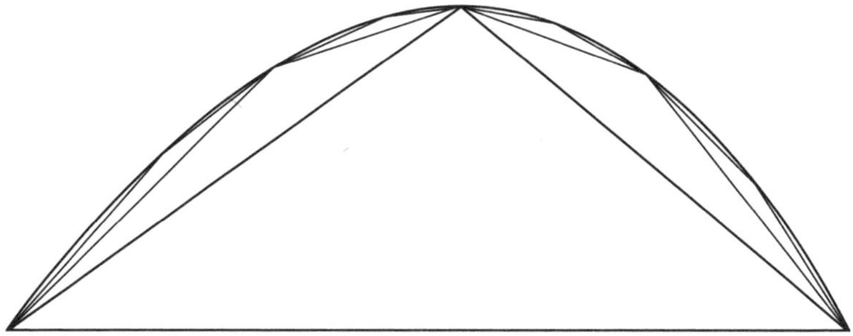

Figura 3.6. O método da exaustão. À medida que o número de lados do polígono inscrito aumenta, sua área se aproxima mais da área da parábola. O mesmo vale para o polígono circunscrito.

A prova então prossegue por contradição: se a área da parábola é maior que 4/3 do triângulo com mesma base e altura, então é possível aumentar o número de lados do polígono circunscrito até o ponto em que a área do polígono se torna menor que a da parábola. Se a área é menor que isso, então é possível aumentar o número de lados do polígono inscrito até o ponto em que sua área se torne maior que a da parábola. As duas possibilidades contradizem a premissa de que um polígono circunscreve a parábola, e o outro é inscrito na parábola, e que portanto a área da parábola deve ser exatamente 4/3 de um triângulo com a mesma base e altura. *CQD.*

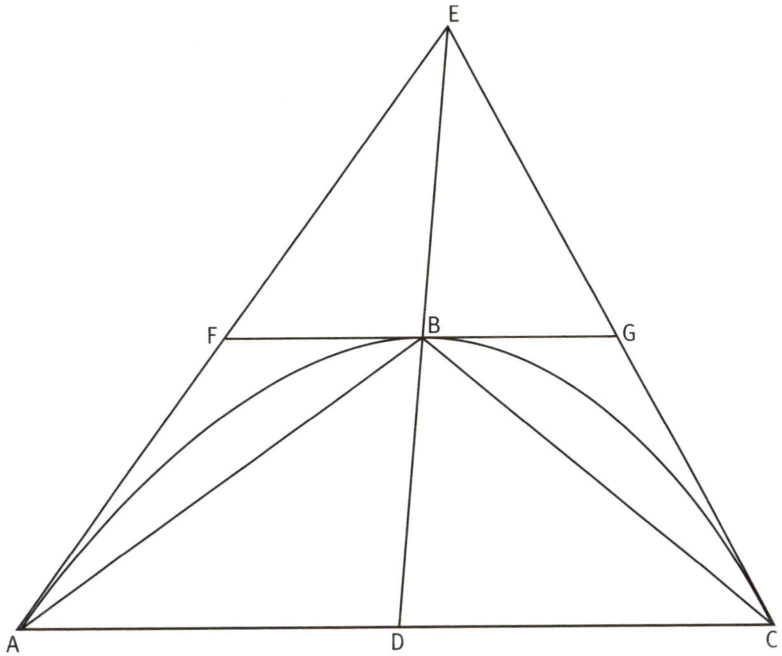

Figura 3.7. O arco de parábola ABC circunscreve o triângulo ABC e é inscrito no triângulo AEC. À medida que o número de lados dos polígonos aumenta, como no trapézio AFGC, a área abarcada se aproxima mais da área sob o arco de parábola.

Ao mesmo tempo que essas provas tradicionais eram perfeitamente corretas, elas apresentavam, segundo Torricelli, algumas desvantagens. A mais óbvia é que as provas por exaustão exigem que se saiba de antemão o resultado desejado – nesse caso, a relação entre as áreas da parábola e do triângulo. Uma vez conhecido o resultado, o método da exaustão pode mostrar que qualquer outra relação levaria a uma contradição, mas não se fornece nenhuma pista de por que a relação vale, ou como descobri-la. Essa ausência levou Torricelli e muitos de seus contemporâneos a acreditar que os antigos possuíam um método secreto para descobrir essas relações,[30] e tiveram então o cuidado de omiti-lo na edição de suas obras. (A descoberta no século XX de um tratado de Arquimedes sobre seu método não rigoroso de descoberta no texto apagado de um palimpsesto do século X sugere que eles podiam não estar totalmente errados.) A outra desvantagem principal do método clássico é que ele é incômodo, exigindo numerosas construções geométricas auxiliares e levando à sua conclusão por uma rota contraintuitiva e cheia de rodeios. As provas clássicas, em outras palavras, podiam estar perfeitamente corretas, mas não eram ferramentas úteis para obter novas percepções.

As dez últimas provas de "De dimensione parabolae" abandonavam o molde tradicional do método da exaustão, lançando mão, em seu lugar, de indivisíveis. Estes, conforme ressalta Torricelli, eram diretos e intuitivos, mostrando não só que os resultados eram verdadeiros, mas também *por que* eram verdadeiros, pois derivavam diretamente da forma e composição das figuras geométricas em questão. Já vimos como Cavalieri provou a equivalência de dois triângulos que formam um paralelogramo, mostrando que eram compostos das mesmas linhas; e a equivalência das áreas abarcadas por uma espiral e uma parábola transpondo os indivisíveis curvos de uma em indivisíveis retos da outra. Torricelli propôs a mesma abordagem para calcular a área da parábola. O método dos indivisíveis, segundo Torricelli, era um "meio novo e admirável" de demonstrar inúmeros teoremas mediante "provas curtas, diretas e positivas". Era a "estrada real" sobre o "matagal matemático",[31] em comparação ao que a geometria dos antigos "desperta somente pena".

Como disse Torricelli, a "maravilhosa invenção" dos indivisíveis pertencia inteiramente a Cavalieri, e sua própria contribuição no *Opera geometrica* era apenas para torná-la mais acessível. Mais acessível, com certeza, pois *Geometria indivisibilibus* era reconhecidamente obscuro, avançando por inúmeros teoremas e normas para chegar até os resultados mais simples. Torricelli, em contraste, salta diretamente para dentro dos problemas matemáticos sem qualquer floreio retórico, e não desperdiça tinta nem na verbosidade nem no rigor da dedução euclidiana. "Nós nos afastamos do imenso oceano da *Geometria* de Cavalieri",[32] escreveu Torricelli, reconhecendo a evidente dificuldade do texto do jesuata. Quanto a ele mesmo e seus leitores, continuava, "sendo menos aventureiros, havemos de nos manter perto da margem", sem se preocupar com apresentações elaboradas e focalizando na obtenção de resultados.

O texto de Torricelli era tão mais fácil para o usuário que o de Cavalieri que causou considerável confusão para a geração seguinte de matemáticos. John Wallis e Isaac Barrow (1630-1677) na Inglaterra e Gottfried Wilhelm Leibniz (1646-1716) na Alemanha, todos alegavam ter estudado Cavalieri e aprendido seu método. Na verdade, o trabalho deles mostra claramente que estudaram a versão de Torricelli da obra de Cavalieri, acreditando que ele era a mera exposição clara do original. Esse arranjo decerto teve suas vantagens: Torricelli, em vez de defender sua abordagem, simplesmente remete os leitores interessados à *Geometria* de Cavalieri, onde, assegura-lhes, encontrarão todas as respostas que buscam. Matemáticos posteriores imitaram sua atitude e, quando questionados sobre premissas problemáticas dos indivisíveis, também ficavam felizes de mandar seus críticos buscar as respostas nos calhamaços de Cavalieri.

Uma paixão pelo paradoxo

Na verdade, havia diferenças importantes entre as abordagens de Cavalieri e de Torricelli quanto aos infinitesimais. A mais crítica: no método de Torricelli, todas as retas indivisíveis tomadas em conjunto realmente formavam a superfície de uma figura e todos os planos indivisíveis efetivamente compunham o volume de um sólido. Cavalieri, como nos lembramos, trabalhou duro para evitar essa identificação, falando de "todas as retas" como se fossem diferentes de um plano e de "todos os planos" como se fossem diferentes de um sólido. Mas Torricelli não tinha esses senões. Nas suas provas, ele passa diretamente de "todas as retas" para "a própria área" e de "todos os planos" para "o próprio volume", sem se incomodar com as sutilezas lógicas que tanto preocupavam o matemático mais antigo. Isso deixou Torricelli exposto à crítica de que violava os antigos paradoxos da composição do continuum. Mas a verdade é que Cavalieri, apesar de toda sua cautela, esteve sujeito exatamente às mesmas críticas.

Ao mesmo tempo, a objetividade de Torricelli tornava seu método muito mais intuitivo e direto que o de Cavalieri.[33]

O contraste entre os dois também se manifesta em suas atitudes muito distintas em relação ao paradoxo. Cavalieri, o tradicionalista, tentou evitá-lo a todo custo, e, quando confrontado com potenciais paradoxos em seu método, respondia com explicações complexas de que não eram realmente paradoxos. Mas Torricelli se deleitava com paradoxos. Suas obras completas incluem três listas distintas de paradoxos,[34] detalhando contradições engenhosas que surgiam se alguém assumisse que o continuum era composto de indivisíveis. Isso pode parecer surpreendente para um matemático que tentava estabelecer a credibilidade de um método baseado nessa premissa, mas, para Torricelli, os paradoxos serviam a um propósito claro. Não eram meras diversões intrigantes, a serem deixadas de lado quando alguém se envolvia em matemática séria; eram ferramentas de investigação que revelavam a verdadeira natureza e estrutura do continuum. Os paradoxos, de certo modo, foram os experimentos matemáticos de Torricelli. Num experimento, cria-se uma situação não natural que força os fenômenos naturais ao extremo, revelando assim verdades que estão ocultas em circunstâncias normais. Para Torricelli, os paradoxos serviam em grande parte ao mesmo objetivo: forçavam a lógica ao extremo, revelando a verdadeira natureza do continuum, que não pode ser acessada por meios matemáticos normais.

Torricelli apresentou dúzias de paradoxos, muitos deles sutis e complexos, porém, mesmo o mais simples capta o problema essencial:

> No paralelogramo ABCD, no qual o lado AB é maior que o lado BC, é traçado um diâmetro BD com o ponto E nele contido, e EF e EG paralelos a AB e BC, respectivamente, então EF é maior que EG, e o mesmo vale para todas as outras paralelas similares. Portanto, todas as retas similares a EF no triângulo ABD são maiores que todas as retas similares a EG no triângulo CDB, e, portanto, o triângulo ABD é maior que o triângulo CDB. O que é falso, porque o diâmetro BD divide o paralelogramo ao meio.[35]

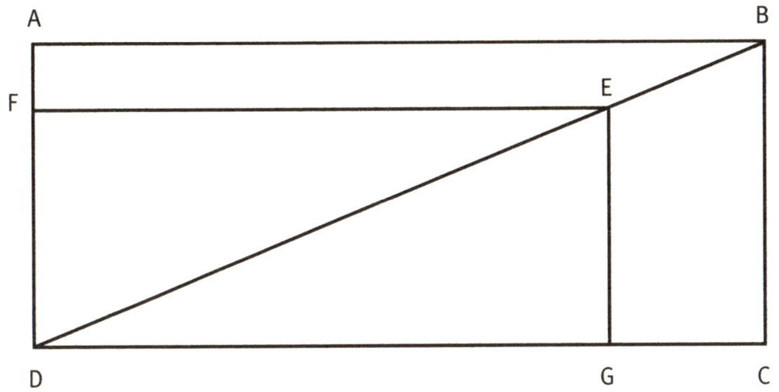

Figura 3.8. Torricelli, o paradoxo do paralelogramo.

A conclusão de que as duas metades do retângulo diferem em tamanho é absurda, mas parece ser consequência fácil do conceito de indivisíveis. O que fazer? Os matemáticos antigos, bem cientes de que os infinitesimais podiam levar a essas contradições, simplesmente os baniram da matemática. Cavalieri reintroduziu os indivisíveis, mas tentou lidar com essas contradições inscrevendo regras em seus procedimentos para garantir que elas não surgissem. Por exemplo, ele insistia em que, para comparar "todas as retas" de uma figura com "todas as retas" de outra, as linhas em ambas as figuras deviam ser todas paralelas a uma única linha que ele chamou de "regula". Como as retas EF e EG no paradoxo de Torricelli não são paralelas, então Cavalieri podia alegar que não deviam absolutamente ser comparadas, e o paradoxo podia ser evitado. Na prática, porém, as limitações artificiais de Cavalieri eram ignoradas tanto pelos seus seguidores, que as viam como estorvos inconvenientes, quanto pelos seus críticos, que não acreditavam que elas resolvessem o problema fundamental.

Torricelli adotava uma abordagem diferente. Em vez de tentar fugir do paradoxo, fazia um constante esforço para entendê-lo e o que ele significava para a estrutura do continuum. Suas conclusões eram surpreendentes. O motivo que faz com que todas as linhas curtas paralelas a EG produzam uma área igual ao mesmo número de linhas longas paralelas a EF é que as linhas curtas são "mais largas" que as longas. De forma mais ampla, de acordo com Torricelli, "que os indivisíveis sejam todos iguais entre si,[36] ou seja, que pontos sejam iguais a pontos, retas iguais em largura a retas e superfícies iguais em espessura a superfícies, essa é uma opinião que me parece não só difícil de provar, mas na verdade falsa". Essa é uma ideia assombrosa. Se algumas linhas indivisíveis são "mais largas" que outras, isso não significa que podem, na verdade, ser divididas para chegar à largura das linhas "finas"? E se linhas indivisíveis têm largura positiva, então, um número infinito delas somaria uma grandeza infinita – e não a área finita dos triângulos ADB e CDB? E a mesmíssima coisa se aplica a pontos com tamanho positivo e superfícies com "espessura". A premissa parece absurda, mas Torricelli insistia em que seus paradoxos indicavam que não havia outra explicação. E não só isso: ele fundamentou sua abordagem matemática inteira precisamente nessa ideia.

Para transformar essa percepção básica num sistema matemático, não bastava dizer em princípio que todos os indivisíveis diferiam em tamanho entre si; era necessário determinar precisamente em quanto diferiam um do outro. Para isso, Torricelli voltou-se mais uma vez para o paradoxo do paralelogramo. No diagrama, a mesma quantidade de retas longas EF e retas curtas EG produz exatamente a mesma área total. Para que isso seja verdade, as retas curtas EG precisam ser "mais largas" exatamente na mesma proporção que as retas EF são "mais longas". Isso, por sua vez, é a razão entre BC e BA, que é, em outras palavras, a inclinação da diagonal BD. Num único golpe, Torricelli transformou uma especulação bastante dúbia sobre a composição do continuum numa grandeza matemática quantificável e utilizável.

Torricelli mostrou então como fazer uso matemático dos indivisíveis com "largura" calculando a inclinação da tangente[37] de uma classe de curvas que nós caracterizaríamos como $y^m = kx^n$, e que ele chamou de "parábola infinita". Nisso ele foi muito mais longe que Cavalieri, que calculou áreas e volumes inseridos em curvas geométricas, mas nunca suas tangentes. De fato, a insistência de Cavalieri em comparar apenas conglomerados de "todas as retas" ou "todos os planos" não deixava lugar para cálculos delicados de tangentes, que são inclinações calculadas em pontos únicos indivisíveis. Mas o método mais flexível de Torricelli, que fazia distinção entre magnitudes de diferentes indivisíveis, tornava isso possível. Primeiro ele apontou para as figuras ABEF e CBEG no paradoxo dos paralelogramos. As duas figuras, conhecidas como "semignômons",[38] são iguais em área porque completam os triângulos iguais DFE e EGD para os triângulos iguais ADB e CDB. Isso será sempre verdade, não importando onde esteja posicionado o ponto E na diagonal DB, mesmo que ele seja movido para o próprio ponto B. De modo coerente, a linha BC é igual em área, ou "quantidade", à linha AB, mesmo que a linha AB seja mais comprida. Isso ocorre porque, assim como o semignômon CBEG, a linha indivisível BC é "mais larga" que AB precisamente na mesma razão em que AB é mais longa.

Agora, enquanto estamos lidando com linhas retas, tais como a diagonal BD, os semignômons são sempre iguais, e a "largura" dos indivisíveis é dada pela simples razão da inclinação. Mas o que acontece quando, em vez de uma linha reta, temos uma parábola genérica, que, em termos modernos, seria dada como $y^m = kx^n$? Nessa "parábola infinita", os semignômons não são mais iguais, contudo, ainda assim, eles mantêm uma relação fixa. Como Torricelli provou usando o método clássico da exaustão, se o arco de curva é muito pequeno, a razão entre os dois semignômons é de m/n. E se a largura dos semignômons é de um único indivisível, então o "tamanho" das linhas indivisíveis que se encontram na curva é de m/n.

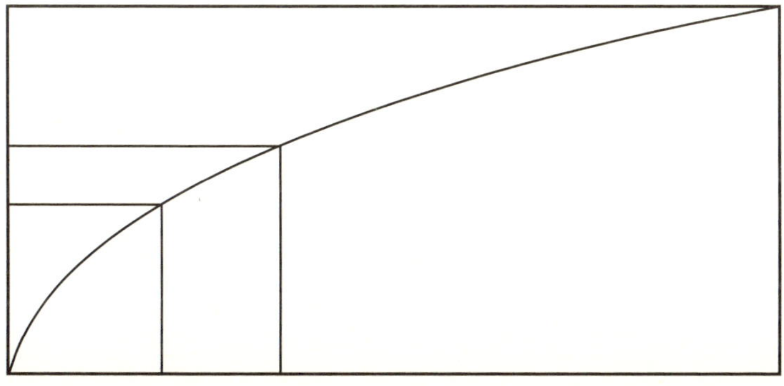

Figura 3.9. Semignômons encontrando-se num arco de "parábola infinita". Se o arco é muito pequeno, então a razão das áreas dos semignômons é de m/n.

O resultado possibilitou a Torricelli calcular a inclinação da tangente em cada ponto da "parábola infinita", mostrada como a curva AB na Figura 3.10. O insight-chave de Torricelli é que, no ponto B, onde as duas linhas indivisíveis BD e BG encontram a curva, encontram também a linha reta que é a tangente da curva naquele ponto. E enquanto a "área" dos dois indivisíveis é de m/n em relação à curva, ela é igual em relação à tangente reta – se a tangente é prolongada de modo a se tornar a diagonal de um retângulo. Coerentemente, na Figura 3.10, a razão das "áreas" de BD e BG é m/n, mas a razão das "áreas" de BD e BF é 1. Isso significa que a razão das "áreas" de BF e BG é m/n. Agora, BF e BG têm a mesma "largura" no esquema de Torricelli, porque ambas encontram a curva BF (ou sua tangente) no ponto B precisamente com o mesmo ângulo. A diferença entre os dois segmentos está apenas nos seus comprimentos, e segue-se que o comprimento BF está para o comprimento BG como m/n. Agora, BF é igual a ED, e BG é igual a AD, e portanto a razão da abscissa ED da tangente para a abscissa AD da curva é de m/n, ou, mais simplesmente, $ED = m.AD/n$.

Portanto a inclinação BD/ED da tangente no ponto B é $n.BD/m.AD$. Deste modo, a inclinação de uma "parábola infinita" pode ser conhecida em qualquer ponto dado da "parábola infinita", baseado em sua abscissa e sua ordenada.

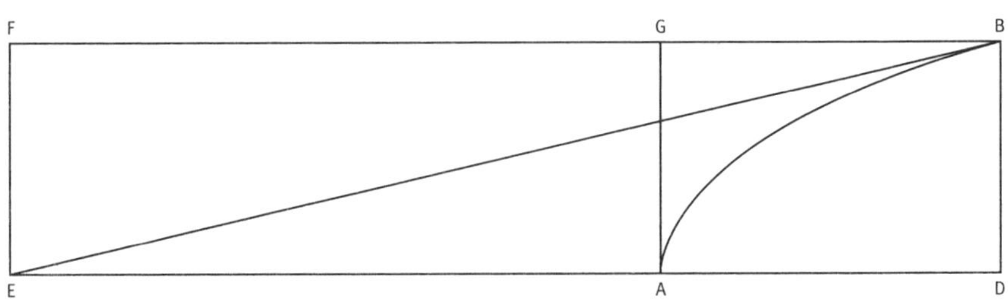

Figura 3.10. Cálculo de Torricelli da inclinação de uma "parábola infinita".

A significação do procedimento de Torricelli aqui se estende para além da engenhosidade da prova em si (que é considerável) e do desafio que ela representava para a tradição matemática. Desde os tempos antigos, os matemáticos haviam procurado evitar os paradoxos, tratando-os como obstáculos intransponíveis, e um sinal de que seus cálculos haviam chegado a um beco sem saída. Mas Torricelli afastou-se dessa venerável tradição: em vez de evitar paradoxos, ele os buscava e os submetia à sua causa. Galileu especulara sobre a estrutura infinitesimal do continuum, mas atenuou seus comentários admitindo que o continuum era um grande "mistério". Cavalieri fez o possível para evitar paradoxos e conformar-se com os cânones tradicionais, mesmo à custa de tornar seu método incômodo. Mas Torricelli, sem se desculpar, usou paradoxos para conceber uma ferramenta matemática precisa e poderosa. Em vez de banir o paradoxo do continuum do reino da matemática, Torricelli o colocou no coração da disciplina.

Apesar dos claros riscos lógicos, o método de Torricelli causou profunda impressão em seus contemporâneos matemáticos. Embora constantemente beirando o erro, era também flexível e incrivelmente efetivo. Nas mãos de um matemático habilidoso e imaginativo, era uma ferramenta poderosa, que podia levar a resultados novos e até surpreendentes. Na década de 1640, o método se difundiu rapidamente na França, onde foi desenvolvido por pessoas como Gilles Personne de Roberval e Pierre de Fermat (1601-1665), que se corresponderam diretamente com Torricelli. O padre mínimo Marin Mersenne, que era o núcleo da "República das Letras" europeia, também se correspondeu com Torricelli e difundiu o método do italiano na Inglaterra, onde Wallis e Barrow, erroneamente, o atribuíram a Cavalieri. Rapidamente disseminada pelo continente europeu, a prática radical de Torricelli englobava o poder e a promessa, bem como os perigos, da nova matemática infinitesimal.

Torricelli não desfrutou por muito tempo sua recém-conquistada preeminência. Em 5 de outubro de 1647, adoeceu, e menos de três semanas depois, em 25 de outubro, morreu aos 39 anos. Num momento de lucidez, pouco antes de sua morte, Torricelli instruiu os testamenteiros a enviar seus manuscritos a Cavalieri em Bolonha, de modo que ele pudesse publicar o que julgasse adequado. Mas era tarde demais: em 30 de novembro, apenas um mês após o último suspiro de Torricelli, Cavalieri também morreu da gota que o afligira por muitos anos. Em poucos anos, a Itália foi privada de sua estrela guia, Galileu, e de seus dois principais discípulos matemáticos. No intervalo de poucas décadas, esses três haviam transformado a face da matemática, abrindo novas avenidas de progresso e possibilidades avidamente aproveitadas por estudiosos de toda a Europa. Uma geração mais tarde, seu "método dos indivisíveis" seria transformado no "método das fluxões", de Newton, e no cálculo diferencial e integral, de Leibniz.

No entanto, em sua própria terra, Galileu, Cavalieri e Torricelli não teriam sucessores. Assim como os matemáticos italianos estavam sendo privados da liderança de Galileu e seus discípulos, a maré na Itália virava-se decisivamente contra seu tipo de matemática. A Companhia de Jesus, que havia muito encarava o método dos indivisíveis com desconfiança, tinha entrado em ação. Numa feroz campanha que durou décadas, os jesuítas trabalharam implacavelmente para desacreditar a doutrina dos infinitamente pequenos e privar seus adeptos de posição e voz na comunidade matemática. Seus esforços não foram em vão: à medida que 1647 ia se encerrando, a brilhante tradição da matemática italiana também chegava ao fim. Levaria séculos até que a terra de Galileu, Cavalieri e Torricelli voltasse a ser o lar de matemáticos criativos da mais alta qualidade.

4. "Destrua ou seja destruído": a guerra aos infinitamente pequenos

Os perigos dos infinitamente pequenos

Pelos padrões da época, o matemático jesuíta André Tacquet (1612-1660) era um homem do mundo. Embora talvez nunca tivesse saído da Flandres natal, sua rede de correspondentes espalhava-se pela área religiosa da Europa, chegando à Itália e à França, mas também às protestantes Holanda e Inglaterra. Poucos meses antes de sua morte, recebeu o polímata holandês Christiaan Huygens, que viajara para Antuérpia com o expresso propósito de encontrar-se com Tacquet, então considerado uma das mais brilhantes estrelas matemáticas já saídas da Companhia de Jesus. Os dois passaram só alguns dias juntos, mas deram-se tão bem que o jesuíta ficou convencido de ter conseguido atrair Huygens para a fé católica. (Não conseguiu.) Mas, em última análise, não foi o charme pessoal de Tacquet, e sim sua excelência matemática, que transcendeu os preconceitos do século XVII. Na Inglaterra, Henry Oldenburg, secretário da Royal Society de Londres e nada amigo dos jesuítas, passou tanto tempo descrevendo o livro *Opera mathematica*, de Tacquet, na reunião da Sociedade em janeiro de 1669 que se sentiu obrigado a desculpar-se perante os colegas por abusar da paciência deles. Mas, insistia ele, aquele era "um dos melhores livros de matemática já escritos".[1]

O crédito de Tacquet para a fama matemática residia principalmente no seu livro de 1651, *Cylindricorum et annularium libri IV* (Quatro livros sobre cilindros e anéis), no qual mostrava domínio completo de todo o arsenal matemático disponível na época. Calculava as áreas e os volumes de figuras geométricas usando tanto abordagens clássicas quanto os novos métodos matemáticos desenvolvidos por seus contemporâneos e predecessores imediatos. Mas, quando se tratava de indivisíveis, o habitualmente educado e cortês jesuíta tornava-se grosseiro:

> Não posso considerar o método de prova por indivisíveis legítimo nem geométrico.[2] ... Muitos geômetras concordam que uma linha é gerada pelo movimento de um ponto, uma superfície por uma linha em movimento, um sólido por uma superfície. Mas uma coisa é dizer que uma grandeza é gerada a partir do movimento de um indivisível, outra coisa muito diferente é dizer que ela é *composta* de indivisíveis. A verdade da primeira é totalmente estabelecida, a outra faz guerra à geometria em tal medida que, se não é para destruí-la, ela própria precisa ser destruída.

Destrua ou seja destruído – estes eram os riscos quando se tratava de infinitesimais, segundo Tacquet. Palavras realmente fortes, mas, para os contemporâneos do matemático flamengo, não surpreendiam tanto assim. Tacquet, afinal, era jesuíta, e os jesuítas estavam engajados numa campanha constante e sem tréguas para realizar precisamente o que Tacquet advogava: eliminar da face da Terra a doutrina de que o continuum é composto de indivisíveis. Caso os indivisíveis prevalecessem, temiam eles, as baixas seriam não só matemáticas, mas ruiria o próprio ideal que animava toda a empreitada da Companhia de Jesus.

Quando os jesuítas falavam de matemática, eles referiam-se à geometria euclidiana. Como ensinara padre Clávio, a geometria euclidiana era a corporificação da ordem. Suas demonstrações começavam com premissas universais autoevidentes e avançavam logicamente passo a passo para descrever relações fixas e necessárias entre objetos geométricos: a soma dos ângulos de um triângulo é sempre igual a dois ângulos retos; a soma dos quadrados dos dois lados mais curtos de um triângulo retângulo é igual ao quadrado do lado mais longo, e assim por diante. Essas relações são absolutas e não podem ser negadas por nenhum ser racional.

E assim, começando com Clávio e durante os duzentos anos seguintes, a geometria formou o núcleo da prática matemática jesuíta.[3] Mesmo no século XVIII, quando o rumo da matemática superior afastou-se decisivamente da geometria, encaminhando-se para novos campos da álgebra e da análise, os matemáticos jesuítas mantinham-se firmemente apegados à prática geométrica. Esse era um marco inconfundível da escola matemática jesuíta. Se a teologia e outros campos do conhecimento pudessem replicar a certeza da geometria euclidiana, acreditavam eles, seguramente todo o conflito chegaria ao fim. A Reforma, todo o caos e subversão que dela fluíam jamais teriam fincado raízes num mundo como aquele.

Essa visão de ordem eterna era, para os jesuítas, a única razão que justificava o estudo da matemática. De fato, como Clávio nunca se cansou de argumentar com seus colegas céticos, a matemática corporificava os mais elevados ideais da Companhia, e graças aos seus esforços as portas se abriram nas instituições jesuítas para que esse campo fosse estudado e cultivado. No fim do século XVI, a matemática tornara-se uma das disciplinas mais prestigiosas no Collegio Romano e em outras escolas da ordem.

Assim como a geometria euclidiana representava, para a Companhia, o melhor e mais elevado grau possível da matemática, o novo "método dos indivisíveis" advogado por Galileu e seu círculo era exatamente o oposto. Enquanto a geometria começava com princípios universais inatacáveis, a nova abordagem começava com uma intuição não confiável sobre a matéria de base. Enquanto a geometria avançava irretocavelmente, passo a passo, a partir dos princípios gerais para suas manifestações particulares no mundo, os novos métodos dos infinitamente pequenos faziam o caminho contrário: começavam com uma intuição de como era o mundo físico e avançavam para generalizar a partir daí, buscando alcançar princípios matemáticos gerais. Em outras palavras, se a geometria era matemática de cima para baixo, o método dos indivisíveis era matemática de baixo para cima. E o mais pernicioso de tudo: enquanto a geometria euclidiana era rigorosa, pura e inexpugnavelmente verdadeira, os novos métodos eram enigmáticos, com seus paradoxos e contradições, e propensos a induzir tanto ao erro quanto à verdade.

Se os infinitesimais prevalecessem, segundo os jesuítas, o edifício eterno e inquestionável da geometria euclidiana seria substituído por uma verdadeira torre de Babel, um lugar de conflito e discórdia construído sobre alicerces instáveis, sujeito a desabar a qualquer momento. Se a geometria euclidiana era, para Clávio, o alicerce da hierarquia e da ordem universais, então a nova matemática significava exatamente o oposto, solapando toda possibilidade de ordem universal, levando a subversão e conflito. Tacquet não exagerava quando escreveu que, na luta entre a geometria e os indivisíveis,[4] um precisa destruir o outro, ou "ele próprio precisa ser destruído". E então os jesuítas se propuseram a fazer exatamente isso.

Os censores, parte I

A questão da estrutura do continuum dificilmente poderia estar mais distante da mente dos primeiros padres jesuítas quando se lançaram contra Martinho Lutero e seus seguidores na batalha pela alma na Europa. O primeiro membro da Companhia a prestar atenção no assunto foi ninguém menos que a velha nêmesis de Clávio no Collegio Romano, Benito Pereira. Em 1576, no auge da disputa com Clávio sobre o lugar apropriado da matemática no currículo jesuíta, Pereira publicou um livro sobre filosofia natural que pretendia estabelecer os princípios corretos a serem adotados pelos jesuítas. Seguindo as diretrizes estabelecidas pelos fundadores da ordem, Pereira ateve-se aos ensinamentos de Aristóteles, e foi assim também que abordou os ensinamentos do antigo filósofo acerca da questão do continuum. Na melhor tradição da escolástica medieval, ele primeiro apresentou a tese de que uma linha é composta de pontos separados e todos os argumentos fornecidos em apoio a essa ideia por mestres antigos e medievais. Em seguida, demoliu os argumentos um a um, até que só lhe restou concluir, com Aristóteles, que o continuum é infinitamente divisível,[5] e não composto de indivisíveis. Pereira, como fica claro, não estava preocupado com inovações matemáticas nem com suas implicações subversivas: escrevendo décadas antes que Galileu e seus discípulos tivessem desenvolvido suas técnicas matemáticas radicais, não tinha motivo para tanto. E como não via nenhum valor para os jesuítas no estudo de qualquer tipo de matemática, provavelmente não estava preocupado em determinar o "tipo" certo de matemática a ser ensinada. Para ele, a questão do continuum era somente mais um tópico a ser abordado numa discussão sobre a filosofia natural de Aristóteles.

Passaram-se duas décadas inteiras antes que outro jesuíta voltasse à questão do continuum, e dessa vez foi alguém com muito mais autoridade: padre Francisco Suárez, o principal teólogo da Companhia de Jesus. Em 1597, Suárez dedicou treze fólios ao problema da composição do continuum em *Disputationes metaphysicae* (Discussões metafísicas), mas, como Pereira, abordou o tema como parte de uma discussão mais ampla sobre a física aristotélica. À diferença de Pereira, porém, o grande teólogo não rejeita peremptoriamente a noção de que o continuum é composto de indivisíveis; admitindo que se trata de um problema difícil, abandona qualquer esperança de certeza e busca apenas uma resposta que "pareça verdadeira". Cita a doutrina dos indivisíveis e sua negação completa, argumentando que ambas são posições "extremas". Propõe algumas posições intermediárias, que ele julga mais prováveis, e ao mesmo tempo reconhece que uma solução definitiva está fora de alcance. Para Suárez, como para Pereira, a questão inteira era técnica, ou o que poderíamos chamar de "acadêmica". Nenhum dos dois achava que aí pudesse haver muita coisa em jogo, exceto a interpretação correta da física aristotélica.

Contudo, à medida que ia chegando ao fim o turbulento século de Carlos V, Lutero e Inácio, um inconfundível sentido de urgência foi penetrando os debates dos jesuítas sobre os infinitesimais. Na época, o geral Claudio Acquaviva estava cada vez mais preocupado com a diversidade de opiniões dentro da Companhia. Aquele era, indubitavelmente, o preço do sucesso, pois a rápida expansão da ordem naqueles anos, sob a forma de centenas de colégios e missões por todo o mundo conhecido, trouxera novos povos para dentro de sua órbita. Mas, para o geral Acquaviva, essa não era uma desculpa para os soldados de Cristo se desviarem dos ensinamentos corretos da Igreja. No que dizia respeito à hierarquia jesuíta, o aumento do número de membros e da influência da Companhia era mais uma razão para ela falar com voz única e clara. "A não ser que as mentes sejam contidas dentro de certos limites", alertou padre Leone Santi, prefeito de estudos no Collegio Romano, alguns anos depois, "suas excursões para doutrinas novas e exóticas serão infinitas", criando "grande confusão e perturbação para a Igreja".[6] A fim de impedir isso, o geral superior instituiu em 1601 um departamento formado por cinco revisores gerais do Collegio Romano, com o poder de censurar qualquer coisa lecionada nas escolas da Companhia em qualquer lugar do mundo, ou publicada sob a égide da ordem. Com a supervisão dos revisores, esperava Acquaviva, apenas a doutrina correta seria ensinada nas escolas jesuítas, e os livros publicados pelos padres da ordem falariam com a autoridade de uma única voz, aprovados pelos superiores. Não demorou muito para que os revisores começassem a emitir proibições de ensinar e promover os infinitesimais.

O primeiro decreto dos revisores gerais[7] sobre a composição do continuum data de 1606, quando o departamento tinha apenas cinco anos. Respondendo a uma proposição enviada pelas escolas da Companhia na Bélgica, de que "o continuum é composto de um número finito de indivisíveis", os revisores, depressa e sem qualquer comentário, determinaram que a proposição era "um "erro de filosofia". Somente dois anos depois, outra missiva da Bélgica levou a mesma doutrina perante os olhos dos revisores. Dessa vez eles foram um pouco mais expansivos, ainda que igualmente firmes: "Todos concordam que isso não deve ser ensinado, uma vez que é improvável e também certamente falso e errado em filosofia, e contraria Aristóteles." Apenas uma década antes, Suárez expressara alguma preocupação em saber se a ideia de continuum composto de indivisíveis era filosoficamente viável, e oferecera algumas alternativas. Os revisores, em contraste, as baniram imediatamente como "falsas e errôneas".

O que havia mudado? Os próprios revisores não oferecem pista, e os sumários deixados por eles não fornecem detalhes sobre as fontes de proposições trazidas a eles, exceto o país de origem. Mas sabemos que aqueles primeiros anos do século XVII assistiram a um significativo aumento, entre os matemáticos, do interesse pelos infinitamente pequenos. Em 1604, Luca Valerio, da Universidade Sapienza em Roma, publicou um livro[8] sobre o cálculo dos centros de gravidade de figuras geométricas no qual empregava métodos infinitesimais rudimentares. Valerio era conhecido dos jesuítas, tendo estudado com Clávio por muitos anos, chegando mesmo a graduar-se doutor em filosofia e teologia no Collegio Romano. Seu trabalho não poderia ter passado despercebido pelos padres da ordem, que provavelmente sentiram que precisavam definir melhor sua posição sobre a nova abordagem. Sabemos também que, em 1604, Galileu, então na Universidade de Pádua, fazia experimentos com indivisíveis[9] ao formular sua lei dos corpos em queda. Galileu tinha Valerio em muita alta conta. Anos mais tarde indicou-o para membro da Academia dos Linces, e em seus *Discursos*, de 1638, refere-se a Valerio como "o Arquimedes da nossa era".[10] Quer tenham se baseado um no outro, quer tenham desenvolvido suas ideias de forma independente, o trabalho deles marcou uma mudança significativa no status dos infinitesimais: em vez de uma doutrina antiga, debatida em tom definitivo por Aristóteles e seus comentaristas posteriores, os infinitesimais pareciam agora entrar na arena da matemática contemporânea.

Para a Companhia, aquela era uma mudança crítica. Só há pouco Clávio vencera sua batalha para estabelecer a matemática como disciplina nuclear no currículo jesuíta, e os matemáticos da ordem estavam começando a ser reconhecidos como líderes nesse campo. Quando, no início do século XVII, os infinitesimais começaram a entrar na prática matemática, os jesuítas sentiram-se compelidos a assumir uma posição acerca do novo método. Serão eles compatíveis com a abordagem euclidiana, tão central para a prática matemática da Companhia? A resposta dos revisores foi um sonoro "não". Todavia, apesar dos severos pronunciamentos, o problema parecia nunca ir embora. Jesuítas com treinamento matemático em toda a Europa seguiam de perto o desenvolvimento das linhas de frente da pesquisa matemática e estavam perfeitamente conscientes do crescente interesse pelos infinitesimais. Certos de quanto o tema era sensível, recorriam aos revisores com diferentes versões da doutrina, cada qual se desviando ligeiramente das banidas. Por conseguinte, quando os revisores voltaram mais uma vez sua atenção para os infinitamente pequenos, novamente o catalisador foi o desenvolvimento no campo da matemática.

Johannes Kepler (1571-1630) é hoje lembrado como o homem que pela primeira vez traçou as órbitas elípticas corretas dos planetas pelo céu. Kepler tampouco deixou de ser apreciado no seu próprio tempo. No começo do século XVII, era o único cientista do mundo cuja fama rivalizava com a de Galileu, e, embora protestante, detinha a posição matemática mais cobiçada do mundo: astrônomo da corte do Sacro Império Romano em Praga. Em 1609, Kepler publicou a obra-prima *Astronomia nova*, na qual demonstra que os planetas se movem em elipses, e não em círculos perfeitos, e codifica essas observações em duas leis de movimento planetário. (A terceira lei de Kepler foi publicada mais tarde, em *Harmonices mundi*, de 1619.) Para calcular o movimento preciso dos planetas em velocidades variáveis ao longo de sua órbita, Kepler fez um uso grosseiro dos infinitesimais, assumindo que o arco da trajetória elíptica era composto por um número infinito de pontos. Seis anos depois, desenvolveu mais sua teoria matemática, num trabalho dedicado a avaliar o volume exato de tonéis de vinho em que calculou toda uma gama de áreas e volumes de figuras geométricas usando métodos infinitesimais. Para calcular a área de um círculo, por exemplo, Kepler imaginava que ele era um polígono com número infinito de lados; uma esfera era composta de um número infinito de cones, cada qual com o vértice no centro e a base na superfície da esfera; e assim por diante. Intitulado *Nova stereometria doliorum vinariorum* (Nova estereometria de tonéis de vinho), o livro era um *tour de force* matemático que indicava o poder da abordagem que Cavalieri posteriormente sistematizaria e nomearia. Mais uma vez os jesuítas sentiram-se compelidos a responder, e mais uma vez a tarefa coube aos revisores gerais em Roma. Em 1613 denunciaram a proposição de que o continuum era composto de "mínimos" físicos ou de indivisíveis matemáticos. Em 1615 reiteraram a condenação, rejeitando primeiro a opinião de que "o continuum é composto de indivisíveis";[11] e, alguns meses depois, a opinião de que "o continuum é composto de um número finito de indivisíveis". Essa doutrina, opinaram eles, "também não é permitida em nossas escolas ... se os indivisíveis forem infinitos em número".

Uma vez emitida a decisão dos revisores, era preciso que uma máquina bem lubrificada entrasse em ação para fazê-la vigorar. As numerosas províncias jesuítas pelo globo eram informadas do veredicto dos censores, e então o passavam adiante para as jurisdições menores. No fim da cadeia de transmissão estavam os colégios individuais e seus professores, que eram instruídos acerca das novas regras do que era ou não permitido. Uma vez que a decisão dos revisores descesse pela hierarquia e chegasse ao professor, era ele o responsável pela execução, com sua plena capacidade e livre-arbítrio, independentemente das visões anteriores sobre o assunto. Esse era um sistema baseado em hierarquia, treinamento e confiança – ou, como um observador pouco amigável poderia sugerir, em doutrinação. De um jeito ou de outro, não havia dúvida de que era um método efetivo: os pronunciamentos dos revisores tornavam-se lei nas centenas de colégios jesuítas mundo afora.

A queda de Luca Valerio

O decreto dos revisores, de 1615, contra infinitos indivisíveis pode ter se dirigido contra os admiradores de Kepler. Mas, qualquer que fosse o intento, foi o ex-associado dos jesuítas, Luca Valerio, quem caiu vítima da nova e mais dura posição da Companhia. Três anos tinham se passado desde que Galileu propusera Valerio como membro da prestigiosa Academia dos Linces, que servia como centro institucional para os galileanos em Roma. A academia era um clube exclusivo formado por um grupo seleto de cientistas importantes e seus patronos aristocratas, mas Valerio parecia se encaixar perfeitamente ali: não só era matemático renomado por ideias arrojadas e professor na antiga Universidade Sapienza, mas também era um aristocrata e amigo pessoal do falecido papa Clemente VIII (1592-1605), que havia sido seu aluno. Ele trazia consigo um cintilante prestígio social, bem como criatividade pessoal e respeitabilidade institucional, e os linces prontamente o elegeram em 7 de junho de 1612. Desde o momento da sua eleição, Valerio tornou-se líder entre eles, sendo-lhe conferida responsabilidade editorial por todas as publicações da Academia.

Valerio, que estudara durante anos com Clávio, manteve-se em bons termos com seus antigos mentores e colegas no Collegio Romano; isso também o tornava valioso para os linces. Numa época de crescente tensão entre adeptos de Galileu e jesuítas do Collegio Romano, Valerio serviu como meio de comunicação e possível conciliador entre os dois campos. De fato, não havia nada que ele mais desejasse do que cicatrizar a ferida aberta entre os dois grupos de amigos seus. Mas isso não era para acontecer. Sem demonstrar nenhuma preocupação com as sensibilidades jesuítas, Galileu publicou *Discurso sobre corpos flutuantes* – que atacava os princípios da física aristotélica, debatia a natureza das manchas solares e fazia circular suas opiniões acerca da interpretação apropriada das Escrituras. Para os jesuítas do Collegio Romano, essa intromissão na teologia foi a gota d'água. Eles decidiram se vingar do homem que haviam homenageado com um dia inteiro de cerimônias, mas que agora era visto como amargo inimigo.

Os jesuítas haviam aprendido com os erros passados. Vezes e vezes seguidas tinham sido superados pela brilhante polêmica de Galileu, saindo com a imagem de pedantes rígidos que barravam o caminho do progresso científico. Assim, em vez de se envolver num debate público, voltaram-se para a arena onde seu poder não podia ser desafiado: a hierarquia e a autoridade da Igreja. Em 1615 o cardeal Bellarmino emitiu sua opinião contra o copernicanismo que logo se tornou a doutrina oficial da Igreja. Em seguida, fez uma advertência pessoal a Galileu a fim de que ele desistisse para sempre de manter ou advogar a doutrina proibida. Foi uma impressionante demonstração da capacidade jesuítica de subordinar a máquina da Igreja à sua causa, e uma contundente derrota dos adeptos de Galileu. Quanto aos infinitesimais, não houve nada tão público quanto o decreto contra o copernicanismo. Não por acaso, a determinação dos revisores contra os indivisíveis, em abril de 1615, coincidiu precisamente com a emissão da opinião de Bellarmino contra Galileu.

Valerio sentiu-se acuado. As duas grandes escolas intelectuais que ele tivera esperança de reconciliar agora estavam em guerra aberta. O terreno neutro no qual ele se encontrava se desfazia depressa, e ele era puxado em sentidos opostos. O decreto dos revisores, de abril de 1615, sobre a composição do continuum dera um lembrete de que, como matemático identificado com os métodos infinitesimais, ele não podia permanecer alheio ao combate. Quando os revisores repetiram o decreto em novembro, desta vez acrescentando que ele se aplicava mesmo "que os indivisíveis sejam infinitos em número", Valerio deve ter concluído que ele era o próprio alvo. Não sabemos o que lhe disseram em particular, fossem os jesuítas ou os linces, mas a pressão deve ter sido insuportável. Finalmente, no começo de 1616, com a maré virando-se decisivamente contra os seguidores de Galileu, Valerio tomou uma decisão: apresentou sua renúncia à Academia dos Linces, colocando-se abertamente do lado dos jesuítas.

Os linces ficaram atônitos. Ser membro da Academia era uma grande honra, nunca ninguém lhes virara as costas. Que isso pudesse acontecer, essa era uma medida de quão precária a posição dos seguidores de Galileu se tornara diante da investida da Companhia de Jesus. Não intimidados, os linces responderam decisivamente: recusaram prontamente a renúncia de Valerio, sob alegação de que ela conflitava com o juramento feito por todo membro da Academia. Valerio, portanto, continuou formalmente um lince, mas apenas no nome: numa reunião de 24 de março de 1616, seus colegas o censuraram por quebrar o juramento de lealdade e ofender tanto Galileu quanto a "lincealitas", o princípio lince de solidariedade mútua. Em seguida, barraram Valerio de quaisquer reuniões futuras da Academia e, como garantia, o privaram do direito de voto.

Valerio tinha interpretado mal os sinais.[12] Os adeptos de Galileu podiam ter se colocado na defensiva, mas ainda eram suficientemente poderosos para revidar contra o ex-colega. Sua vida e sua carreira, de tão brilhante sucesso durante tanto tempo, acabaram numa tragédia grega. Reconhecido desde cedo pela intrepidez matemática, escalara os cumes da fama acadêmica na Itália, admirado e honrado tanto por conservadores quanto por inovadores. Mas, quando não pôde mais servir de ponte entre o vão que se alargava entre os dois lados, fez uma escolha, e esta acabou se revelando errada. Isolado, humilhado, um pária para os antigos amigos, Valerio aposentou-se e morreu menos de dois anos depois da expulsão da Academia dos Linces, vítima precoce da guerra dos jesuítas contra os infinitamente pequenos.

Grégoire de Saint-Vincent, S.J.

Valerio havia estudado no Collegio Romano por muitos anos, mas ele mesmo não era jesuíta. Às vezes, porém, os funcionários da Companhia de Jesus não tinham de lidar com forasteiros, mas com seus próprios membros, intelectuais jesuítas que se rebelavam contra as restrições que lhes eram impostas pelos superiores, tentando ao máximo fazer seu trabalho livremente, ainda que atendo-se à letra, embora não ao espírito da lei. Em tais casos, a ordem em geral adotava uma abordagem mais suave, preferindo lembrar a um membro indócil o laço jesuíta comum e o ideal de obediência voluntária. Calcando-se na sua ordem hierárquica[13] e no profundamente arraigado valor da obediência, a Companhia conseguia exercer um controle muito maior sobre seus membros do que provavelmente conseguiria por meio de ação disciplinar, força ou intimidação.

Mesmo assim, desafiar os decretos da ordem tinha seu preço, como descobriu, para seu pesar, o matemático Grégoire de Saint-Vincent, de Bruges. Flamengo, como seu contemporâneo mais jovem Tacquet, Saint-Vincent (1584-1667) foi uma das mentes matemáticas mais criativas já surgidas na Companhia de Jesus. Em 1625, enquanto lecionava no Colégio Jesuíta de Louvain, Saint-Vincent desenvolveu um método para calcular áreas e volumes de figuras geométricas que ele denominou *ductus plani in planum* (multiplicação de um plano em um plano). Seu maior triunfo, acreditava ele, foi solucionar um antigo problema que havia perturbado os maiores geômetras de todas as épocas: construir um quadrado de área igual à do círculo, ou, de maneira mais simples, "quadrar o círculo". Saint-Vincent decidiu publicar seus resultados e, bom jesuíta que era, enviou o manuscrito a Roma para obter permissão. Como era um matemático respeitável e seu texto, técnico e desafiador, o pedido galgou todos os escalões hierárquicos até chegar a Mutio Vitelleschi, o geral da Companhia de Jesus na época.

Vitelleschi hesitou. A maioria dos matemáticos daquele tempo acreditava (corretamente, como acabou se demonstrando) que a quadratura do círculo era impossível, ou pelo menos impossível por métodos euclidianos clássicos. Aqueles que alegavam ter realizado o feito em geral eram menosprezados como charlatões, e havia o perigo significativo de que um jesuíta que alegasse quadrar o círculo acabasse manchando a reputação da Companhia. Mais problemático era o fato de que o método *ductus plani in planum* de Saint-Vincent parecer suspeitamente baseado na doutrina proibida dos infinitesimais. Não querendo decidir sobre uma questão técnica sozinho, Vitelleschi passou o assunto para o padre Grienberger, aluno e sucessor de Clávio no Collegio Romano, a mais alta autoridade matemática da ordem. Grienberger leu o tratado detalhadamente, mas também não ficou convencido, e se manifestou contra a publicação. Sem se dar por vencido, Saint-Vincent requisitou e recebeu permissão de viajar a Roma, onde por dois anos tentou convencer Grienberger de que seu método era válido e não violava as restrições contra os infinitesimais. Ele fracassou. Numa carta de 1627, Grienberger informou Vitelleschi que, embora não duvidasse da correção dos resultados de Saint-Vincent, ainda assim tinha sérias preocupações referentes ao seu método. O flamengo voltou a Louvain de mãos vazias e não publicou nada durante os vinte anos seguintes. Apenas em 1647, aproveitando-se da morte recente do geral Vitelleschi, ele finalmente levou seu trabalho ao prelo. Desta vez, contornando as autoridades de Roma, contentou-se com uma permissão limitada do provincial jesuíta de Flandres,[14] que permitiu a impressão do trabalho.

A experiência de Saint-Vincent tipifica a atitude jesuíta em relação aos indivisíveis[15] nos anos que se seguiram às proibições de 1615 e à desgraça de Valerio. Indivisíveis eram proibidos, com toda a certeza, mas policiar seu uso não era alta prioridade da Companhia. Quando confrontados com novos métodos matemáticos que faziam uso dos infinitamente pequenos, os jesuítas entraram em ação, lembrando a seus membros que essas abordagens não eram permitidas. O fato de que um jesuíta famoso como Saint-Vincent tivesse desenvolvido um método inspirado por indivisíveis e o enviasse a seus superiores romanos para ser aprovado atesta que ele esperava haver algum espaço de manobra. Sua solicitação para publicar o trabalho foi negada, mas, a não ser isso, Saint-Vincent não foi punido pela transgressão. Manteve a posição importante que ocupava nos colégios jesuítas pelo resto de sua longa vida, tirando proveito de um momento oportuno, e no final dando até um jeito de publicar seu trabalho. Em anos posteriores, quando os jesuítas passaram a perseguir os infinitamente pequenos com ar de sombria fatalidade, eles não seriam tão condescendentes.

O eclipse dos jesuítas

Saint-Vincent, como se viu, teve sorte na sua época, em meio a uma calmaria na campanha jesuíta para frear os infinitesimais. Após a proibição de 1615, os revisores não voltaram ao assunto por outros dezessete anos. O motivo tinha muito a ver com as mudanças na sorte da própria ordem. Após sua vitória sobre os adeptos de Galileu, em 1616, a Companhia de Jesus reinou suprema em Roma. O papa Paulo V havia publicamente tomado partido a favor dos jesuítas na luta com Galileu, calando seus críticos e estabelecendo-se como árbitros da verdade. Os defensores da teoria de Copérnico haviam sido efetivamente silenciados, bem como qualquer menção acerca dos infinitamente pequenos. Valerio fora humilhado, e Galileu não estava em posição de desafiar a autoridade do Collegio Romano. Em 1619, o papa Paulo V demonstrou seu favor aos jesuítas beatificando o acólito de Inácio, o intrépido missionário Francisco Xavier, como fizera com o próprio Inácio dez anos antes. Em 1622, o sucessor de Paulo, papa Gregório XV, completou o processo tornando santo Inácio e são Francisco Xavier os primeiros santos jesuítas da Igreja católica. Em comemoração, os jesuítas começaram a planejar a construção de uma nova e magnífica igreja de Santo Inácio no terreno do Collegio Romano.

Mas na autocracia que era a cúria papal, a única fonte de autoridade e poder que importava era o favor pessoal do papa. Isso raramente era um problema para a ordem, que patrocinava a supremacia papal na Igreja e cujas elites faziam um juramento pessoal de obediência ao papa. Não era surpresa, portanto, que a maioria dos pontífices julgasse de melhor interesse conceder seus favores à Companhia. Não obstante, havia exceções. O papa Paulo IV (1555-59), por exemplo, fundador da ordem rival dos teatinos, era hostil aos jesuítas, e durante seu papado a Companhia sofreu. Agora, sete décadas depois, a história parecia se repetir. Em julho de 1623, apenas dois anos após sua eleição, o papa Gregório XV morreu, lançando todos os cálculos políticos de Roma no caos. Foi necessário para o Colégio de Cardeais todo um mês de manobras para escolher o sucessor. Mas, quando a poeira finalmente assentou, estava claro para todos que um novo dia nascera em Roma: o homem eleito foi o cardeal florentino Maffeo Barberini, que adotou o nome de Urbano VIII. Para a Companhia, não podia haver pior escolha.[16]

Havia muitas razões para os jesuítas encararem com apreensão a eleição de Barberini. Uma delas era que ele era de Florença, cidade que se orgulhava de sua tradição de independência e onde, por conseguinte, os jesuítas tinham relativamente pouca influência. Afinal, fora a proteção do governante de Florença, o grão-duque Cosme II, que salvara Galileu de consequências muito piores em sua briga com os jesuítas, em 1616. Barberini também servira muitos anos como núncio papal na França, e era conhecido por ser próximo da corte francesa. De fato, foi a influência francesa, na pessoa do cardeal Maurizio di Savoia, que havia assegurado a eleição de Barberini. Os jesuítas, por outro lado, entravam regularmente em conflito com a monarquia francesa e seus defensores na Sorbonne sobre a questão da supremacia papal, e em mais de uma ocasião foram proibidos de lecionar na França por se recusarem a fazer o juramento de obediência ao rei. Na cúria papal, os jesuítas apoiavam ferrenhamente os rivais da França, os Habsburgo – do Sacro Império Romano e reis da Espanha –, a quem viam como a melhor esperança de restaurar a união da cristandade. Mas talvez o mais problemático para os jesuítas fosse o fato de Barberini ser amigo pessoal de Galileu, tendo professado abertamente sua admiração pelo conterrâneo florentino, suas descobertas e opiniões. Nas guerras da cultura romana, na década anterior, Barberini se pusera firmemente do lado de Galileu e da Academia dos Linces, os inimigos dos padres jesuítas do Collegio Romano.

Mal se instalou no cargo, Urbano VIII começou a se comportar de um modo que confirmava os piores temores da Companhia. Nomeou monsenhor Giovanni Ciampoli como secretário pessoal e o jovem duque Virginio Cesarini como responsável pela câmara papal secreta. Ambos eram linces que haviam tramado com Galileu para "rebaixar o orgulho dos jesuítas".[17] Após a morte do cardeal Bellarmino, em 1621, os jesuítas ficaram sem um representante no Colégio de Cardeais, e o novo papa parecia feliz de deixar as coisas como estavam. Quando em 1627 os jesuítas encaminharam uma petição para elevar Bellarmino à santidade, Urbano não teve pressa em responder. Em vez disso, instituiu uma nova barreira no processo, determinando que deveriam se passar cinquenta anos entre a morte de um candidato e sua canonização. O mais preocupante para a Companhia, contudo, era a admiração de Urbano VIII por Galileu[18] – e a vontade de falar sobre ela não havia diminuído com sua ascensão ao papado. Em 1623, quando Galileu publicou *O ensaísta*, sua última e mais potente carga na guerra de palavras com o Collegio Romano, o papa recebeu o livro com entusiasmo. Aceitou em público um exemplar especial do livro, pessoalmente dedicado por Galileu, das mãos do príncipe Federico Cesi, fundador da Academia dos Linces, e pediu a Ciampoli que o lesse à mesa. Como Cesarini, presente a ambas ocasiões, garantiu a Galileu, o novo papa desfrutou o livro e se encheu de admiração. Tirando proveito da constelação favorável, os linces rapidamente receberam o sobrinho do papa, Francesco Barberini, na Academia, gesto cuja sabedoria foi logo recompensada quando o papa concedeu o manto púrpura cardinalício ao jovem Francesco. Agora o sobrinho cardeal, talvez a segunda pessoa mais poderosa em Roma, era um lince, enquanto os jesuítas passaram décadas sem um cardeal próprio.

Tampouco a política externa do novo papa o tornava querido dos jesuítas. Urbano VIII representava uma espécie de retorno aos papas do Renascimento, mais preocupado em assegurar sua independência como príncipe italiano que em fortalecer sua posição como líder espiritual de todos os cristãos. No meio da Guerra dos Trinta Anos (1618-48), a mais sangrenta de todas as lutas religiosas, esperava-se naturalmente que o pontífice se colocasse firmemente ao lado dos Habsburgo, cujos domínios imperiais eram devastados e que arcavam com o fardo da luta contra o protestantismo. Em vez disso, Urbano tentou se libertar do sufocante abraço Habsburgo aliando-se com a França e seu enigmático ministro-chefe, cardeal Richelieu. Em vez de apoiar a guerra contra os hereges, Urbano montou seu próprio poderio militar e ameaçou os potentados italianos vizinhos – todos bons católicos. Acrescentou aos seus domínios o ducado de Urbino, tornando-se o último papa a expandir os Estados papais, e deflagrou as "guerras de Castro" contra os duques Farnese de Parma. Em 1627, quando não havia herdeiro masculino para a antiga linhagem Gonzaga de Mântua, ele efetivamente apoiou a sucessão de um protestante, Carlos Gonzaga, duque de Nevers, contra o postulante Habsburgo.

Mesmo nessa temporada de insatisfação, os jesuítas, sempre pios, sempre ativos, tentaram dirigir a política da Igreja para longe do que consideravam um curso desastroso. Seu plano articulava-se sobre um perene pomo de discórdia entre Roma e Paris: a questão da supremacia papal. Em 1625, Antonio Santarelli, professor no Collegio Romano, publicou uma espirituosa defesa do poder papal num livro com o imponente título de *Tratado sobre heresia, cisma, apostasia, abuso do sacramento da penitência e o poder do pontífice romano para punir esses crimes*. Sua tese básica era de que os papas reinavam supremos sobre os monarcas seculares, e até tinham o poder de destituí-los, se agissem de maneira prejudicial à fé. Essa doutrina nada tinha de novo e parecia bem evidente para os jesuítas, que acreditavam numa hierarquia estrita de Igreja, Estado e sociedade, tendo o papa no ápice. Já em 1610, o próprio cardeal Bellarmino publicara seu *Tratado sobre o poder do supremo pontífice em questões temporais*, fazendo basicamente as mesmas alegações em nome do poder papal. Mas, como o cardeal descobriu, o que era um truísmo simples em Roma, era sedição em Paris, onde os Bourbon estavam ocupados em construir uma monarquia absoluta na qual a autoridade real dominasse inconteste. O livro de Bellarmino foi publicamente condenado pelo Parlamento de Paris, os jesuítas foram impedidos de lecionar na França por vários anos e uma breve crise diplomática se acendeu entre a corte dos Bourbon e o Vaticano. Ao publicar o livro de Santarelli em 1625, os jesuítas provavelmente tinham esperança de instigar crise semelhante, que forçaria o papa, querendo ou não, de volta para os braços dos Habsburgo.

A trama fracassou redondamente.[19] Os franceses de fato ficaram inflamados com o tratado de Santarelli, mas dirigiram sua fúria contra a Companhia de Jesus, e não contra o papa. O livro foi condenado à fogueira pelo Parlamento de Paris e denunciado pelo corpo docente da Sorbonne e de outras universidades francesas. Em 16 de março de 1626, os líderes dos jesuítas franceses foram chamados perante o Parlamento e solicitados a assinar uma renegação pública à "doutrina maligna" de Santarelli. Defrontados com o fim de sua missão francesa, caso se recusassem, os jesuítas assinaram humildemente. Como se já não fosse vergonhoso o bastante, vexame maior os aguardava em Roma: em 16 de maio, o papa convocou Mutio Vitelleschi, geral da Companhia de Jesus, a apresentar-se e, diante dos cardeais e prelados da cúria, puniu-o por solapar sua política com a França: "Não contente em me denegrir na França, ainda deseja me dilacerar na Itália", trovejou o pontífice. Aquela era uma humilhação extraordinária para o líder dos jesuítas e um repúdio público à ordem como um todo. Apenas quatro anos depois da canonização de santo Inácio, os outrora invencíveis jesuítas eram relegados às margens mais afastadas da cúria romana.

Enquanto os jesuítas sofriam, seus inimigos prosperavam. Galileu, que estava em Roma para supervisionar a publicação de *O ensaísta*, encontrou-se várias vezes com o papa na primavera de 1624 para conversas amigáveis sobre filosofia natural. Ele regressou a Florença em junho portando uma carta que o declarava "filho amado" do papa, e com caloroso incentivo para seu próximo livro – que ele na época chamava de *Discurso sobre o fluxo e refluxo do mar*, mas que viria a se tornar o *Diálogo sobre os dois máximos sistemas do mundo*. Galileu chegou a acreditar que recebera permissão implícita de reabrir a questão do movimento da Terra,[20] um erro de julgamento que lhe custaria a liberdade nove anos depois. No outono de 1628, as atitudes de livre-pensador de Galileu e seus amigos chegaram a tocar fundo o próprio centro do poder jesuíta: numa esplêndida cerimônia no grande salão do Collegio Romano, com a presença de numerosos cardeais, o marquês Pietro Sforza Pallavicino (1607-1667), afilhado do cardeal de Savoia, defendeu sua dissertação de doutorado em teologia. O jovem aristocrata era uma estrela em ascensão nos círculos intelectuais romanos,[21] com um futuro brilhante que em última instância o levaria ao Colégio de Cardeais. Mesmo aos 21 anos, já era membro da cintilante Accademia dei Desiderosi (Academia dos Desejosos), de cunho literário, e amigo de Galileu. Nessa ocasião, ele provou essa amizade: sua dissertação era uma defesa da ortodoxia da doutrina do atomismo, que Galileu advogava em *O ensaísta* e que era o alvo das acusações jesuítas de heterodoxia e até de heresia. Contrariamente às alegações da nêmesis de Galileu, padre Orazio Grassi, do Collegio Romano, o atomismo, de acordo com Pallavicino, não oferecia objeções e era perfeitamente consistente com a doutrina oficial da Eucaristia. Apenas alguns meses depois, Pallavicino, com todo seu treinamento jesuíta, tornou-se membro de pleno direito da Academia dos Linces.

Com sua fortuna numa maré historicamente baixa, sua autoridade e prestígio sob ataque, a Companhia efetivamente suspendeu a campanha contra os infinitamente pequenos. Afinal, numa época em que a defesa do desprezado atomismo podia ser recitada em seus mais sacrossantos salões, como podiam os jesuítas ter credibilidade para condenar a correlata doutrina dos indivisíveis matemáticos? Então, eles mantiveram-se discretos durante dezessete anos, sem emitir uma única advertência enquanto a matemática dos infinitamente pequenos ganhava terreno. Foi durante esses anos que Cavalieri desenvolveu seu método de indivisíveis e acabou conquistando a prestigiosa cadeira de matemática em Bolonha. Foi também durante esses anos que Torricelli foi apresentado à matemática pelo seu mentor, Benedetto Castelli, e embarcou na carreira que o tornaria o praticante mais influente da nova matemática. Enquanto isso, os jesuítas observavam, tomavam notas e pacientemente aguardavam que chegasse a sua hora.

A crise de Urbano VIII

Em 17 de setembro de 1631 os exércitos protestantes da Suécia e da Saxônia enfrentaram as forças católicas do Sacro Império Romano numa batalha perto da aldeia de Breitenfeld, na Saxônia. Quando os imperiais atacaram, os inexperientes saxões entraram em pânico e abandonaram o campo, expondo o flanco de seus aliados suecos a um golpe potencialmente devastador. Mas os suecos mantiveram a posição, cobriram o flanco e desfecharam seu ataque. Sob o frio comando de seu rei, Gustavo Adolfo, desbarataram os homens do imperador, infligindo milhares de baixas ao exército até então invencível do conde de Tilly. Num só golpe, o caminho para o coração da Alemanha católica abriu-se para os protestantes suecos.

A vitória sueca em Breitenfeld estarreceu a Europa, transformando instantaneamente uma guerra que já durava treze anos e que continuaria por mais dezessete. Até aquele ponto, os exércitos imperiais da casa de Habsburgo haviam superado e derrotado todos os seus rivais. Tinham esmagado os nobres da Boêmia na Batalha da Montanha Branca, em 1620, e derrotaram os dinamarqueses, que intervieram em apoio a seus correligionários protestantes. A união de príncipes protestantes, sob a liderança de João Jorge da Saxônia, não se mostrou à altura dos generais do Império, o conde de Tilly e Albrecht von Wallenstein. Mas em 1630 Gustavo Adolfo da Suécia pôs fim à guerra com a Polônia e instalou seu experiente exército no norte da Alemanha. O sacro imperador romano, Fernando II, esperava manter os suecos fracos e isolados, mas suas expectativas foram frustradas no começo de 1631, quando Gustavo chegou a um acordo com o cardeal Richelieu da França. Por mais cardeal que fosse, Richelieu estava mais decidido a frustrar os desígnios dos Habsburgo para dominar a Europa que a promover os interesses da sua Mãe Igreja, de modo que prometeu financiar a campanha de Gustavo em grande escala. Os resultados dessa heterodoxa aliança ficaram claros no campo de Breitenfeld, onde os veteranos de Gustavo – bem armados, bem treinados e unidos sob a inspirada liderança do rei – destroçaram o exército mais poderoso do Império.

Por mais de um ano após a batalha, os suecos varreram a Alemanha como uma força da natureza. Voltaram a derrotar os exércitos dos Habsburgo em abril de 1632, no rio Lech, matando o conde de Tilly e marchando para o sul, rumo à Baviera. O exército de Gustavo estava agora em pleno coração do catolicismo alemão, ocupado em saquear as cidades e profanar suas igrejas. Os colégios jesuítas, orgulhosos símbolos de um catolicismo renascente, eram os alvos prediletos. Eram impiedosamente pilhados, os livros e tesouros espalhados, os cultos padres expulsos. Nesse ínterim, João Jorge da Saxônia tirou proveito da dominação sueca e invadiu a Boêmia, ocupando e saqueando a ex-capital imperial, Praga, e extinguindo o famoso colégio jesuíta da cidade. Naquele mês de novembro, o exército imperial, agora comandado pelo astucioso Von Wallenstein, voltou a se concentrar perto da cidade de Lützen, porém os veteranos suecos triunfaram mais uma vez. Somente a morte de Gustavo nessa batalha reduziu o ímpeto do massacre sueco, levando alívio aos católicos. Quando a notícia se espalhou pela Europa católica, os sinos das igrejas soaram de Viena a Roma, e os filhos e filhas da Igreja reuniram-se numa celebração especial, em missas comemorativas para agradecer ao Senhor por livrá-los de um cruel inimigo.

A súbita crise da sorte católica na Alemanha atingiu a cúria papal como um raio em dia claro. Num só golpe, a política do papa, de jogar a França contra os Habsburgo, visando a preservar sua própria liberdade de ação, tornou-se insustentável. Uma coisa era dar abertura a Richelieu quando o reinado católico dominava supremo e com os protestantes aparentemente em debandada. Outra coisa bem diferente era fazê-lo quando Richelieu se aliara aos hereges, e o destino da Alemanha católica estava por um fio. Urbano ainda vacilava, mas não podia fazê-lo por muito tempo: quando não parecia disposto a aliar-se aos Habsburgo e jogar tudo num luta de vida ou morte contra os salteadores suecos, havia em Roma aqueles prontos a lembrar-lhe seus deveres.

O principal deles era o cardeal Gaspar Borgia (1580-1645), embaixador espanhol na Santa Sé e líder na cúria da oposição à política pró-francesa do papa. De igual importância era o fato de ele ser neto de Francisco Borgia, duque de Gandia, que fora devotado seguidor de Inácio de Loyola e terceiro geral da Companhia de Jesus. Os laços entre o clã Borgia e os jesuítas permaneciam fortes, e Gaspar havia sido um aliado natural da Companhia nas guerras culturais em Roma. O cardeal e os jesuítas haviam estado ombro a ombro na década de 1620, numa luta que viam como tolerância de Urbano em relação a opiniões perigosas e heréticas, em primeiro lugar e especialmente as de Galileu e seus amigos. Do ponto de vista político, o cardeal e os jesuítas eram defensores ferrenhos de uma aliança com os Habsburgo que uniria o Império, a Espanha e o papado numa guerra santa contra o cisma protestante.

Marginalizado desde a eleição de Urbano VIII, em 1623, Bórgia e seus aliados acreditavam que a crise na Alemanha católica dera-lhes a abertura de que necessitavam. Em 8 de março de 1632, no consistório do Vaticano, diante do papa e dos cardeais, Bórgia lançou seu ataque. Quebrando todas as regras de protocolo e decoro, surpreendeu Urbano lendo uma carta aberta que criticava duramente as políticas papais. Denunciava a ímpia aliança franco-sueca e exigia que o vigário de Cristo na Terra fizesse ouvir sua voz apostólica como uma trombeta de redenção, unindo todos os católicos numa luta titânica contra os hereges. Escandalizado pelo insulto ao papa, o cardeal Antonio Barberini (que também era irmão de Urbano) investiu contra Bórgia, mas foi repelido pelo grupo de cardeais pró-Espanha e pró-Habsburgo que cercavam o enviado espanhol. Bórgia terminou de ler a carta.

Para um papa, ser repreendido por um reles cardeal e acusado de permitir que os inimigos da fé tivessem vantagem era uma humilhação insuportável. Nos meses seguintes, Urbano VIII tentou preservar sua honra e autoridade punindo alguns dos prelados que tinham se voltado contra ele em sua própria casa e enviando cartas indignadas de protesto a Madri. Mas era o fim da linha, e o papa sabia disso. Com a sorte da guerra mudada, e a troca de equilíbrio do poder político em Roma, as opções de Urbano haviam se esgotado.[22] Ele voltou atrás na aliança informal com Richelieu e tomou abertamente o partido dos Habsburgo na batalha para salvar a Baviera e a Boêmia dos suecos. A dramática reversão de curso do papa foi sentida com igual força em Roma, onde – segundo o embaixador florentino Francesco Niccolini – a fiscalização da ortodoxia e a vigilância contra hereges e inovadores eram os instrumentos de poder da nova ala espanhola que acabara de ascender. Agora Urbano passou a se distanciar do livre pensar dos linces, retirando sua proteção a Galileu. O cardeal Bórgia era o homem mais poderoso da Cidade Eterna, atrás apenas do papa – se tanto. E os jesuítas, que nos nove anos desde a ascensão de Urbano tinham sido exilados dos centros de poder da cúria, agora saíam do isolamento.

Em 1632, os jesuítas eram como um partido político retornando ao poder depois de longo exílio, determinado a deixar sua marca na vida cultural e política de Roma e de todas as terras católicas. O primeiro alvo foi o homem que os vinha humilhando havia anos com sua pena afiada e venenosos insultos; e, para felicidade deles, o homem lhes forneceu a oportunidade perfeita para atacar. Em maio de 1632, Galileu publicou o *Diálogo sobre os dois máximos sistemas do mundo*, a encarnação final de seu livro sobre as causas das marés, que debatera com Urbano anos antes. O *Diálogo* pode não ter violado ao pé da letra o édito de Bellarmino, de 1616, proibindo a defesa do copernicanismo, uma vez que no fim do livro ele defere à autoridade da Igreja a questão do movimento da Terra. Mas violava, como qualquer um podia ver, o espírito do édito, apresentando de forma eloquente todos os argumentos a favor do copernicanismo, e ao mesmo tempo podando e ridicularizando os contra-argumentos. Galileu, porém, parecia despreocupado, confiante na proteção do papa e de seu sobrinho cardeal pertencente aos linces.

Galileu não podia ter escolhido pior momento. Em lugar da Roma que ele tinha conhecido, na qual seus amigos linces moviam-se nos mais altos círculos, enquanto os padres jesuítas exasperavam-se impotentes às margens, havia uma nova Roma, na qual as posições tinham se invertido: os jesuítas estavam em ascensão, e os amigos de Galileu corriam em busca de proteção.[23] O *Diálogo* fora liberado para publicação pelos censores oficiais do Vaticano, mas os inimigos de Galileu argumentaram com sucesso que a licença fora obtida sob falsos pretextos. Galileu foi acusado de defender a teoria de Copérnico, violando assim a doutrina da Igreja, bem como a injunção pessoal que lhe fora dada por Bellarmino dezesseis anos antes. Ele foi interrogado três vezes pela Inquisição, em 1632 e 1633, a última delas sob ameaça de tortura. Foi considerado "veementemente suspeito de heresia" e condenado à prisão segundo os critérios da Inquisição. Depois de renegar em público suas opiniões, a sentença foi comutada para prisão domiciliar permanente, e ele passou o resto da vida confinado em sua *villa* em Arcetri.

Rios de tinta têm se vertido no debate sobre as causas da perseguição a Galileu, com sugestões que vão desde um conflito irreprimível entre ciência e religião até a mesquinhez de um ultrassensível Urbano VIII, que, pensando que Galileu o ridicularizara no *Diálogo*, agora buscava vingança. Essa é uma discussão que se prolonga há quase quatro séculos, e sem dúvida continuará por muitos outros; qualquer uma das causas alegadas pode ter desempenhado algum papel nos acontecimentos. Apesar de tudo, não pode ser coincidência o fato de que uma inversão trágica da sorte de Galileu tenha acontecido exatamente com a crise política em Roma e o retorno ao poder de seus inimigos jesuítas. A queda de Galileu foi provocada em grande medida pela inimizade da renascente Companhia de Jesus.

Ao mesmo tempo que os jesuítas maquinavam para indiciar e julgar Galileu pela adesão a Copérnico, eles deflagraram outra luta, não tão visível publicamente, mas também crucial para seus planos de remodelar o panorama religioso e político: a guerra contra os infinitamente pequenos. Relançada em 1632, a campanha contra essa perigosa ideia seria empreendida com feroz e obstinada determinação durante as próximas décadas, e não terminaria enquanto os infinitesimais não fossem efetivamente extintos na Itália e cerceados em outros países católicos.

Os censores, parte II

E assim foi que, num dia de verão em Roma, 10 de agosto de 1632, os revisores gerais reuniram-se no Collegio Romano para repassar o julgamento sobre a doutrina dos infinitamente pequenos. Como sempre acontecia, a proposição diante dos revisores supostamente fora "enviada" para que eles a julgassem, mas, de forma inusitada, o registro da reunião não especifica que província solicitara o julgamento. É mais provável que, nesse caso, a iniciativa tenha vindo não de algum provincial ansioso, mas da hierarquia da ordem em Roma. De fato, para os líderes jesuítas, tratava-se de uma questão urgente, pois a insidiosa doutrina parecia estar se insinuando no coração da própria Companhia de Jesus.

Apenas alguns meses antes, padre Rodrigo de Arriaga, de Praga,[24] publicou *Cursus philosophicus*, livro-texto sobre as doutrinas filosóficas essenciais a serem ensinadas nos colégios da Companhia. Arriaga não era um jesuíta qualquer. Enviado a Praga depois que as forças imperiais desalojaram os protestantes em 1620, desempenhara papel proeminente garantindo o controle jesuíta das escolas e universidades boêmias. Logo tornou-se deão da faculdade de artes da Universidade de Praga, e agora era reitor do colégio jesuíta na cidade. Tão grande era sua autoridade intelectual e sua fama como professor que se tornou tema de um dito popular espirituoso: *"Pragam videre, Arriagam audire"* – "Ver Praga, ouvir Arriaga".

O *Cursus philosophicus* de Arriaga foi sucesso imediato entre estudiosos e educadores jesuítas, bem como entre muitos outros fora da ordem. À primeira vista, parecia um texto tradicional, até antiquado, modelado em comentários medievais sobre Aristóteles. Realmente, Arriaga era famoso por reviver o velho formato de disputa escolástica, na qual são feitas perguntas sobre um texto canônico, e então elas são discutidas e respondidas. Mas, para um leve choque dos superiores de Arriaga, esse livro aparentemente tranquilo expunha algumas opiniões muito radicais. Havia toda uma seção dedicada ao debate da composição do continuum, e as conclusões a que chegava não eram o que as autoridades jesuítas achariam aceitáveis. Depois de pesar com cuidado todos os argumentos pró e contra a doutrina dos indivisíveis, e discuti-los exaustivamente, Arriaga chegava a uma conclusão: é mais provável que o continuum seja de fato composto de indivisíveis separados.

Não sabemos por que Arriaga aventurou-se por essas águas turbulentas. Bem possivelmente, foi influenciado por seu amigo Grégoire de Saint-Vincent.[25] Os dois lecionavam juntos em Praga, e quando, após a Batalha de Breitenfeld, foram obrigados a fugir da cidade antes que os saxões entrassem, Arriaga salvou os manuscritos de Saint-Vincent, evitando que se dispersassem e se perdessem. Talvez ele tivesse se impressionado com o uso dos infinitesimais por Saint-Vincent e quisesse fornecer uma justificativa filosófica para a controversa matemática do amigo. Talvez Arriaga também pensasse que sua estatura na ordem o deixava imune à censura, e talvez estivesse certo, caso os jesuítas permanecessem no isolamento político que haviam sofrido na maior parte da última década. Mas em 1632 a ordem em Roma estava novamente no controle, determinada a pôr fim à tolerância para com hereges e a fazer vigorar seus estritos dogmas teológicos. Nessa nova Roma, o desafio proclamado por Arriaga aos seus superiores não podia passar sem resposta.

O documento que registra a reunião dos revisores nesse dia, assinado pelo padre Bidermann e seus quatro colegas, está preservado nos arquivos da Companhia de Jesus em Roma. Como convém à seriedade do tema em questão, o texto é inusitadamente formal. Ocupa uma página completa nos registros dos revisores, em vez de uma ou duas linhas, como era costumeiro, e começa com um imponente título legalista: "Julgamento sobre a composição do continuum por indivisíveis." Com mal disfarçada referência a Arriaga, continua:

> Esta nos foi entregue para examinar, proposta por um certo professor de filosofia, sobre a composição do continuum. O continuum permanente só pode ser constituído de indivisíveis físicos ou corpúsculos atômicos, tendo partes matemáticas a eles identificadas. Portanto, os referidos corpúsculos podem ser realmente distinguidos um do outro.[26]

A terminologia técnica medieval usada pelos revisores é bastante opaca, mas o significado da doutrina proposta é claro: qualquer grandeza contínua, física ou matemática, é composta de partes irredutíveis, indivisíveis, que podem ser identificadas uma a uma. O que estava diante dos revisores era a doutrina dos infinitamente pequenos, a base da matemática infinitesimal de Galileu, Cavalieri e Torricelli.

O julgamento dos revisores foi implacável:

> Julgamos essa proposição não só contrária à doutrina comum de Aristóteles, mas também improvável, e na nossa Companhia ela foi sempre condenada

e proibida. E no futuro não pode ser encarada como permitida pelos nossos professores.

E pronto. A doutrina dos infinitamente pequenos estava agora banida pela Companhia de Jesus para toda a eternidade. Nem filósofos como Arriaga nem matemáticos como Saint-Vincent poderiam doravante promover suas teorias subversivas dentro da Companhia. A posição da ordem estava definida, e qualquer membro jesuíta que desafiasse esse dogma enfrentaria a censura dos mais altos escalões.

Uma vez pronunciado o veredicto pelos revisores, notificações sobre sua decisão eram imediatamente mandadas para toda instituição jesuíta do mundo. O processo era rotineiro e geralmente de responsabilidade dos escribas e secretários que cuidavam da correspondência comum entre Roma e as outras províncias. Mas quando se tratava dos infinitamente pequenos, isso não era considerado suficiente: a ordem de cessar e desistir de ensinar, apoiar ou mesmo considerar a doutrina vinha diretamente do geral superior da ordem jesuíta. Apenas alguns anos antes, o geral Mutio Vitelleschi fora humilhado publicamente pelo papa após o caso Santarelli. Agora, com a Companhia decidida a remodelar a paisagem intelectual católica, ele estava determinado a que, em assuntos relevantes, a ordem falasse com uma voz única e altissonante.

Vitelleschi mexeu-se sem demora. Apenas seis meses depois de os revisores terem emitido o édito, viu-se escrevendo para o padre Ignace Cappon,[27] do Colégio Jesuíta de Dôle, na França ocidental, a fim de reclamar que suas repetidas instruções não estavam sendo seguidas. "Com respeito à opinião de quantidade composta de indivisíveis", registrou com impaciência, "já escrevi para as províncias muitas vezes que não é de modo algum aprovado por mim, e até agora não permiti que ninguém a propusesse ou defendesse." De fato, ele fizera o máximo esforço para suprimir a doutrina: "Se ela foi alguma vez explicada ou defendida, isto foi feito sem o meu conhecimento. Ao contrário, demonstrei claramente ao próprio cardeal Giovanni de Lugo que não desejava que nossos membros tratassem ou propagassem essa opinião." A briga para apagar da Companhia qualquer vestígio da doutrina ofensiva era assumida pelo próprio geral.

Os limites agora encontravam-se firmemente traçados. De um lado, estavam os jesuítas, determinados a apagar a doutrina dos infinitamente pequenos. Do outro, um pequeno grupo de matemáticos que ainda via Galileu como seu inquestionável líder, apesar de sua humilhação pública. O combate ficou violento. Em 1635, Cavalieri publicou *Geometria indivisibilibus*, fazendo a exposição mais sistemática do método dos indivisíveis. Três anos depois, Galileu publicou *Discursos*, na Holanda, incluindo o tratamento que dera ao paradoxo da roda de Aristóteles e a discussão dos infinitesimais. A gigantesca fama de Galileu garantia que suas opiniões sobre o continuum seriam levadas muito a sério por estudiosos em toda a Europa, e seu elogio a Cavalieri estabelecia o monge jesuíta como principal autoridade na questão dos indivisíveis. Em resposta, os jesuítas revidaram com repetidas condenações dos infinitamente pequenos. Dessa época em diante um fluxo constante de denúncias da doutrina ofensiva começou a ser emitido pelos revisores gerais em Roma.

Em 3 de fevereiro de 1640,[28] por exemplo, os revisores foram solicitados a comentar a proposição de que "O continuum sucessivo ... é composto de indivisíveis separados", e decretaram que "a doutrina é proibida na Companhia". Menos de um ano depois, em janeiro de 1641,[29] mais uma vez foram confrontados com ideias "inventadas ou inovadas por certos modernos", inclusive a proposição de "que o continuum é feito de indivisíveis", e uma variação alegando "que o continuum é feito de indivisíveis que se expandem e contraem". Ambas as proposições, determinaram os revisores, eram "contrárias à opinião comum e sólida". Em 12 de maio de 1643,[30] caíram duramente sobre um autor que em tese preferia as opiniões de Zenão às de Aristóteles: "Nós não as aprovamos nem as reconhecemos", escreveram, "pois são contra a constituição e as regras da Companhia, bem como contra os decretos da congregação geral."

Estabelecia-se um padrão. Em Roma, os jesuítas eram fortes o bastante para suprimir qualquer menção à doutrina proibida; contudo, em lugares mais distantes, alguns matemáticos ainda podiam defendê-la e promovê-la.

Torricelli, por exemplo, estava em Roma na década de 1630, trabalhando privadamente na nova matemática, mas sem publicar uma palavra. Apenas dois anos depois de instalar-se como sucessor de Galileu na corte dos Médici em Florença, todavia, ele já publicava *Opera geometrica*, que contém os frutos de sua labuta silenciosa em Roma. Mesmo na segurança da sua posição na corte, porém, Torricelli procurou evitar um conflito aberto com seus poderosos críticos. Ao contrário de Galileu, não se envolvia diretamente com eles no livro, argumentando os méritos de seu método ou ridicularizando os motivos e raciocínios alheios. Ele deixava que os poderosos resultados falassem por si, o que sem dúvida acontecia: *Opera geometrica* era admirado e imitado por matemáticos da Alemanha à Inglaterra. Na Itália, a longa sombra projetada pela Companhia de Jesus era suficiente para assegurar que nenhum matemático exprimisse entusiasmo similar pelo trabalho de Torricelli. Mas isso não impediu que os jesuítas prestassem atenção ao seu sucesso e se preparassem para contra-atacar.

Três anos depois, Cavalieri disparou sua última salva na briga sobre os infinitamente pequenos. Como professor de matemática na Universidade de Bolonha, desfrutava a proteção de sua própria ordem, os jesuatas de São Jerônimo, bem como do Senado de Bolonha, ao qual dedicou vários de seus livros. Como Torricelli, Cavalieri também estava longe de Roma, e numa posição na qual podia se permitir o risco de incorrer na ira dos dominantes jesuítas. Em 1647, de toda maneira, encontrava-se mortalmente enfermo, e não precisava se preocupar com qualquer retaliação futura dos inimigos. Pouco antes de sua morte, conseguiu levar a cabo a publicação do segundo e definitivo livro sobre indivisíveis, *Exercitationes geometricae sex*. Quanto ao método matemático, *Exercitationes* tinha pouca novidade para qualquer pessoa familiarizada com o monumental *Geometria indivisibilibus*, de Cavalieri. Na verdade, ninguém, exceto o autor, via qualquer diferença fundamental entre os dois. Mas o livro desempenhou um papel significativo na permanente batalha em torno dos infinitesimais: numa seção totalmente nova, Cavalieri atacava o matemático jesuíta Paul Guldin, que criticara com dureza sua abordagem. Aquela era a última declaração sobre indivisíveis do homem amplamente reconhecido como a maior autoridade no método, mas não conseguiu impedir a maré de denúncias jesuítas. Em 1649, os revisores julgaram mais duas variações da doutrina dos infinitesimais, propostas pelos jesuítas de Milão. Como sempre, decretaram que a doutrina era proibida e não podia ser ensinada nas escolas da Companhia.[31]

A humilhação do marquês

As opiniões de Arriaga sobre o continuum foram inequivocamente condenadas[32] pelo padre Bidermann e seus revisores em 1632, mas o *Cursus philosophicus* prosperou mesmo assim. O livro não só conservou sua popularidade, como Arriaga obteve permissão de seus superiores para publicar novas edições a cada tantos anos, sendo que a última foi impressa dois anos após sua morte, em 1667. A razão para essa leniência não era, como o autor sugere na introdução escrita para a edição póstuma, ele ter publicado suas opiniões de boa-fé, por "elas não pertencerem aos assuntos da fé", uma vez que tais considerações não impediam a hierarquia jesuítica de ter opinião extremamente severa sobre qualquer defesa dos indivisíveis. Decerto a enorme popularidade de Arriaga como professor e sua posição como um dos mais importantes intelectuais da Europa permitiram que seu livro pouco ortodoxo fosse reimpresso. Arriaga conferia estatura e prestígio intelectual a uma ordem ansiosa por afirmar sua liderança intelectual em toda a Europa; portanto, os gerais superiores jesuítas julgaram melhor deixá-lo em paz. No entanto, quando ele morreu, não havia mais necessidade de acomodar essa divergência. A edição de 1669, aprovada antes da morte de Arriaga e publicada pouco depois dela, seria a última do *Cursus philosophicus*.

Pelo menos um outro jesuíta de alta patente tentou imitar o exemplo de Arriaga: o marquês Pietro Sforza Pallavicino, que, como jovem dissidente na Roma de 1620, ousou desafiar os jesuítas numa alocução pública em seus próprios salões. Quando a maré política de Roma virou-se contra os seguidores de Galileu, Pallavicino pagou o preço por sua insolência. Em 1632, foi exilado da corte papal e enviado para governar as cidades provincianas de Jesi, Orvieto e Camerino. Mas em 1637 o marquês se cansara da vida no campo e estava pronto para ver a luz. Numa reviravolta que deixou a sociedade romana embasbacada, Pallavicino fez os votos monásticos e entrou para a Companhia de Jesus como noviço. Para os jesuítas, esse foi um lance colossal. Pallavicino, não só um nobre de alta estirpe, renomado poeta e erudito, também era famoso pelas críticas abertas à Companhia. Nada demonstrava o triunfo dos jesuítas de forma tão clara quanto a deserção de um brilhante marquês do campo inimigo para ingressar em suas próprias fileiras como humilde noviço.

Mesmo assim, Pallavicino não era um noviço comum.[33] Clávio, que viera de origem humilde, levou duas décadas para galgar a hierarquia, de noviço a professor no Collegio Romano. O nobre Pallavicino completou a mesma jornada em dois anos, antes de ser nomeado professor de filosofia – honra que Clávio jamais conquistou. É provável que o geral Vitelleschi tivesse fechado um acordo com o jovem marquês, prometendo-lhe um aprendizado mais curto e uma nomeação de prestígio em Roma em troca da entrada na Companhia. Seja como for, em 1639, Pallavicino ensinava filosofia no Collegio Romano; vários anos mais tarde, também foi nomeado professor de teologia, o mais alto posto acadêmico do colégio. Em 1649, publicou uma abrangente defesa dos jesuítas, intitulada *Vindicationes Societatis Iesu*, tarefa particularmente apropriada para alguém que alguns anos antes estivera entre os mais públicos críticos da ordem. A pedido pessoal do papa, redigiu então a história do Concílio de Trento, em tese uma refutação oficial para a controversa (e, para o papado, difamadora) história publicada pelo veneziano Paolo Sarpi em 1619. Os volumes de Pallavicino saíram em 1656 e 1657 como *Istoria del Concilio di Trento*, e valeram ao marquês a honra que coroou sua vida: o manto púrpura cardinalício.

A carreira de Pallavicino entre os jesuítas ia de triunfo em triunfo, mas nos anos 1640 ele sofreu alguns contratempos constrangedores. Apesar de se lançar nos braços dos inimigos de Galileu, o marquês ainda se considerava um pensador progressista e admirador do mestre florentino.[34] Essa lealdade residual ao inimigo derrotado dos jesuítas era vista com desconfiança pela hierarquia da ordem; e de fato Pallavicino com frequência era examinado pelos revisores,[35] que consideravam "novidades" as suas doutrinas. Não obstante, encorajado sem dúvida pelo exemplo de Arriaga e acreditando que seu status o protegeria de censura, Pallavicino ousou ir adiante, transmitindo suas opiniões não ortodoxas aos alunos do Collegio.[36] O marquês calculara mal. Ele próprio insinua isso em *Vindicationes Societatis Iesu*, quando recorda-se de ter "de enfrentar uma briga, vários anos atrás", quando desejou se manifestar sobre um tema que considerava "comum ou bem conhecido". Pallavicino, ao que parece, foi criticado e talvez repreendido por sua posição, mas não era do tipo que reconhecesse seus erros. Ao contrário, insistia ele, embora as proposições mencionadas pudessem ser falsas, numa Companhia dedicada ao bem-estar de seus alunos, "não se deveria eliminar certa liberdade de expressar posições menos aceitas, até certo ponto, mas sim promovê-las".

Pallavicino tentou aparentar ter se saído bem do incidente, mas um quadro bem mais claro dos fatos surge numa irritada carta do geral superior Vincenzo Carafa, sucessor de Vitelleschi, a Nithard Biberus, provincial jesuíta da baixa Alemanha. "Quando vim a saber que há alguns na Companhia que seguem Zenão, que pronunciaram num curso de filosofia que uma grandeza é composta de meros pontos, fiz saber que isso não tem minha aprovação", escreve irado o geral em 3 de março de 1649.[37] "E como em Roma o padre Sforza Pallavicino ensinou isso, foi-lhe ordenado que se retratasse naquele mesmo curso." Essa era uma reprimenda contundente, e deve ter sido uma experiência humilhante para o marquês ser obrigado a retratar-se perante os alunos. O amargor da experiência ainda ecoa em *Vindicationes*, mas, como membro de uma congregação que valorizava a obediência acima de tudo, recusar-se a cumprir uma ordem direta do geral superior estava fora de questão. Assim, Pallavicino engoliu seu orgulho, retratou-se dos seus ensinamentos sobre os infinitamente pequenos, e, tendo aprendido a lição, em silêncio, retomou sua subida pela escada hierárquica da Companhia de Jesus.

A carta de Carafa para Biberus deixa claro que o geral superior não podia permitir ao marquês se safar quanto aos ensinamentos da doutrina proibida. Quando escreveu para censurar um professor na Alemanha por ensiná-la, continua Carafa, o professor respondeu, "como desculpa, que Arriaga e certo português dos nossos expuseram essas opiniões por impresso". O geral, porém, não aceitou nada daquilo: "Voltei a escrever que esses [dois] trabalhos, sendo dados, não haverá um terceiro que os imite." Arriaga (bem como o português não nomeado) era um caso especial, criado em tempos mais flexíveis. Mas ninguém, nem Pallavicino, deveria considerá-lo um precedente. A doutrina dos infinitamente pequenos estava banida para todos os jesuítas, qualquer um que se atrevesse a promovê-la sofreria as consequências.

Uma solução permanente

Mesmo quando o geral superior admoestava pessoalmente seus subordinados e humilhava em público um jesuíta orgulhoso demais, crescia a pressão a fim de se encontrar uma solução permanente para o problema da controvérsia dentro da Companhia. Já em 1648, Carafa instruíra os revisores a vasculhar seus registros e criar uma lista provisória de teses que deveriam ser banidas da ordem para sempre. Quando, após a morte de Carafa, a congregação geral se reuniu, em dezembro de 1649, ela instruiu o geral recém-eleito, Francesco Piccolomini, a seguir a iniciativa de seu predecessor. Durante o próximo ano e meio, um comitê jesuíta reuniu-se e concebeu uma lista oficial de doutrinas proibidas. Os resultados foram publicados em 1651 como parte dos *Ordinatio pro studiis superioribus*[38] (Regulamentos para estudos superiores), destinados a preservar "a solidez e a uniformidade de doutrina da Companhia". Daí por diante, qualquer jesuíta em qualquer lugar do mundo teria acesso a uma lista oficial detalhando as doutrinas que eram anátemas para a ordem, que nunca deveriam ser apoiadas nem ensinadas.

As 65 teses "filosóficas" proibidas citadas nos *Ordinatio* (havia também 25 teses "teológicas") formam uma lista eclética. Algumas proposições banidas infringiam interpretações aceitas da física aristotélica, tais como "a matéria primal pode ser naturalmente sem forma" (número 8), ou "peso e leveza não diferem em espécie, mas apenas para mais ou para menos" (número 41). Algumas proposições ofensivas eram pintadas de materialismo, como "os elementos não são compostos de matéria e forma, mas apenas de átomos" (número 18). Outras teses foram banidas por questionar a onipotência divina: "uma criação tão perfeita é possível de modo que Deus seja incapaz de criar outra mais perfeita" (número 29); e ainda outras foram banidas por ensinar o movimento diário da Terra (número 35) ou promover a cura mágica de feridas a distância (número 65). Mas nada menos que quatro das proposições proibidas diziam respeito diretamente à questão da composição do continuum a partir de partes indivisíveis:

25. O continuum de sucessão e a intensidade das qualidades são compostos exclusivamente de indivisíveis.
26. São dados pontos, a partir dos quais o continuum é composto.
30. A infinidade em quantidade e magnitude pode estar encerrada entre duas unidades ou dois pontos.
31. Vácuos minúsculos estão intercalados no continuum, poucos ou muitos, grandes ou pequenos, dependendo de sua escassez ou densidade.[39]

A tese 25 é a mais ampla das quatro, referindo-se a qualquer continuum possível e sua composição. A questão da "intensidade das qualidades" refere-se aos debates medievais nos quais a intensidade de qualidades como "quente" ou "frio" existia ao longo de um gradiente, suscitando a questão sobre se havia um número finito ou infinito de graus dessas qualidades formando um continuum. A tese 26 era uma resposta à difundida especulação no século XVII sobre o que causava a mudança de densidade de um material, questão considerada um dos desafios mais difíceis para qualquer teoria atômica da matéria. A tese alegava que a matéria era composta de inúmeros pontos infláveis, cujo tamanho, num dado momento, determinava o grau de densidade ou escassez; contudo, para os jesuítas, isso não era mais aceitável que a doutrina mais simples, de que o continuum era composto de indivisíveis. A tese 30 é a mais explicitamente matemática das quatro, referindo-se diretamente ao método dos indivisíveis praticado por Cavalieri e Torricelli, que se baseava na divisão de linhas ou figuras finitas num número infinito de partes indivisíveis. A tese 31 parece abordar a teoria do continuum de Galileu tal como exposta nos *Discursos* de 1638. Apoiando-se em analogias com a matéria e o paradoxo da roda de Aristóteles, Galileu concluiu que o continuum está intercalado de uma infinidade de minúsculos vácuos. Entre elas, as quatro proposições abrangem as diferentes variações do método dos indivisíveis em debate na metade do século XVII. Todas foram banidas definitivamente.

Os *Ordinatio* de 1651 foram um ponto de inflexão na batalha dos jesuítas contra os infinitamente pequenos. A proibição da doutrina era agora permanente, e estava respaldada pela suprema autoridade da ordem, a congregação geral. Impressos, publicados e amplamente distribuídos, os *Ordinatio* eram motivo de atenção para todo padre jesuíta que lecionasse em alguma das instituições da Companhia ao redor do mundo. Os repetidos golpes dos revisores, que a cada tantos anos emitiam suas censuras da doutrina, tinham chegado ao fim. Não eram necessárias novas condenações: a proibição agora era permanente e compulsória, e todo membro da ordem a conhecia muito bem. E assim permaneceu durante um século. Os *Ordinatio* se mantiveram como guia fundamental para os ensinamentos jesuítas. Na verdade, o documento fez muito mais: estabeleceu o tom para a vida intelectual nas terras onde os jesuítas dominavam. Para os poucos e solitários matemáticos que ainda defendiam os infinitesimais na Itália, as consequências foram devastadoras.

5. A batalha dos matemáticos

Guldin versus Cavalieri

"O raciocínio por indivisíveis convence todos os geômetras famosos aqui criados", escreveu Stefano degli Angeli (1623-1697), professor de matemática da Universidade de Pádua, em 1659. Angeli, como era seu costume, exprimia-se com muita bravata, mas a verdade era bem diferente. Na época em que escrevia, ele provavelmente era o único matemático que restava na Itália a adotar o método dos indivisíveis, e um dos ainda em menor número a publicar seu trabalho nessa área. A maioria dos indivíduos mencionados na sua própria lista de adeptos "famosos" do método residia ao norte dos Alpes, muitos na França e na Inglaterra. Os italianos da lista pertenciam a uma velha e moribunda geração de simpatizantes de Galileu, que haviam parado de publicar sobre o método décadas antes. Quando escreveu essas palavras, Angeli na verdade não estava relatando um estado de coisas favorável, mas reagrupando as tropas para uma desesperada ação de retaguarda em prol dos infinitesimais, que estavam em perigo de extinção na terra onde haviam florescido. Ele não tinha dúvida quanto a quem eram seus inimigos: "Os três jesuítas, Guldin, Bettini e Tacquet",[1] alegava ele, eram os únicos não convencidos do método dos indivisíveis. "Por qual espírito são movidos", prosseguia, com evidente frustração, "eu não sei."

Paul Guldin, Mario Bettini (1584-1657) e André Tacquet estavam entre os matemáticos mais notáveis da Companhia de Jesus em meados do século XVII. Tacquet, a quem já fomos apresentados, era o mais original e criativo dos três, mas Guldin também era amplamente respeitado. Bettini talvez fosse mais conhecido por ser o prolífico autor de desconexas coleções de curiosidades e resultados matemáticos do que como pensador criativo. Mas era célebre na Companhia e fora dela como um homem de grande conhecimento e considerável autoridade em coisas matemáticas. Juntos, Guldin, Bettini e Tacquet formavam um trio formidável, exemplificando a mestria intelectual e o cunho cultural e político da escola matemática jesuíta. Nos anos 1640 a 1650, os três estavam engajados na mesma missão: desacreditar e boicotar o método dos indivisíveis usando argumentos matemáticos sólidos e incontroversos. Sua forma de combate era uma dimensão da guerra dos jesuítas aos infinitesimais, tão importante quanto as repetidas condenações dos revisores ou dos *Ordinatio* de 1651. Pois se o uso dos infinitesimais na matemática devia ser abolido para sempre, não bastava declará-los errados do ponto de vista filosófico, teológico ou mesmo moral, e bani-los legalmente. Era também crucial provar que estavam matematicamente errados.[2]

Guldin, o mais velho dos três, foi o primeiro a entrar em campo. Nascido Habakkuk Guldin, em São Galo, Suíça, de pais protestantes e com descendência judaica, pode ter sido o primeiro de uma longa linhagem de matemáticos judeus (e judeus convertidos) que existe até hoje. Guldin não foi criado para ser professor, mas artesão, e trabalhava como ourives quando começou a ter dúvidas acerca de sua fé protestante. Aos vinte anos converteu-se ao catolicismo e entrou para a Companhia de Jesus, mudando o nome, de Habakkuk, profeta do Velho Testamento, para Paulo, o mais famoso converso judeu, que pregou a fé cristã para os gentios. Guldin tinha uma formação eclética e incomum para um jesuíta, abrangendo muitas das linhas de falhas étnicas e religiosas do começo do mundo moderno, mas isso não impediu sua aceitação plena na ordem. De fato, uma das características mais admiráveis dos primeiros jesuítas era que, a despeito da pressão dos reinos ibéricos, que valorizavam mais a *limpieza de sangre*, a ordem era uma das instituições católicas mais receptivas a conversos de todos os tipos.

A Companhia de Jesus era também, em grande medida, uma meritocracia, e embora nobres bem-nascidos como o marquês Pallavicino desfrutassem invejosas vantagens, havia também um caminho aberto para homens de origem humilde, a exemplo de Guldin. Como jovem brilhante com talento para a matemática, ele subiu firmemente os escalões da ordem e afinal foi enviado ao Collegio Romano para estudar com Clávio. Guldin passou menos de três anos sob a tutela do velho mestre, antes de ele falecer, em 1612. Cinco anos depois foi mandado para lecionar matemática nas terras austríacas dos Habsburgo, e passou o resto da vida no colégio jesuíta de Graz e na Universidade de Viena. Apesar disso, fica claro pela carreira subsequente de Guldin que os anos com Clávio moldaram sua visão matemática para o resto da vida.Ele era seguidor de Clávio em cada aspecto:[3] aderiu à velha visão jesuítica de que a matemática está a meio caminho entre a física e a metafísica, acreditava na primazia da geometria entre as disciplinas matemáticas e insistia em seguir os padrões euclidianos clássicos da prova dedutiva. Todas essas posições faziam dele uma escolha ideal como crítico do método dos indivisíveis.

A crítica de Guldin aos indivisíveis de Cavalieri está contida no quarto livro de seu *De centro gravitatis* (também chamado *Centrobaryca*), publicado em 1641. Ele primeiro sugere que o método de Cavalieri na realidade não é dele,[4] mas derivado do método de dois outros matemáticos: Johannes Kepler, que, embora protestante, foi amigo de Guldin em Praga; e o matemático alemão Bartholomeu Sover. A acusação de plágio quase decerto é indevida, e, em todo caso, Guldin não estava concedendo a Kepler ou Sover grandes elogios, pois logo em seguida desfere uma crítica severa e penetrante ao método.

As provas de Cavalieri, argumenta Guldin, não são provas construtivas do tipo aceito por matemáticos com treinamento clássico. Isso sem dúvida é verdade. Na abordagem euclidiana, figuras geométricas são construídas passo a passo, das simples para as complexas, com auxílio apenas de uma régua e um compasso para a construção de retas e círculos, respectivamente. Cada passo de uma prova precisa envolver uma construção desse tipo, seguida de uma dedução das implicações lógicas para a figura resultante. Cavalieri, porém, procedia no sentido inverso: começava com figuras geométricas já prontas, tais como parábolas, espirais, e assim por diante, e então as dividia num número infinito de partes. Tal procedimento poderia ser chamado de "desconstrução", em vez de "construção", e seu propósito não é erigir uma figura geométrica coerente, mas decifrar a estrutura interna da figura existente. Tal procedimento, Guldin, com seu treinamento clássico, apressa-se em ressaltar, não estava conforme os padrões rigorosos das demonstrações euclidianas, e somente com base nesse fato já deveria ser rejeitado.

Guldin aborda em seguida a fundação do método de Cavalieri: a noção de que um plano é composto de uma infinitude de retas, ou um sólido é composto de uma infinitude de planos. A ideia inteira, argumenta Guldin, é um absurdo. Escreve ele:

> Na minha opinião, nenhum geômetra concederá que a superfície é e poderia ser chamada, em linguagem geométrica, "todas as retas de tal figura". Na verdade, nunca diversas retas, ou todas as retas, podem ser chamadas de superfícies; pois a grande quantidade de retas, por maior que seja, não pode compor sequer a menor das superfícies.[5]

Em outras palavras, como as retas não têm largura, nenhuma quantidade delas colocadas lado a lado cobriria sequer o menor dos planos. A tentativa de Cavalieri, de calcular a área de um plano a partir de dimensões de "todas suas retas", era portanto absurda. Isso conduz Guldin a seu último ponto: o método de Cavalieri baseava-se em estabelecer uma razão entre "todas as retas" de uma figura e "todas as retas" de outra.[6] Mas, insiste ele, ambos os conjuntos de retas são infinitos, e a razão entre um infinito e outro não tem sentido. Não importa quantas vezes um número de indivisíveis fosse multiplicado, jamais eles excederiam um diferente conjunto infinito de indivisíveis. Em outras palavras, as supostas razões de Cavalieri entre "todas as retas" de uma figura e "todas as retas" de outra violavam o axioma de Arquimedes, e portanto eram inválidas.

Tomada como um todo, a crítica de Guldin ao método de Cavalieri encarna os princípios essenciais da matemática jesuíta. Clávio e seus descendentes na Companhia acreditavam todos que a matemática deve avançar sistemática e dedutivamente, partindo de postulados simples para teoremas cada vez mais complexos, descrevendo relações universais entre figuras. Provas construtivas, de passo a passo lógico, a partir de retas e círculos para construções complexas, são a encarnação desse ideal. De forma lenta, mas segura, elas constroem uma ordem matemática rigorosa e hierárquica, que, como demonstrara Clávio, aproxima a geometria euclidiana do ideal jesuíta de certeza, hierarquia e ordem, mais que qualquer outra ciência. A insistência de Guldin nas provas construtivas, por conseguinte, não era uma questão de pedantismo ou estreiteza de visão, como pensavam Cavalieri e seus amigos; era uma expressão das profundas convicções da sua congregação.

O mesmo valia para a crítica de Guldin à divisão de planos e sólidos em "todas as retas" e "todos os planos". A matemática não deve ser apenas hierárquica e construtiva, mas também perfeitamente racional e livre de contradição. Os indivisíveis de Cavalieri, como assinala Guldin, eram incoerentes na sua própria essência, uma vez que a noção de que o continuum é composto de indivisíveis simplesmente não passa por um teste da razão. "As coisas que não existem, e que não poderiam existir, não podem ser comparadas", afirma ele com raciocínio impecável. Portanto, não é de admirar que levem a paradoxos, contradições e, em última instância, ao erro. Para os jesuítas, essa matemática era muito pior que matemática nenhuma. Se esse sistema falho fosse aceito, a matemática não poderia mais ser a base de uma ordem eterna, racional. O sonho jesuíta de hierarquia universal estrita, tão incontestável quanto as verdades da geometria, estaria condenado.

Em seus escritos, Guldin não explica as razões filosóficas mais profundas para sua rejeição aos indivisíveis; tampouco o fazem Bettini e Tacquet. A certa altura, Guldin chega perto de admitir que há em jogo questões maiores que as estritamente matemáticas, escrevendo de forma enigmática: "Não acho que o método [dos indivisíveis] tenha de ser rejeitado por razões que devem ser suprimidas por um jamais inoportuno silêncio", mas não dá explicação de quais seriam essas "razões que devem ser suprimidas".[7] A reticência dos três jesuítas em revelar qualquer motivação não matemática para suas posturas, no entanto, é bastante natural. Como matemáticos, tinham a tarefa de atacar os indivisíveis com fundamentos estritamente matemáticos, não filosóficos nem religiosos. Sua autoridade e credibilidade teriam sofrido apenas se tivessem anunciado que eram movidos por considerações teológicas ou filosóficas.

Aqueles que estavam envolvidos na briga sobre os indivisíveis sabiam o que estava de fato em jogo. Quando Angeli escreveu jocosamente que não sabia "qual espírito" movia os matemáticos jesuítas, e quando o próprio Guldin insinuou "razões que devem ser suprimidas", eles referiam-se à oposição ideológica dos jesuítas aos infinitesimais. Não obstante, com pouquíssimas exceções, essas considerações mais amplas nunca foram reconhecidas abertamente no debate matemático. Permanecia uma controvérsia técnica entre profissionais supertreinados a questão de quais procedimentos são permitidos em matemática e quais não são. Quando Cavalieri deparou pela primeira vez com a crítica de Guldin, em 1642, logo começou a trabalhar numa refutação detalhada. De início, pretendia responder na forma de um diálogo entre amigos, do tipo preferido por seu mentor, Galileu.[8] Mas quando mostrou um breve rascunho a Giannantonio Rocca, amigo e colega matemático, este o aconselhou a não o fazer. Para evitar a sorte de Galileu, alertou Rocca, era mais seguro ficar longe do inflamado formato de diálogo, com suas tiradas espirituosas e seu ar de superioridade, que iriam irritar os oponentes poderosos. Muito melhor, sugeriu Rocca, seria escrever uma resposta direta às acusações de Guldin, focalizando questões estritamente matemáticas, e abster-se de provocações galileanas.O que Rocca deixou de dizer foi que Cavalieri, em todos os seus escritos, não mostrava vestígio da genialidade de Galileu como escritor, e tampouco a habilidade de apresentar assuntos complexos de maneira espirituosa e interessante. Talvez tenha sido bom para Cavalieri aceitar o conselho do amigo, poupando-nos de um "diálogo" em sua prosa tediosa e quase indecifrável. Em vez disso, a resposta de Cavalieri para Guldin está incluída no terceiro "exercício" dos *Exercitationes*, recebendo o título, com toda a clareza, de "Contra Guldin".

Em sua resposta, Cavalieri não parece excessivamente incomodado pela crítica de Guldin, logo repudiando as acusações de plágio antes de passar para as questões matemáticas. Ele nega afirmar que o continuum seja composto de um número infinito de partes indivisíveis, argumentando que seu método não depende dessa premissa. Caso se acredite que o continuum é composto de indivisíveis, então, sim, "todas as retas" juntas de fato somam-se para resultar numa superfície, e "todos os planos", para resultar num volume; mas quando não se aceita que as retas compõem a superfície, então existe ali algo em adição às retas que formam a superfície e algo em adição aos planos que formam o volume. Nada disso, argumenta ele, tem qualquer consequência sobre o método dos indivisíveis, que compara "todas as retas" ou "todos os planos" de uma figura com os de outra, independentemente do fato de comporem ou não a figura.[9]

Aqui o argumento de Cavalieri pode ser tecnicamente aceitável, mas também é dissimulado. Qualquer um que leia *Geometria* ou *Exercitationes* não tem dúvida de que os textos se baseiam na intuição fundamental de que o continuum é de fato composto por indivisíveis. Não obstante o recato de Cavalieri, a única razão possível para comparar "todas as retas" e "todos os planos" de figuras é a crença de que de algum modo as retas e os planos compõem, respectivamente, a superfície e o volume de figuras. O próprio nome dado por Cavalieri à sua abordagem, método dos indivisíveis, diz exatamente isso, e suas famosas metáforas do tecido e do livro tornam a ideia claríssima. Guldin está correto ao considerar Cavalieri responsável pelas visões do continuum, e a defesa do jesuata parece mais uma desculpa bastante esfarrapada.

A resposta de Cavalieri à insistência de Guldin, de que "um infinito não tem proporção ou razão com outro infinito", dificilmente é mais persuasiva. Ele distingue dois tipos de infinito, alegando que o "infinito absoluto" de fato não tem razão ou proporção com outro "infinito absoluto", mas "todas as retas" e "todos os planos" constituem um "infinito relativo", e não absoluto. Esse tipo de infinito, ele argumenta então, pode ter e tem uma razão com outro "infinito relativo".[10] Como antes, Cavalieri parece defender seu método com fundamentos técnicos abstrusos, que podem ou não ser aceitáveis para seus colegas matemáticos. De um jeito ou de outro, seu argumento não tem relação nenhuma com o verdadeiro raciocínio ou a motivação por trás do método dos indivisíveis.

Essa motivação vem à luz apenas na resposta de Cavalieri à acusação de Guldin de que ele não "constrói" apropriadamente as figuras. Aqui a paciência de Cavalieri chega ao fim, e ele mostra suas verdadeiras cores. Guldin alegava que toda figura, ângulo e reta numa prova geométrica precisam ser construídos com cuidado a partir dos princípios iniciais; Cavalieri nega isso de forma terminante. "Para que uma prova seja verdadeira", escreve, "não é necessário descrever realmente essas figuras análogas, é suficiente admitir que elas tenham sido descritas mentalmente, ... e, em consequência, nada contraditório pode ser deduzido se assumirmos que essas figuras já foram construídas."[11]

Aqui, finalmente, está a verdadeira diferença entre Guldin e Cavalieri, entre os jesuítas e os indivisíveis. Para os jesuítas, o propósito da matemática era estabelecer o mundo como um lugar fixo e eternamente imutável, no qual ordem e hierarquia jamais podiam ser contestadas. É por isso que cada item no mundo precisa ser cuidadosa e racionalmente construído, e porque qualquer sugestão de contradições ou paradoxos nunca teria permissão de subsistir. Essa era uma matemática "de cima para baixo", tendo como propósito trazer racionalidade e ordem a um mundo caótico. Para Cavalieri e seus colegas indivisibilistas, era exatamente o contrário: a matemática começava com a intuição material do mundo – figuras planas eram formadas por linhas e volumes de planos, exatamente como um pano era tecido de fios e um livro composto de páginas. Não é preciso construir racionalmente essas figuras, porque todos nós sabemos que elas já existem no mundo. Tudo de que se necessita, como diz Cavalieri, é assumi-las e imaginá-las, e então prosseguir na investigação de sua estrutura interna. Em última análise, continua ele, "nada contraditório pode ser deduzido", porque o fato de as figuras existirem garante que sejam internamente consistentes. Se encontrarmos aparentes paradoxos e contradições, eles tendem a ser superficiais, resultando da nossa compreensão limitada, e podem ser explicados, deixados de lado ou usados como ferramenta de investigação. Mas jamais devem nos impedir de investigar a estrutura interna de figuras geométricas e a relação oculta entre elas.

Para matemáticos clássicos como Guldin, a ideia de que se pode basear a matemática numa intuição vaga e paradoxal da matéria era absurda: "quem será o juiz" da verdade de uma construção geométrica, ele pergunta a Cavalieri em tom de chacota: "A mão, o olho ou o intelecto?"[12] Mas a acusação de praticar uma geometria irracional da mão ou do olho de pouco adiantou para dissuadir Cavalieri, pois seu método de fato baseava-se em intuições práticas. Para ele, a insistência de Guldin, de que o método devia ser abandonado em decorrência de aparentes contradições, era pedantismo sem sentido, pois todo mundo sabia que as figuras realmente existiam, e não tinha cabimento argumentar que não deveriam existir. Essas minúcias, para Cavalieri, podiam ter graves consequências. Se Guldin prevalecesse, um método poderoso se perderia, e a matemática seria traída.

O ferrão de Bettini

Na época em que Cavalieri publicou sua resposta a Guldin, o jesuíta já estava morto havia três anos, e ele próprio tinha pela frente apenas mais alguns meses de vida. Mas a morte dos dois principais protagonistas, e o falecimento de Torricelli, em 1647, em nada contribuiu para apaziguar o debate. Matemáticos podiam ir e vir, mas a determinação da Companhia de Jesus, de extinguir os infinitamente pequenos, continuava a mesma, e o papel de principal crítico dos indivisíveis foi simplesmente entregue a outro matemático jesuíta. Mario Bettini, que herdou o manto de Guldin,[13] não tinha pretensão de ser um luminar matemático de primeira linha; tampouco era assim considerado pelos seus contemporâneos. Seu mérito para a fama era como autor de dois muito longos e ecléticos livros sobre curiosidades matemáticas, que ele chamou de *Apiaria universae philosophiae mathematicae*, publicado em 1642, e o *Aerarium philosophiae mathematicae*, publicado em 1648.[14] Ambos eram exemplares da abordagem jesuítica da matemática, ressaltando as maneiras como os princípios geométricos permeavam o mundo. Incluíam discussões matemáticas sobre o voo de projéteis, construção de fortificações, a arte da navegação, e assim por diante, todos governados pelos princípios universais e inatacáveis da geometria. A teoria dos indivisíveis não se encaixava naturalmente nessas coletâneas ecléticas e de orientação prática, mas mesmo assim foi o foco do Livro 5 do volume 3 do *Aerarium*. Isso ocorreu, afinal, um ano após se publicar a refutação de Cavalieri a Guldin, e era imperativo que a Companhia respondesse e enfrentasse a pressão dos defensores dos infinitamente pequenos.

É muito provável que Bettini e Cavalieri se conhecessem pessoalmente, e há muito sugerindo que a relação entre os dois estava longe de ser amistosa. Em 1626, Cavalieri foi nomeado prior da casa jesuata em Parma, onde Bettini era professor na universidade, e é difícil imaginar que os caminhos dos dois matemáticos não tenham se cruzado nessa cidade de tamanho modesto. Cavalieri, como nos recordamos, alimentava esperanças de ser indicado para uma cadeira de matemática na Universidade de Parma, mas, conforme suas queixas a Galileu em 7 de agosto daquele ano, nada aconteceu. "Quanto ao professorado de matemática", escreveu, "não estivessem aqui os padres jesuítas, eu teria grande esperança, por causa da grande inclinação de monsenhor cardeal Aldobrandini em me favorecer, … mas como [a universidade] está sob o comando dos padres jesuítas, não posso mais ter esperanças."[15] Há pouca dúvida de que entre os padres jesuítas que frustraram a indicação de Cavalieri estava seu matemático principal, Mario Bettini.

Cavalieri teve uma espécie de vingança quando, em 1629, tornou-se professor de matemática na vizinha Bolonha. A nomeação de um simpatizante de Galileu para essa prestigiosa cadeira na universidade mais antiga da Europa foi um duro golpe para os jesuítas, particularmente para Bettini, ele mesmo nativo de Bolonha. Nos anos seguintes, talvez como resposta à indicação de Cavalieri, ou talvez por preocupação com sua limitada influência naquela cidade, os jesuítas fizeram planos de transferir todo seu corpo docente de Parma para um novo colégio jesuíta em Bolonha. A jogada, em última instância, foi frustrada pelo Senado da cidade,[16] que em 1641 aprovou uma portaria proibindo o ensino de matérias universitárias por qualquer um que não estivesse no rol da universidade. É fácil ver Bettini e Cavalieri alinhando-se em frentes opostas desse combate: o jesuíta, ansioso por estabelecer uma posição segura para a ordem em sua cidade natal, forçando a implantação de um novo colégio; o jesuata, queimado pela sua experiência em Parma e grato ao Senado de Bolonha por permitir-lhe dar continuidade ao seu trabalho matemático em paz, fazendo tudo ao seu alcance para rechaçar a invasão jesuíta.

O que faltava a Bettini em sofisticação matemática ele compensava em fervor. Guldin, e mais tarde Tacquet, mantiveram o debate dentro dos limites da matemática técnica, mas Bettini não hesitava em usar uma linguagem agressiva e advertir de modo sombrio a respeito das consequências medonhas caso suas admoestações não fossem levadas em conta. É possível que a amargura de sua história pessoal com Cavalieri o tivesse levado a ir além de seu encargo de fazer uma ponderada crítica matemática dos indivisíveis, porém, qualquer que tenha sido sua motivação pessoal, a atitude de Bettini talvez estivesse mais alinhada com o verdadeiro teor da campanha jesuíta contra os infinitamente pequenos. Ela apenas deu-lhe voz.

Do ponto de vista matemático, Bettini não acrescentou nada de substancial à crítica de Guldin, mas martelou para eliminar um único ponto: que "infinito para infinito não tem proporção",[17] e que, portanto, não fazia sentido comparar as linhas infinitas de uma figura com as linhas infinitas de outra. Como esse procedimento é o cerne do método dos indivisíveis, Bettini insistia em que urgia advertir os estudantes e noviços contra essa abordagem tentadora, mas falsa. "No intuito de estabelecer os elementos da geometria", escreve, "chamo atenção para [essas] alucinações, para que os noviços aprendam a distinguir (como no provérbio) 'o que separa o joio do trigo' em filosofia geométrica."[18] Indivisíveis, segundo Bettini, representavam uma fantasia perigosa que, se possível, era melhor ignorar. Nas circunstâncias, porém, "sendo pressionado, respondo ao pretenso filosofar sobre figuras geométricas por indivisíveis. Longe, bem longe de mim desejar tornar inúteis meus teoremas geométricos, carecendo de demonstrações da verdade. O que seria comparar ... figuras e filosofar sobre elas por indivisíveis".[19] Para não demolir todas as demonstrações e subverter a própria geometria, deve-se manter distância da perigosa alucinação – o método dos indivisíveis.

O flamengo cortês

Em 1651, André Tacquet, o polido flamengo cuja obra era igualmente celebrada por católicos e protestantes, publicou *Cylindricorum et annularium libri IV*,[20] uma obra para o estudo das características geométricas dessas figuras e suas aplicações. Condizente com uma publicação jesuíta, o frontispício mostra dois anjos banhados em luz divina segurando um anel em torno do título do livro. No chão, abaixo deles, um bando de querubins se ocupa em colocar a teoria em prática. A implicação é clara: a matemática divina, universal e perfeitamente racional ordena e arranja o mundo físico da maneira mais efetiva possível. Essa é uma descrição visual atraente da perspectiva jesuítica acerca do papel e da natureza da matemática.

O *Cylindricorum et annularium* é a obra mais celebrada de Tacquet, aquela que estabeleceu sua reputação como um dos mais originais e criativos matemáticos da Europa. Contudo, ela pode ter sido um pouco "original e criativa" demais para seus superiores: quando Tacquet mandou um exemplar do livro para o recém-nomeado geral superior, Goswin Nickel, a reação foi surpreendentemente fria.[21] Depois de agradecer ao matemático e congratulá-lo pelo livro, Nickel acrescentou que melhor seria se Tacquet aplicasse seus impressionantes talentos em produzir livros-texto de geometria elementar para uso dos alunos nos colégios da Companhia, em vez de trabalhos originais dirigidos a um público seleto de matemáticos profissionais. Nickel não escreveu isso por hostilidade a Tacquet, mas como forma de dar voz à desconfiança jesuíta em relação à novidade, e sua crença de que o papel da matemática era estabelecer uma ordem fixa, imutável. Era bastante provável que ele também se sentisse desconfortável com o fato de Tacquet ter feito uso dos indivisíveis em seu trabalho, mesmo que apenas como meio de descoberta, não de prova. Em todo caso, Tacquet, como bom soldado do Exército de Cristo, obedeceu. Daí por diante não publicou mais nenhum trabalho original, concentrando-se em vez disso em produzir livros-texto, alguns dos quais de tamanha qualidade que se tornaram padrão nesse campo por mais de um século.

Frontispício do *Cylindricorum et annularium libri IV*, de Tacquet.

Nascido em 1612, Tacquet era bem mais jovem que Guldin e Bettini, e portanto presenciara a disseminação dos infinitesimais do outro lado dos Alpes, com Roberval na França e Wallis na Inglaterra liderando a arrancada. Bettini, que não tinha reputação internacional a proteger, podia-se permitir denunciar abertamente os indivisíveis como "alucinações". Mas Tacquet não seria desrespeitoso com uma abordagem que vinha ganhando espaço entre seus colegas no norte da Europa. Assim, pode ter sido pressão das circunstâncias, pode ter sido o fato de que, ao contrário de Bettini, Tacquet não tinha nenhum rancor pessoal contra Cavalieri e seus seguidores, ou pode ter sido simplesmente uma questão de temperamento, mas, quando Tacquet voltou sua atenção para o tema dos indivisíveis, seu tom foi bem mais contido que as estridentes denúncias de Bettini.

Em sua crítica, Tacquet é respeitoso, até deferente, com seus rivais. Refere-se a Cavalieri como "nobre geômetra", e insiste em que "não deseja detrair da merecida glória a mais bela invenção" de Cavalieri.[22] Tacquet sabia do que falava, porque ele próprio estava profundamente familiarizado com o trabalho de Cavalieri e Torricelli, e não era menos capaz que eles de usar o método para chegar a novos resultados. Mas, uma vez que se vai além do seu estilo agradável e mestria matemática, fica evidente que sua oposição aos infinitamente pequenos é tão inflexível quanto a do agressivo Bettini. "Não posso considerar o método de prova por indivisíveis legítimo nem geométrico", ele afirma claramente na abertura de sua discussão sobre os indivisíveis. "Ele avança de linhas para superfícies, de superfícies para sólidos, e aplica à superfície a igualdade ou proporção obtida a partir das linhas e transfere o que é obtido a partir de superfícies para o sólido." "Por este método", conclui, "nada pode ser provado por ninguém."[23]

Ao contrário de Guldin ou Bettini, Tacquet não achava que o método dos indivisíveis fosse completamente inútil. Para ele, era uma ferramenta prática para descobrir novas relações geométricas e testá-las. No entanto, jamais alguém deveria confundir erroneamente um resultado a que se chegou por indivisíveis com uma verdade geométrica provada da forma adequada. "Se um teorema proposto não é provado por nenhum outro método além dos indivisíveis, sempre duvidarei da sua verdade até que se mostre que a prova pode ser refeita mediante homogenes."[24] (Homogenes é o termo utilizado por Tacquet para demonstrações do tipo clássico.) Raciocinar por indivisíveis, ressalta ele, embora às vezes útil, tem a mesma probabilidade de levar tanto a resultados errados e absurdos quanto a resultados verdadeiros, e portanto nunca se deve confiar nesse raciocínio.

Na essência da sua crítica, Tacquet segue precisamente as pegadas de seus predecessores Guldin e Bettini. Ele reconhece de boa vontade que uma linha pode ser formada por indivisíveis em movimento – uma linha por um ponto em movimento, uma superfície por uma linha em movimento, um sólido por uma superfície em movimento. Mas isso não significa que uma grandeza possa ser composta de indivisíveis, uma vez que aceitar essa ideia, insiste ele, seria a morte da geometria. Assim, no final, foi o elegante e cortês flamengo André Tacquet, e não o ríspido e briguento italiano Bettini, quem forneceu a sinopse da posição jesuíta sobre os indivisíveis: se os indivisíveis não fossem destruídos, então a própria geometria o seria. Não havia meio-termo.

A campanha oculta

A campanha jesuíta contra os infinitamente pequenos, no século XVII, avançou por vários caminhos paralelos. O caminho legal foi basicamente levado a cabo nos decretos dos revisores gerais, respaldados por ordens diretas dos gerais superiores e punições aos subordinados recalcitrantes. O caminho matemático foi executado pelos matemáticos profissionais da ordem, Guldin, Bettini e Tacquet. Seu papel foi desacreditar os infinitesimais com bases puramente matemáticas, ao mesmo tempo que advogavam os métodos dos antigos. O elevadíssimo prestígio dos jesuítas e a solidariedade dos matemáticos da Companhia, que apoiavam mutuamente suas posições, asseguravam que tanto os decretos oficiais como as opiniões matemáticas ressoassem muito além dos confins da ordem.

No entanto, há muita coisa que não sabemos sobre a campanha de décadas contra os infinitamente pequenos. Quantos dos matemáticos que privadamente apoiavam o método dos indivisíveis optaram por se manter calados por medo de represálias dos jesuítas? Quantos tiveram negadas indicações para postos universitários por causa de suspeitas sobre sua fidelidade à doutrina proibida? Quantos matemáticos ambiciosos simplesmente viraram as costas para os indivisíveis temendo que, caso os apoiassem, suas perspectivas profissionais sofreriam consequências? A faceta oculta da campanha jesuíta, conduzida por meio de interação pessoal, correspondência privada e pressão institucional, é muito difícil de identificar com alguma certeza. Mas sabemos o bastante para conhecer o gosto da hostilidade e da pressão encarada pelos matemáticos que apoiavam os infinitamente pequenos na Itália, a terra onde o poder dos jesuítas era mais forte.

A influência da Companhia na Itália era profunda e penetrante. Mesmo na década de 1620, quando o poder dos jesuítas estava em baixa, Cavalieri tentou durante anos conseguir uma cátedra, antes de finalmente ser nomeado professor na Universidade de Bolonha em 1629. Pelo menos uma dessas rejeições, em Parma, em 1626, se deu pela rígida oposição jesuíta. Torricelli desenvolveu sua matemática em particular, nos anos 1630, mas nunca foi candidato sério a um posto universitário, e publicou sua obra somente depois de estar instalado na corte dos Médici em Florença. Parece mais provável que a mão oculta dos jesuítas ressurgidos estivesse aqui em funcionamento, estendendo-se para extinguir qualquer oportunidade que o brilhante jovem matemático tivesse para estabelecer-se na comunidade acadêmica.

As coisas só ficaram piores para os amigos e alunos de Cavalieri e Torricelli, aqueles que, em condições normais, teriam levado adiante seu trabalho pioneiro. Essa geração incluía muitos matemáticos talentosos, mas nenhum deles (com uma única exceção) julgou possível continuar a percorrer o caminho aberto por seus professores. Tomemos, por exemplo, o aluno de Cavalieri em Bolonha Urbano d'Aviso (nascido em 1618), que escreveu uma admirável biografia de seu mestre; mas, quando se tratava de matemática, contentou-se em ser autor de um livro-texto elementar sobre astronomia. Outro discípulo de Cavalieri, Pietro Mengoli (1626-1684), sucedeu seu mestre como professor da disciplina em Bolonha, sendo um matemático hábil e talentoso. Mas também era um conservador, que evitou os indivisíveis e mais tarde retirou-se inteiramente da matemática para envolver-se em meditações religiosas solitárias.[25] Giannantonio Rocca (1607-1656), amigo de Cavalieri e aquele que o alertou para que não publicasse sua polêmica contra Guldin na forma de diálogo, também era considerado pelo talento como matemático, e Cavalieri chegou a incluir alguns de seus resultados em *Exercitationes*. Mas o próprio Rocca nunca publicou uma linha sobre indivisíveis.

O caso é muito parecido com os dos associados de Torricelli. Vincenzo Viviani (1622-1703) era, com Torricelli, amigo e companheiro de Galileu nos anos finais.[26] Os dois trabalharam juntos em Florença depois da morte de Galileu, e Viviani acabou sucedendo Torricelli como matemático na corte dos Médici. Viviani sempre se considerou discípulo e herdeiro intelectual de Galileu, e escreveu uma biografia do florentino que serve como base para todas as biografias modernas. Contudo, quando se tratava de matemática, o trabalho de Viviani foi quase inteiramente no molde tradicional: ele traduziu os clássicos antigos e publicou novas edições do *Concis* de Apolônio e dos *Elementos* de Euclides, mas apenas muito raramente referiu-se aos indivisíveis, e apenas para repetir resultados bem conhecidos, tais como a quadratura da parábola. Nos últimos anos, parecia ter desistido até disso. Quando Leibniz publicou em 1692 uma solução para certos problemas matemáticos deixados sem solução por Galileu, Viviani o criticou duramente por lançar mão de infinitesimais. A essa altura, ao que parece, até mesmo os alunos de Galileu na Itália tinham aceitado, e talvez internalizado, o banimento dos infinitamente pequenos.

Antonio Nardi, outro dos amigos de Torricelli, escreveu extensivamente sobre matemática e em apoio ao método dos indivisíveis – mas nunca publicou, apesar de declarar repetidas vezes a intenção de fazê-lo.[27] Tudo que resta de seu trabalho são milhares de páginas nos arquivos da Biblioteca Nazionale Centrale de Florença, das quais nem uma palavra jamais viu a luz. E houve o caso de Michelangelo Ricci, aluno de Torricelli e Castelli em Roma, na década de 1630, que, reconhecidamente, ascendeu para tornar-se cardeal da Igreja. Ricci era um matemático talentoso e bem considerado. Conforme mostram suas cartas, admirava Galileu, Cavalieri e Torricelli, e era praticante entusiasmado do método dos indivisíveis. Mas ele também manteve suas preferências matemáticas em segredo e nada publicou sobre o assunto.

O silêncio de Mengoli, Nardi, Viviani e Ricci conta a história da lenta asfixia e morte de uma brilhante tradição matemática italiana. Cavalieri, o mais velho dos discípulos matemáticos de Galileu, foi afortunado o bastante para obter uma posição universitária na década de 1620, quando os galileanos tinham ascendência em Roma. O mais jovem Torricelli encontrou ambiente bem mais hostil nos anos 1630, mas foi salvo do esquecimento pelo extraordinário golpe de sorte que o convocou para Arcetri a tempo de ser indicado sucessor de Galileu. Todavia, para aqueles que desejavam seguir seus passos, a inimizade da Companhia de Jesus garantia que tais milagres não estavam à disposição. Nenhuma cidade ou príncipe queria ser alvo da ira dos jesuítas; por conseguinte, nenhuma cadeira universitária ou posição de honra nas cortes principescas estava ao alcance dos simpatizantes dos infinitamente pequenos. Assim, eles mantiveram o silêncio, correspondendo-se entre si e com matemáticos no exterior, porém sem publicar seus trabalhos nem chamar atenção sobre si mesmos. Quando também eles saíram de cena, não restava mais ninguém na Itália para carregar a tocha dos indivisíveis.

O último bastião dos infinitamente pequenos

Antes que os defensores dos infinitamente pequenos na Itália abandonassem a luta e reconhecessem a derrota para os inimigos, uma última muralha se formou em defesa dessa abordagem matemática. Ela foi conduzida com astúcia e espírito destemido pelo último matemático italiano a advogar abertamente os infinitesimais: o irmão Stefano degli Angeli, da ordem dos jesuatas de São Jerônimo. Angeli nasceu em Veneza e entrou para a Companhia em tenra idade. Seus dotes intelectuais foram aparentemente reconhecidos desde cedo, porque aos 21 anos foi mandado para a casa jesuata em Ferrara a fim de ensinar literatura, filosofia e teologia. Após cerca de um ano, possivelmente pela saúde frágil, foi novamente transferido, desta vez para Bolonha. Ali conheceu o homem que ajudaria a moldar o restante da sua vida e carreira: o prior da casa de Bolonha, seu irmão jesuíta Bonaventura Cavalieri.

Quando se conheceram em meados dos anos 1640, Cavalieri já era um homem famoso em círculos matemáticos, conhecido como o pai do método dos indivisíveis. Estava elaborando sua resposta para a crítica de Guldin, mas também padecia com a saúde, sofrendo severamente da gota que tiraria sua vida em 1647. Em Angeli ele encontrou um amigo e discípulo que abraçou sua abordagem matemática com entusiasmo, e logo se revelou um matemático talentoso. É fácil imaginar os dois juntos, trajando o hábito branco e o cinturão de couro da ordem, o homem de meia-idade e seu jovem discípulo caminhando diariamente pelas ruas movimentadas de Bolonha, da casa jesuata para a antiga universidade. Estariam especulando, enquanto caminhavam, sobre a composição do continuum ou sobre uma nova abordagem para calcular a área interna de uma espiral? Estariam debatendo a melhor resposta a Guldin e como apresentá-la? Ou lamentariam a última ressalva dos jesuítas? Jamais saberemos, porém, é mais que provável que todos esses temas tenham surgido para eles. O que sabemos é que ambos formaram um forte vínculo, e que Angeli veio a ser o guardião do legado de Cavalieri. Quando nos últimos meses de vida este último ficou enfermo demais para assistir à publicação de *Exercitationes*, foi Angeli quem fez as correções finais e acompanhou o livro no processo de impressão.

Após a morte de Cavalieri, Angeli foi transferido mais uma vez, talvez a seu próprio pedido, e passou os cinco anos seguintes como reitor da casa jesuata em Roma. Aquela era uma promoção impressionante para um rapaz que não tinha mais de 24 anos, sem dúvida foi auxiliada pelo forte apoio de seu último mentor. Angeli, na época, já era um matemático de destaque, e cabe notar que durante toda a sua estada em Roma não publicou absolutamente nada. Já estamos familiarizados com esse padrão pela experiência de Torricelli, que passou a década de 1630 em Roma profundamente envolvido em matemática, mas começou a publicar apenas quando estava abrigado em segurança na corte dos Médici em Florença. A Cidade Eterna, quartel-general da Companhia de Jesus no mundo e sede do Collegio Romano, não era um lugar onde se pudesse advogar livremente a doutrina dos infinitamente pequenos.

Contudo, em 1652, Angeli foi transferido para sua cidade natal, Veneza, onde foi nomeado conselheiro (*definitore*) provincial de sua ordem. Decerto foi uma mudança bem-vinda, pois Veneza era um ótimo lugar para alguém buscando abrigo do longo braço da Companhia de Jesus. O motivo disso era que, em 1606, a cidade entrara em disputa com o papa Paulo V sobre seu direito de julgar e punir clérigos, e o pontífice, irado com o fato de os líderes citadinos estarem infringindo sua autoridade, excomungou a cidade toda. O Senado veneziano, porém, não se intimidou: exigiu que o clero local continuasse a administrar os sacramentos apesar do interdito – e a vasta maioria dos padres obedeceu. Os jesuítas, sempre leais ao papa, não o fizeram, e consequentemente foram expulsos da cidade. Veneza e o papa se reconciliaram no ano seguinte, mas os jesuítas continuaram banidos durante os cinquenta anos seguintes. Os "mantos negros" tiveram finalmente permissão para retornar em 1656, porém, mesmo depois do regresso, sua influência em Veneza continuou limitada. Angeli tirou o máximo proveito disso. Protegido pelos líderes de sua própria ordem e por um vigilante Senado veneziano que ainda suspeitava dos jesuítas, teve liberdade de mostrar suas verdadeiras cores, e começou a publicar obras sobre o método dos indivisíveis.

Quando entrou na batalha sobre os infinitamente pequenos, Angeli o fez com um elã e uma aptidão que não se viam havia décadas. Cavalieri tentara apaziguar seus críticos afastando-se o mínimo possível do cânone clássico, e posteriormente desistiu do provocador diálogo anti-Guldin. Torricelli simplesmente recusou-se a envolver os críticos de seu método, e os outros, de Nardi a Ricci, nunca chegaram a publicar suas opiniões. Mas Angeli entrou na briga como um anjo vingador, determinado a contra-atacar os jesuítas pelo estrangulamento que aos poucos sufocava o método que lhe era caro. Sua primeira saraivada foi incluída num "Appendix pro indivisibilibus", anexado ao seu livro de 1658, *Problemata geometrica sexaginta* (Sessenta problemas geométricos), e o alvo era diretamente Mario Bettini.[28]

Ao defender os indivisíveis, Angeli ridicularizou a discussão feita por Bettini sobre um paradoxo apresentado nos *Discursos* de Galileu, no qual demonstra-se que a circunferência de uma tigela é igual a um único ponto. "Padre Mario Bettini da Companhia de Jesus", escreveu Angeli, "é um homem que, por ter sido o autor do *Apiário*, pode ser chamado de 'a Abelha'."[29] Isso é apropriado, ele continua, porque, "assim como uma abelha faz mel e dá ferroadas, também Bettini faz mel, ao ensinar a doutrina mais doce, mas dá ferroadas naquilo que, segundo ele, é matemática errada". Infelizmente, Bettini é "uma abelha sem sorte". Embora "use seu ferrão para evitar os indivisíveis, mesmo assim corre perigo", pois, como Angeli mostra em detalhe, o paradoxo de Galileu prova que a posição de Bettini é insustentável.

A comparação que Angeli faz, de Bettini com uma abelha confusa, já é zombeteira o bastante, mas ele ainda não acabara. Cita a passagem na qual Bettini chama o método de indivisíveis de "pretenso filosofar" (*similitudinem philosophantium*), e exclama: "Longe, bem longe de mim desejar tornar inúteis meus teoremas geométricos!" Vendo aí uma brecha, Angeli ataca: "Note aqui, leitor, como este autor, ao deparar com indivisíveis, grita como se tivesse se encontrado com demônios. Longe, bem longe de mim etc." Bettini é aqui um exorcista histérico tentando expulsar indivisíveis demoníacos com furiosas encantações. Mas, quanto à substância, conclui Angeli, "ele não acrescenta nada a não ser despeito".

O hiperbólico Bettini talvez fosse presa fácil, mas tampouco o mais formidável Tacquet foi poupado da pena afiada de Angeli. No prefácio a *De infinitis parabolis*, de 1659, Angeli descreve como alguns dias após a publicação de seu livro anterior, no qual derrubara o jesuíta Bettini, entrou passeando na livraria veneziana Minerva. Ali deparou com *Cylindrica et annularia*, obra de outro "extremamente digno matemático da mesma Companhia". Folheando suas páginas, por acaso encontrou uma passagem na qual o autor "critica os indivisíveis", alegando que não são legítimos nem geométricos. Angeli argumenta que nunca antes ouvira falar do livro nem conhecia essa crítica dos indivisíveis, mas isso é altamente improvável. Ele era extremamente versado na produção matemática de seus contemporâneos, e, mais adiante, no prefácio, cita os franceses Jean Beaugrand e Ismael Boulliau, o inglês Richard White e o holandês Frans van Schooten, bem como seus colegas italianos. É exagero crer que não estivesse familiarizado com o trabalho de Tacquet, o mais importante matemático jesuíta da época, nem com a opinião dele sobre os indivisíveis, até ter tropeçado com o livro numa livraria veneziana. A alegação de ignorância de Angeli é uma pose retórica, visando a apresentá-lo como erudito imparcial reagindo à argumentação ultrajante feitas por Bettini e Tacquet. A longa e amarga história que o opusera aos jesuítas por décadas não é mencionada.

Angeli vai adiante dizendo que não há nada de particularmente preocupante na crítica de Tacquet aos indivisíveis. Os argumentos são velhos, escreve Angeli, e já foram sugeridos por Guldin e satisfatoriamente respondidos por Cavalieri anos atrás. Mas Tacquet oferece a Angeli uma oportunidade de proclamar quanto o método dos indivisíveis se tornara influente no fim dos anos 1650. "Quem esse raciocínio convence?", Tacquet pergunta retoricamente, apontando para o que considerava a inerente implausibilidade do método dos indivisíveis. "Quem ele convence?", Angeli repete incrédulo. Todo mundo, responde, exceto os jesuítas.[30]

Angeli está aqui tentando virar a mesa sobre os jesuítas: em vez de indivisibilistas comporem um reduzido e solitário bando sob ataque de inimigos poderosos, os jesuítas são os recalcitrantes solitários contra um método que está sendo aceito universalmente. De fato, numa primeira leitura, a lista citada por Angeli é impressionante, e parece sustentar seu argumento. Mas um exame mais minucioso conta uma história bem diferente. Sim, Beaugrand, Boulliau, White e Van Schooten realmente adotaram o método de Cavalieri, mas residiam em terras distantes, ao norte dos Alpes. Dos três italianos que Angeli cita – Torricelli, Rocca e Raffaello Magiotti –, apenas Torricelli publicara de fato algo sobre indivisíveis, enquanto Rocca e Magiotti haviam se mantido na obscuridade; de qualquer modo, em 1659, os três estavam mortos. Apesar de seus protestos em contrário, na sua própria terra, Angeli estava só.

Satisfeito com suas saraivadas retóricas, Angeli enfrenta então a sombria advertência de Tacquet, de que, a menos que seja destruída primeiro, a noção de que o continuum é composto de indivisíveis destruiria a geometria. Cavalieri insistia que a questão da composição do continuum era irrelevante para o método dos indivisíveis, e Angeli aqui segue seu mestre – mas só até certo ponto. Como Cavalieri, ele também argumenta que Tacquet estava errado, e que "mesmo se o continuum não fosse composto de indivisíveis, o método dos indivisíveis continuaria inabalado". Mas acrescenta uma pequena alteração: "Se, para aprovar o método dos indivisíveis, for necessária a composição do continuum por indivisíveis, então, aos nossos olhos, a doutrina só se fortalece." Em outras palavras, ao contrário do cauteloso mestre, Angeli está perfeitamente disposto a aceitar que o continuum é de fato composto de indivisíveis. O poder e a efetividade do método é prova suficiente de sua correção; se isso leva à conclusão de que o continuum é composto de indivisíveis, então essa conclusão também deve estar correta. O fato de que a doutrina leve a contradições e paradoxos absolutamente não o incomoda.

Angeli, o jesuata exuberante, enfrentou os jesuítas de uma maneira que ninguém ousara fazer desde os tempos do próprio Galileu. Xingava-os, ridicularizava suas práticas exorcistas e fingia nunca ter ouvido falar do matemático mais ilustre entre eles. Contudo, nada demonstrava mais o choque entre jesuíta e jesuata que suas abordagens contraditórias do problema da composição do continuum. Para os jesuítas, a noção de que o continuum é composto de indivisíveis levava a paradoxos, e só por isso devia ser banida da matemática. Um método baseado nessa ideia, ainda que efetivo e frutífero, era inaceitável porque solapava a própria razão pela qual a matemática era estudada: pela sua pura estrutura lógica. A visão de Angeli era exatamente oposta: como o método dos indivisíveis era efetivo, raciocinava ele, suas premissas subjacentes deviam ser verdadeiras; se envolvessem paradoxos, então teríamos simplesmente de conviver com eles. Uma abordagem enfatizava a pureza da matemática, a outra realçava resultados práticos; uma abordagem insistia na ordem perfeita absoluta, a outra estava disposta a coexistir com ambiguidades e incertezas. As duas nunca se encontrarão.

A queda dos jesuatas

Graças à proteção de sua ordem e à beligerância do Senado veneziano em relação aos jesuítas, parecia que Angeli se safaria com seu aberto desafio à Companhia de Jesus. Ele se manteve ativo no trabalho, e durante os oito anos seguintes publicou seis livros de matemática, em todos eles usando e advogando o método dos indivisíveis. Seu maior triunfo veio em 1662, quando foi indicado para a cadeira de matemática na Universidade de Pádua, posição que já fora de Galileu. Os jesuítas, tão poderosos em outros lugares da Itália, só puderam se enraivecer quando o jesuata iniciante foi alçado a um dos postos matemáticos mais prestigiosos de toda a Europa. Eles jamais responderam aos seus insultos nem o denunciaram abertamente, porém aguardaram sua vez em silêncio e com paciência.

Os jesuítas estavam em situação difícil. Enquanto Angeli continuasse com a insolência, sempre havia o perigo de a doutrina proibida reviver na Itália, e sua campanha de décadas redundaria em nada. Mas o que podiam fazer? Angeli estava a salvo em Veneza. Se alguma vez pensaram que podiam persuadir as autoridades a silenciá-lo, seguramente sua indicação para a cátedra de Pádua mostrou-lhes que isso era improvável. Então mudaram de tática. Em Veneza podiam ter pouca influência, mas em Roma sua ascendência ainda era grande. E assim, para silenciar a última voz italiana que defendia os infinitamente pequenos, voltaram-se para a cúria papal.

A evidência para o que aconteceu em seguida é circunstancial; os documentos relativos a esses fatos estão enterrados até hoje nas profundezas dos arquivos do Vaticano. Mas o que sabemos é o seguinte: em 6 de dezembro de 1668, o papa Clemente IX emitiu uma súmula suprimindo três ordens religiosas italianas: uma comunidade de regulares canônicos residentes da ilha de San Giorgio em Alga, a laguna veneziana; a segunda, os hieronimitas de Fiesole, ordem popular que, no seu auge, tinha quarenta casas pela Itália; a terceira foram os jesuatas de São Jerônimo. Como dizia a súmula, "nenhuma vantagem ou utilidade para a gente cristã pode-se esperar de sua sobrevivência".[31]

Os regulares canônicos eram uma minúscula comunidade confinada a uma única ilha veneziana, e é plausível que os burocratas no Vaticano de fato tivessem chegado à conclusão de que eles não serviam para nenhum propósito real. Os hieronimitas de Fiesole eram uma ordem muito maior, mas, no seu caso, o termo *supressão* é enganoso. Embora seja verdade que tenham cessado de existir de modo independente, a ordem não foi de fato dissolvida, e sim fundida com a ordem coirmã dos hieronimitas de Pisa; as casas em si continuaram como antes. Mas, para os jesuatas de São Jerônimo, a supressão foi uma sentença de morte: de um dia para outro, a ordem simplesmente deixou de existir, suas casas foram destruídas e seus padres, dispersados. Foi um fim incrivelmente violento e inesperado para uma ordem antiga e venerável. Fundada por João Colombini em 1361, para cuidar dos pobres e enfermos, sobrevivera exatamente por três séculos e sete anos.

O motivo oficial alegado, e citado hoje em todas as fontes públicas, é que "abusos haviam se insinuado na ordem". Mas isso não explica mais que dizer que a ordem não servia a nenhum propósito. Alguns estudiosos comentam que com frequência os jesuatas eram mencionados como os "irmãos da Aquavitae",*[32] designação que pode sugerir moral lassa e hábitos de vida flexíveis. Isso, porém, estava longe dos fatos: o apelido lhes foi dado por sua dedicação para tratar as vítimas da peste, o que faziam administrando um elixir alcoólico produzido em seus mosteiros. Não há evidência de que a hierarquia da Igreja se opusesse às práticas médicas dos jesuatas ou tentasse dar-lhes fim.

Na verdade, segundo todos os indícios, os jesuatas eram uma ordem florescente. O papa Gregório XIII (1572-85), patrono dos jesuítas, também apoiou os jesuatas e introduziu seu fundador, são João Colombini, no calendário oficial da Igreja, fixando 31 de julho como seu dia de devoção. A ordem expandiu-se rapidamente nos séculos XVI e XVII, estabelecendo dezenas de casas por toda a Itália. Deviam ser populares com as classes mais altas, pois tanto os Cavalieri de Milão quanto os Angeli de Veneza

---

* *Acquavitae*: literalmente "água da vida", termo empregado para designar aguardente. (N.T.)

julgaram apropriado entregar seus filhos talentosos para serem educados na ordem. O fato de dois membros da congregação ocuparem cadeiras acadêmicas em Bolonha e Pádua, que estavam entre as universidades mais prestigiosas da Europa, acrescentava aos jesuatas um brilho intelectual que poucas ordens podiam igualar. Embora não seja fácil saber como era a vida dentro das casas jesuatas, nada do que sabemos sugere decrepitude moral. A carta de Cavalieri a Galileu em 1620 sobre a vida no estabelecimento jesuata em Milão, na qual ele se queixava de estar sitiado por homens velhos que esperavam que estudasse teologia, não nos dá a impressão de que fosse, de algum modo, uma casa de festas. E tampouco tem-se essa sensação sobre a casa em Bolonha, onde Cavalieri residiu durante os últimos dezoito anos de vida, doente de gota, e onde se engajava em debates matemáticos com o jovem Angeli. A impressão inescapável é de que eram estabelecimentos com um foco sério no estudo acadêmico e no ministério religioso, e o rápido progresso tanto de Cavalieri quanto de Angeli para posições de autoridade na ordem indicam que a realização intelectual era altamente valorizada. Antes de 1668, o Vaticano não viu, de maneira geral, nenhum motivo para intervir nos assuntos dos jesuatas, exceto em 1606, quando pela primeira vez permitiu que clérigos entrassem para a congregação – mudança que sugeria mais ascensão que demérito da ordem. Não há nada em tudo isso que possa explicar por que essa velha e venerável irmandade foi escolhida para súbita aniquilação.

Mas os jesuatas sobressaíam de uma maneira: contavam entre seus membros os mais proeminentes matemáticos italianos que promoviam a doutrina dos infinitesimais. Primeiro Cavalieri, depois Angeli, cada um a seu tempo, foram os principais advogados dos indivisíveis em cada geração, e ambos receberam pleno respaldo da ordem. Não só foram promovidos depressa na hierarquia como muitos de seus livros foram pessoalmente aprovados pelo geral dos jesuatas. De modo inevitável, quando Angeli e Cavalieri entraram em amargo conflito com os jesuítas acerca dos infinitamente pequenos, a briga passou a ser não deles próprios, mas de toda a ordem. Fosse por desígnio ou por mera circunstância, os jesuatas de

São Jerônimo tornaram-se o principal obstáculo para os jesuítas em sua investida para erradicar os infinitamente pequenos.

É possível que, se tivessem encontrado um meio de silenciar Angeli deixando seus irmãos em paz, os jesuítas o teriam feito. Mas é igualmente provável que estivessem ansiosos para fazer da ordem menor um exemplo, uma advertência para todos da Igreja que ousassem desafiar a Companhia de Jesus. No final, o resultado foi o mesmo. Incapazes de persuadir as autoridades venezianas a disciplinar o insolente professor, voltaram-se para a cúria papal em Roma, onde sua influência era decisiva. Não podiam punir Angeli diretamente, então, deixaram a fúria desabar sobre a ordem que o abrigava, assim como abrigara seu falecido mestre. Quando confrontados com a ira da poderosa Companhia de Jesus, os jesuatas jamais tiveram qualquer chance. A ordem que sobrevivera a trezentos anos de levantes políticos e religiosos, cujos irmãos administravam as águas da vida para as vítimas da peste, e que possuía dois membros na altura máxima da distinção matemática, simplesmente se evaporou com um traço da pena papal.

De forma surreal, o homem no olho da tormenta continuou no lugar – pelo menos do ponto de vista geográfico. Embora a irmandade que havia sido seu lar desde a juventude tivesse subitamente se dissolvido ao seu redor, Angeli ainda era professor de matemática na Universidade de Pádua e ainda era protegido pelo Senado veneziano. Ficou em Pádua pelos 29 anos seguintes, até sua morte, em 1697. Embora ainda se professasse admirador de Galileu, e embora tivesse publicado nada menos que nove livros[33] promovendo e usando o método dos indivisíveis, Angeli não publicou nunca mais uma única palavra sobre o assunto. Os jesuítas tinham vencido.

Dois sonhos de modernidade

Por volta de 1670 a guerra acerca dos infinitamente pequenos havia terminado. Com Angeli silenciado a longo prazo, e todos os rivais dos jesuítas levados a se esconder ou se dissolver, a Itália era uma terra purgada dos infinitesimais, e os jesuítas reinavam supremos. Esse foi um grande triunfo para a Companhia, chegando ao fim de uma difícil campanha que fizera muitas vítimas pelo caminho. Algumas delas eram famosas em seu tempo, como Luca Valerio e Stefano degli Angeli, mas muitas outras continuarão para sempre anônimas. A gelada mão da Companhia de Jesus fez baixar uma cortina sobre essa geração perdida de matemáticos italianos, deixando-os nas trevas.

Os jesuítas não lutaram sua batalha por mesquinhez ou despeito, nem apenas para mostrar sua força e humilhar os oponentes. Lutaram porque acreditavam que seus princípios mais acalentados e, em última instância, a sorte da cristandade estavam em jogo. Eles haviam se forjado no cadinho do embate da Reforma protestante, que viu o tecido social e religioso do Ocidente cristão esgarçar-se nas costuras. Revelações, teologias, ideologias políticas e lealdades de classe concorrentes competiam pelas almas e mentes da população da Europa ocidental, provocando caos, fome, pestilência e décadas de guerras. A verdade única da antiga Igreja, que unira os cristãos e dera propósito à sua existência, de repente desaparecera em meio ao clamor de credos rivais. Reverter a catástrofe e assegurar que ela nunca viesse a se repetir eram os propósitos primordiais da Companhia de Jesus desde o dia de sua fundação por Inácio de Loyola.

Os jesuítas buscavam essa meta de muitas maneiras, mas sempre com energia, habilidade e determinação. Tornaram-se teólogos especializados, dedicados a formular uma única verdade religiosa, e filósofos especializados, para dar sustentação à sua teologia. E fundaram o maior sistema educacional que o mundo já vira, no intuito de disseminar o conhecimento dessas verdades até os recantos mais distantes. Foram o motor da ressurreição católica na segunda metade do século XVI e desempenharam um papel fundamental em frear o crescimento da Reforma e reverter algumas de suas vitórias.

Mas os jesuítas defrontavam-se com um incômodo problema: havia opiniões diferentes por toda parte, e toda doutrina religiosa ou filosófica estava aparentemente em contenda entre diferentes autoridades. Isto é, exceto a matemática. Essa pelo menos era a opinião de Cristóvão Clávio, que começou a advogar em nome dessa área no Collegio Romano, nas décadas de 1560 e 1570. Em matemática, e especialmente em geometria euclidiana, nunca havia qualquer dúvida, argumentava Clávio – e ele fez da matemática um pilar da visão de mundo jesuíta.

Foi por causa de seu profundo investimento na matemática, e da convicção de que suas verdades garantiam o equilíbrio, que os jesuítas reagiram com tamanha fúria à ascensão dos métodos infinitesimais. Pois a matemática dos infinitamente pequenos era o oposto da geometria euclidiana. Enquanto a geometria começava com princípios universais claros, os novos métodos começavam com a intuição vaga e não confiável de que os objetos eram feitos de uma enorme quantidade de partes minúsculas. E o mais devastador: ao passo que as verdades da geometria eram incontestáveis, os resultados do método dos indivisíveis eram tudo, menos isso. O método podia levar a erros com a mesma frequência que a verdades, e era infestado de contradições. Caso se permitisse a permanência do método, acreditavam os jesuítas, isso seria um desastre para a matemática e para sua reivindicação de ser uma fonte incontestável de conhecimento. As implicações mais amplas eram ainda piores: se até a matemática se revelasse infestada de erros, que esperança havia para outras disciplinas menos rigorosas. Se a verdade era inexequível na matemática, então, possivelmente, era inexequível em qualquer outra parte, e o mundo voltaria a mergulhar no desespero.

Foi para evitar esse resultado catastrófico que os jesuítas empreenderam sua campanha contra os infinitesimais. Mas os matemáticos da Itália que defenderam o método dos indivisíveis eram realmente pessoas perigosas, capazes de se comprazer em derrubar a autoridade? Parece bem pouco provável. Galileu, Cavalieri, Torricelli e Angeli eram, afinal, estudiosos e professores, dificilmente uma casta de homens inclinados a subverter a civilização. Galileu pode ter sido um exuberante individualista, mas não um contestador da ordem, como deixou claro quando escolheu deixar a Veneza republicana para assumir um posto na corte do grão-duque da Toscana. Cavalieri era um clérigo e professor ponderado, que deixou a cidade de Bolonha apenas uma vez nos últimos dezoito anos de vida. E Torricelli, depois de se estabelecer em Florença, fez o melhor que pôde para evitar conflitos com seus críticos. Angeli sem dúvida mostrou grande dose de humor ao assumir sua derradeira posição em prol dos indivisíveis, mas seria extremamente difícil descrevê-lo como subversivo. Afinal, era um sacerdote e professor que dependia da proteção de sua antiga ordem e do Senado veneziano para manter os inimigos à distância. Seria de fato difícil encontrar alguém entre os proponentes dos infinitamente pequenos que justificasse a feroz reação dos jesuítas à doutrina, ou os temores de suas implicações.

Então, estariam os jesuítas simplesmente errados em temer os proponentes dos infinitesimais? Não exatamente. Embora seja verdade que os adeptos de Galileu não eram subversivos sociais, também é verdade que eles defendiam um grau de liberdade inaceitável para os soldados de Cristo. Galileu foi um brilhante defensor público da liberdade de filosofar ("*libertas philosophandi*");[34] com essa expressão, ele e seus associados referiam-se ao direito de empreender suas investigações aonde quer que elas levassem. Ele zombava abertamente dos jesuítas e de sua reverência pela autoridade, escrevendo que, "nas ciências, a autoridade de milhares de opiniões não vale tanto quanto uma mínima centelha de razão em um homem incomum". Galileu não só argumentava que, quando a Escritura e o fato científico colidiam, a interpretação da Escritura precisava ser ajustada, como também desafiava publicamente a autoridade dos teólogos profissionais. Não é surpresa que os jesuítas tivessem ficado furiosos. Aquele era o tipo de transgressão que eles acreditavam levar ao caos.

Galileu foi o principal porta-voz público de seu grupo, mas seus colegas da Academia dos Linces, seus alunos e seguidores compartilhavam de suas opiniões. Todos eles acreditavam no princípio do *libertas philosophandi*, e viam no julgamento e condenação de seu líder um crime monstruoso contra as liberdades que valorizavam. Para eles, a busca jesuítica de uma verdade única, oficial e universalmente aceita esmagava qualquer possibilidade de filosofar com liberdade. Ao defender a matemática dos infinitamente pequenos, assumiam uma posição contra a totalitária exigência jesuítica de que a verdade fosse oficialmente sancionada.

A essência do conflito entre jesuítas e galileanos estava nas questões de autoridade e certeza. Os primeiros diziam que a verdade deve ser uma, e acreditavam ter encontrado na geometria euclidiana a demonstração perfeita do poder que esse sistema tem de moldar o mundo e impedir a dissensão. Os segundos também buscavam a verdade, mas sua abordagem era o inverso da dos jesuítas: em vez de impor ao mundo uma ordem unificada, tentavam estudar o mundo como ele é e encontrar a ordem dentro dele. Enquanto os jesuítas buscavam eliminar mistérios e ambiguidades para chegar a uma verdade unificada, cristalina, os galileanos estavam dispostos a aceitar certo nível de ambiguidade e até de paradoxo, contanto que isso levasse a uma compreensão mais profunda da questão envolvida. Uma abordagem insistia na verdade imposta de cima mediante razão e autoridade; a outra aceitava pragmaticamente a existência da ambiguidade e até da contradição, buscando derivar o conhecimento de baixo para cima. Um sistema afirmava que os infinitamente pequenos deviam ser banidos, pois introduziam paradoxo e erro na estrutura racional, perfeita, da matemática; o outro estava disposto a conviver com os paradoxos dos infinitamente pequenos enquanto estes servissem a um método poderoso e frutífero, e levassem a uma compreensão matemática mais profunda.

Tendo lugar na aurora da idade moderna, a luta em torno dos infinitesimais era uma disputa entre visões opostas do que seria a modernidade. De um lado estavam os jesuítas, uma das primeiras instituições modernas que o mundo conhecera. Com organização racional e unidade de propósito, eles trabalhavam para moldar os primórdios do mundo moderno à sua imagem. Acalentavam um sonho totalitário de unidade e propósito absolutamente uniformes, sem deixar espaço para dúvida ou debate, perspectiva que surgiu vez por outra em diferentes roupagens ao longo da história moderna.

Do outro lado estavam seus oponentes, na Itália, os amigos e seguidores de Galileu. Eles acreditavam que uma nova era de paz e harmonia não viria pela imposição de verdades absolutas, mas por meio de acumulação lenta, sistemática e imperfeita de verdades e conhecimentos compartilhados. Essa era uma visão que permitia dúvida e debate, reconhecendo livremente que alguns mistérios continuariam sem solução, mas insistindo em que, mesmo assim, muita coisa podia ser descoberta com a pesquisa. Esse ponto de vista abriu caminho para o progresso científico, mas também para o pluralismo político e religioso, para os governos liberais (em oposição a totalitários). Esse grupo tem tido muitas encarnações no mundo moderno, mas suas visões ainda são reconhecíveis nos ideais da democracia liberal.

Na Itália do século XVII, os inimigos dos infinitesimais prevaleceram. Os princípios de hierarquia, autoridade e unidade absoluta da verdade foram afirmados, e os princípios de liberdade de investigação, pragmatismo e pluralismo foram derrotados. As consequências locais foram profundas.

O país bem-arrumado

Por quase dois séculos, a Itália fora o lar da comunidade matemática possivelmente mais vívida da Europa.[35] Essa era uma tradição que remontava às casas contábeis dos eixos comerciais italianos; posteriormente, vieram a abarcar matemáticos profissionais e universidades, precursores dos atuais pesquisadores. No começo do século XVI, Cardano, Tartaglia e seus colegas "cossistas" (como eram conhecidos) apostavam dinheiro e propriedades em sua habilidade de resolver equações cúbicas e quárticas. Algumas décadas depois, classicistas como Federico Commandino e Guidobaldo del Monte idolatravam os antigos e produziam novas edições e traduções de suas obras. Mais tarde, defensores dos infinitamente pequenos (Galileu, Cavalieri e Torricelli) se tornaram pioneiros em novas técnicas que transformariam as próprias fundações da pesquisa e da prática na matemática.

Mas quando os jesuítas triunfaram sobre os advogados dos infinitamente pequenos, essa brilhante tradição sofreu uma morte súbita. Com Angeli silenciado, Viviani e Ricci guardando suas opiniões para si mesmos, não restou nenhum matemático na Itália para carregar a tocha. Os jesuítas, agora no comando, insistiam em aderir estritamente aos métodos da Antiguidade, e a liderança da inovação matemática mudou de lugar, agora decisivamente, para o outro lado dos Alpes, para Alemanha, França, Inglaterra e Suíça. Foi nesses países do norte que o "método dos indivisíveis" de Cavalieri e Torricelli seria desenvolvido, primeiro no "cálculo infinitesimal", e então no campo matemático mais amplo conhecido como "análise". A Itália, onde tudo começou, tornou-se água estagnada em termos matemáticos, uma terra onde não havia futuro para aqueles que buscavam seguir uma carreira matemática. Nos anos 1760, quando o jovem prodígio matemático Giuseppe Luigi Lagrangia, de Turim, tentou fazer seu nome entre os "grandes geômetras" da época, foi obrigado a deixar sua terra natal e viajar primeiro para Berlim, depois para Paris. Ele teve sucesso, mas suas raízes italianas logo foram esquecidas. Para gerações futuras, ele foi e continua a ser francês: Joseph-Louis Lagrange, um dos maiores matemáticos na história da humanidade.

O fim da tradição matemática italiana foi o resultado mais imediato da supressão dos infinitamente pequenos, mas o triunfo jesuíta teve efeitos muito mais profundos e abrangentes. Retrocedendo até a Alta Idade Média, a Itália havia liderado toda a Europa em termos de inovação – política, econômica, artística e científica. Já nos séculos XI e XII, foi o centro das primeiras cidades florescentes a emergir da Idade das Trevas. Essas cidades desempenharam papel vital em reviver a longamente adormecida economia comercial, e foram também locais de vívida experimentação política em diferentes formas de governo, do autocrático ao republicano. No século XIII, os mercadores italianos tornaram-se os primeiros e mais ricos banqueiros da Europa, e a partir de meados do século XIV, a Itália abriu o caminho para um renascimento artístico e cultural que transformou o continente. Humanistas, de Petrarca a Pico della Mirandola; pintores, de Giotto a Botticelli; escultores, de Donatello a Michelangelo; e arquitetos, de Brunelleschi a Bernini; todos fizeram do Renascimento italiano um ponto de inflexão na história humana. Nas ciências, italianos, de Alberti e Leonardo a Galileu, deram contribuições cruciais para o conhecimento humano e abriram novos caminhos de investigação. Como a terra da criatividade e inovação, é justo dizer que a Itália não tinha igual.

Tudo isso, porém, chegou ao fim por volta do fim do século XVII. A dinâmica terra da criatividade e da inovação tornou-se um solo de estagnação e decadência. Os prósperos eixos comerciais do Renascimento transformaram-se em postos marginais na economia europeia, incapazes de acompanhar a rápida expansão dos rivais ao norte. Do ponto de vista religioso, a península Itálica ficou sob controle de um catolicismo conservador, no qual não se permitia nenhuma divergência dos éditos papais e nenhuma outra seita ou crença. Politicamente, a Itália era um amálgama de pequenos principados governados por reis, duques e arquiduques, e pelo próprio papa. Com poucas exceções, todos eram reacionários e opressores, e todos forçosamente sufocavam qualquer indício de oposição política. Nas ciências, alguns poucos homens brilhantes, como Spallanzani, Galvani e Volta, trabalhavam na linha de frente de suas disciplinas e eram admirados por colegas de toda a Europa. Mas essas poucas exceções apenas enfatizavam o empobrecimento geral da ciência italiana, que no século XVIII não passava de um apêndice da florescente ciência de Paris. Por volta de 1750, poucos vestígios restavam do ousado espírito inovador característico da vida italiana por tanto tempo.

Seria exagero atribuir todos esses desdobramentos à derrota dos infinitamente pequenos na Itália, no fim do século XVII. Houve muitas causas para o declínio italiano – político, econômico, intelectual e religioso –, mas é inegável que a disputa em torno dos indivisíveis desempenhou um papel importante entre essas causas. Ela foi um campo fundamental em que se lutou e se decidiu o caminho da modernidade italiana. A vitória de um lado e a derrota de outro ajudaram a moldar a trajetória da Itália dos séculos seguintes.

Não precisava ter sido assim. Aquela foi uma luta renhida. Se os galileanos tivessem vencido e os jesuítas perdido, é fácil imaginar um futuro bem diferente para a Itália. A terra de Galileu provavelmente teria se mantido na linha de frente da matemática e da ciência, e poderia muito bem ter aberto caminho para os triunfos científicos dos séculos XVIII e XIX. Ela teria sido um centro de filosofia e cultura iluministas, e os ideais de liberdade e democracia poderiam ressoar nas *piazzas* de Florença, Milão e Roma, e não nas *places* de Paris e nas *squares* de Londres. É fácil imaginar os pequenos dinastas italianos dando lugar a formas de governo mais representativas, e as grandes cidades da Itália como prósperos eixos de comércio e indústria, plenamente iguais às suas contrapartes do norte. Mas não era para ser assim. No fim do século XVII, os infinitamente pequenos estavam suprimidos. Na Itália, estava montado o palco para séculos de estagnação e atraso.

PARTE II

Leviatã e os infinitesimais

"O cálculo é para a matemática não mais
que o experimento para a física."

BERNARD LE BOVIER DE FONTENELLE

6. A chegada de Leviatã

Escavadores

No domingo, 1º de abril de 1649, um grupo de homens pobres reuniu-se com suas famílias em St. Georges Hill, perto da cidade de Kingston, em Surrey, Inglaterra. Estavam num morro árido, parecia um lugar pouco promissor para um novo assentamento. Mas os recém-chegados tinham vindo para ficar: haviam trazido seus pertences e logo se puseram a erguer cabanas para abrigar-se das inclemências do tempo. Em seguida começaram a cavar. Dia após dia continuaram cavando, abrindo sulcos e plantando no morro rochoso, enquanto chamavam pessoas das cidades vizinhas para se juntarem a eles. "Convidam a todos para participar e ajudá-los", comentou um observador, "e lhes prometem carne, bebida e roupas." Prediziam com confiança que "serão 4 ou 5 mil em dez dias". A previsão se mostrou exageradamente otimista, a comunidade atraiu novos participantes, o número chegou a várias dúzias de famílias. Ainda assim, eles continuavam a cavar.[1]

À medida que a comunidade crescia lentamente, crescia junto, nas cidades vizinhas, a desconfiança em relação aos *diggers* ("cavadores"). "Teme-se que tenham algum plano em mente", comentou o mesmo observador. E não estava enganado. Cavar sulcos num morro árido pode nos parecer algo inocente, mas as coisas eram diferentes na Inglaterra do século XVII. Com seus atos, os *diggers* assumiam a posse e o direito de cultivar terras fechadas, pertencentes ou controladas pelos nobres locais. Isso era um assalto aberto e calculado aos direitos de posse das classes proprietárias. Se sua intenção não ficara suficientemente clara em seus atos, os *diggers* logo deram continuidade a eles com um panfleto distribuído em toda parte: "O trabalho que estamos realizando é este", explicavam: "Cavar Georges Hill e a terra vizinha ociosa, ... que trabalharemos com retidão, e assentaremos a fundação de tornar a terra um tesouro comum para todos, ricos e pobres, ... sem nenhum senhor do outro, mas todos cuidando um do outro, como iguais na Criação."[2]

Essa negação audaz dos direitos de propriedade privada já teria bastado para causar arrepios na espinha do senhor das terras, tanto naquela época quanto agora. Contudo, havia mais: "É assim manifesto que essa propriedade civil é a maldição, aqueles que compram e vendem terras, e são senhores de terras, a obtiveram por opressão, ou assassinato, ou roubo." Toda propriedade privada, segundo essa lógica, era roubada; e deveria, de todo direito, ser devolvida a seu dono de direito, o povo. É verdade que os *diggers* professavam o pacifismo e insistiam em desaprovar o uso de força para reclamar a terra. Mas, como vários de seus membros eram veteranos da Guerra Civil Inglesa e da devastação que ela provocara, a "melhor espécie" de gente em Weyburn e arredores estava longe de ficar tranquila. Os proprietários, rotulados de ladrões e assassinos, com os direitos de propriedade negados, ficaram compreensivelmente alarmados. Temendo pela terra e pelas posses, para não mencionar suas vidas e segurança, logo revidaram.

Como membros estabelecidos da sociedade, em primeiro lugar recorreram às autoridades: sir Thomas Fairfax, comandante do Exército Novo (New Model Army), estava estacionado nas proximidades, e os proprietários de terra apelaram para ele a fim de expulsar os posseiros. Fairfax provavelmente era o homem mais poderoso da Inglaterra na época, tendo liderado as forças do Parlamento em vitórias decisivas sobre os exércitos reais de Carlos I. Cavalheiro e cavaleiro, Fairfax tinha pouca simpatia pelas exigências revolucionárias dos *diggers*, e os proprietários de terra esperavam que ele ficasse ao seu lado. Fairfax, porém, os desapontou. Chegou a St. Georges Hill com suas tropas e envolveu-se em diversas discussões com o líder dos *diggers*, Gerrard Winstanley. No entanto, não foi além disso. Se os proprietários tinham problemas com o bando de Winstanley, disse Fairfax, deviam levar a questão aos tribunais.

Embora decepcionados com a resposta de Fairfax, os proprietários fizeram exatamente o que ele disse – e mais. Acusaram os *diggers* de licenciosidade sexual e prevaleceram nas cortes, impedindo-os de falar em seu próprio nome. Nesse meio-tempo, Francis Drake, senhor da herdade próxima, Cobham, organizou incursões ao assentamento dos *diggers*, tendo finalmente êxito em incendiar uma das casas comunais. Confrontados com o assalto físico e o legal, os *diggers* desistiram. Em agosto, foram forçados a deixar St. Georges Hill e a se mudar para um local novo, a algumas milhas de distância. Quando esse refúgio também foi atacado, abandonaram a terra e dispersaram-se. Os senhores de terra tinham vencido.

O drama de St. Georges Hill é uma das tentativas mais bem documentadas de subverter a ordem social nos primórdios da Inglaterra moderna. Mas não foi um incidente isolado. Novas colônias de *diggers* brotaram durante o período, e abundaram outras formas de protesto, subversão e até insurreição. De 1640 a 1660, a Inglaterra era uma terra agitada, e as instituições tradicionais estavam em contínua mudança, quando não desapareceram de todo. Menos de quarenta anos depois da morte da brilhante "Rainha Virgem", Elizabeth I (1558-1603), seu sucessor, Carlos I, foi devidamente afastado, expulso de Londres pelo Parlamento, seus exércitos derrotados no campo de batalha e ele próprio aprisionado e por fim executado. A Igreja da Inglaterra, criada por Elizabeth e por seu pai, Henrique VIII (1509-47), foi efetivamente dissolvida, seus bispos forçados ao exílio e suas grandes catedrais apropriadas por igrejas protestantes rivais. Um exército escocês invadira e por algum tempo ocupara os condados setentrionais; na Irlanda, um levante católico devastara as terras dos senhores e colonos ingleses, massacrando muitos deles e forçando outros a fugir. Em meio a essa crise nacional, com o Estado decapitado, a Igreja oficial suprimida, a lei da terra ignorada e a censura da imprensa suspensa, uma multidão de grupos emergiu das sombras, dedicando-se a virar o velho mundo de cabeça para baixo. Os *diggers* de St. Georges Hill eram apenas um deles.

A terra sem rei

As causas dos episódios conhecidos diversamente como Revolução Inglesa, Guerra Civil Inglesa ou simplesmente Interregno são debatidas pelos historiadores até hoje. São citadas causas políticas, religiosas e econômicas, e de fato não há dúvida de que todas elas contribuíram de algum modo para o colapso do governo inglês em 1640. Até aí, porém, está claro: desde 1603, quando Jaime I (1603-25), da casa Stuart, sucedeu a Elizabeth I no trono, os reis da Inglaterra foram se desentendendo cada vez mais com o Parlamento, órgão que representava grandes parcelas das classes proprietárias. Em parte, tratava-se de uma direta luta de poder. O Parlamento, cujas raízes remontavam ao século XIII, ao reinado de Elizabeth, adquirira o direito exclusivo de arrecadar impostos. Como a criação e manutenção de um exército e de uma marinha eram de longe os empreendimentos mais caros no início do Estado moderno, e só podiam ser financiados por impostos, isso significava que o rei não podia adotar qualquer política externa sem a aprovação do Parlamento. Pelo controle sobre a receita estatal, o Parlamento tinha o poder de vetar políticas de que não gostasse, e não hesitava em usá-lo. Enquanto as políticas reais fossem aceitáveis ao Parlamento, havia poucos problemas. Esse foi o caso da longa, onerosa e inconclusa guerra de Elizabeth contra a Espanha, que mesmo assim teve amplo apoio popular. Mas quando Jaime I fez a paz com a Espanha, e quando Carlos I decidiu ajudar o rei Luís XIII da França para esmagar os huguenotes, as coisas mudaram. O Parlamento recusou-se a autorizar os impostos para financiar o que enxergava como ações "ímpias" e "tirânicas", impedindo que o rei levasse a cabo sua política.

Os monarcas da casa Stuart julgavam essa situação intolerável. Apenas o rei, insistiam eles, tinha o poder de estabelecer política e arrecadar impostos, e a asfixia por parte do Parlamento sobre as taxas era uma usurpação ilegal do poder real. Os Stuart olhavam com inveja os reis franceses, que haviam humilhado sua própria Assembleia, os Estados Gerais, e tinham êxito em concentrar todo o poder nas próprias mãos. Jaime I, talvez o mais culto dos reis ingleses, chegou a redigir um tratado intitulado *The True Law of Free Monarchies* (A verdadeira lei das monarquias livres), no qual argumentava que os reis governavam por direito divino, e que em nenhuma circunstância o povo podia resistir legitimamente aos decretos reais.

Com o Parlamento cada vez mais impositivo, e os reis Stuart cada vez mais furiosos, era inevitável um confronto. Em 1629, Carlos I dissolveu o Parlamento e recusou-se a convocar outro. Durante os onze anos seguintes governou sozinho, enquanto o Tesouro era lentamente esvaziado e a liberdade de ação tornava-se cada vez mais restrita. Finalmente, em 1640, após uma tentativa desastrosa de reformar a Igreja da Escócia que levou os dois países à beira da guerra, Carlos não conseguiu mais resistir e reconvocou o Parlamento. Sua intenção era apenas aprovar verbas para a guerra contra os escoceses e logo em seguida dissolver o indisciplinado órgão. Mas os líderes parlamentares atacaram antes: para impedir uma retomada do governo "tirânico" de Carlos, imediatamente aprovaram a resolução de que o Parlamento se mantivesse reunido até a autodissolução. Ele permaneceu formalmente convocado durante toda a década, e é conhecido historicamente como Parlamento Longo.

A crise constitucional de 1640 foi um choque entre duas visões opostas acerca da ordem política. Os reis Stuart lutaram intensamente para estabelecer uma monarquia absoluta no modelo francês, na qual a autoridade cabia ao rei divinamente sancionado. O Parlamento, por outro lado, defendia uma monarquia constitucional (embora o termo ainda não tivesse sido cunhado). Segundo ele, nem o rei tinha o direito de pisotear os antigos direitos de um inglês livre. O poder real devia ser moderado e, quando necessário, enfrentado pelo "povo", representado pelo Parlamento. É desnecessário dizer que os líderes parlamentares jamais sonharam em incluir as classe mais baixas e pobres entre o "povo" da Inglaterra. Apenas proprietários eram representados no Parlamento, e apenas eles tinham o direito de compartilhar o poder real. Mesmo assim, o partido parlamentar defendia uma vasta expansão da classe política na Inglaterra – precisamente o que os correligionários do rei estavam determinados a impedir.

Hoje estamos acostumados a pensar em questões constitucionais, como o equilíbrio de poder adequado entre rei e Parlamento, como coisas distintas das questões religiosas. Todavia, na Inglaterra do século XVII, política e religião eram inseparáveis. A audácia do Parlamento em desafiar o poder do rei derivava em grande medida da nova fé protestante, que ensinava que todos os homens têm igual acesso à graça divina por meio da fé e da prece. Enquanto no catolicismo a graça era canalizada exclusivamente pelos sacerdotes ordenados, dotados de poderes especiais, todos os ramos protestantes aceitavam o princípio do "sacerdócio de todos os crentes". Por conseguinte, todos os homens eram "sacerdotes" perante Deus, capazes de receber a graça diretamente Dele. E, se todos os homens eram iguais perante Deus, por que aceitar o governo absoluto do rei, que, afinal, era um homem como eles?

A visão protestante, com toda a certeza, não significava que o Parlamento acreditasse que "todos os homens foram criados iguais". Longe disso. Mas significava que o direito divino dos reis – homens eleitos por Deus para governar as pessoas – era mais difícil de sustentar na Inglaterra protestante que em terras católicas, onde a supremacia real era apoiada pela autoridade da Igreja. Assim, o Parlamento inglês era bem mais agressivo ao afirmar seus direitos e poderes que seus equivalentes continentais. Enquanto o Parlamento desafiava cada passo dos primeiros Stuart, os Estados Gerais da França e as Cortes Imperiais da Espanha logo se encolhiam diante da autoridade divinamente sancionada de seus reis.

O entrelaçamento entre política e religião significava que a luta constitucional entre rei e Parlamento na Inglaterra era também uma luta religiosa acerca das formas apropriadas de culto e seu significado. A Igreja da Inglaterra foi uma solução de compromisso a que se chegou após agudas guinadas entre o protestantismo radical e o catolicismo conservador. Por determinação de Elizabeth, a Igreja manteve a teologia calvinista dos radicais, mas combinou-a com uma estrutura institucional e uma liturgia difíceis de distinguir do catolicismo. Sozinho entre os diversos ramos protestantes, o anglicanismo manteve bispos, uma estrita hierarquia eclesiástica, com o rei no alto, e rituais solenes em grandes catedrais conduzidos por figurões da Igreja esplendorosamente vestidos. O anglicanismo era um desconfortável casamento entre duas noções muito diferentes de fé e comunidade, mas permitia a cada uma das facções concorrentes enfatizar seus próprios aspectos nesse meio-termo. Os parlamentaristas, de maneira geral, realçavam a teologia calvinista com suas implicações igualitárias; os reis, em contraste, favoreciam as formas hierárquicas, do tipo católico. Nas famosas palavras de Jaime I: "Sem bispo, sem rei!"

Em 1640, a cisão entre Parlamento e rei havia se aprofundado até o ponto de a solução de compromisso anglicana não parecer mais sustentável. As facções dominantes no Parlamento defendiam a abolição de bispados e de toda a hierarquia eclesiástica, para aproximar mais o anglicanismo das outras seitas protestantes. Os reis Stuart, por outro lado, flertavam abertamente com o catolicismo, pareciam inclinados a abandonar o experimento protestante e voltar a se unir a Roma. O conflito religioso era inseparável da crise política, tornando esta última ainda mais difícil de se conter. Não só o poder, mas também a fé e a consciência pendiam na balança para ambos os lados, e o espaço para um compromisso entre rei e Parlamento encolhia-se depressa. Em 1640 havia praticamente desaparecido.

Quando se reuniu em 1640, o Parlamento Longo deu início a um sistemático assalto ao rei e à Igreja. Ele indicou uma "Assembleia dos Divinos" para conceber um plano de reformas radicais na Igreja, além de processar, e finalmente executar, o ministro-chefe de Carlos I, o conde de Strafford. O partido dominante, o parlamentar, conhecido como "presbiterianos", defendia um governo da Igreja no estilo da Escócia, o que significava o fim dos bispos e sua substituição por conselhos de anciãos leigos ("presbíteros"). Negando ao rei dinheiro para financiar um exército, instigaram a crise militar, convidando os escoceses a invadir os condados setentrionais. Em 1642, Carlos tinha fugido de Londres e formava um exército no norte, com o objetivo de depor o Parlamento rebelde e reafirmar seus direitos reais. O Parlamento contra-atacou formando suas próprias milícias. Durante os dois anos seguintes, a Guerra Civil assolou a Inglaterra, sem que nenhum dos dois lados saísse vencedor. Batalhas longas foram poucas e espaçadas, mas abundaram os saques de feudos e cidades, as doenças e a devastação, levando miséria e sofrimento às Ilhas Britânicas.

Em 1645, frustrado com a custosa e inconclusa guerra, o Parlamento lançou uma reforma militar radical: as tradicionais milícias de base local, comandadas pelos cidadãos líderes em cada cidade ou condado, seriam substituídas por um verdadeiro exército profissional comandado por soldados de carreira nomeados segundo a mestria militar, e não pela posição social. Homens poderiam ser recrutados de todos os segmentos da sociedade, e seriam promovidos pela habilidade, independentemente da origem. O comando geral foi dado aos mais capazes soldados ingleses, sir Thomas Fairfax e Oliver Cromwell. A nova instituição ficou conhecida como Exército Novo, e seu impacto foi drástico e imediato. Na Batalha de Nascby, em junho de 1645, as forças parlamentaristas destroçaram o exército do rei e, logo em seguida, capturaram o próprio Carlos I.

Incertos de como lidar com o prisioneiro real, os parlamentaristas vacilaram. Os presbiterianos queriam chegar a um acordo com ele, mantendo a monarquia, mas garantindo poderes parlamentares e reformas na Igreja. A essa altura, porém, eles não eram mais o partido dominante, como cinco anos antes, mas apenas uma facção entre muitas. Seu poder fora eclipsado pelos independentes mais radicais, que denunciaram a hierarquia da Igreja presbiteriana como nada melhor que as hierarquias anglicana e católica, insistindo em que cada congregação se autogovernasse. Mais radicais ainda eram os *levellers* – "niveladores" –, que defendiam um "nivelamento" da ordem social, e numerosas seitas conhecidas como "entusiastas", que alegavam inspiração divina e prediziam a iminente vingança de Deus sobre as classes abastadas. Todos esses grupos exigiam que o rei cativo fosse responsabilizado pela opressão do povo, e muitos de seus integrantes defendiam a total abolição da monarquia. Para grande consternação dos presbiterianos, essas ideias prevaleciam em especial no Exército Novo, o instrumento de vitória do Parlamento.

Sentindo a divisão entre seus inimigos, o rei procurou ganhar tempo. Jogou um grupo contra outro, acabou conseguindo fugir e reiniciou a guerra. Tudo isso, porém, de nada adiantou: o Exército Novo logo pôs termo à revolta do rei, e no final de 1648 o monarca encontrava-se novamente sob a custódia do exército. Dessa vez seus inimigos estavam determinados a não o deixar escapar por entre os dedos. Quando alguns membros do Parlamento tentaram novamente negociar com o rei, o exército expurgou a todos, com exceção dos mais duros radicais. O Parlamento reduzido, conhecido como "Rump Parliament", nomeou então 59 comissários, que levaram o rei a julgamento e depressa o condenaram à morte. Em 30 de janeiro de 1649, Carlos I foi decapitado no palácio real de Whitehall, em Londres, o único rei inglês a ser julgado e executado.

A decapitação de Carlos I não encerrou os problemas da Inglaterra. O país ficou sem rei por mais de uma década. A disputa entre os relativamente moderados no Parlamento e os radicais soldados do Exército Novo continuou; o controle do Estado alternou-se entre as duas facções. Finalmente, em 1653, como saída para o impasse, foi promulgada uma nova Constituição declarando Oliver Cromwell "lorde protetor da Inglaterra" e concedendo-lhe poderes absolutos. Provavelmente ele era o único homem com autoridade e credibilidade suficientes para manter o Estado unificado, porém, mesmo para Cromwell, aquilo era um desafio assustador. De forma muito parecida com os revolucionários franceses mais de um século depois, ele optou por desviar as paixões da crise interna, guiando a Inglaterra para uma série de guerras estrangeiras – primeiro contra a Escócia, depois contra a República Holandesa e finalmente contra a Espanha. Cromwell levou grande energia e habilidade administrativa para seu novo papel. Manobrou com esperteza as exigências de radicais e moderados, e, quando a austeridade política revelou-se insuficiente, não hesitou em usar uma força esmagadora. Consequentemente, sob o Protetorado, a Inglaterra desfrutou um período de paz e estabilidade internas, pelo menos em comparação com o que havia sofrido na década anterior.

Mas, em setembro de 1658, aos 59 anos, Oliver Cromwell morreu. Seu filho Richard, que o sucedeu como lorde protetor, carecia da autoridade do pai e da lealdade do exército, sendo logo marginalizado e obrigado a renunciar. Com o controle governamental mais uma vez banido, logo ressurgiram os grupos revolucionários que haviam assustado as classes abastadas no passado. Os *diggers* de Winstanley podem ter sumido para sempre, mas apareceram muitos outros grupos[3] e incontáveis indivíduos para tomar seu lugar. Esses grupos eram de uma variedade enorme, desde partidos políticos reconhecíveis, como os *levellers* de Londres, até profetas solitários viajando pela zona rural em busca de seguidores, passando por inúmeras categorias intermediárias. Todos, entretanto, rejeitavam o rígido sistema de classes da época e acreditavam que Deus era onipresente e acessível a qualquer um.

Alguns grupos escolhiam nomes segundo seu programa social. Os *levellers* eram o grupo maior e mais poderoso politicamente, forçando reformas igualitárias após a queda do rei. Os *levellers* mais moderados queriam apenas eliminar as barreiras sociais entre as classes, ao passo que as facções mais radicais buscavam uma derrubada completa da ordem social. Outros grupos eram conhecidos pela "entusiástica" postura religiosa, como os *seekers* ("buscadores") e os *ranters* ("discursadores"), que negavam o pecado original do homem e alegavam que a religião organizada era um embuste criado para oprimir os pobres. Os primeiros quacres, longe dos dignificados pacifistas que viriam a se tornar anos depois, eram vistos como subversivos perigosos, e os Homens da Quinta Monarquia prediziam o fim iminente do mundo, quando as hierarquias terrenas seriam dissolvidas e reinariam os eleitos de Deus.

Para as classes estabelecidas da Inglaterra, fossem elas nobres, da pequena nobreza, mercadores ou militares prósperos, parecia que os portões do inferno tinham se aberto, e eles se viam diante do abismo. A Inglaterra, acreditavam eles, estava em vias de mergulhar de volta nos mais sombrios dias da Guerra Civil. Se a autoridade central não fosse restaurada, os feudos e herdades da área rural, as casas dos mercadores londrinos e os lares e propriedades de cavalheiros por toda parte seriam varridos pela irresistível maré de um populacho irado, inspirado pela religião.

Confrontada com a ameaça comum de uma revolução social, a dividida elite inglesa deixou de lado suas amargas discórdias e juntou forças. Até os presbiterianos, que haviam lutado durante décadas contra a "tirania" real, agora concluíam que um rei era melhor que a anarquia. Eles mandaram homens para sondar Carlos II, filho do rei martirizado, que na época residia na Bélgica com sua corte, no exílio. À indagação sobre suas condições para uma restauração, Carlos respondeu de forma tranquilizadora: como rei, trabalharia com o Parlamento, não contra ele, e não buscaria vingança contra os antigos inimigos. Mesmo com essas garantias, ainda foi necessária a intervenção decisiva do Exército Novo para forçar a questão. No começo de 1660, o general George Monck, comandante do exército na Escócia, avançou sobre Londres, ocupou a cidade, dissolveu o Rump Parliament e convocou um Parlamento moderado em seu lugar. O novo órgão imediatamente convidou o rei a voltar, e em 25 de maio de 1660 Carlos II atracou em Dover. A Inglaterra voltava novamente a ser uma monarquia.

A restauração de Carlos II veio como um grande alívio para as classes superiores inglesas. Mais uma vez com um rei no trono, um governo legítimo no poder e a Igreja da Inglaterra restabelecida, a ameaça de guerra civil e de revolução havia recuado, e restaurou-se algum grau de ordem pública. Mas os fantasmas do Interregno continuaram a assombrar os corações e mentes dos ingleses, e logo ficou claro que pouca coisa de fato fora resolvida. O regresso de Carlos II à Inglaterra não significava uma vitória para os sonhos absolutistas do executado Carlos I. Na verdade, nem sequer era um retorno ao statu quo do começo do século XVII. Antes de 1640, a legislação real era ponto pacífico. Reis e rainhas podiam ser derrubados e substituídos por outros, e os limites precisos de seu poder podiam ser contestados, mas não havia substituto para um monarca divinamente ordenado. Pouca gente, se é que alguém, podia imaginar a Inglaterra governada de outra maneira.

A monarquia restaurada, porém, era muito diferente, não significava a continuação inevitável do governo real desde tempos imemoriais. Resultava de um cuidadoso cálculo político por parte de certas facções do Parlamento e do exército. Quaisquer que fossem suas inclinações pessoais, Carlos II compreendia muito bem que seu governo dependia de manter a seu lado blocos parlamentares fundamentais, e os interesses que representavam. Por isso, ele era uma criatura inferior aos seus antepassados reais, despido de grande parte da aura mágica da realeza, sobrevivendo tanto por sagacidade política quanto pelas reivindicações místicas de direito divino. Que forma a monarquia iria tomar e que lugar viria a ocupar na vida da nação, essas eram questões que dominariam a vida política na Inglaterra pelo próximo meio século.

O debate sobre o caráter do novo regime passou a ter urgência adicional pelo fantasma do Interregno, quando *roundheads* ("cabeças redondas") parlamentaristas haviam se voltado contra *cavaliers* ("cavaleiros") realistas, presbiterianos contra anglicanos, independentes contra presbiterianos, *levellers* contra independentes e *diggers* contra *levellers*. Para os ingleses de posição e recursos, aquele fora um pesadelo que nunca mais deveria se repetir. Mesmo um ministro presbiteriano privado de seu sustento pelo retorno da monarquia reconheceu que as coisas estavam melhores com o rei do que quando "jazíamos à mercê e ao impulso de uma multidão leviana, enfurecida e sanguinária", cujas "raiva e maldade eram tão desesperadas, frívolas e sem controle".[4] A escolha, como explicou o escritor Samuel Pepys às vésperas da Restauração, era entre os "fanáticos", "a pequena nobreza e os cidadãos de toda a Inglaterra", e travava-se uma batalha que a "pequena nobreza e os cidadãos" não podiam se dar ao luxo de perder.[5] Mesmo enquanto debatiam o formato e a estrutura do novo regime de Restauração, eles estavam unidos por um princípio supremo que qualquer governo seria obrigado a manter: os sombrios dias do Interregno jamais retornariam.

O estado de coisas era de algum modo reminiscente daquele em que os jesuítas se encontravam durante as primeiras décadas da Reforma. Naquela época, a antiga Igreja e a comunidade da cristandade ocidental eram dilaceradas por uma infinidade de seitas heréticas, cada qual alegando ser a única possuidora da verdade divina. Exatamente como na Inglaterra um século depois, o perigo da revolução social estava sempre presente, e memórias da revolta camponesa na Alemanha e da república anabatista em Münster aterrorizariam as classes dominantes da Europa durante os séculos seguintes. Os paralelos entre sua situação e os primórdios da Reforma não se perderam para os ingleses que passaram pelo Interregno. Mesmo o reverendo Henry Newcombe, que não tinha simpatia nenhuma pelos católicos, reconheceu as semelhanças, dizendo que, durante o Interregno, a Inglaterra fora aterrorizada por uma "anarquia münsteriana".

Os jesuítas responderam à crise da Reforma reafirmando o poder do papa e da hierarquia da Igreja como única fonte de verdade divina absoluta e alicerce de uma ordem universal eterna. Na Inglaterra, também houve aqueles que buscaram reafirmar o poder absoluto do soberano e do Estado como único meio de conservar a ordem e manter os fanáticos a distância. Em sua maioria, eram adeptos da realeza, cortesãos e nobres que tinham ficado ao lado de Carlos I e Carlos II no exílio e na Guerra Civil, acreditando que somente a mão forte de um rei podia salvar a Terra.

Um entre eles se destacava. Não era um nobre ilustre, mas um cidadão comum idoso, de cabelos brancos, cuja mais alta posição na corte foi a de tutor de matemática do futuro Carlos II. Sua aparência e posição eram pouco imponentes, mas sua mente tinha reputação de ser uma das mais afiadas da Europa, e seus escritos filosóficos eram tão arrojados e irreverentes quanto se possa imaginar. Ele castigava destemidamente os clérigos de todos os credos como falsários e usurpadores, denunciava o papa e toda a hierarquia católica como o "Reino das Trevas". Desprezava os jesuítas, mas mesmo assim tinha algo em comum com eles: também receava a desintegração social; e estava convencido de que a única resposta era uma autoridade central forte. Seu nome era Thomas Hobbes, hoje lembrado como o brilhante e provocativo autor de *Leviatã* e um dos maiores filósofos políticos de todos os tempos. É menos lembrado por outro interesse que compartilhava com os jesuítas, e que, como eles, considerava essencial para sua filosofia: a matemática.

O urso no inverno

Na época em que publicou *Leviatã*, sua obra mais famosa e celebrada, Thomas Hobbes tinha 63 anos, um velho para os padrões daquele tempo. De fato, de certo modo, devia parecer um homem de outra era tanto para seus admiradores quanto para os inimigos. Ele nasceu em 1588, na aldeia de Westport, perto de Malmesbury, em Wiltshire; seu nascimento prematuro foi provocado pelo choque que a mãe recebeu quando teve notícias da Armada Espanhola. Como conta Hobbes em sua autobiografia, ela "gerou Gêmeos ao mesmo tempo, Eu e o Medo".[6] Que Hobbes era um homem medroso, nós o sabemos por seu próprio testemunho, pois alegava ter medo do escuro, de ladrões, da morte e (com alguma justificativa) de ser perseguido pelos inimigos. Isso pode parecer surpresa vindo de um homem com a reputação selvagem de Hobbes, e com certeza não havia nada de tímido na maneira como ele apresentou sua nova filosofia radical, nem nos destemidos ataques às convenções e crenças prezadas por seus contemporâneos. Contudo, num sentido mais profundo, Hobbes deve ter entendido melhor a si mesmo, pois sua filosofia de fato fundamentava-se no medo: medo da desordem e do caos, da "guerra de todos contra todos", de uma "anarquia münsteriana" que devia ser evitada a todo custo.

O pai de Hobbes, também chamado Thomas, era um vigário do campo aparentemente mais conhecido pelo hábito de beber e a habilidade com as cartas do que pelo estudo. "Ele fazia parte do clero nos tempos da rainha Elizabeth – um pouco de estudo significava muito para ele e outros homens simples naqueles dias",[7] escreveu o amigo e biógrafo de Hobbes, John Aubrey, referindo-se a uma época em que muitos clérigos da zona rural eram semiletrados, se tanto. Em contraste, o Hobbes mais novo alegava ter se embebedado apenas cem vezes na vida inteira, ou pouco mais de uma vez por ano. Quando chegava a beber, tinha "a sorte de vomitar, o que fazia com facilidade; e, em virtude disso, nem seu discernimento ficava perturbado além do tempo em que punha as tripas para fora nem seu estômago pesava". Aubrey, que relatou esse fato e calculou a frequência das bebedeiras de Hobbes, considerava-o um louvável registro de sobriedade,[8] o que devia ser verdade, para uma época em que se bebia de forma estupenda.

Quando Hobbes pai foi forçado a deixar Malmesbury após uma altercação com um pastor, seu irmão mais rico, Francis, encarregou-se da educação de Thomas. Durante os anos seguintes, Hobbes teve tutores de latim, grego e retórica, e aos catorze anos matriculou-se no Magdalen College, em Oxford. Saiu seis anos depois, com um bacharelado na mão e uma permanente repulsa pela filosofia escolástica, que formava o núcleo do currículo da universidade na época. Queria estudar a nova astronomia e geografia, escreveu anos mais tarde, e não o corpus aristotélico, queria "provar as coisas conforme meu próprio gosto",[9] e não segundo as estreitas categorias de Aristóteles. Seu desprezo por Aristóteles e sua determinação de seguir seu próprio caminho perdurariam por toda a vida.

Pouco depois da graduação, Hobbes foi contratado como tutor e acompanhante do filho de William Cavendish, que em breve seria nomeado conde de Devonshire. Aquela era uma posição lucrativa para um jovem plebeu brilhante com formação universitária, e provavelmente Hobbes aceitou o posto sem pensar duas vezes. A associação com a família Cavendish continuaria pelo resto de seus dias, e fez mais para moldar o curso de sua vida e de seus estudos que qualquer coisa que tenha aprendido em Oxford. Os Cavendish eram um dos grandes clãs da nobreza na Inglaterra, podendo traçar sua genealogia até o reinado de Henrique I, filho de Guilherme o Conquistador. Depois, além dos tradicionais serviços militares e políticos que se esperava que as grandes famílias prestassem ao rei, também haviam se distinguido pelo aguçado interesse pela "nova filosofia", como era conhecida então a ciência. Charles Cavendish (1594-1654), por exemplo, foi um respeitado matemático; seu irmão William (1593-1676), duque de Newcastle, mantinha um laboratório nas terras de sua propriedade; e a esposa de William, Margaret (1623-1673), era uma aclamada poeta e ensaísta com forte afinidade pelas ciências naturais. Os Cavendish não eruditos ou escritores eram patronos das artes e ciências, e suas casas de campo tornavam-se centros de vida cultural e intelectual. Como membro da estrutura familiar dos Cavendish, Hobbes teve acesso aos mais elevados círculos literários e artísticos do país. Em Chatsworth e Welbeck Abbey, propriedades dos Cavendish, descobriu o desafio e o estímulo intelectual que nunca havia experimentado durante seus anos em Oxford.

Thomas Hobbes, 1588-1679. O retrato, de John Michael Wright, data de 1669 ou 1670, quando Hobbes tinha 82 anos.

Ao juntar-se à casa Cavendish, Hobbes seguia um caminho já percorrido por intelectuais do Renascimento, pois nada proporcionava a renda, os recursos ou a liberdade de perseguir seus próprios interesses quanto o apadrinhamento de uma família nobre. Os grandes artistas e humanistas italianos (Leonardo, Michelangelo, Pico della Mirandola, para citar apenas alguns) haviam desfrutado o patronato dos Médici de Florença, dos Sforza de Milão e de uma longa lista de papas renascentistas. Mesmo Galileu, que já era famoso na época, escolheu levar a vida de um cortesão dos Médici, em lugar de uma existência segura mas mundana como professor universitário em Pádua. Na Inglaterra, o polímata Thomas Harriot (1560-1621) fora membro das casas de sir Walter Raleigh e depois de Henry Percy, conde de Northumberland; e o contemporâneo de Hobbes, o matemático William Oughtred (1575-1660), foi tutor do filho do conde de Arundel.

Enquanto Hobbes optava pelo caminho tradicional do patronato, outros ambiciosos homens de letras buscavam rotas alternativas para a segurança econômica. William Shakespeare (1564-1616) ganhou a vida muito bem montando e vendendo suas peças no mercado aberto, e a maioria dos dramaturgos da época fazia o mesmo – embora raramente com tanto sucesso. O matemático Henry Briggs (1561-1630) encontrou um lar no recém-estabelecido Gresham College de Londres, onde se tornou o primeiro professor de geometria na Inglaterra, dando aulas públicas mediante pagamento. Até Oxford e Cambridge, universidades reconhecidamente conservadoras, cujo principal objetivo era preparar jovens para o clero com um rígido currículo medieval, às vezes abriam suas portas para estudiosos mais modernos. Briggs, por exemplo, terminou seus dias como primeiro professor saviliano de geometria em Oxford. A escolha de Hobbes de se ligar a uma casa nobre não era incomum na época, porém, em meados dos anos 1600, quando publicou seus trabalhos mais importantes, a situação já parecia bastante antiquada. Isso, mais a avançada idade e o fato de ter crescido nos dias gloriosos do reinado de Elizabeth, o separava da maioria de seus amigos e rivais.

Antiquado ou não, o patronato de um clã nobre ainda tinha muitas vantagens, e Hobbes as desfrutou ao máximo. Três vezes entre 1610 e 1630 embarcou em grandes viagens pelo continente europeu com seus pupilos, os jovens nobres da família Cavendish e seu círculo. E fez bom uso dessas viagens. Enquanto percorria a Itália em 1630, entrou em contato com Galileu, a quem admirava e sempre elogiava como "aquele que nos abriu o portão da filosofia natural universal, que é o conhecimento sobre o *movimento*".[10] Em Paris conheceu Marin Mersenne, o frade que era o elo central da "República das Letras" europeia, correspondendo-se com estudiosos e trocando dúvidas, comentários e resultados. Por intermédio de Mersenne, Hobbes entrou em contato com o filósofo René Descartes, os matemáticos Pierre de Fermat e Bonaventura Cavalieri e muitos outros, tornando-se efetivamente um membro de pleno direito do mundo intelectual europeu.

Hobbes fez outro conhecido ilustre por intermédio do clã Cavendish: durante vários anos, na década de 1620, serviu como secretário pessoal de Francis Bacon (1561-1626), o filósofo e grande promotor da ciência experimental. Ao contrário de alguns de seus contemporâneos do continente europeu, e de Descartes em particular, Bacon acreditava que o conhecimento devia ser feito por indução (a acumulação sistemática de observações e experimentos), e não por puro raciocínio abstrato. Ele foi um dos principais juristas da Inglaterra e servira como lorde chanceler de Jaime I, até ser acusado de corrupção e sofrer impeachment em 1621. Aposentado, tornou-se filósofo, e passava os dias anotando seus pensamentos sobre ciência natural e o método adequado. Na verdade, quase todos os trabalhos pelos quais Bacon é hoje lembrado datam do breve período no qual Hobbes o conheceu, os anos entre seu afastamento do posto e sua morte, em 1626. Aubrey relata como Hobbes acompanhava Bacon nas caminhadas pela sua propriedade, Gorhambury House, anotando os pensamentos do velho. Supostamente, Bacon preferia Hobbes a todos os outros secretários, porque apenas Hobbes entendia o que estava transcrevendo. A associação de Hobbes com Bacon demonstra o alcance das conexões aristocráticas que foram possibilitadas ao primeiro pela família Cavendish, mas não sem ironia: nos anos finais, aqueles que se viam como legítimos herdeiros de Bacon, tendo colocado suas ideias em prática, consideravam o ex-associado Hobbes o mais perigoso inimigo.

Outra vantagem de que Hobbes desfrutava como membro de uma casa aristocrática era não estar sob pressão para publicar. Shakespeare tinha de produzir um fluxo constante de peças para ganhar a vida; Henry Briggs precisava dar aulas públicas; até de Clávio, no Collegio Romano, esperava-se que ensinasse e escrevesse livros-texto. Mas aqueles que desfrutavam o patronato de grandes famílias eram recompensados basicamente por serem boa companhia para seus patronos, e não pela produtividade. Isso tornava a vida confortável para o estudioso, que podia dedicar seu tempo à contemplação e à pesquisa, mas também podia trazer consequências estranhas: Thomas Harriot,[11] por exemplo, era reputado como um dos principais matemáticos da Europa, e estudos atuais de seus manuscritos deixam claro que a fama era merecida. Mas ele foi membro vitalício das casas Raleigh e Percy, por isso jamais publicou uma página dos literalmente milhares de artigos matemáticos que deixou para a posteridade.

Em circunstâncias comuns, talvez fosse esse o destino de Hobbes: ao longo de décadas como agregado dos Cavendish, apesar do brilhantismo amplamente reconhecido e de suas conexões com os mais importantes intelectuais da Inglaterra e do continente europeu, ele nada publicou, afora uma tradução da *Guerra do Peloponeso*, do historiador grego antigo Tucídides. Essa foi a única publicação de Hobbes até a meia-idade tão avançada, e era provável que nada mais fosse acontecer. Ele teria permanecido nas sombras, uma figura obscura, hoje conhecida apenas pelos mais dedicados estudiosos dos tempos antigos. Contudo, em 1640, aos 52 anos, o confortável mundo de Hobbes se desfez, e ele subitamente começou a escrever e publicar em ritmo frenético. E não parou até o dia da sua morte.

A crise de 1640 atingiu a casa Cavendish como um raio. Como a maioria dos grandes clãs da nobreza inglesa, os Cavendish eram dedicados partidários da realeza e continuaram inabalavelmente leais à casa Stuart durante o Interregno. A revolta parlamentar, para eles, era uma simples rebelião de plebeus que devia ser esmagada pela força, e foram rápidos em pegar em armas e defender seu rei. William Cavendish, futuro duque de Newcastle, e Charles Cavendish, filho do duque de Devonshire, tinham altas posições de comando no exército de Carlos I, nos primeiros anos da Guerra Civil, e se saíram tão mal quanto a sorte do rei. Charles foi morto em batalha, em 1643, e William foi forçado a fugir para o continente após a derrota das forças leais à realeza em Marston Moor, em 1644. Ele acabou chegando a Paris, onde se reuniu aos membros de sua casa na corte de Carlos I no exílio. Entre eles estava Thomas Hobbes.

Para Hobbes, a opção pela realeza na Guerra Civil foi uma escolha natural. Embora ele próprio fosse plebeu, era estimado membro de uma casa nobre e passou a compartilhar a visão social e política dos Cavendish. Em 1640, aos primeiros sinais de problemas, pegou suas coisas e mudou-se para Paris, onde se juntou a uma crescente comunidade de partidários do rei no exílio. Confortavelmente estabelecido, logo renovou contato com Mersenne e seus correspondentes franceses. Como principal intelectual na corte dos Stuart, acabou sendo-lhe oferecido o posto de tutor do príncipe de Gales,[12] futuro Carlos II; mas aqui, pela primeira vez, encontrou o tipo de oposição que o atormentaria pelo resto da vida. Vários cortesãos proeminentes rejeitaram a indicação argumentando que ele era materialista e ateu, alguém que infectaria o futuro rei com seus pontos de vista heréticos. Por fim, decidiu-se que Hobbes poderia tornar-se tutor real, contanto que prometesse não mencionar filosofia ou política, atendo-se apenas ao campo de sua especialidade, que, claro, era a matemática.

Se o leal e correto Hobbes inspirara temor e mesmo repulsa na corte dos Stuart, a razão era clara. Em 1645, quando surgiu a possibilidade de sua indicação como tutor real, ele não era mais conhecido apenas como o humilde intelectual doméstico do clã Cavendish, e sim como um filósofo não convencional e provocador, cujas opiniões tendiam a ofender os homens da Igreja de todos os matizes, bem como muitos realistas dedicados. Pois, em 1642, pouco depois de chegar à França, Hobbes publicou sua primeira obra política, um tomo erudito chamado *Elementorum philosophiae sectio tertia de cive*. Escrito inteiramente em latim, o livro destinava-se a filósofos profissionais, e não aos cortesãos do rei, mas muita coisa de seu conteúdo filtrou-se até chegar aos conselheiros de Carlos I, colocando Hobbes sob suspeita.

A maioria dos homens na situação de Hobbes teria tentado tranquilizar seus críticos, ou pelo menos abster-se de agressões adicionais. Afinal, os cortesãos eram seus superiores sociais, bem como seus aliados na luta para restaurar a monarquia. Mas, como seus críticos logo descobriram, Hobbes não era do tipo de amenizar suas opiniões nem de fugir da briga. Em 1647, republicou *De cive* (como a obra era conhecida popularmente) e três anos mais tarde publicou uma tradução inglesa (*On the Citizen*), de modo a ser mais bem compreendido por seus conterrâneos, tanto na Inglaterra quanto no exílio. Nesse mesmo ano de 1650, deu a público mais dois tratados em língua inglesa, *A natureza humana* e *De Corpore Politico, ou os Elementos da lei*, que juntos explicavam suas opiniões sobre a natureza humana e a ordem política que a natureza humana tornava necessária. Finalmente, em 1651, coroou a torrente de sua criatividade com uma obra-prima, o trabalho que o tornou um dos imortais da filosofia, *Leviatã*.[13] A essa altura, como consequência de sua exuberância literária, Hobbes era persona non grata na corte dos Stuart. Em 1652, não tendo mais para onde ir, deixou Paris e atravessou o canal da Mancha de volta. Embora tenha vivido mais 28 anos, nunca mais pôs os pés fora da Inglaterra.

"Repugnante, brutal e breve"

Leviatã é filho da Guerra Civil inglesa em mais de um aspecto. Durante as longas décadas de silêncio passadas na casa Cavendish, Hobbes construiu discretamente um elaborado sistema filosófico. Deveria ter três partes, começando por "Da matéria" (*De corpore*), continuando com "Do homem" (*De homine*) e concluindo com "Do cidadão" (*De cive*). Dado seu histórico, poderíamos legitimamente duvidar que, em circunstâncias normais, qualquer um desses tratados viesse à luz, mas a crise de 1640 interrompeu os tranquilos preparativos de Hobbes. Em vez de prosseguir sistematicamente na filosofia, ele sentia agora que era a terceira parte, sobre a vida política, que mais importava. Com urgência premente, terminou *De cive* e correu para colocá-lo no prelo (embora ainda seja formalmente chamado de "terceira parte"). E logo deu sequência com outros tratados políticos que culminaram em *Leviatã*, que sintetiza suas opiniões gerais, mas foca na política. Numa época em que a Inglaterra era dilacerada pela Guerra Civil, tediosas discussões sobre a natureza da matéria tinham de dar lugar à prescrição de como criar um Estado pacífico e estável.

Não foi só o momento de publicação do *Leviatã* que marcou o livro como produto da Guerra Civil, mas também, e mais profundamente, o caráter sombrio da visão de Hobbes e a solução desesperada que ele propõe. Atrás de cada linha do *Leviatã* está à espreita o fantasma da anarquia social e da guerra fratricida que convulsionava a Inglaterra. Atrás de cada frase decidida e altissonante, de cada elegante argumento filosófico, avulta-se ameaçador o populacho insubmisso atacando seus superiores; as grandes casas transformadas em cinzas; os sangrentos campos de batalha de Marston Moor e Naseby; o rei assassinado. Da maneira como Hobbes via, o Parlamento destituíra o rei liberando toda forma de subversão política e social. A ordem foi substituída pelo caos, a paz cívica por um ciclo de guerra civil que parecia se retroalimentar a ponto de parecer não importar quem combatia quem, nem por quê. Não era mais a guerra do Parlamento contra o rei, ou dos presbiterianos contra os anglicanos, mas simplesmente de todos contra todos. O único meio de pôr fim àquilo, acreditava Hobbes, era restabelecer o soberano, mandando os demônios da anarquia e da subversão de volta aos abismos do inferno de onde tinham saído, e lá trancá-los para sempre. *Leviatã* mostraria como.

O primeiro passo para pôr fim ao caos da Guerra Civil era compreender o que havia levado a ela. Segundo Hobbes, não eram as controvérsias políticas e religiosas que assolavam a Inglaterra, porém, algo mais fundamental: a natureza humana. Os homens, explica Hobbes no *Leviatã*, não são seres particularmente agressivos. Tudo que desejam é comida, sexo, alguns confortos físicos e um bocadinho de segurança para desfrutar tudo isso. O problema é que, sem uma ordem política estabelecida – o que Hobbes chama de *commonwealth** –, os homens não teriam segurança. O que uma pessoa adquiria com seu trabalho, outra podia vir e tirar dela sem sofrer nenhuma consequência. Todos os homens, portanto, tinham medo de todos os seus vizinhos, e a única maneira de obter alguma medida de

* O termo *commonwealth* significa literalmente "riqueza comum" ou "bem comum", ou, ainda, "bem público"; no contexto empregado por Hobbes, a tradução mais usual tem sido "Estado"; alguns tradutores, bem como autores de livros especializados, empregam "comunidade", e grande parte opta por deixar o termo na sua forma original, *commonwealth*, que será aqui nossa opção. (N.T.)

segurança era ter poder sobre eles. Em outras palavras, é o medo que leva os homens a guerrear com seus vizinhos. Infelizmente, Hobbes adverte, o poder nunca leva à segurança, porque, uma vez conquistado pelos homens, eles inevitavelmente buscam mais: "E a causa disso", escreve ele, "não é que o homem … não consiga se contentar com um poder razoável; é que não pode assegurar o poder e os meios de viver bem, que ele tem no presente, sem conquistar mais poder."[14]

Se os homens são deixados com seus recursos próprios, segundo Hobbes, o medo dos vizinhos leva à guerra, a guerra leva a mais medo, que por sua vez leva a mais guerra. Em tais condições, não há sentido em investir no futuro, e a vida é um sofrimento:

> Não há lugar para o trabalho produtivo, porque seu fruto é incerto, e consequentemente não há cultura da terra, nem navegação, construção, instrumentos de mover e remover coisas que exijam muita força, nem conhecimento da face da Terra, contagem do tempo, artes, letras, nem sociedade; e, pior de tudo, há um medo contínuo e o perigo de morte violenta.

Essa é a vida no "estado de natureza" de Hobbes, e ele resume isso naquela que pode ser a frase mais famosa em toda a filosofia política: na ausência de ordem política, a vida humana é "solitária, pobre, repugnante, brutal e breve".[15]

Esta era também, segundo Hobbes, precisamente a condição da Inglaterra durante a Guerra Civil. Com a destituição do rei, os ingleses haviam revertido ao estado de natureza e estavam engajados numa "guerra de todo homem contra todo homem".[16] Os homens podiam ter todo tipo de motivos para combater seus vizinhos: presbiterianos e independentes podiam acusar-se mutuamente de doutrinas religiosas incorretas; *levellers* e *diggers* podiam denunciar os ricos e alegar que todos os homens são criados iguais; os Homens da Quinta Monarquia podiam proclamar que estavam preparando o caminho para o dia do Juízo Final. Mas todas essas alegações fantasiosas eram para Hobbes apenas uma roupagem externa, porque o motivo real de os ingleses se combaterem mutuamente era muito mais simples: o medo. Com o soberano afastado, as pessoas ficaram indefesas contra as depredações de seus vizinhos, e, como medida de segurança, atacavam primeiro. O resultado era um interminável ciclo de violência. Hobbes já vira aquilo acontecer uma vez, ao visitar a França com seu pupilo Cavendish em 1610, logo após o assassinato do rei Henrique IV. O medo e a desordem daqueles dias deixaram profunda impressão no jovem Hobbes, que jamais esqueceria o que acontecia a um país que depunha seu soberano. Os franceses de 1610 alegavam ter razões diferentes da dos ingleses de 1640, mas isso tinha pouca importância: numa terra sem rei, como Hobbes aprendera, todo homem vive com medo e luta contra seu vizinho.

Mas se a eterna guerra civil é o estado natural da sociedade humana, como ela pode ser impedida? Como as pessoas podem conquistar para si mesmas e suas famílias a segurança exigida para fazer florescer a agricultura, o comércio, as ciências e as artes? A resposta, de acordo com Hobbes, está num atributo exclusivamente humano: a razão. Os animais estão aprisionados para sempre no estado de natureza, e alguns seres humanos também, como "povos selvagens em muitos lugares da América".[17] Mas a razão dá aos homens uma escolha. Eles podem permanecer no miserável estado de natureza ou reconhecer sua infeliz condição e buscar racionalmente uma solução que os tire dela. Uma vez que optem por fazê-lo, de acordo com Hobbes, todas as escolhas terminam, porque a razão os conduzirá para a única solução do dilema: o Leviatã.

O que é o Leviatã? É muito mais que um governante absoluto, ou mesmo um Estado absoluto. Ele é a encarnação literal de todos os membros da comunidade em um homem: o soberano. Em seu desespero para fugir ao estado de natureza, os homens concluem que a única saída para cada um deles é desistir do seu livre-arbítrio e investir no soberano. Por conseguinte, o soberano absorve as vontades individuais de todos os membros da comunidade, e suas ações são, portanto, as ações deles. A chave é essa. Os homens não se submetem simplesmente à vontade de um senhor superior, submetendo sua própria vontade à dele. Não, a vontade do soberano é também a vontade de cada um de seus súditos. Toda pessoa na comunidade, argumenta Hobbes, "apropria-se e se reconhece como autor" do que quer que o soberano resolva fazer. Sob o Leviatã, não pode haver guerra civil, porque ele encarna a soma das vontades de seus súditos, e ninguém desejaria uma guerra civil. O resultado final é um corpo político perfeitamente unificado: "É mais que consenso ou concórdia, é uma unidade real de todos eles em uma única pessoa."[18]

"A multidão assim unida é chamada de COMMONWEALTH", escreve Hobbes:

> Essa é a geração desse grande LEVIATÃ, ou melhor (para falar com mais reverência) desse *Deus Mortal* ao qual devemos, sob o *Deus Imortal*, nossa paz e nossa defesa. Pois, por sua autoridade, a ele concedida por todo homem particular no *commonwealth*, ele detém o uso de tanto poder, ... por terror, é capacitado a conformar as vontades de todos eles à paz.[19]

Isso, para Hobbes, é a própria essência do Leviatã: "Uma pessoa de cujos atos uma grande multidão ... fez de cada um deles o autor",[20] para que a paz prevaleça.

A teoria de Hobbes sobre o Estado é estarrecedora em sua audácia. Ele não tem interesse em debater as diferentes forças que operam na sociedade humana, nem em avaliar as diferentes formas de organização política. Em vez disso, sem restrições ou ambiguidade, mergulha direto num estilo filosófico que tudo arrasa. O problema da sociedade humana, alega ele, é a guerra perpétua que vigora no estado de natureza. A solução é igualmente clara: a criação do Estado absolutista "Leviatã". Hobbes percorre seu argumento por pura força intelectual, dando um passo lógico depois do outro, sem deixar espaço para divergência ou contradição: a natureza humana leva ao estado de natureza, que leva à guerra civil, que leva à abdicação da vontade pessoal, que leva ao Leviatã. Consequentemente, o Leviatã é a única ordem política possível. *CQD.*

Desde o começo, muitos acharam o Estado de Leviatã de Hobbes detestável. Onde se encaixaria o Parlamento? E a Igreja anglicana – ou qualquer Igreja, sob esse aspecto? Todavia, mesmo os críticos que julgaram repulsivas suas conclusões tiveram dificuldades para encontrar falhas nos argumentos. Onde estava exatamente o erro de Hobbes? Suas premissas eram sólidas, e cada passo em si parecia razoável: sim, os seres humanos são gananciosos e só se interessam por si mesmos. Sim, competem entre si e temem-se mutuamente. Sim, estão propensos a atacar uns aos outros por medo, e cada ataque leva inevitavelmente a outro. Tudo isso parece tão razoável, e poucos se inclinariam a argumentar sobre cada etapa específica. No momento em que o leitor se dá conta de onde tudo isso leva, é tarde demais. De algum modo, sem jamais dar um passo em falso, nem mesmo um passo arriscado, o leitor involuntariamente reconhece que o único Estado viável é o "Deus vivo" de Hobbes, o Leviatã.

Para muitos contemporâneos de Hobbes, essa era uma conclusão absolutamente repulsiva, porém, tamanho é o poder de raciocínio do *Leviatã* que se mostrava extraordinariamente difícil assinalar o ponto exato onde ele se perdia. Hobbes seguia suas deduções até as conclusões lógicas, quaisquer que elas fossem, e transportava junto seus leitores. Era como se ele fizesse uma demonstração geométrica.

O Leviatã, composto de inúmeros indivíduos unidos numa vontade única, decerto é uma coisa belíssima. Contudo, por mais arrojado e belo que seja, o Leviatã como organização política tende a apresentar uma lacuna. Ele não é simplesmente um Estado poderoso e centralizado como existia na França no tempo de Hobbes, em que a oposição política tornava-se difícil e as medidas estatais, repressivas. É na verdade um Estado no qual a oposição política é literalmente impossível. A oposição ao soberano por parte de seus súditos significa que eles, de vontade própria, se opõem à sua própria vontade – um paradoxo e uma impossibilidade lógica. De fato, no Leviatã, os súditos não têm com o Estado uma relação como a que entendemos, porque o Leviatã não é uma organização política para um todo orgânico unificado. Ele é um organismo vivo composto dos corpos de todos seus súditos e uma vontade confiada apenas ao soberano. Hobbes diz exatamente isso quando explica na introdução que "o grande LEVIATÃ, chamado COMMONWEALTH, … nada mais é que um homem artificial, embora de maior estatura e força que o natural".[21] Num corpo humano, uma mão, um pé ou um fio de cabelo não pode se opor à vontade humana. Exatamente da mesma maneira, os membros do *commonwealth* são simplesmente componentes do corpo do *commonwealth*, incapazes de se opor à sua vontade.

Nada capta melhor a verdadeira essência do Estado hobbesiano que a imagem que adornou o frontispício das primeiras edições do *Leviatã* (bem como de muitas outras posteriores). Com uma gravura do artista francês Abraham Bosse, ela mostra uma pacífica terra de colinas e vales, campos e aldeias, com uma próspera e ordeira cidade em primeiro plano, onde pequenas casas, cuidadosamente arrumadas, ficam reduzidas pela proximidade de uma grande Igreja. O olho, porém, não se fixa nessa cena pacífica, ele é atraído para a figura que está à espreita atrás dela: um rei gigante que se projeta acima da terra como um Gulliver entre liliputianos, os braços abertos, como para abraçar seus domínios. Na cabeça, uma coroa; na mão esquerda, um bastão episcopal, ou báculo; na direita, uma espada para governar a terra e defendê-la de todos os inimigos. Ele domina a terra, e não há dúvida de que foi ele quem trouxe paz, ordem e prosperidade.

À primeira vista, a imagem parece um anúncio das virtudes da forte monarquia centralizada do modelo francês. Mas há algo de estranho nesse rei gigante. Seu corpo é rugoso, e ele parece vestir uma espécie de armadura de escamas. Um exame mais minucioso revela a verdade: não são escamas, mas pessoas. O que parece o corpo humano do rei é na verdade um compósito dos homens do *commonwealth*. Cada homem sozinho é impotente, nada mais que um minúsculo elemento desse corpo enorme. Mas juntos, e funcionando com uma única vontade, constituem o todo-poderoso Leviatã.

Tão dominador e onipresente é o Estado retratado no frontispício que não deixa lugar para qualquer instituição independente. Segundo Hobbes, *quaisquer* instituições que não sejam diretamente dependentes do soberano são uma ameaça à unidade do Leviatã e à estabilidade do Estado, uma ameaça que, se não anulada, criará desavenças e conflitos, levando, mais uma vez, à guerra civil. No livro de Hobbes, o pior transgressor é a Igreja católica, que reivindicava ascendência sobre todas as autoridades civis; consequentemente, ela merece uma seção inteira no *Leviatã*, intitulada "O reino das trevas". Na Inglaterra, o Parlamento rebelde, obviamente, é um anátema para Hobbes, como também instituições aparentemente pacíficas, como a Igreja anglicana e as universidades de Oxford e Cam-

O Leviatã, frontispício da edição de 1651 de *Leviatã*. *Non est potestas super terram quae comparetur ei*, declara o texto em torno da coroa ("Não há poder sobre a Terra que se compare a ele").

bridge. O anglicanismo é preferível à maioria dos credos porque pelo menos em tese está sujeito ao rei, embora, na opinião de Hobbes, os clérigos anglicanos mostrassem exagerada independência. Outros credos, especialmente o presbiterianismo, são muito piores, porque estabelecem suas próprias regras separadas do *commonwealth*, e Hobbes não deixa de culpá-los diretamente pela deflagração da Guerra Civil.[22] As universidades são merecedoras da ira de Hobbes, em parte porque suas raízes intelectuais remetem ao pensamento escolástico medieval, e assim são maculadas pela associação com o "reino das trevas". Contudo, de maneira mais fundamental, as universidades parecem para Hobbes o terreno fértil para doutrinas e ideias que podem conflitar com a vontade do soberano, provocando controvérsias insolúveis. E a controvérsia, conforme o conde de Newcastle, protetor de Hobbes, advertiu a Carlos II alguns anos depois de ser reconduzido ao trono, "é uma guerra civil com a pena que pouco depois recorre à espada".[23]

Decidir quais opiniões e doutrinas devem ser ensinadas e quais devem ser banidas, nas universidades e em outros lugares, é prerrogativa exclusiva do soberano, insiste Hobbes.[24] Se os clérigos tiverem permissão de pregar o que quiserem e os professores de ensinar o que desejarem, então em breve se seguirá divisão, conflito e guerra civil. Mas Hobbes vai ainda mais longe: o Leviatã decide não só quais ensinamentos são prejudiciais ao Estado e quais são benéficos, porém, mais basicamente, o que é certo e o que é errado. No estado de natureza, não há certo e errado, segundo Hobbes, uma vez que cada homem age da melhor forma para garantir seus próprios interesses. As noções de certo e errado entram em cena somente com o Leviatã, e o padrão é simples: "A lei, que é a vontade e a ambição do Estado, é a medida", e mais nada. Seguir a lei determinada pelo soberano é certo, violar a lei é errado, isso é tudo. Qualquer um que recorra a outras fontes de autoridade, como Deus, tradição ou direitos antigos, está minando a unidade do *commonwealth* e provavelmente maquinando contra ela para beneficiar seus próprios interesses. Certo e errado, bem e mal – tudo está nas mãos do soberano.

Como exercício de teoria política, o *Leviatã* representava o máximo de audácia em sua época, e merece de direito sua elevada posição nos anais do pensamento ocidental. Mas será que a prescrição de Hobbes, com todo seu brilhantismo, descreve algum Estado histórico real? Sem dúvida houve regimes que se empenharam pelo ideal, sendo os mais renomadamente infames os poderosos Estados totalitários do século XX, entre eles a Alemanha de Hitler e a União Soviética de Stálin. Estes também foram Estados nos quais o povo estava (ao menos em princípio) unido na pessoa do líder, cuja vontade falava em nome de toda a nação. Como o Leviatã, eles também não toleravam divergência, considerando-a uma ofensa à vontade nacional (na Alemanha) ou à marcha adiante do proletariado (na Rússia). Todavia, mesmo esses regimes sombrios do século passado jamais conseguiram aquilo que Hobbes tinha em mente. Por um motivo: ambos tiveram de lidar com divergências reais, por mais esporádicas e silenciadas que fossem, enquanto Hobbes praticamente definia a inexistência de divergências. Num plano mais profundo, tanto os nazistas alemães quanto os comunistas soviéticos viam-se representando um ideal maior, fosse o destino místico da nação germânica, fosse a revolução mundial que levaria a uma utopia sem classes. Seus Estados totalitários eram um meio para atingir essas metas mais elevadas.

O Leviatã hobbesiano é outra coisa. Não há verdades mais elevadas – religiosas, místicas ou ideológicas – fora da lei determinada pelo soberano, e qualquer um que alegue a existência dessas verdades é chamado de inimigo do Estado. O Leviatã é o princípio e o fim de tudo, só existe em si e para si. Como baluarte contra o caos, ele é absolutamente necessário, mas não representa nada, e, de modo consistente, nega que até cheguem a haver ideais ou propósitos mais elevados. Tudo que conta é o Estado, o soberano e sua vontade.

A solução proposta por Hobbes para a crise de 1640 construiu sua reputação como pensador original, mas também o colocou em desacordo com seus contemporâneos – não os parlamentaristas, que ele desprezava, mas também os realistas que pretendia apoiar. Decerto havia muita coisa no *Leviatã* que atraía os homens do rei, em particular a insistência num governo central forte, liderado (de preferência) por um homem, e a condenação dos parlamentaristas e de todos os dissidentes como traidores do *commonwealth* em busca dos seus próprios interesses egoístas. No entanto, também havia muita coisa no livro para perturbar os realistas dedicados. Um rei legítimo, afinal, governa suas terras e seu povo por direito divino;

é um escolhido de Deus e pode ser substituído por outro. O Leviatã, em contraste, não governa por direito, mas como necessidade prática de impedir a guerra civil. Qualquer um, por princípio, pode desempenhar esse papel, contanto que seja capaz de defender a terra e preservar a paz. Se um rei fracassa nessa função, é substituído por outra pessoa – como de fato aconteceu na Inglaterra. Alguns realistas ficaram tão preocupados com isso que acusaram Hobbes de ter escrito *Leviatã* em apoio ao Protetorado de Cromwell, não ao rei. Isso não era verdade, o *Leviatã* foi publicado dois anos antes de Cromwell tornar-se lorde protetor – mas não deixava de ser razoável. O *Leviatã*, na realidade, não é a defesa de uma monarquia legítima, mas um argumento em prol da ditadura totalitária. Acrescente-se a isso o fato de que o livro conseguiu ofender todos os clérigos, tanto os anglicanos quanto os anfitriões franco-católicos da corte no exílio, e fica evidente por que esse tratado pretensamente realista não tornou Hobbes querido aos olhos dos seguidores do rei. Em vez de ser celebrado como um porta-estandarte realista, foi liberado de seus deveres tutoriais, banido da corte, e logo se viu de volta, ironicamente, à Inglaterra revolucionária.

Para grande desapontamento de Hobbes, parecia não haver adeptos da prescrição extrema do *Leviatã* para encerrar a Guerra Civil. Mas Hobbes sabia que tinha razão, independentemente do que os outros pensassem. Tudo o que era necessário para superar o ceticismo deles, concluiu, era expor sua filosofia de forma mais clara e compreensível. Uma vez explicado, passo a passo, como chegara às suas conclusões, os que duvidavam, ele tinha certeza, não teriam escolha a não ser aceitar suas prescrições políticas. Hobbes jamais tivera intenção de que seus tratados *De cive* e *Leviatã* se sustentassem sozinhos. Como ele programara durante as longas décadas silenciosas passadas na herdade Cavendish, eles deveriam ser a parte final de uma filosofia completa, que abarcasse todos os fatos da existência. A crise política levou Hobbes a escrever a parte final primeiro e correr para publicá-la, na esperança (logo desaparecida) de pôr fim à guerra e restaurar a monarquia. Agora que estava de volta à Inglaterra, e trabalhando para apoiar suas ideias, resolveu voltar e escrever as duas primeiras partes.

Em 1658, Hobbes publicou *De homine*, tratado sobre a natureza humana que confirmou sua reputação de misantropia, mas que, em comparação com *Leviatã*, recebeu pouca atenção. Seus princípios básicos, porém, foram expostos em *De corpore*, que saiu três anos antes. Trata-se de um livro denso, técnico, dirigido a filósofos profissionais, e se ocupa de questões abstrusas, tais como se realmente existe a universalidade ou se a matéria nada mais é que extensão dela. O livro não tem nada das vívidas imagens e da incendiária retórica do *Leviatã*, e provavelmente teve apenas uma fração de seus leitores. Mesmo assim, foi *De corpore*, e não *Leviatã*, que envolveu Hobbes numa guerra pessoal que se estendeu pelo resto de sua vida. Mesmo antes de o livro vir à luz, um homem determinado a ser seu inimigo obteve secretamente o texto inédito das mãos do impressor e preparou uma resposta devastadora. Esse homem não era um filósofo rival esperando para questionar Hobbes quanto a alguma definição técnica de matéria ou movimento. Seu nome era John Wallis, e ele era matemático.

7. Thomas Hobbes, geômetra

Apaixonado pela geometria

A apresentação de Hobbes à matemática é tema de lenda. Não tendo estudado a disciplina em Oxford, topou com ela quase por acidente, aos quarenta anos, quando visitava Genebra com um de seus tutorados. "Estando na biblioteca de um cavalheiro", relata seu biógrafo Aubrey, "*Elementos* de Euclides encontrava-se aberto no 47 El. Libri I" (isto é, teorema número 47, Livro I de *Elementos*). Como qualquer pessoa versada em matemática clássica sabia, esse era o teorema de Pitágoras, segundo o qual o quadrado da hipotenusa de um triângulo retângulo é igual à soma do quadrado dos dois catetos. Hobbes leu a proposição. "'Meu Deus', disse ele, 'isso é impossível!' Então leu a demonstração, que o remeteu de volta à proposição tal e tal", que por sua vez o remetia a uma proposição anterior, e assim por diante, "até que por fim foi convencido pela demonstração daquela verdade." Isso, segundo Aubrey, "o fez se apaixonar pela geometria".[1]

Nos anos seguintes, Hobbes trabalhou muito para compensar seu atraso nessa área. Na década de 1640 mantinha contato regular com alguns dos principais matemáticos da época, inclusive Descartes, Roberval e Fermat, e quando o geômetra inglês John Pell entrou em disputa com seu colega dinamarquês Longomontanus, considerou Hobbes autoridade suficiente para buscar seu apoio público. Quando Descartes morreu alguns anos depois, o cortesão francês Samuel Sorbière o celebrou como um dos maiores matemáticos do mundo, junto com "Roberval, Bonnel, Hobbes e Fermat".[2] Sorbière, deve-se dizer, era bom amigo de Hobbes, e sua opinião sobre o talento matemático do inglês talvez não fosse compartilhada por todo mundo. Mesmo assim, sua avaliação mostra que, quando Hobbes foi nomeado tutor de matemática do príncipe de Gales, ele era um dos mais respeitados matemáticos ingleses daquele tempo.

Por que Hobbes ficou tão fascinado pela matemática? O relato de Aubrey fornece aqui uma pista crucial: em geometria, cada resultado é construído sobre outro, mais simples, de modo que se pode avançar logicamente passo a passo, começando com verdades evidentes e passando para outras cada vez mais complexas. Na hora em que o leitor chega a alguns resultados realmente inesperados, como o teorema de Pitágoras, ele é "convencido pela demonstração daquela verdade". Isso, para Hobbes, era uma façanha impressionante: aí estava uma ciência que podia efetivamente provar os resultados, sem deixar sombra de dúvida a respeito de sua veracidade. Por conseguinte, considerou-a "a única ciência que até agora agradou a Deus outorgar à humanidade",[3] o modelo apropriado para todas as outras ciências. Todas as ciências, acreditava ele, deviam proceder como a geometria, já que "não pode haver certeza da última conclusão sem a certeza de todas as afirmações e negações sobre as quais ela é baseada e inferida".[4] Nenhum campo além da geometria, afirma Hobbes, conseguiu adquirir o nível exigido de certeza sistemática, mas isso estava prestes a mudar: agora que ele entrara em cena, estava pronto a criar a filosofia verdadeira, estruturada de forma tão sistemática quanto a geometria, e cujos resultados seriam igualmente corretos.

Durante mais de quatro séculos depois de seu nascimento, Hobbes tem sido tachado de muitas coisas. Enquanto era vivo sofreu a acusação (provavelmente falsa) de levar uma vida dissoluta, imoral e (provavelmente correta) de ser ateu e promover a irreligião. Depois de morto, foi incriminado por defender uma visão injustificadamente cruel da natureza humana e de servir de inspiração para alguns dos regimes mais opressivos da história da humanidade. Mas ninguém, em todo esse tempo, jamais acusou Hobbes de excessiva modéstia. De fato, quando ele apresentou seu novo sistema filosófico de inspiração geométrica, não havia traço dessa lamentável característica. Ao contrário, seus textos fervilham de altissonância e provocação.

Durante a maior parte de sua história, explica Hobbes na dedicatória de *De corpore* a seu patrono Cavendish, conde de Devonshire, o mundo quase não conheceu filosofia. É verdade que os antigos fizeram grandes progressos em geometria, e mais recentemente houvera alguns passos na filosofia natural, graças ao trabalho de Copérnico, Galileu, Kepler e vários outros. Quanto ao resto da filosofia, de Platão e Aristóteles até o presente, ela fora menos que inútil. "Ali caminhava na antiga Grécia um certo fantasma", escreveu ele, "repleto de fraude e sujeira, um pouco como filosofia", que algumas pessoas tomaram erroneamente como a coisa verdadeira. Em vez de ensinar a verdade, essa pseudofilosofia ensinou as pessoas a discordar e discutir, a tal ponto que esses supostos "filósofos" eram generosamente compensados. O pior de tudo era a "divindade escolar", o aristotelismo medieval ensinado nas universidades. Esta, acusa Hobbes, era uma "filosofia perniciosa, que tem um número infinito de controvérsias, ... e, a partir dessas controvérsias, guerras". Hobbes chama essa abominação de "Empusa",[5] o monstro grego com uma perna de bronze e a outra de asno, prenunciador da má fortuna.

Hobbes estava prestes a mudar tudo isso. A filosofia natural, explica ele, pode ser nova, remontando a não mais que o tempo de Copérnico, porém, a filosofia civil era mais nova ainda, segundo Hobbes, não sendo "mais velha que o meu próprio livro ... *de Cive*".[6] Nesse livro, pela primeira vez, ele utilizara um raciocínio impecável para provar que toda a autoridade no Estado, seja ela religiosa ou cívica, deve derivar exclusivamente do soberano. Agora, em *De corpore*, o serviço estaria completo: o livro apresentaria a filosofia verdadeira que substituiria as falsas e perniciosas, e finalmente dominaria o monstro Empusa. Para Hobbes, sua filosofia não era uma contribuição para uma conversa em andamento por milhares de anos: em vez disso, era uma filosofia para dar fim a todas as filosofias, a doutrina única e verdadeira que poria fim a toda discussão e todo debate. Seu livro, escreve ele, pode ser curto, mas não é nada menos que grandioso, "se os homens contam como grandiosos". Seus críticos, que eram muitos, podiam questionar esse aspecto, mas Hobbes pouco se importava com eles. Simplesmente tinham inveja da obra, e ele, afinal, não estava "se esforçando para agradar", conforme disse com absoluta candura. O brilhantismo de *De corpore* os derrotaria: eu "me vingarei da inveja aumentando-a",[7] anunciou, sem um laivo de ironia.

Como a nova filosofia de Hobbes derrotaria Empusa? A resposta era simples: pela geometria. A razão pela qual os chamados filósofos do passado tinham fracassado era que se apoiavam em métodos de raciocínio falhos e inconclusivos. Ensinavam a disputa, em vez da sabedoria, acusava Hobbes, e "determina[vam] cada questão segundo suas próprias fantasias". Como resultado, em vez de trazer paz e unanimidade, fomentavam disputa e guerra civil. A geometria, por outro lado, compelia à concordância: "Pois quem é tão estúpido para cometer um erro em geometria e persistir nele, quando outro detecta seu erro?"[8] Consequentemente, a geometria produz paz, e não discórdia, e a filosofia de Hobbes seguiria esse caminho. *De corpore*, explica ele na dedicatória, foi escrito para "os leitores atentos, versados nas demonstrações dos matemáticos"; algumas partes foram escritas "exclusivamente para geômetras". Mas as implicações do método geométrico estendem-se para todas as áreas: "Física, ética e política, se forem bem demonstradas, não são menos certas que os pronunciamentos da matemática."[9] Se a pessoa seguir o claro e indiscutível método do raciocínio geométrico, não terá problema em "assustar e afastar para longe essa Empusa metafísica".[10]

Em seu próprio trabalho, Hobbes acreditava seguir plenamente o exemplo geométrico. Sua filosofia (uma vez que todas suas partes fossem publicadas) começa com definições simples em *De corpore*, exatamente como os *Elementos* de Euclides começam com definições e postulados. E exatamente como *Elementos*, passa do simples e evidente para o complexo e inesperado; a obra de Hobbes avança em três seções: *De corpore*, *De homine* e *De cive*. A partir de um debate acerca de definições (que chama de "nomes"), ele progride para a natureza do espaço, matéria, magnitudes, movimento, física, astronomia, e assim por diante. No fim da sua longa cadeia de raciocínio, ele chega ao tópico mais complexo e urgente de todos, aquele que justifica todo o empreendimento: a teoria do *commonwealth*. Com certeza houve aqueles que questionaram se ele foi bem-sucedido em atender aos padrão geométrico, mas Hobbes não lhes dava atenção. Estava convencido de que seu raciocínio sistemático e cuidadoso a partir das primeiras definições assegurava que as conclusões sobre a organização apropriada do Estado fossem absolutamente certas. Tão certas, na verdade, quanto o teorema de Pitágoras.

O Estado geométrico

Se toda a filosofia de Hobbes estava estruturada como um grande edifício geométrico, isso é particularmente verdadeiro no que se refere à teoria política. Isso porque o *commonwealth* tinha em comum com a geometria um traço fundamental: ambos foram criados inteiramente por seres humanos, e portanto eram completa e totalmente conhecidos pelos homens. "A geometria é ... demonstrável, pois as linhas e figuras a partir das quais raciocinamos são desenhadas e descritas por nós mesmos; a filosofia civil é demonstrável porque nós mesmos fazemos o *commonwealth*."[11] Nosso conhecimento de como criar um Estado ideal é perfeito, alega Hobbes, exatamente como nosso conhecimento da verdade geométrica. No *Leviatã*, Hobbes põe esse princípio em prática, criando aquilo que acreditava ser uma teoria política perfeitamente lógica, cujas conclusões, sob todos os aspectos, eram tão certas quanto os teoremas matemáticos.

Não eram apenas os princípios amplos do *commonwealth* que possuíam a certeza das demonstrações geométricas. As efetivas leis estabelecidas pelo Leviatã para governar o Estado também tinham a inescapável força lógica de um teorema geométrico, e eram também indiscutivelmente corretas.[12] Nas palavras de Hobbes, "a habilidade de fazer e manter o contrato social consiste em certas regras, da mesma forma que a aritmética e a geometria".[13] Isso porque as próprias leis definem o que é certo e verdadeiro, o que é errado e falso. Antes do *commonwealth*, no estado de natureza, os termos *certo* e *errado* ou *verdadeiro* e *falso* eram palavras vazias que não se referiam a nada. Não havia justiça ou injustiça, certo ou errado, no estado de natureza. Contudo, uma vez que os homens abriram mão de sua vontade pessoal para o grande Leviatã, ele estabelecera a lei e dera sentido aos termos: *certo* é seguir a lei; *errado* é violar a lei. Qualquer um que acuse os decretos do soberano de serem "errados", afirmando que deveriam mudar, está falando bobagem, uma vez que o que é "errado" é definido pelos próprios decretos. Opor-se à lei é tão absurdo quanto negar uma definição geométrica.

Hobbes, claro, estava longe de ser o único intelectual moderno a idealizar a geometria. Apenas algumas décadas antes, Clávio também exaltara as virtudes da disciplina, prometendo a seus companheiros jesuítas que ela seria uma arma poderosa na luta contra o protestantismo. Mas, além de sua admiração pela geometria, Clávio e Hobbes não tinham quase nada em comum. O primeiro era um erudito jesuíta treinado em filosofia aristotélica e nos métodos do debate escolástico que foram abraçados por sua ordem e aperfeiçoados no Collegio Romano. Era também um combatente da Contrarreforma que lutava para disseminar a palavra de Deus e provocar um despertar espiritual católico, além de abominar protestantes, materialistas e hereges de todos os tipos. Sua ambição na vida era estabelecer o Reino de Deus na Terra, que para ele significava servir ao papa acima dos governantes seculares e à Igreja acima de todas as instituições civis. Hobbes, em contraste, não tinha nada além de desprezo pelas disputas escolásticas, acreditava que *espírito* era um termo sem sentido e que apenas matéria e movimento existiam no mundo. O único propósito de expressões como *espírito* e *alma imortal* era permitir que clérigos corruptos e inescrupulosos assustassem os homens e os sujeitassem à sua vontade. Finalmente, a noção de o papa governar acima dos reis era intolerável para Hobbes. Qualquer usurpação do poder absoluto do soberano civil levaria a discórdias, divisões e, inevitavelmente, à guerra civil.

Clávio morreu em 1612, muito antes de Hobbes publicar seus tratados, e quase certamente sem jamais ter ouvido falar no nome do inglês. Mas se tivesse tido a oportunidade de ler qualquer uma das obras de Hobbes – *De cive*, *De corpore*, *Leviatã*, *De homine* –, não há dúvida de qual teria sido sua reação. Para um jesuíta devoto como Clávio, Hobbes era um materialista ateu e um herege, um inimigo da Igreja católica cujos livros deveriam ser banidos. Se Hobbes algum dia tivesse tido a má sorte de cair nas mãos de Clávio e seus irmãos, seria afortunado se conseguisse escapar do cadafalso. Ao mesmo tempo, o veredicto de Hobbes sobre os jesuítas não era menos severo: a meta deles, argumentava, era intimidar os homens, "assustá-los e impedi-los de obedecer às leis de seu país". Isso, no que dizia respeito a Hobbes, era verdade para todos os clérigos, mas ele reservava um desprezo especial pela Igreja católica. O sonho jesuíta de uma Igreja universal e todo-poderosa, governada pelo papa, era para Hobbes o pior dos pesadelos.

A única coisa a respeito da qual esses dois inimigos naturais estavam em perfeito acordo era sobre o papel da geometria. A geometria euclidiana, acreditava Clávio, era um modelo de raciocínio lógico correto que garantiria o triunfo da Igreja romana e o estabelecimento de um reino cristão na Terra, com o papa no alto. O Estado Leviatã de Hobbes, sob muitos aspectos, era o oposto exato do reino cristão dos jesuítas: ele era governado por um magistrado civil que encarnava a vontade do povo, e não por um papa que derivava sua autoridade de Deus; suas leis procediam da vontade do Leviatã, e não de injunções divinas ou bíblicas, e Leviatã jamais toleraria tal usurpação clerical de seus poderes absolutos. Em sua estrutura profunda, contudo, o reino papal jesuíta e o *commonwealth* hobbesiano são surpreendentemente similares. Ambos são Estados hierárquicos, absolutistas, em que a vontade do governante, seja ele o papa ou Leviatã, é lei. Os dois negam a legitimidade ou mesmo a possibilidade de divergência, e cada um atribui a cada pessoa um lugar fixo e inalterável na ordem do Estado. Finalmente, ambos se baseiam na mesma estrutura intelectual para garantir a hierarquia fixa e estabilidade eterna: a geometria euclidiana.

Hoje, a geometria euclidiana é somente uma área da matemática, estritamente definida, apesar de sua linhagem muito longa e impressionante. Não é só apenas um entre muitos campos matemáticos, como também, desde o século XIX, somente uma entre a infinita quantidade de geometrias. Agora é ensinada para alunos do ensino médio, em parte por tradição e em parte porque é considerada capaz de transmitir um poderoso método de raciocínio dedutivo. Para além disso, é de pouco interesse para os profissionais da matemática. Mas as coisas eram muito diferentes no começo da época moderna, quando a geometria euclidiana era considerada por muitos uma das gigantescas conquistas da humanidade, o bastião inexpugnável da própria razão. Para Clávio, Hobbes e seus contemporâneos, parecia natural que a geometria tivesse implicações muito mais amplas que sua aplicação a meros objetos como triângulos e círculos. Como ciência da razão, devia aplicar-se a qualquer campo em que o caos ameaçasse eclipsar a ordem: religião, política e sociedade, todas em estado de profunda desordem nesse período. Bastava então usar seus métodos nesses campos problemáticos para que a paz e a ordem substituíssem o caos e a discórdia.

A geometria euclidiana veio, portanto, a ser associada a uma forma particular de organização social e política, almejada tanto por Hobbes quanto pelos jesuítas: rígida, imutável, hierárquica e abrangendo todos os aspectos da vida. Para nós, que podemos olhar para trás e ver a ascensão e queda de regimes totalitários sangrentos, em séculos recentes, essa é uma visão arrepiante e repulsiva. Contudo, na aurora da era moderna, com o mundo medieval desabando e nada para substituí-lo, as perspectivas eram diferentes. Para Clávio, Hobbes e muitos outros, parecia que a resposta para a incerteza e o caos estava na certeza absoluta e na ordem eterna. E a chave para ambas, acreditavam eles, era a geometria.

O problema que não se conseguia resolver

Por mais bela e poderosa que fosse, a geometria euclidiana não estava livre de falhas, conforme Hobbes descobriu, para seu desapontamento, quando começou a estudar o tema em profundidade nos anos que se seguiram ao seu encontro com o teorema de Pitágoras. A dificuldade era que certos problemas clássicos de matemática, conhecidos desde os tempos antigos, ainda desafiavam uma solução: a quadratura do círculo, a trissecção de um ângulo e a duplicação do cubo. Apesar dos esforços dos maiores matemáticos durante um intervalo de quase dois milênios, esses problemas clássicos ainda derrotavam qualquer esforço para solucioná-los.

Essa era uma notícia muito ruim para a ciência da política de Hobbes. Se a geometria é totalmente conhecida, como ele declarava, então não deveria ter problemas não solucionados, muito menos insolúveis.[14] O fato de eles existirem sugere que ela possui recantos sombrios onde a luz da razão não consegue brilhar. E se a geometria, que lida com simples pontos e retas, não é totalmente compreendida, como se pode esperar que a teoria do *commonwealth*, que lida com pensamentos e paixões humanos, seja perfeitamente cognoscível? Se a geometria tem pontos cegos, então a ciência da política pode tê-los também, e provavelmente muito maiores e mais significativos que os da geometria. Para Hobbes, enquanto os problemas geométricos clássicos permanecessem sem solução, seu edifício filosófico continuaria inseguro, e o Estado Leviatã seria um castelo político feito de areia.

Para firmar as fundações de sua teoria política, Hobbes propôs-se a resolver os três problemas extraordinários clássicos da geometria. Inicialmente parece ter acreditado que isso não devia ser muito difícil. Decerto, pensou, da mesma forma que corrigira os erros de todos os filósofos do passado, podia também corrigir os erros de todos os geômetras do passado. Elc talvez deva ser desculpado pelo seu injustificado otimismo, pois parte dos motivos que levaram esses problemas a atrair a atenção dos maiores matemáticos ao longo dos séculos era o fato de serem enunciados de maneira fácil, parecendo enganadoramente simples. "A quadratura do círculo"[15] significa construir um quadrado de área igual a um dado círculo; "a trissecção do ângulo" significa dividir um ângulo dado em três partes iguais; e "a duplicação do cubo" significa construir um cubo com o dobro do volume de um cubo dado. Era difícil resolver essas questões? Como ele descobriu, muito difícil. Na verdade, impossível.

Para entender por quê, considere o problema que mais interessou Hobbes e ao qual ele dedicou um capítulo inteiro de *De corpore*: a quadratura do círculo. Já no século dois AEC, o polímata Arquimedes de

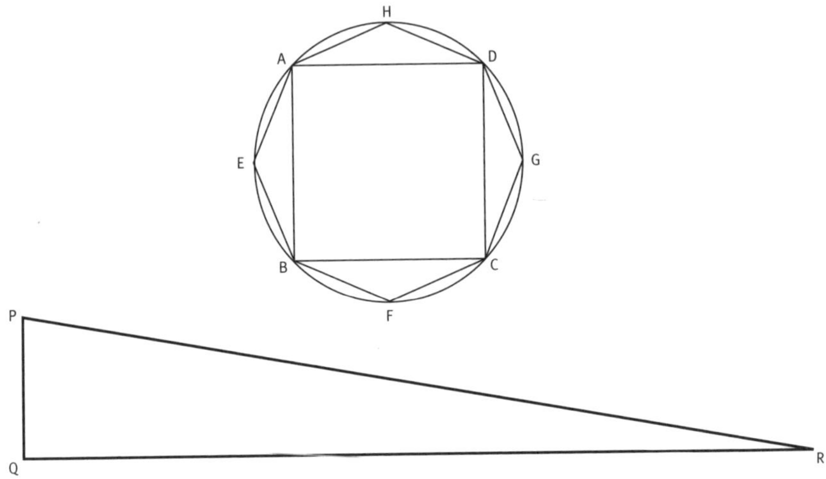

Figura 7.1. A quadratura do círculo 1. O caso do polígono inscrito.

Siracusa provou que a área interna de um círculo é igual à área do triângulo retângulo cujos catetos – os dois lados perpendiculares entre si – são iguais ao raio e à circunferência do círculo – ou seja, PQ e QR na Figura 7.1. Arquimedes provou esse resultado examinando polígonos inscritos no e circunscritos ao círculo. Quanto maior o número de lados do polígono, mais sua área se aproxima da área do círculo. Agora, raciocinou Arquimedes, consideremos o octógono inscrito AHDGCFBE. Sua área é igual à do triângulo retângulo cujos dois catetos são o apótema e a soma dos lados do octógono (sendo "apótema" o segmento perpendicular ao lado partindo do centro do polígono). Isso é óbvio se pensarmos que a área do octógono é a soma de oito triângulos cujas bases são os lados do octógono e o vértice é o centro. A área de cada triângulo é metade da base vezes o apótema, consequentemente, a área do octógono inteiro é metade da soma de todas as bases vezes o apótema – ou seja, a área do triângulo retângulo em questão.

Examinemos, continuou Arquimedes, a área do círculo, que chamaremos de C, e a área do triângulo retângulo cujos catetos são seu raio, e a circunferência, que chamaremos de T, e a área de um polígono inscrito de *n* lados, que chamaremos de I_n. Vamos supor por um momento que o círculo é maior que o triângulo – isto é, C > T. Arquimedes já havia demonstrado que, se aumentarmos o número de lados do polígono inscrito, sua área se aproxima da área do círculo, até onde se queira. Consequentemente, há um número de lados *n* para o qual a área do polígono cai entre a área do círculo e a do triângulo, e que é maior que o triângulo, mas (sendo inscrito) ainda menor que o círculo. Em notação moderna: $I_n > T$.

Isso, porém, é impossível, porque a área I_n é igual à área do triângulo retângulo cujos catetos são o apótema e a soma dos lados do polígono. O apótema é menor que o raio do círculo, e a soma dos lados é menor que a circunferência. Isso significa que $I_n < T$, contradizendo a premissa inicial, e a área do triângulo não pode ser menor que a área do círculo. Arquimedes presumiu então que a área do triângulo é maior que a do círculo, e repetiu o argumento, examinando dessa vez o polígono circunscrito ao círculo. Novamente ele mostrou que, à medida que aumentamos o número de lados do polígono, sua área se aproxima da área do círculo, até onde se queira. Mas como sempre é maior que o triângulo T, a área do triângulo não pode ser maior que a do círculo, contradizendo a premissa. Consequentemente, a única possibilidade é que a área do triângulo seja igual à do círculo, ou C = T. *CQD*.

A demonstração de Arquimedes é um exemplo do clássico "método da exaustão", e é uma prova euclidiana perfeitamente rigorosa. A partir dela pode parecer que se obteve a quadratura do círculo: o triângulo tem área igual à do círculo, e é uma simples questão de construir um quadrado cuja área seja igual à do triângulo. Problema resolvido? Não pelos padrões dos geômetras clássicos. Arquimedes de fato demonstrou que a área de um círculo é igual à área desse triângulo específico, mas não "construiu" o triângulo com régua e compasso, os únicos instrumentos permitidos nas construções euclidianas. Para uma quadratura ser aceitável para os geômetras clássicos, seria preciso começar com um círculo dado e, passando por uma série finita de passos, usando apenas régua e compasso, produzir o triângulo correspondente. Arquimedes não fez isso: ele provou que a área do círculo é igual à área do triângulo, mas não mostrou como construir a partir do círculo um triângulo com essas medidas. Portanto, sua prova, por mais elegante e correta que fosse, não era uma quadratura.

Para nós, esses padrões rígidos da geometria clássica podem parecer bem pedantes, quando não desprovidos de sentido. Os matemáticos modernos não se limitam a provas construtivas, para não mencionar provas construtivas apenas com régua e compasso. De fato, a prova de Arquimedes é mais que satisfatória para quem quer descobrir a área interna de um círculo. Mas Hobbes pensava diferente. Para ele, o fato de a geometria ser construída passo a passo, a partir dos componentes mais simples, rumo a resultados cada vez mais complexos era o que a tornava o modelo apropriado para a filosofia e para a ciência da política. Para ser digna desse status, era essencial que a própria geometria não se afastasse desse modelo, e que sempre construísse seus objetos progredindo de forma sistemática do mais simples ao mais complexo, usando os instrumentos mais rudimentares. Para Hobbes, os padrões clássicos não eram imposições arbitrárias, mas o próprio cerne daquilo que a geometria é e deve ser. Para resolver a quadratura do círculo, portanto, é necessário construir um quadrado com a área de um círculo, como exigiam os geômetras antigos – e como Arquimedes deixou de fazer.

Leviatã quadra o círculo

Por que os matemáticos tinham fracassado em quadrar o círculo, apesar dos repetidos esforços por milhares de anos? Diversos matemáticos, no tempo de Hobbes, começaram a desconfiar que havia um motivo: os três problemas clássicos eram simplesmente insolúveis.[16] Mas Hobbes jamais poderia considerar essa possibilidade. Se era para servir de pedra fundamental de sua filosofia, a geometria precisava ser perfeitamente cognoscível, e portanto devia haver só uma resposta: os matemáticos estavam trabalhando a partir de premissas falhas. Uma vez que estas fossem substituídas por premissas corretas, os resultados verdadeiros cresceriam naturalmente a partir delas, pois "está nas ciências, como está nas plantas", Hobbes escreveu: "Crescimento e ramificação não são mais que a continuidade da geração da raiz."

Segundo Hobbes, o problema de Euclides – ou melhor, como ele preferia, dos seguidores e intérpretes de Euclides – é que as definições que ele emprega são exageradamente abstratas e não se referem a nada neste mundo. A definição euclidiana para ponto, por exemplo, é "aquilo que não tem partes"; a definição de reta é um "comprimento sem largura"; e de uma superfície é "aquilo que tem apenas largura e comprimento".[17] Mas o que significam essas definições? "Aquilo que não tem partes", Hobbes argumenta, "não é uma grandeza; se um ponto não é uma grandeza … ele não é nada. E se Euclides quis dizer isso na sua definição, … poderia ter definido mais brevemente (embora de forma ridícula) como *um ponto é nada*." O mesmo vale para as definições de reta, superfície ou sólido: eles não têm referência, consequentemente, não têm sentido.

Só um tipo de definição satisfaria Hobbes: a que se baseasse na matéria em movimento. Na verdade, como materialista radical, Hobbes acreditava que, no mundo, não havia nada *exceto* matéria em movimento. Todo o rebuscado discurso de abstrações e espíritos imateriais não passava de um estratagema para conseguir poder sobre os homens. Pontos, retas e sólidos, os blocos construtores de toda a geometria, deviam ser definidos em termos de coisas que realmente existam:

> Se a magnitude de um corpo que é movido (embora ele sempre deva ter alguma) é considerada nula [*nulla*], o trajeto que ele percorre é chamado de *reta*, ou uma dimensão simples, e o espaço que percorre, um *comprimento*, e o corpo em si é chamado *ponto*.[18]

Superfícies e sólidos são definidos da mesma maneira: uma superfície pelo movimento de uma reta, um sólido pelo movimento de uma superfície.

A coisa estranha na definição de Hobbes é que, no seu esquema, pontos, retas e superfícies são corpos reais, e portanto têm magnitude. Pontos têm tamanho, retas têm largura e superfícies têm espessura.[19] Isso era uma heresia para os geômetras tradicionais, que, desde os tempos de Platão (e provavelmente antes), viam os objetos geométricos como puras abstrações cujas manifestações físicas grosseiras não passavam de pálidas sombras de sua verdadeira perfeição. E se a questão filosófica da verdadeira natureza dos objetos geométricos não fosse motivo suficiente para rejeitar a abordagem de Hobbes, havia também questões práticas de como levar em conta essas estranhas magnitudes nas provas geométricas. Que largura deve ser atribuída a uma reta, ou que espessura a um plano? E quanto às provas tradicionais, elas continuam valendo para objetos não ortodoxos? Não havia boas respostas para essas perguntas, e não é surpresa que, para os matemáticos tradicionais, a ideia de tratar objetos geométricos como corpos materiais com largura e espessura parecia o fim da geometria.

Ciente dessas dificuldades, Hobbes argumentou que, embora os objetos geométricos, sendo corpos, efetivamente tenham magnitudes positivas, nas provas eles são considerados sem levar em conta suas dimensões. Ou seja, o ponto é um corpo que "é considerado" de tamanho zero, uma reta é uma trajetória que "se considera" ter comprimento, mas de largura zero, e assim por diante, mesmo que, na verdade, pontos tenham tamanho e retas tenham largura. O que Hobbes pretendia exatamente com esse argumento está longe de ser claro. Ele parecia estar tentando equilibrar sua insistência de que tudo, inclusive corpos geométricos, é feito de matéria em movimento com as exigências tradicionais da geometria euclidiana, que admirava enormemente. Claro é que os geômetras ortodoxos não estavam nem de longe convencidos.

Conceber objetos geométricos como corpos materiais era um componente-chave na geometria de Hobbes. O outro era um atributo aparentemente físico: o movimento. Retas, superfícies e sólidos eram todos criados pelo movimento de corpos, e a geometria de Hobbes dá conta disso. Ele chamou o movimento mais minúsculo possível "por um espaço e um tempo menores que quaisquer espaço e tempo dados" de "conato";[20] a velocidade do conato ele chamou de "ímpeto". Para explicar como esses movimentos minúsculos se somavam para completar retas e superfícies, recorreu a uma fonte surpreendente: os indivisíveis de Cavalieri.

Hobbes, na verdade, conhecia o trabalho de Cavalieri melhor que quase qualquer outro matemático europeu. Era um dos poucos que tinham de fato lido os densos tomos do jesuíta, e não se baseou na adaptação posterior de Torricelli. Mas como alguém tão insistente na clareza lógica da geometria como Hobbes adotava os reconhecidamente obscuros indivisíveis, tantas vezes atacados por inconsistência e paradoxalidade? A resposta estava na interpretação não convencional dada por Hobbes aos indivisíveis. Os indivisíveis de Cavalieri, segundo ele, eram objetos materiais com magnitude positiva: retas eram de fato minúsculos paralelogramos, e superfícies eram sólidos com espessura minúscula, que, por facilidade de cálculo, era "considerada" zero. Como explicou seu amigo Sorbière, "em vez de dizer que uma reta é longa, mas não larga, [Hobbes] admite uma largura muito pequena de não importa que medida, exceto em algumas poucas ocasiões".[21] Esses pontos, retas e superfícies não eram objetos fixos, estacionários, na geometria de Hobbes: como outros corpos físicos, eles podiam se mover, e de fato se moviam. Com conato e ímpeto dados, os pontos geravam retas, as retas geravam superfícies e as superfícies geravam sólidos.

Clávio, defensor da geometria clássica, ficaria chocado com a geometria não convencional de Hobbes. Para ele, retas com largura e superfícies com espessura, movendo-se pelo espaço com um dado ímpeto, não tinham lugar no domínio puro e imaterial dos objetos geométricos. Mas Hobbes não estava tentando derrubar a geometria tradicional. Ao contrário, queria reformá-la fundamentando-a nos princípios da matéria em movimento, tornando-a assim ainda mais rigorosa e potente. "Toda demonstração é falha", ele argumentava, se não constrói figuras desenhando-as com linhas, e "todo desenho de uma linha é um movimento".[22] Ninguém jamais viu um ponto sem tamanho ou uma reta sem largura, e era óbvio que tais objetos não podiam existir e não existiam no mundo. Uma geometria verdadeira, rigorosa, racional, devia ser uma geometria material, e foi isso que Hobbes criou. Ele estava convencido de que a nova geometria material resolveria facilmente todos os problemas extraordinários (tais como a quadratura do círculo) que haviam importunado os geômetras por milênios. Ela seria o que aspirava ser a geometria tradicional: um sistema perfeitamente cognoscível.

Infelizmente para Hobbes, seu esforço de quadrar o círculo não progrediu de forma natural e tranquila como uma planta crescendo a partir de suas raízes. No começo dos anos 1650, ele fez correr entre seus amigos que conseguira quadrar o círculo, mas, apesar de muito orgulhoso com a façanha, não tinha planos imediatos de publicá-la. Estava preocupado demais, ao que parece, em preparar *De corpore* para o prelo. Em 1654, porém, ele recebeu um desafio: Seth Ward, velho conhecido seu que agora era professor saviliano de astronomia em Oxford, publicou anonimamente uma detalhada defesa das universidades tendo na mira Hobbes, que as menosprezara em *Leviatã* como servas do "reino das trevas". Comentando que "ouvira dizer que o sr. Hobbes havia anunciado que tinha descoberto a solução de alguns problemas, redundando em não menos que a quadratura do círculo", Ward prometeu "fazer parte daqueles que falam mais alto em seu louvor",[23] caso ele publicasse uma solução de verdade.

Aquilo era uma cilada, e Hobbes sabia disso.[24] Ele percebeu que Ward tentava provocá-lo para revelar sua prova, convencido de que Hobbes não teria resolvido um problema que se mantivera de pé por milênios. Apesar disso, confiante em que sua geometria reformada teria sucesso onde Euclides fracassara, Hobbes mordeu a isca. Logo acrescentou a *De corpore* um capítulo que incluía uma prova do problema clássico. Quadrando o círculo, Hobbes acreditava que constrangeria de uma vez por todas seu presunçoso detrator, demonstraria a superioridade de sua geometria renovada sobre a tradicional e de quebra estabeleceria a verdade de seu sistema filosófico e do programa político. Apesar dos riscos, aquela era uma oportunidade que ele não podia desprezar.

Mas o plano de Hobbes desandou desde o começo. Depois de mandar o manuscrito de *De corpore* para o impressor, com a quadratura do círculo incluída no Capítulo 20, ele pensou melhor. Seria a prova tão inatacável quanto julgava? Mostrou-a a alguns amigos de confiança, e eles logo apontaram o erro; ele mandou às pressas uma correção para o impressor. Provavelmente gostaria de retirar a prova do livro publicado, mas era tarde demais para isso, e então veio com uma solução engenhosa. Como era usual em livros naquele período, o início de cada capítulo incluía um sumário do conteúdo, e então Hobbes resolveu deixar a prova no lugar, mas mudar a descrição no sumário: em vez de chamá-la quadratura do círculo, deu-lhe o título de "A partir de uma falsa hipótese, uma falsa quadratura". Isso pode tê-lo poupado da vergonha de colocar seu nome numa prova redondamente falsa, mas também anulou o valor da demonstração. Para compensar, no mesmo capítulo, adicionou uma segunda prova, mas esta, sob exame mais minucioso, revelou-se uma mera aproximação. Ele admitia o fato no título a ela atribuído no começo do capítulo, e seguiu adiante. Uma terceira prova não se saiu melhor: embora a chamasse de "Quadratura circuli vera" no início do capítulo, acabou sendo forçado a acrescentar no final uma incrível retratação:

> Como (depois que escrevi) vim a pensar que há alguns aspectos que podem suscitar objeções contra essa quadratura, parece melhor advertir o leitor, em lugar de adiar mais a edição. ... Mas o leitor deveria tomar essas coisas que foram ditas como aspectos encontrados na dimensão do círculo e dos ângulos, em lugar de considerá-las problemáticas.[25]

Deveras problemáticas. Num único capítulo de *De corpore*, apesar das confiantes afirmativas para os amigos e da bravata de encarar o desafio de Ward, Hobbes fracassa três vezes em quadrar o círculo. Em vez de uma prova incontroversa da quadratura do círculo, ele produzira uma "falsa quadratura", uma aproximação e uma prova que devia ser considerada "problemática". Dificilmente esse era o resultado que Hobbes esperava quando se propôs a criar uma geometria logicamente irrefutável e, a partir daí, uma filosofia logicamente irrefutável. Em vez disso, acabou com resultados imprecisos e questionáveis que, em vez de estabelecer um regime geométrico novo e pacífico, apenas eram um convite para mais controvérsia e especulação.

Se isso já não fosse ruim o bastante, ainda outro inimigo estava pronto para tirar maior partido da frustração de Hobbes e transformá-la em humilhação pública. John Wallis, o professor saviliano de geometria em Oxford, estava tão preocupado quanto seu colega Ward acerca da perigosa influência do homem que chamavam de "o monstro de Malmesbury". Acompanhando de perto os planos de Hobbes para *De corpore*, Wallis lançou mão de seus contatos para obter do impressor londrino as folhas inéditas do livro. Aquela era uma tática dissimulada e talvez imoral, mas mostrou-se extremamente efetiva para minar a credibilidade matemática de Hobbes. As folhas deram a Wallis uma vantagem inicial na refutação dos argumentos matemáticos de *De corpore*, publicado poucos meses depois do lançamento do livro de Hobbes, em abril de 1655. Mas Wallis foi ainda mais longe: comparando a versão do texto não publicada com a versão publicada, foi capaz de reconstituir toda a cadeia de fatos que levaram às estranhas e contraditórias alegações de Hobbes no Capítulo 20. As confiantes declarações de sucesso seguidas de constrangedoras desculpas e explicações foram todas alegremente expostas em *Elenchus geometriae Hobbianae*, de Wallis.[26] A reputação de Hobbes como grande matemático jamais se recuperou.

A busca inútil

Como costuma acontecer, a reforma dos fundamentos da geometria pretendida por Hobbes fez pouca diferença para a quadratura do círculo. Embora seu amigo Sorbière declarasse confiante que a insistência de Hobbes na natureza material de pontos e retas finalmente fornecia "soluções para problemas que até agora permaneceram insolúveis, como a quadratura do círculo e a duplicação do cubo",[27] a experiência mostrou o contrário. As tentativas de prova da quadratura em *De corpore* de fato eram não ortodoxas, baseando-se no movimento de pontos e retas para produzir retas e superfícies, mas no final não eram mais conclusivas que os esforços dos geômetras clássicos.[28] Quer feita pelos métodos euclidianos tradicionais, quer pela nova geometria de Hobbes, a tarefa era inútil: é simplesmente impossível construir um quadrado que tenha a mesma área que um dado círculo usando apenas régua e compasso. Hobbes não conseguia aceitar isso porque significava que a geometria abrigava segredos impossíveis de se conhecer. Mas boa quantidade de matemáticos de sua geração, inclusive Wallis, desconfiava que aquilo não podia ser feito. No mínimo, o simples fato de os geômetras terem tentado e falhado por quase dois milênios sugeria que a quadratura do círculo não era um bom uso do tempo do geômetra. No entanto, a prova de que a quadratura do círculo é impossível[29] precisou esperar mais dois séculos, e se baseou num tipo de matemática que nem Hobbes nem Wallis podiam imaginar.

Para se ter uma ideia de por que a prova da quadratura do círculo é uma busca inútil, considere um círculo com raio *r*. Como qualquer aluno do ensino médio sabe, a área desse círculo em notação moderna é πr^2. Consequentemente, o lado de um quadrado cuja área seja igual à do círculo é $\sqrt{\pi r^2}$, ou, de modo mais simples, $\sqrt{\pi}\, r$. O valor de *r* foi dado no problema, e podemos assumir, por conveniência, que seja 1. Tudo que resta é construir um segmento de comprimento $\sqrt{\pi}$, e, como Euclides mostra a maneira de construir um segmento que seja a raiz quadrada de outro, isso significa construir um segmento de comprimento π, usando apenas régua e compasso. Isso, como se percebe, é impossível. A razão, como os matemáticos do século XVIII descobriram, é que as construções geométricas clássicas só podem produzir grandezas algébricas – isto é, grandezas que sejam raízes de alguma equação algébrica com coeficientes racionais. Passou-se mais de um século, porém, e em 1882, o matemático Ferdinand von Lindemann provou que π não é um número "algébrico", e sim um tipo novo de número, chamado "transcendente", porque não é raiz de nenhuma equação algébrica. Consequentemente, um segmento de comprimento π não pode ser construído com régua e compasso – e a quadratura do círculo é impossível.

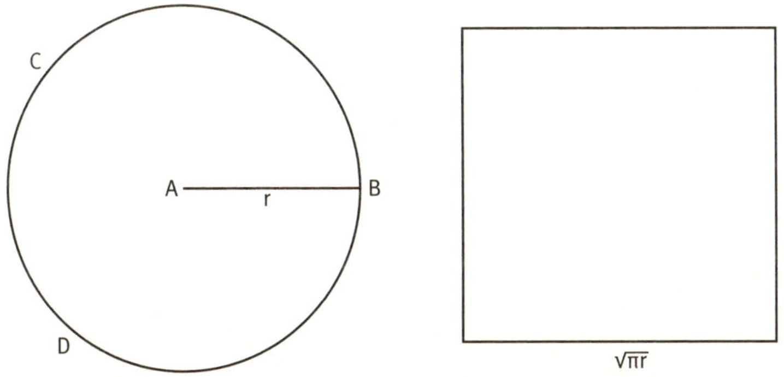

Figura 7.2. Por que a quadratura do círculo é impossível.

Tudo isso, porém, foi séculos depois de Hobbes publicar suas quadraturas do círculo. Ele não sabia nada de números algébricos e transcendentes, nem das limitações das construções clássicas, para não mencionar a prova de Lindemann, e se manteve por toda a vida convencido de que seu método iria levar a uma verdadeira solução. Atribuiu seus passos errados na primeira edição do *De corpore* à excessiva pressa de publicar, e forneceu provas corrigidas nas edições subsequentes da obra, bem como em outros tratados. Wallis acompanhou seus passos, fornecendo refutações para cada prova dada por Hobbes; outros matemáticos de primeira linha juntaram-se a ele. De início, Hobbes reconheceu com relutância as críticas matemáticas ao seu trabalho, que o levaram a revisar as provas vezes e vezes seguidas. Com o tempo, porém, perdeu a paciência com aquele bando de críticos. Foi ficando cada vez menos receptivo a seus argumentos, desconsiderando-os como obra de mentes pequenas e invejosas, que se recusavam a reconhecer as profundas contribuições que ele dera para a geometria. Pedantismo, preconceito e mesquinhez eram, para Hobbes, as únicas explicações possíveis para a hostilidade dos matemáticos em relação às suas realizações. Que o seu caminho era o verdadeiro, disso ele não tinha dúvida.

Hobbes nunca recuou da convicção inabalável de ter quadrado o círculo. Alguns anos antes de sua morte, na respeitável idade de 91 anos, entregou a Aubrey uma breve autobiografia com uma lista das suas realizações na vida. Entre elas, a matemática ocupava um lugar de honra. Hobbes assumia o crédito de ter "corrigido alguns princípios da geometria" e de ter "resolvido alguns problemas extremamente difíceis,[30] cuja solução fora procurada em vão pelo diligente exame dos maiores geômetras desde o início da disciplina". Listava então sete dos importantes problemas que resolvera, inclusive o cálculo de centros de gravidade e a divisão do ângulo. Mas não havia dúvida sobre qual "realização" mais orgulhava Hobbes: o primeiríssimo item da lista era a quadratura do círculo.

8. Quem foi John Wallis?

A educação de um jovem puritano

Em 1643, enquanto Hobbes estava em Paris navegando pelo labirinto político de uma corte no exílio e aperfeiçoando seu sistema filosófico, um jovem clérigo em Londres também tentava a vez na filosofia. Como sabemos o que sabemos, como podemos ter certeza de que o que sabemos é verdade? – indagava ele. As perguntas podem ter sido semelhantes às que Hobbes fazia mais ou menos na mesma época, mas as respostas não. "Um conhecimento *especulativo*", escreveu o clérigo, num breve livreto que intitulou *Truth Tried*, "é encontrado até nos demônios", exatamente na mesma medida em que é encontrado "nos santos da Terra". Isso, explicava ele, porque mesmo os demônios são criaturas racionais e podem seguir um argumento lógico tão bem quanto os filhos de Deus. Existe, porém, uma forma de conhecimento mais elevada: "O conhecimento *experimental*", totalmente "de outra natureza". Com esse tipo de conhecimento "nós não só *sabemos* que é assim, mas nós *provamos* e *vemos* que é assim".[1] Ao contrário de crenças baseadas em especulação, "verdades assim tão claramente e *sensivelmente* ... reveladas para a alma, não parecem estar no poder da vontade rejeitar".

O jovem clérigo era John Wallis, então com apenas 27 anos, somente uns poucos anos depois de seus dias de universidade em Cambridge. É muito provável que ele nunca tivesse ouvido falar de Thomas Hobbes, o homem que se tornaria sua obsessão em anos futuros, mas que na época não passava de um obscuro agregado da família Cavendish com pretensões filosóficas. Não é preciso dizer que Hobbes nunca ouvira falar de

Wallis. Não obstante, antes de deflagrarem a amarga guerra que duraria um quarto de século, o agudo contraste entre ambos já era evidente. Hobbes dizia que o verdadeiro conhecimento começava com definições adequadas e prosseguia por estrito raciocínio lógico; Wallis acreditava que tal conhecimento pertencia ao diabo, tanto quanto a Deus. Wallis afirmava que a forma mais elevada de conhecimento baseia-se nos sentidos – em "ver" e até mesmo em "provar o sabor" da verdade; Hobbes escarnecia desse conhecimento sensorial, considerando-o não confiável e propenso ao erro. Apenas em um item os dois pareciam estar em completo acordo: a matemática é a ciência do raciocínio correto e do conhecimento exato, e deve servir de modelo para todos os campos.

O interesse de Hobbes pela matemática não é nenhuma surpresa, pois ela estava na essência do seu sistema filosófico e político. Em 1643 ele já era geômetra de alguma reputação, e sua estrela matemática continuaria a brilhar por algum tempo. No mesmo ano, Wallis nem sequer era matemático, e sim um clérigo presbiteriano em ascensão, profundamente engajado nos esforços parlamentares de reformar a Igreja. Não se tratava de uma missão que requeresse profundo conhecimento matemático. E mais, seus comentários em *Truth Tried* não sugerem grande admiração pela marca característica do raciocínio matemático. Se o conhecimento mais certo é o experimental, onde fica a matemática nisso? Sem dúvida as opiniões que Wallis expressava aos 27 anos não parecem um ponto de partida promissor para uma carreira em matemática. No entanto, daí a poucos anos ele seria indicado para uma das cadeiras de matemática mais prestigiosas de toda a Europa; e não muito depois justificaria a indicação se mostrando um dos matemáticos mais criativos e admirados do mundo.

Por que um homem com a vocação e as crenças de Wallis haveria de dedicar sua vida à matemática? Parece uma escolha de carreira estranha e improvável, mas ele tinha seus motivos; e, como no caso de Hobbes, esses motivos se estendiam às suas convicções filosóficas e políticas. A exemplo de Hobbes, as atitudes políticas de Wallis refletiam uma forte reação aos caóticos anos do Interregno, mas as conclusões por ele tiradas daquela época foram muito diversas. Segundo Hobbes, a única resposta para a crise era o Estado ditatorial Leviatã, enquanto Wallis acreditava que o Estado permitiria uma pluralidade de pontos de vista e ampla margem para a divergência. Enquanto Hobbes se baseava no rígido edifício da geometria euclidiana para sustentar seu inflexível Estado Leviatã, Wallis baseava-se numa abordagem matemática que era uma novidade, tão flexível e poderosa quanto paradoxal e controversa: a matemática dos infinitamente pequenos.

Nascido em 1616, Wallis era uma geração mais novo que Hobbes, porém, sob outros aspectos seu histórico era muitíssimo similar ao do grande antagonista. Ele também vinha do sul, da cidade de Ashford, em Kent, a leste da aldeia natal de Hobbes, Westport, em Wiltshire. O pai de Wallis também era pastor, embora, aparentemente, fosse um tipo mais respeitável. O velho Hobbes era conhecido mais pela jogatina que pela cultura; John Wallis pai, pelo menos de acordo com o filho, "era um sacerdote pio, prudente, culto e ortodoxo", graduado pelo Trinity College, em Cambridge. Conforme Wallis recorda na autobiografia que escreveu na casa dos oitenta anos, seu pai era um líder na comunidade e levava sua posição a sério: "Além de pregar duas vezes no dia do Senhor, e de fazer outros sermões ocasionais e catequizar, ele … mantinha uma aula semanal, no sábado. Que era muito frequentada … por muitos pastores vizinhos, juízes de paz e membros da pequena nobreza."[2]

Infelizmente para o jovem John, seu pai morreu quando ele tinha apenas seis anos, o mesmo destino do jovem Hobbes. Mas a família Wallis aparentemente estava melhor de vida, pois, enquanto Hobbes foi morar com o tio, a mãe de Wallis, Joanna, foi capaz de manter a família reunida e cuidar da criação dos cinco filhos. E, apesar de ter tido muitas oportunidades de voltar a se casar bem, conservou-se viúva após a morte do marido "pelo bem das crianças", como Wallis disse anos depois. John era o terceiro filho de Joanna, o menino mais velho, e ela cuidou de sua educação com ardor. Para garantir que tivesse o benefício dos melhores instrutores, mandou-o à escola, primeiro em Ashford e depois na cidade vizinha de Tenterden, onde ele estudou gramática inglesa e latim. Mesmo quando criança, escreveu depois, ele nunca se contentava em simplesmente "saber", mas procurava também compreender: "Pois foi sempre meu empenho, em todas as peças de aprendizagem ou conhecimento, não meramente aprender de cor, o que se esquece depressa, mas informar-me dos fundamentos ou razões do que aprendo."

No Natal de 1630, quando Wallis estava com treze anos, transferiu-se para a escola de Martin Holbeach, em Felsted, Essex, mudança que faria muito para moldar seu futuro. Holbeach não era um mero professor escolar, mas um famoso pastor puritano, ativo nos esforços de reformar o governo da Igreja e muitas vezes em aberto conflito com os arcebispos e bispos que dirigiam a Igreja da Inglaterra. Em anos posteriores, Holbeach tornou-se um ardoroso militante do Parlamento em sua luta contra o rei e, finalmente, defensor de um governo independente da Igreja, opondo-se nisso tanto a anglicanos quanto a presbiterianos. Sua reputação – como homem devoto e parlamentarista digno de confiança, bem como excelente erudito e professor – era tal que puritanos proeminentes de todo o país mandavam seus filhos para estudar em sua escola. Entre eles estava Oliver Cromwell, cujos quatro filhos estudaram em Felsted.

Wallis não tinha o benefício de uma linhagem ilustre, mas mesmo assim chamou a atenção de Holbeach com seu raciocínio rápido e os hábitos aplicados. "O sr. Holbeach era muito gentil comigo", recorda ele em sua autobiografia, "e costumava dizer que eu chegara a ele com mais base que qualquer estudante que recebera de outra escola."[3] Sob a orientação de Holbeach, Wallis melhorou o latim e o grego, estudou lógica e adquiriu rudimentos de hebraico, sendo que tudo isso lhe serviu quando foi para a universidade. Mas a verdadeira influência do professor foi além da instrução acadêmica. Holbeach, conforme argumentavam os realistas amargurados em anos posteriores, "criava mal qualquer homem que fosse leal ao seu príncipe",[4] e Wallis não foi exceção à regra. Em Felsted, viu-se atraído pelo círculo de religiosos puritanos contrários à hierarquia anglicana e aprendeu a se pronunciar em nome dos direitos dos ingleses livres diante de qualquer opressão real. Quando a Guerra Civil irrompeu, uma década depois, Wallis permaneceu fiel ao que havia aprendido em Felsted, e sem hesitação alinhou-se ao Parlamento.

Houve uma matéria, porém, que Wallis não aprendeu em Felsted, nem em qualquer outra escola que frequentou. Naquela época, explicou Wallis, a matemática "não era vista como estudo *acadêmico*, mas como *instrumental*; como negócio de *comerciantes, mercadores, marinheiros, carpinteiros, inspetores de terras*, ou semelhantes".[5] Simplesmente não era considerada parte da educação apropriada para um jovem cavalheiro, e portanto não estava incluída no currículo de qualquer uma das escolas. Como resultado, o primeiro encontro de Wallis com a matemática, de forma muito parecida com o que aconteceu com Hobbes, foi puramente acidental. Em dezembro de 1631, Wallis estava em casa em Ashford, para o feriado de Natal, quando notou um de seus irmãos mais novos envolvido numa atividade peculiar. O menino mais jovem era aprendiz de um comerciante da cidade, que lhe ensinava aritmética e contabilidade para ajudá-lo nos negócios. Wallis ficou curioso, e o irmão, sem dúvida lisonjeado pelas atenções do mais velho, ofereceu-se para ensinar-lhe o que havia aprendido. Os dois passaram o resto do feriado juntos, repassando as aulas, com o Wallis mais velho aprendendo os recursos básicos de contabilidade. "Esse foi o meu primeiro contato com a *matemática*", comentou espirituosamente, anos depois, "e todo *ensinamento* que tive." Para todo o conhecimento matemático adquirido após essas primeiras aulas com o irmão mais novo, Wallis contou exclusivamente consigo mesmo.

Embora tanto Wallis quanto Hobbes, segundo seus próprios testemunhos, tenham descoberto a matemática por mero acaso, os relatos que fazem desses momentos são muito diferentes. Hobbes tropeçou com a matemática na biblioteca de um nobre cavalheiro quando viajava pelo continente europeu com seu fidalgo companheiro. Aquele era um meio aristocrático, em que a matemática fazia parte da aprendizagem clássica, estudada não pela utilidade, mas como um dos refinamentos da vida da classe alta. Wallis, em contraste, descobriu a matemática durante os feriados de Natal, na casa de sua mãe, abarrotada de irmãos e irmãs, sem dúvida um lugar barulhento. Não havia nada de requintado naquilo, muito pelo contrário – era considerado adequado para o jovem irmão aprendiz, não para um aspirante a cavalheiro como ele.

Não só o ambiente, mas o tipo de matemática que cada um dos dois encontrou era radicalmente diferente. Na biblioteca do nobre cavalheiro, Hobbes descobriu a majestosa geometria euclidiana e sentiu-se cativado pela sua beleza fria e rigorosa. A matemática que Wallis descobriu não tinha nenhuma geometria, era só a aritmética e a álgebra rudimentares de contabilidade. Não havia teoremas nem provas nesse tipo de matemática, e nem um sopro das grandiosas afirmações filosóficas enunciadas em nome da geometria euclidiana. Para Hobbes, a geometria era um exemplo da verdade universal, inquestionável, enquanto a matemática de Wallis era somente uma ferramenta pragmática para comerciantes, marinheiros e inspetores de terras, útil para resolver os problemas com que deparavam. Não havia nada nela do imponente edifício que Hobbes tanto admirava.

Wallis e Hobbes relataram essas histórias muitos anos depois, e seus pontos de vista maduros e bem ponderados sobre a matemática podem ter colorido suas memórias das experiências mais antigas nesse campo. Independentemente disso, não há como negar que o relato capta algo fundamental sobre a abordagem contrastante que os dois homens fizeram da mesma disciplina. Para Hobbes, a matemática conservou-se uma ciência aristocrática, elegante, admirada pelas suas estritas inferências lógicas. Se era útil ou não, não tinha a menor importância. Para Wallis, não havia nada de aristocrático na matemática, e ela assim permaneceu, uma ferramenta prática a fim de obter resultados úteis, como para o comerciante que a ensinara ao seu irmão. Se era logicamente rigorosa ou não, não tinha a menor consequência.

Wallis ficou muito contente com o que aprendeu com o irmão mais novo durante aquele bem-aventurado Natal, e também com seu próprio e surpreendente talento para a matéria. Daquele momento em diante, ele continuou a estudar por conta própria, embora "não como um estudo formal, mas como uma agradável diversão em horas de folga".[6] Não teve professor nem orientação, mas praticava suas habilidades com a frequência que podia e lia as obras matemáticas que lhe caíam nas mãos. Nunca imaginou, porém, que seu lazer acabaria sendo a obra de sua vida. Sua trajetória profissional estava em outra parte: como rapaz sério e pio, ansioso para deixar sua marca no mundo, pretendia tornar-se pastor, como o pai, e pregar a palavra de Deus. Para fazer isso, primeiro deveria obter o diploma universitário de Oxford ou Cambridge, na época (e pelos muitos séculos seguintes), basicamente, escolas de treinamento de clérigos.

Wallis entrou em Cambridge no Natal de 1632 e foi admitido no Emmanuel College. A escolha do College não foi provavelmente uma coincidência. O Emmanuel era conhecido como a faculdade "puritana" de Cambridge, fundada especificamente com o propósito de treinar sacerdotes puritanos. Ele era o destino natural para Wallis, que fora treinado em Felsted, e seu mentor Holbeach pode ter usado seus contatos entre o clero puritano para garantir a admissão do aluno. Muito do currículo da universidade consistia no tipo de aristotelismo medieval conhecido como escolástica, e os alunos eram julgados pela habilidade de contestar ou defender, em contendas públicas, os ensinamentos de filósofos antigos e medievais. Hobbes desprezara a escolástica nos dias de universidade, e mais tarde a condenou em *Leviatã* como uma "aristotelidade", mas Wallis não julgou a prática tão odiosa. Logo dominou as intricadas sutilezas de silogismos, como narra com orgulho em sua autobiografia, a ponto de ser "capaz de acompanhar o ritmo daqueles que estavam alguns anos à minha frente", e depressa conquistou a reputação de "bom contendor". Dessa maneira aprendeu não só a lógica, mas também outros campos do cânone aristotélico, inclusive ética, física e metafísica. Seu foco, porém, era sempre a teologia, e o Emmanuel tinha muito a oferecer. Edificando sobre o que já sabia da sua criação religiosa, começou a estudar teologia acadêmica sistemática, e logo se sentiu preparado na matéria.

Ao mesmo tempo que aderia com meticulosidade ao currículo aristotélico imposto, Wallis não deixou de notar que havia também outros ventos intelectuais soprando pela universidade nos anos 1630. As descobertas geográficas do século anterior revelaram continentes inteiros que haviam passado despercebidos nas fontes clássicas, um acontecimento que solapava seriamente a confiança na autoridade do cânone tradicional, e fazia da geografia um dos campos mais vibrantes da época. A medicina também progredira bem além dos escritos de Galeno estudados na universidade, graças, entre outros, ao atlas anatômico de Vesalius e à então recente descoberta da circulação sanguínea pelo inglês William Harvey. Nenhum campo, porém, havia gerado descobertas mais brilhantes que a astronomia. Desde que Copérnico publicara *De revolutionibus*, em 1540, sua teoria de que a Terra girava em torno do Sol foi ganhando adeptos, evoluindo de hipótese forçada para explicação amplamente aceita acerca da estrutura do céu. O crescente apelo do copernicanismo teve a contribuição dos acurados cálculos de Kepler, das reais órbitas planetárias e das relações entre elas, e das impressionantes descobertas telescópicas de Galileu, descritas em *O mensageiro das estrelas*. O fato de Galileu ter sido perseguido pela Igreja romana por defender o sistema de Copérnico, nos mesmos anos em que Wallis frequentava Cambridge, apenas serviu para aumentar a popularidade da teoria na Inglaterra protestante. E não foi menos que uma eminência como sir Francis Bacon, ex-lorde chanceler da Inglaterra, quem combinou essas diversas descobertas num sistema filosófico que, segundo ele prometia, viria a revolucionar o conhecimento humano e o poder do homem sobre a natureza.

Essas agitações iniciais da revolução científica foram conhecidas na época como Nova Filosofia, termo que combinava certo glamour e uma grande promessa, com um sopro de perigo e heterodoxia. Nada disso estava incluído nos ossificados currículos universitários, mas não queria dizer que não tivesse chegado a Oxford e Cambridge. A empolgação da nova ciência estava no ar, e tanto professores quanto estudantes reuniam-se informalmente para estudá-la. Wallis estava entre eles, dedicando tempo ao estudo de astronomia, geografia e medicina, além de perseguir seu constante interesse pela matemática. Ele chegou a ponto de defender a circulação sanguínea num embate público – o primeiro aluno da universidade a fazê-lo. Essas atividades, que vinham em acréscimo aos estudos formais, provavelmente tomaram a maior parte das horas de vigília de Wallis durante os anos na universidade. Mas ele possuía uma insaciável curiosidade intelectual e uma notável capacidade de trabalho. Descobriu, conforme escreveu mais tarde, que "conhecimento não é nenhum fardo",[7] e que, se não se mostrar útil, no fim das contas, certamente não fará mal. Não se passaram muitos anos até que esse interesse colateral viesse a se tornar o centro de suas atividades, quando ele se juntou a outros para fundar uma das primeiras academias científicas do mundo: a Royal Society de Londres.

Wallis obteve o bacharelado em 1637 e o mestrado em 1640, e teria se tornado membro do Emmanuel, não fosse o fato de a faculdade já ter um integrante de Kent – e os estatutos permitiam apenas um representante de cada condado. Em vez disso, tornou-se membro do Queens College, mas saiu logo em seguida, depois de se casar. Durante os anos posteriores, serviu como pastor em uma sucessão de igrejas londrinas e de capelão pessoal de diversos aristocratas que se alinhavam ao Parlamento em sua luta contra o rei. Uma dessas aristocratas foi lady Mary Vere, viúva do soldado e combatente continental sir Horatio Vere. Uma noite, enquanto Wallis estava sentado à mesa na casa de lady Vere em Londres, um colega capelão mostrou uma carta escrita em código que havia sido interceptada pelas forças parlamentares, e de brincadeira perguntou se Wallis saberia decifrá-la. Ele aceitou o desafio e, para grande surpresa do colega, conseguiu decifrá-la em duas horas. Tratava-se de um código simples, mas a arte de decifrar mal existia naquela época, e o feito deu a Wallis uma reputação semelhante à de milagreiro. Códigos posteriores com que deparou se mostraram mais complexos, porém, ele gostava do desafio, e conseguiu quebrar boa quantidade deles. Daí em diante, sob o regime do Parlamento, do Protetorado e, mais tarde, da Restauração, era regularmente empregado como decifrador de códigos para o governo. Apesar dos pedidos de seus correspondentes, ele jamais revelou suas técnicas, provavelmente baseadas em álgebra, a pedra angular de sua abordagem matemática.

Como aluno de Holbeach e graduado pelo Emmanuel College, Wallis estava bem integrado aos círculos puritanos, e foi um irrestrito parlamentarista desde os primeiros dia do conflito com Carlos I. Foi só em 1644, porém, que o jovem clérigo teve a chance de desempenhar um papel significativo nos grandes acontecimentos da época, quando foi chamado para testemunhar o julgamento do arcebispo William Laud.[8] Como arcebispo de Cantuária, Laud fora chefe da Igreja anglicana sob Carlos I e a principal nêmesis dos puritanos. Ao testemunhar publicamente contra ele, Wallis mostrou-se a estrela ascendente no partido presbiteriano, que conduziu a briga do Parlamento contra o rei nos primeiros anos da Guerra Civil. A confirmação de seu status veio no mesmo ano, quando foi nomeado secretário da Assembleia dos Sacerdotes de Westminster. A assembleia foi criação do Parlamento Longo e encarregava-se de apresentar um plano para substituir a estabelecida Igreja da Inglaterra por uma ou mais Igrejas novas. Como o próprio Parlamento, a Assembleia era dominada pelos presbiterianos, que queriam suprimir os bispos e substituí-los por uma hierarquia de anciãos da Igreja (presbíteros). Wallis, pastor jovem, brilhante e bem relacionado, com impecáveis credenciais presbiterianas, devia parecer uma excelente escolha para dirigir as reuniões da assembleia.

Escrevendo décadas depois, com o rei e a Igreja anglicana restaurados e em segurança, Wallis tentou diminuir o radicalismo da Assembleia dos Sacerdotes e minimizar o papel que nela desempenhara. Mas os fatos falam por si: após anos de intensos debates, a Assembleia de Westminster recomendou abolir o episcopado e o traço definidor da Igreja anglicana, o emblema de sua aliança com o rei. A redução da força dos presbiterianos e a restauração final da Igreja da Inglaterra asseguraram que as recomendações da assembleia nunca fossem postas em prática. Naquele tempo, porém, as propostas foram bastante radicais, apresentando um plano para deixar a governança da Igreja mais democrática e tirar a Igreja do controle real. Como secretário da assembleia, Wallis foi parceiro pleno dessa agenda, e conhecido como tal.

Embora os presbiterianos fossem os líderes reconhecidos da facção parlamentarista nos primeiros anos da luta contra o rei, o crescente radicalismo da revolução logo os deixou para trás. Os independentes viam pouca diferença entre as funções de presbítero e bispo, e queriam abolir ambas. De forma ainda mais sinistra, quacres, *ranters* e *diggers* ameaçavam os próprios alicerces da ordem social. Aquilo era o suficiente para fazer os respeitáveis presbiterianos desejarem os velhos dias de reis e bispos, um tempo de lei e ordem que agora parecia infinitamente preferível ao caos generalizado que viam ao seu redor. E, assim, os radicais presbiterianos dos anos 1640 tornaram-se os conservadores dos anos 1650, combatendo numa ação de retomada contra as forças de subversão, que haviam desencadeado anos antes. A própria carreira de Wallis traçou curva semelhante. Em 1648, ele assinou um pedido ao exército para proteger a vida do rei, um ato honrado que não contribuiu em nada para salvar o soberano da execução. Em 1649, juntou-se a outros pastores londrinos ao assinar "Uma séria e legítima representação",[9] protestando contra o Pride's Purge (Expurgo do Orgulho), a expulsão do Parlamento, levada a cabo pelo exército, dos membros considerados moderados demais. O expurgo era um crime, declaram Wallis e seus companheiros, pior que qualquer um que o rei tivesse perpetrado. Ademais, argumentavam eles, com muita visão retroativa revisionista, os parlamentaristas de 1640 nunca sonharam em privar o rei de seus direitos e da autoridade real.

Por mais bravo que fosse o gesto, a Representação nada fez para salvar o rei ou o partido presbiteriano. Tendo sido um dia o coração e a alma do parlamentarismo, os presbiterianos agora eram uma força política desgastada. Considerados conservadores demais pelos independentes e radicais que agora dominavam o *commonwealth*, também não tinham a confiança dos realistas, que os culpavam por fazer guerra ao rei e liberar a fúria que varria o país. Incapazes de mapear um caminho próprio, muitos presbiterianos passaram discretamente para o lado realista, na esperança de que tivessem suas más ações do passado perdoadas tão logo o rei fosse reconduzido ao trono.

O declínio da sorte de seu partido deixou Wallis numa situação desconfortável em Londres. Ainda era pastor da igreja de St. Martin, em Ironmonger Lane, mas estava difícil conseguir a participação de patronos generosos, agora que o clima político tinha se virado contra os presbiterianos e a possibilidade de tomar parte dos grandes eventos ao seu redor tinha chegado ao fim. Mesmo a segurança pessoal de Wallis não podia ser garantida numa época em que os presbiterianos eram acusados de traição ao rei pelos realistas e de traição à causa pelos independentes e radicais. Foi nessa conjuntura, quando parecia não haver futuro para ele em Londres, que se concedeu a Wallis a oportunidade de deixar tudo para trás e começar de novo: em 14 de junho de 1649, somente meses depois de assinar a "Uma séria e legítima representação", ele foi indicado para a afamada posição de professor saviliano de geometria em Oxford.

Sacerdote e professor

Dizer que a indicação de Wallis foi uma surpresa é subestimar enormemente a situação. Até o ano anterior, o posto de professor saviliano era de Peter Turner, matemático talentoso e respeitado. Mas Turner, como muitos de seus colegas da universidade, era um correligionário do rei; quando em 1648 o Parlamento voltou sua atenção para a reforma das universidades, ele foi expulso, deixando vaga a cátedra saviliana. Para substituí-lo, as autoridades procuravam um erudito com fortes credenciais parlamentaristas, e sob esse aspecto Wallis se encaixava à perfeição. Contudo, Wallis era mal qualificado. Ao contrário de Turner, que fora professor de geometria no Gresham College em Londres antes de ir para Oxford, Wallis não tinha histórico de lecionar nem de publicar nada em matemática. Tudo que possuía eram os recursos de contabilidade que aprendera com o irmão mais novo, na juventude, e anos de leituras desorganizadas que fizera por conta própria, sem nenhuma orientação. O único trabalho matemático que tinha seu nome era um tratado sobre seções angulares, tópico bastante afastado das fronteiras da disciplina – e que, em todo caso, permanecia inédito. Esse não é exatamente o histórico que se esperava de alguém indicado para professor de geometria em Oxford.

Wallis foi designado por razões políticas, nem mais nem menos, e é seguro dizer que ninguém esperava que ele se tornasse um matemático sério. Hoje, é um mistério para nós como alguém com tão pouco a recomendá-lo obteve uma posição de tal importância, mas Wallis não deixava de ser um empreendedor. Apenas alguns anos afastado de seus estudos em Cambridge, ele conseguira colocar-se no centro da política nacional, tornando-se secretário da Assembleia dos Sacerdotes de Westminster. Agora, quando todas as vias de progresso pareciam estar fechadas, realizou o feito de ganhar o mais almejado posto matemático do país. É possível, como insinua seu contemporâneo, o estudioso da antiguidade Anthony Woods, que as boas relações que desfrutava com Oliver Cromwell tivessem exercido algum papel nessa indicação. Cromwell conhecia e respeitava Martin Holbeach, professor de seus filhos, e pode ter ficado impressionado com a elevada opinião que tal mestre tinha de Wallis. Ainda assim, em 1649, Cromwell era apenas um general, não o lorde protetor, e pode não ter tido muita influência no assunto. Claro é que Wallis, graças a um notável talento para se virar, talento que brilha intensamente ainda três séculos e meio depois, conseguira sair de uma situação difícil e levar um prêmio reluzente. Em Londres, ficou para sempre associado com a sitiada facção presbiteriana, mas em Oxford era visto simplesmente como um parlamentarista apoiado pelo governo que o recomendara. Enquanto em Londres era encarado como político e avaliado segundo esses critérios, em Oxford seria julgado como estudioso, levando uma vida de contemplação, afastado do tumulto da Londres revolucionária. Tudo que precisava era tornar-se na realidade o que já era no nome: um matemático.

E isso ele realizou com extraordinária rapidez. Já em 1647 havia lido o popular livro-texto de álgebra de William Oughtred, *Clavis mathematicae*, refletindo sobre a matéria no ano seguinte, ao escrever seu *Tratado de seções angulares*, que acabou publicado quase quarenta anos depois. Agora, como professor saviliano, reconhecia que "o que havia sido antes uma agradável distração deveria ser agora meu estudo sério",[10] e lançou-se numa autoeducação sistemática nos mais correntes trabalhos sobre a disciplina. Wallis, o diletante, apenas minimamente informado sobre a matemática moderna, mesmo assim absorveu as sofisticadas obras matemáticas de Galileu, Torricelli, Descartes e Roberval. Em poucos anos, ele não só tinha dominado o trabalho de seus colegas do continente, mas também embarcado no seu próprio programa de pesquisa matemática. Em 1655 e 1656, seis anos após a indicação, publicou dois tratados matemáticos de impressionante originalidade,[11] um intitulado *Sobre as seções cônicas* e outro, *Aritmética do infinito*. As obras ressoaram longe na comunidade matemática europeia e foram lidas da Itália à França e à República Holandesa.

De que modo Wallis, um pastor presbiteriano, conseguiu se reinventar como matemático acadêmico de renome internacional? Seu talento matemático inato sem dúvida teve muito a ver com isso, assim como sua prodigiosa capacidade de estudo concentrado e trabalho árduo. No entanto, havia mais: Wallis manobrara habilmente, contando com uma vasta teia de contatos e amigos em postos elevados. E também se mostrara flexível em suas lealdades e seus compromissos ideológicos: o doutrinário presbiteriano do Emmanuel College e da Assembleia dos Sacerdotes de Westminster fora-se para sempre, substituído por um clérigo moderado, contente de professar lealdade a quem quer que estivesse no poder, fosse Cromwell, os restaurados reis Stuart, ou (após a Revolução Gloriosa de 1688), Guilherme e Maria. De fato, quando escreveu sua autobiografia, perto do fim da vida, tentou passar por cima da política rebelde da juventude, argumentando de forma bem pouco sincera que a palavra "presbiteriano" referia-se a clérigos respeitáveis[12] que se opunham aos independentes radicais, e não aos bispos anglicanos. Suas fidelidades fluidas e seu talento para acordos de bastidores serviram-lhe bem nos anos que se seguiram à sua nomeação para a cadeira saviliana: em 1658 foi eleito para o cargo de "guardião dos arquivos" (*custos archivorum*)[13] da Universidade de Oxford, num processo dúbio que evocou intenso protesto do seu colega da Biblioteca Bodleiana de Oxford, Henry Stubbe, que era o principal simpatizante de Hobbes na universidade. Em 1660, foi confirmado na sua posição pelo monarca Carlos II, e mais tarde recebeu o título honorário de "capelão real".

A flexibilidade de consciência de Wallis com toda a certeza provocou o desdém de seu famoso rival Hobbes, que nunca arredou pé de sua crença no Estado ditatorial Leviatã, permanecendo obstinadamente fiel a suas conclusões, houvesse o que houvesse, com absoluto desprezo pela crescente hostilidade de seus pares. Hobbes foi denunciado como ateu e materialista, "um proxeneta da bestialidade" cujas "doutrinas tiveram uma participação tão grande na devassidão de sua época que um bom cristão mal pode ouvir seu nome sem orar suas preces". Foram somente seus patronos poderosos e a consideração que o rei tinha pelo seu velho tutor que salvaram Hobbes quando Seth Ward, então bispo de Sarum, apresentou ao Parlamento uma moção para que ele fosse queimado como herege.[14] Todavia, por mais excluído e agredido que tenha sido, Hobbes suportou tudo com força moral, jamais desviando-se de suas convicções. Pelo adaptável Wallis, e seu talento para reinventar-se segundo os ventos políticos do momento, Hobbes não tinha nada além de desprezo.

Inflexível e sem fazer concessões, o caráter pessoal de Hobbes espelhava suas convicções filosóficas e matemáticas. Na geometria euclidiana ele reconhecia um sistema que, como ele, era rígido e inflexível. Seus críticos eram meros idiotas e tratantes – e era assim que Hobbes gostava. O oportunista Wallis, ao mesmo tempo, tinha pouco interesse nas grandes alegações da geometria como encarnação da razão e modelo para a verdade absoluta. Para ele, a matemática era uma ferramenta prática para obter resultados úteis. Pouco se importava se suas demonstrações não se erguessem ao sublime nível da certeza exigida pela matemática euclidiana. Tudo que queria eram teoremas "verdadeiros" o suficiente para os negócios em pauta. E se, para chegar aos seus resultados, ele violasse alguns dos queridos dogmas da geometria clássica, então esses queridos dogmas simplesmente teriam de sair do caminho. Geômetras tradicionais podiam objetar contra a noção de que um plano era composto por um número infinito de retas, com base em que isso violava antigos e conhecidos paradoxos. No entanto, se tal premissa se mostrasse efetiva nos cálculos de Wallis (como de fato acontecia), então ele não se importava absolutamente com as objeções. Se fosse preciso torcer um pouquinho os princípios para chegar a um desejado fim, então Wallis o fazia com satisfação, na matemática e na vida.

Para Wallis, a rigidez de Hobbes era pedante, intemperada e, em última análise, provocava sua própria derrota. Ele a desprezava no homem e a rejeitava em sua filosofia, porém, mais que nada, a considerava politicamente perigosa. Um dogmatismo que reconhece somente uma verdade e nega a legitimidade, e mesmo a possibilidade, de divergência, acreditava Wallis, jamais traria a paz cívica que Hobbes buscava. Da forma como Wallis o enxergava, o dogmatismo inflexível por parte do Estado provocaria um dogmatismo inflexível, e mesmo um fanatismo, entre seus oponentes, o que, por sua vez, levaria à guerra civil e ao caos político – precisamente o resultado que Hobbes tentava evitar.

Na verdade, a preocupação principal de Wallis e de Hobbes era a mesma: impedir uma queda para a anarquia e o caos do Interregno. Wallis e Hobbes temiam os *diggers* do mundo e tinham a mesma intenção de preservar a ordem estabelecida. Simplesmente diferiam muitíssimo quanto aos meios de chegar lá. Hobbes acreditava que o único meio de preservar a ordem era estabelecer um Estado totalitário, sem qualquer espaço para divergência. Wallis acreditava que o caminho era permitir divergências dentro de limites cuidadosamente prescritos, que possibilitariam às pessoas discordar e ainda assim preservar sua base comum.

John Wallis em 1670, no auge de sua batalha com Hobbes, em gravura de William Faithorne.

Não precisamos fazer qualquer inferência sobre as opiniões políticas de Hobbes ou o papel da matemática nelas, porque ele registrou tudo por escrito em bela prosa. Wallis, por outro lado, escreveu extensivamente sobre matemática e foi autor de sermões religiosos ao longo dos anos, mas nunca reivindicou o manto de filósofo. Para reunir seus pontos de vista sobre a ordem política, precisamos ir além de seus escritos pessoais, em direção ao círculo mais amplo no qual Wallis se movia. Em seus dias de universidade e nos primeiros tempos de luta contra o rei, isso significou o círculo social dos religiosos que dominavam o partido parlamentarista. Mas, começando em meados da década de 1640, Wallis tornou-se membro importante de um grupo diferente e bem mais diversificado. Esse grupo reunia-se regularmente em casas particulares em Londres e Oxford, durante todo o Interregno. E era conhecido por diferentes nomes em diferentes momentos. Às vezes era o "Colégio Invisível"; outras vezes era a "Sociedade Filosófica". Em 1662 o monarca restaurado, Carlos II, finalmente deu-lhe reconhecimento oficial, uma licença e um nome: a Royal Society de Londres.

Ciência para uma época sombria

Três séculos e meio depois de sua fundação, a Royal Society está entre as mais augustas instituições científicas que o mundo já conheceu. Mencionar que uma lista de membros passados inclui alguns dos maiores cientistas da história é muito pouco. Se contarmos os membros estrangeiros, ela inclui praticamente todos. Robert Boyle (1627-1691), da famosa "lei de Boyle", foi um dos fundadores da Sociedade e o mais influente entre os primeiros integrantes. Isaac Newton (1642-1727), frequentemente considerado o primeiro cientista moderno, e cujos *Principia mathematica* de 1687 revolucionaram a física, a astronomia e até a matemática, foi presidente da Sociedade de 1703 a 1727, ano em que veio a falecer. O francês Antoine-Laurent Lavoisier (1743-1794), fundador da química moderna, era membro estrangeiro, assim como o Pai Fundador americano Benjamin Franklin

(1706-1790). Em anos posteriores, houve Charles Babbage (1791-1871), que projetou o primeiro computador programável, e William Thomson, lorde Kelvin, fundador da ciência da termodinâmica e presidente da Sociedade de 1890 a 1895. Charles Darwin (evolução), Ernest Rutherford (estrutura do átomo), Albert Einstein (relatividade), James Watson (DNA), Francis Crick (também DNA) e Stephen Hawking (buracos negros) foram filiados. Essa não passa de uma pequena seleção dos nomes mais famosos, mas é suficiente para se formar um quadro: qualquer um que fosse alguém na história da ciência moderna foi membro da Royal Society.

Em 1645, quando Wallis começou a participar de encontros informais mantidos por um grupo de cavalheiros interessados em filosofia natural, tudo isso ainda estava longe. O propósito dos encontros, como escreveu alguns anos depois o primeiro historiador da Sociedade, Thomas Sprat, não era fundar uma academia científica, e ampliar as fronteiras do conhecimento era apenas uma preocupação secundária. "Seu primeiro propósito", relata Sprat, "não era mais que respirar ar puro e conversar com calma, sem se envolver nas paixões e loucuras daquela época sombria."[15] Num tempo em que realistas e parlamentaristas, presbiterianos e independentes, puritanos e entusiastas, proprietários e inquilinos estavam todos engalfinhados, esses homens buscavam um modo de escapar. E o encontraram no estudo da natureza.

"Para uma companhia cândida e desapaixonada como essa", reflete Sprat, "e para uma época tão sombria, que tema seria mais adequado que *filosofia natural*?"[16] Discutir questões teológicas ou "as aflições do país" teria sido deprimente demais. Mas a natureza podia distraí-los, "desviar a atenção das desgraças passadas e presentes", dar-lhes um senso de controle num mundo enlouquecido e torná-los "conquistadores das coisas". As reuniões eram um espaço no qual podiam conversar tranquilamente, as vozes com visões opostas podiam se manifestar sem berrar nem derrubar o outro, e encontrar um terreno comum, apesar das discordâncias. Em meio a furor, fanatismo e intolerância da Inglaterra revolucionária, eles buscavam um abrigo seguro de tolerância para examinar alguma matéria que acreditavam beneficiar todos os ingleses, quando não a humanidade. Chamavam aquilo de "filosofia natural" – nós a chamamos de ciência.

Wallis, segundo seu próprio testemunho, já havia travado contato com a Nova Filosofia em seus dias de Cambridge. Agora, com os novos companheiros, começou a buscá-la de forma sistemática.[17] Reunindo-se semanalmente na casa de um de seus membros ou no Gresham College, eles discutiam e faziam experimentos relativos a toda uma gama de novas ideias e descobertas que abalavam as fundações da ordem medieval do conhecimento. Wallis as lista:

> Física, anatomia, geometria, astronomia, navegação, estática, magnética, química, mecânica ... a circulação do sangue, as válvulas nas veias, a hipótese copernicana, a natureza dos cometas, e novas estrelas, os satélites de Júpiter, a forma oval [como aparecia então] de Saturno, as manchas no Sol e sua rotação em torno do próprio eixo, as irregularidades e a selenografia da Lua, as diversas fases de Vênus e Mercúrio, o aperfeiçoamento dos telescópios, a lapidação de vidros com esse propósito, o peso do ar, a possibilidade ou impossibilidade de vacuidades, a rejeição da natureza em vista disso; o experimento de Torricelli com mercúrio, a queda dos corpos pesados e seus graus de aceleração.

Havia apenas dois campos, explica Wallis, intencionalmente deixados de fora: "teologia e assuntos de Estado."

Wallis participou desses encontros em Londres por vários anos, mesmo enquanto continuava sua carreira como baluarte presbiteriano, protestando contra a execução do rei e o expurgo do Parlamento levado a cabo pelo exército. Pode ser que, como escreveu anos depois, os experimentalistas apolíticos lhe oferecessem um bem-vindo refúgio para a dogmática intolerância da política do Interregno. É igualmente possível que ele estivesse diversificando suas apostas, na esperança de que sua associação com os filósofos naturais o ajudasse a encontrar alguma dose de segurança e sucesso caso o poder dos presbiterianos desabasse. Em todo caso, foi isso que aconteceu. Wallis, que havia sido um mero amador em matemática, começou a estudar textos mais avançados, o que decerto teve algum papel em sua surpreendente indicação para a cátedra saviliana em Oxford.

A mudança para Oxford não pôs fim ao envolvimento de Wallis com o grupo. Vários outros integrantes acabaram em Oxford mais ou menos na mesma época e, com alguns velhos membros da universidade, estabeleceram a Oxford Philosophical Society, reunindo-se regularmente na casa de Robert Boyle. "Os que estavam em Londres", recorda Wallis, "continuaram a reunir-se como antes (e nós com eles, se tivéssemos ocasião de ir lá); e aqueles de nós em Oxford ... continuamos tais encontros em Oxford; e pusemos esses estudos na moda também ali."[18] Os dois grupos interagiam de perto. Quando Carlos II concedeu uma licença aos londrinos, o grupo de Oxford foi incluído, e seus integrantes se tornam membros fundadores da Royal Society. Wallis, que se mobilizava nas atividades dos dois grupos, tornou-se membro proeminente da nova organização.

Sob o patronato do rei, a Royal Society tornou-se uma organização científica que fez escola, e, com a Real Academia de Ciências da França, tornou-se um modelo para instituições científicas na Europa e em outros lugares. Suas reuniões regulares naqueles primeiros anos eram dedicadas a experimentos públicos em ótica, estrutura da matéria, realidade do vácuo e observações telescópicas, entre outros temas, executados pelo curador de experimentos da Sociedade, Robert Hooke. Mais notórios, os experimentos de Robert Boyle com a bomba de ar, nos quais investigava a estrutura e composição do ar, eram realizados em laboratórios públicos da Royal Society diante de numerosas testemunhas. Em 1665, o secretário da Sociedade, Henry Oldenburg, lançou *Philosophical Transactions of the Royal Society of London*, uma das primeiras publicações científicas e certamente a mais duradoura do mundo. *Philosophical Transactions* narrava não só as investigações dos membros da Sociedade, mas também estudos conduzidos por outros, fazendo da agremiação um centro mundial de pesquisa científica.[19]

Algumas das práticas do início da Royal Society podiam parecer peculiares para um cientista moderno. Por exemplo, havia pouca distinção entre o que hoje seriam considerados amadores e profissionais, e as páginas da *Philosophical Transactions* eram repletas de relatórios de fenômenos climáticos incomuns e de nascimentos de animais monstruosos e malformados. A posição social também tinha grande importância na Sociedade, e alguns cavalheiros proeminentes deviam sua participação à linhagem ilustre, e não a alguma distinção científica. Também intrigante, da nossa perspectiva, é que os experimentos fossem executados em público, ou seja, diante de uma audiência de membros da Sociedade e, por vezes, outros convidados notáveis. Todos os presentes debatiam então o que tinham visto, examinando seu significado e importância. Para um cientista moderno, isso parece mais um espetáculo circense que uma experimentação científica apropriada.

Algumas das diferenças entre o começo da Royal Society e os procedimentos científicos modernos podem ser atribuídas ao fato de que a ciência no século XVII ainda era jovem, e suas práticas se encontravam em desenvolvimento. O cientista profissional é uma criação do século XIX, e não do século XVII. Outras diferenças devem-se ao fato de a Royal Society ver-se como algo muito mais amplo que uma instituição científica do tipo que conhecemos hoje. Um moderno instituto científico, ou departamento de universidade, preocupa-se exclusivamente com pesquisa científica e educação, e seu sucesso é medido pela quantidade e qualidade de suas publicações e inovações. A Royal Society também enfatizava a pesquisa e a inovação, sempre insistindo na utilidade de suas descobertas. Mas, além disso, assumia para si a missão que nenhuma de suas contrapartes modernas assume: oferecer um modelo para o funcionamento do Estado como um todo.

Essa missão tem suas raízes nos encontros do grupo de Londres, na década de 1640. Fora da sala de reuniões, os membros do grupo podiam ser radicais ou moderados, presbiterianos ou independentes, parlamentaristas ou mesmo realistas, todos engajados numa luta de vida ou morte pelo predomínio. No entanto, nas reuniões, nada disso importava: independentemente de afiliações políticas e religiosas, eles conseguiam levar a cabo as investigações da natureza em paz e civilidade. "Era somente a natureza", escreveu Sprat sobre aqueles primeiros encontros, que "... afasta nossas mentes de desgraças passadas, ou presentes, ... que nunca nos separa em facções mortais, e isso nos dá espaço para diferir, sem animosidade;[20] e nos permite erguer imaginações contrárias entre si, sem perigo de guerra civil". Estudando a natureza, Wallis, Boyle e seus associados criavam um espaço seguro onde mesmo as discordâncias podiam ser administradas em paz e civilidade. Era um alívio bem-vindo para a política de degola do Interregno.

Mas o que começou como simples refúgio acabou evoluindo para um ideal: se homens razoáveis, de passados e convicções diferentes, podiam se reunir para discutir o funcionamento da natureza, por que não podiam fazer o mesmo em questões referentes ao Estado? Por que parlamentaristas e realistas não podiam resolver suas diferenças em paz e civilidade, em vez de se matar uns aos outros nos campos de batalha do norte da Inglaterra? Por que independentes, presbiterianos e anglicanos não podiam chegar a um acordo razoável sobre o governo da Igreja, em vez de cada um tentar impor seu próprio sistema e suprimir todos os outros? A harmonia que prevalecia nos encontros dos filósofos naturais, mesmo entre homens que discordavam agudamente, parecia conter uma importante lição para todo o corpo político inglês. Pois, nas palavras de Sprat, naquelas reuniões,

> nós observamos uma imagem inusitada da nação inglesa, de que homens de partidos e formas de vida discordantes esqueceram-se de odiar e se reuniram no progresso unânime dos mesmos trabalhos. ... Pois aqui eles não só toleram a presença mútua sem violência e medo; mas *trabalham* e *pensam* em companhia uns dos outros, e dão auxílio às invenções dos outros.[21]

No clima áspero da política do Interregno, Wallis e seus colegas revelaram habilidade para conduzir seus negócios em paz, cooperar a despeito das discordâncias e, juntos, fazer progredir a causa que todos estimavam. Na época em que saíram das sombras e foram oficialmente reconhecidos por Carlos II, estavam prontos para disseminar sua palavra e usar sua experiência para reconstituir todo o corpo político.[22] O dogmatismo das décadas anteriores seria substituído pela moderação e a mentalidade aberta que caracterizavam as reuniões e a ciência. A arrogância dos fanáticos seria substituída pela modéstia do experimentador; as paixões, por debate racional; e a intolerância das seitas, pela tolerância de homens diferentes porém razoáveis, trabalhando juntos para uma causa comum.

Apresentando-se como modelo para o Estado, a Royal Society tentou ser a mais inclusiva possível. Não havia nada de democrático nela, é verdade, e os membros das classes mais baixas não eram bem-vindos em seus salões, como também entre a classe política. Wallis, Boyle e seus colegas temiam e desconfiavam das pessoas comuns, convencidos de que a única maneira de conseguir paz e ordem era restaurar a autoridade das classes abastadas. Contudo, quando se tratava de cavalheiros, a Sociedade procurava dar um exemplo de abertura, e isso significava aceitar em suas fileiras homens de realizações até bastante modestas. Se os membros da Sociedade tivessem se apresentado como "profissionais", excluindo "amadores", isso iria cheirar demais ao sectarismo do passado, pelo qual um grupo se estabelecia como juiz de todos os outros.

Os experimentos públicos dos primeiros tempos também desempenharam seu papel na missão política da Royal Society, servindo de exemplo de como homens razoáveis e de boa-fé podiam discutir questões difíceis e chegar a um acordo. O modelo seria as reuniões privadas dos fundadores da Sociedade durante o Interregno, nas quais realizavam experimentos e debatiam, oferecendo diferentes interpretações daquilo que observavam. No fim, porém, chegavam a alguma interpretação em torno da qual estavam de acordo – mesmo que muitas questões ficassem sem resposta. Para que tais discussões pudessem acontecer, agora que a Sociedade era uma instituição oficial, não tinha sentido realizar experimentos na privacidade de um laboratório fechado. Se os associados deviam formar uma opinião, eles próprios teriam de observar os procedimentos. Portanto, era essencial que os experimentos fossem conduzidos perante testemunhas de caráter irrepreensível, em geral outros colegas, que poderiam então debater o que tinham visto e chegar a um acordo sobre o ocorrido. Um laboratório moderno, em contraste, não carrega o fardo ideológico dos primórdios da Royal Society. Baseia-se exclusivamente no testemunho de especialistas, assumindo com segurança que, de toda maneira, os leigos não entenderiam os procedimentos.

Nem todas as formas de filosofia natural eram igualmente adequadas para as metas da Sociedade, de promover a paz, tolerância e ordem pública. Particularmente suspeitos eram os sistemas filosóficos grandiosos que alegavam chegar a verdades inquestionáveis por meio da força do puro raciocínio. Um desses sistemas, muito presente na cabeça dos fundadores da Sociedade, era a filosofia cartesiana[23] (nomeada a partir de seu criador, René Descartes), que varria o continente europeu naquela mesma época. Em seus escritos, Descartes propunha-se a desmantelar todas as pressuposições não substanciadas, reduzindo todo conhecimento a uma única verdade inabalável: "Penso, logo existo." A partir desse rochedo de certeza, ele então recriou o mundo, mediante um raciocínio passo a passo, aceitando somente a validade de ideias claras e distintas. Como seu raciocínio não tinha falhas, argumentava Descartes (e seus seguidores), as conclusões deviam ser inevitavelmente verdadeiras.

Boyle, Wallis, Oldenburg e outros líderes dos primeiros tempos da Royal Society ficaram profundamente impressionados com Descartes, mas também eram muito críticos em relação à sua abordagem e às conclusões. Estavam ainda mais preocupados com outro sistema ancorado no raciocínio puro que estava à espreita no seu próprio quintal, e que obviamente era a filosofia de Hobbes. Descartes e Hobbes diferiam radicalmente em muitos aspectos críticos, mas algo eles tinham em comum: ambos acreditavam que seu sistema era estruturado como a geometria euclidiana, fundamentada em premissas evidentes e avançando por meio de raciocínio rigoroso até chegar às verdades. E era precisamente essa confiança sem questionamento na validade de seu raciocínio sistemático e na verdade absoluta de suas conclusões que os fundadores da Royal Society julgavam perigosa.

O problema da filosofia dogmática, como Sprat explica em *The History of the Royal Society*, "é que habitualmente ela inclina esses homens, que já se julgam resolvidos e irredutíveis em suas opiniões, a serem mais imperiosos e intolerantes à contradição".[24] Essa atitude é prejudicial à ciência porque "torna-a propensa a subavaliar o trabalho dos outros e a negligenciar a real vantagem que pode ser obtida pela sua assistência. Isso dá a impressão de que a própria glória [desses homens] seria obscurecida". Essa é uma "índole da mente, entre todas as outras a mais perniciosa", continua Sprat, atribuindo a ela "a lentidão para ampliar o conhecimento entre os homens".[25] Pior ainda, esse tipo de arrogância leva facilmente à subversão do Estado. "A razão que leva os homens a desdenhar toda jurisdição e poder procede da idealização da sua própria inteligência, ... eles se supõem infalíveis."[26] Isso conduz inevitavelmente à sedição, porque "o pai mais frutífero da sedição é o orgulho, e um conceito altivo da própria sabedoria dos homens; pelo qual eles presentemente se imaginam suficientes para dirigir e censurar todas as *ações* de seus governantes."[27]

Sprat tinha apenas 28 anos quando foi admitido na agremiação, em 1663, um homem jovem e não particularmente expressivo, e é provável que tenha sido recrutado com o expresso propósito de escrever a história da Royal Society. Mas se Sprat era uma relativa nulidade na época, os homens que o encarregaram de escrever eram os maiorais, incluindo o presidente, lorde Brouncker; seu secretário, Henry Oldenburg; e seu principal cientista, Robert Boyle – todos eles tendo revisto e corrigido o texto de Sprat para assegurar que suas opiniões fossem apresentadas de forma acurada. Como resultado, *The History of the Royal Society* não é só um sumário das reflexões particulares de Sprat, mas uma declaração pública de metas e propósitos da Royal Society tal como eram entendidos pelos seus líderes na época.[28] Quando chegava a hora das opiniões sobre filosofias dogmáticas, o veredicto era claro: dogmatismo leva a revolta e subversão do Estado, *não* era o tipo de abordagem praticado pela Royal Society.[29]

A alternativa para o racionalismo dogmático de Descartes e Hobbes, acreditavam os fundadores da Sociedade, era a filosofia experimental. Em vez de orgulho, o experimentalismo gerava humildade; enquanto as filosofias racionalistas levavam a mesquinhez e inveja de filósofos rivais, o experimentalismo fomentava cooperação e confiança mútua. E o mais importante, em vez de revolta e subversão, "a influência de experimentos é obediência ao governo civil".[30] À diferença do filósofo racionalista, o experimentalista nunca alega ter descoberto o único sistema verdadeiro, ou que seus resultados são absoluta e irrefutavelmente válidos. Em vez disso, sem premissas sobre o que encontrará, ele progride com humildade, de experimento em experimento, tentando dar sentido ao que encontra. Suas conclusões são sempre as melhores que pode oferecer naquele momento, mas podem sempre ser contrariadas pelo experimento seguinte. Os pronunciamentos atrevidos de Hobbes sobre matéria, natureza humana e o único *commonwealth* viável não são nada para ele. Ao contrário, ele progride devagar, realizando muitos experimentos diferentes repetidas vezes, e só então aventura-se, com grande cuidado e alguma relutância, a fornecer uma interpretação provisória dos resultados.

O experimentalismo é uma tarefa que requer humildade, muito diferente do brilho e arrojo de filósofos de sistemas tais como Descartes e Hobbes. O experimentalismo, escreve Sprat, é "uma filosofia laboriosa, ... que ensina aos homens a *humildade* e faz com que se acostumem aos próprios *erros*".[31] E é precisamente disso que os fundadores da Royal Society gostavam. O experimentalismo, como observa Sprat, "remove toda a altivez da mente e de imaginações infladas", ensinando os homens a trabalhar com afinco, a tomar consciência dos seus fracassos e a reconhecer as contribuições dos outros. É precisamente essa atitude que os fundadores da Sociedade esperavam incutir no corpo político como um todo. Em lugar do fanatismo intolerante de partidos e seitas, que haviam lançado o *commonwealth* na violência e no caos, o experimentalismo haveria de gerar moderação, cooperação, respeito por opiniões diferentes e, finalmente, paz cívica.

Quando os membros da Royal Society celebravam as glórias do método experimental, enalteciam também o homem que consideravam o fundador de tudo aquilo, "o grande homem que tinha a verdadeira imagem de toda a extensão do empreendimento".[32] Esse homem era Francis Bacon, lorde chanceler de Jaime I,[33] que na aposentadoria escrevera alguns dos mais influentes trabalhos sobre o método científico propriamente. Em contraste com seu contemporâneo mais jovem, Descartes, que argumentava que o verdadeiro conhecimento devia basear-se em raciocínio claro e rigoroso,[34] Bacon insistia em que o verdadeiro conhecimento da natureza só podia ser adquirido por observação, experimentação e compilação cuidadosa dos fatos. Para a Royal Society, Bacon era o profeta do método experimental, o pai espiritual da própria Sociedade, embora tenha morrido muitos anos antes de sua fundação. Na verdade, a Sociedade considerava-se a verdadeira encarnação da "Casa de Salomão" de Bacon, uma instituição estatal para estudo da natureza que ele propusera em sua obra utopista *Nova Atlântida*.

Aqui há uma ironia, porque o secretário de Bacon nos anos finais não foi outro senão Thomas Hobbes. Declarado racionalista, Hobbes havia ridicularizado o valor dos experimentos em debate com Robert Boyle, e seu pensamento não foi muito influenciado por seu distinto patrão (exceto talvez no permanente interesse pelas ciências naturais). Mas não havia como contornar o fato de que, com toda sua idolatria por Bacon, nenhum dos grandes da Sociedade efetivamente conhecera o lorde chanceler, ao passo que o inimigo Hobbes fora seu companheiro íntimo.

O fulgor da reputação de Bacon ainda hoje pouco diminuiu. Embora ele próprio não tenha sido um cientista criativo, mesmo assim é considerado uma das figuras cruciais na revolução científica, cujos escritos possibilitaram o crescimento e a expansão da ciência. Bacon forneceu uma brilhante defesa do método experimental, encarado como suspeito durante os séculos em que o debate escolástico e a fundamentação na autoridade antiga eram considerados o caminho adequado para o verdadeiro conhecimento. Ele ofereceu um guia para o desenvolvimento da ciência experimental, defendendo a coleta sistemática de dados por uma grande quantidade de pesquisadores de campo e sua concentração numa entidade centralizada para avaliação sistemática. Mais que nada, talvez, tornou o método experimental respeitável.

Muito antes da época de Bacon, sempre houve os que tentaram extrair os segredos da natureza pelo grosseiro método de tentativa e erro. Às vezes tinham êxitos brilhantes, como nas invenções da pólvora e da bússola, outras nem tanto, como no caso dos alquimistas, que construíam sofisticados laboratórios equipados de substâncias químicas e caldeirões na busca da fugidia pedra filosofal. Mas qualquer conhecimento adquirido por esses métodos, mesmo quando se mostrasse útil, não era considerado apropriado para ensino em instituições de estudo mais elevado. Era "grosseiro" e "mecânico", associado às classes mais baixas, que sujavam as mãos e trabalhavam para ganhar a vida. Nenhum cavalheiro de respeito jamais consideraria envolver-se em tal tipo de tarefa, por medo de ser infectado pela associação com a plebe. O verdadeiro conhecimento, digno de estudo acadêmico, devia ser encontrado nos escritos dos grandes mestres do passado, ou derivado deles por meio de um exato raciocínio lógico. Resultados experimentais não eram sequer considerados conhecimento, uma vez que se baseavam nos inconfiáveis sentidos, e portanto não se elevavam ao necessário plano da certeza. Bacon, quase solitariamente, demoliu essa percepção. Aqui estava ninguém menos que o lorde chanceler da Inglaterra promovendo o experimentalismo como caminho apropriado para o verdadeiro conhecimento. Num só golpe, as toscas práticas de "grosseira mecânica" tornaram-se uma tarefa digna para cavalheiros com curiosidade intelectual.

Há, porém, um aspecto da metodologia de Bacon que tem sido muitas vezes criticado: sua subavaliação da matemática como ferramenta da ciência. Não que ele ignorasse a matemática completamente. Reconhecia que os objetos no mundo têm grandeza, e a matemática era a ciência da grandeza. Mas Bacon achava que o conhecimento matemático era genérico demais para ter um uso sério. "É a natureza da mente humana", escreveu ele, "deleitar-se nas planícies abertas [como se fosse] das generalidades, em vez de nos bosques e ambientes fechados dos particulares", e a matemática era o melhor campo para "satisfazer esse apetite". Tal abordagem, porém, é "para extremo prejuízo do conhecimento", porque todo conhecimento digno de se buscar jaz nos particulares das florestas emaranhadas, e não nas generalidades das planícies abertas. A matemática pode ser útil, reconhece Bacon, mas apenas como serva dos campos experimentais, não como ciência em si. Nada poderia ser pior para o progresso do conhecimento que "a fineza e o orgulho dos matemáticos, que necessitarão que essa ciência praticamente domine a física".[35]

A desconfiança de Bacon em relação à matemática como ferramenta para compreender o mundo não é difícil de entender. Para que essa disciplina descreva a natureza de modo correto, a natureza precisa ser matemática – ou seja, uma estrutura com princípios matemáticos estritos. Se assim for, tudo que se precisa fazer para ter a compreensão do funcionamento da natureza é seguir regras matemáticas rigorosas, todas as observações e experimentos são supérfluos. Mas Bacon não fazia essa pressuposição. Não há como saber como o mundo está estruturado, acreditava ele, enquanto não nos envolvermos em observações cuidadosas e sistemáticas. A ideia de que é possível deduzir o funcionamento da natureza por mero raciocínio matemático é uma ilusão perigosa, baseada em orgulho injustificável, tendendo a fazer com que qualquer cientista perca seu rumo.

A advertência de Bacon contra "a fineza e o orgulho" dos matemáticos não se perdeu para seus seguidores, os fundadores da Royal Society. Embora a Sociedade fosse oficialmente descrita como um "colégio para promover o estudo experimental físico-matemático", na prática, os estudos "matemáticos" eram estritamente subordinados aos "experimentais". Os líderes da Sociedade compartilhavam a preocupação de Bacon, de que a matemática gera orgulho e torna fácil assumir que Deus criou o mundo de acordo com restrições matemáticas rígidas. Como Bacon, eles estavam preocupados com que o raciocínio matemático pudesse seduzir os cientistas afastando-os do laborioso trabalho de experimentação.

Mas os fundadores da Royal Society tinham outras preocupações que iam além da advertência de Bacon meio século antes. A matemática, acreditavam eles, era a aliada e a ferramenta do filósofo dogmático. Era o modelo para os elaborados sistemas dos racionalistas, e o orgulho dos matemáticos era o alicerce do orgulho de Descartes e Hobbes. E assim como o dogmatismo desses racionalistas levaria a intolerância, confronto e até guerra civil, o mesmo se passava com a matemática. Resultados matemáticos, afinal, não deixavam espaço para opiniões concorrentes, debates ou acordos do tipo que a Royal Society prezava. Resultados matemáticos eram produzidos em particular, não em demonstrações públicas, por um minúsculo sacerdócio de profissionais que falavam sua própria linguagem, usavam seus próprios métodos e não aceitavam a colaboração de leigos. Uma vez introduzidos, os resultados matemáticos se impunham com tirânico poder, exigindo total assentimento e nenhuma oposição. Isso, claro, era precisamente o que Hobbes tanto admirava na matemática, mas era também o que Boyle e seus colegas temiam: a matemática, pela sua própria natureza, acreditavam eles, leva a alegações de verdade absoluta, ameaças de tirania e, com toda a facilidade, guerra civil.

Ainda assim, apesar dos riscos ideológicos e políticos, a matemática não podia ser simplesmente dispensada. Algumas das grandes conquistas da Nova Filosofia eram extremamente matemáticas. Progressos em medicina, tais como a descoberta da circulação sanguínea por Harvey, eram certamente experimentais, bem como as medições barométricas da pressão atmosférica, conhecidas como experimento de Torricelli, e as investigações de William Gilbert sobre a natureza do magnetismo. Contudo, os maiores triunfos científicos da época foram de fato na astronomia, e estes tinham uma profunda dívida com a matemática.

O que, então, podiam fazer os líderes da Royal Society? Não podiam simplesmente ignorar as brilhantes contribuições que a matemática já tinha dado para a ciência, nem os fortes indícios de que ela continuaria a desempenhar papel central no progresso científico. Mas como podia a Sociedade abraçar as contribuições importantes da ciência matemática e ainda assim evitar suas perigosas implicações metodológicas, filosóficas e políticas? Essa era uma questão difícil, que deixava a entidade numa ambivalência em relação à matemática que caracterizou sua ciência por muitos anos.[36] E ninguém sentiu esse conflito mais de perto que John Wallis.

9. Matemática para um Mundo Novo

Uma infinidade de retas

Wallis era o único matemático entre os fundadores da Sociedade, e portanto recaiu sobre ele abordar o problemático status da disciplina. Ele compartilhava plenamente a rejeição dos seus colegas ao dogmatismo, e na autobiografia orgulha-se de ter moderação e abertura para opiniões diversas, mesmo quando conflitavam com as suas. "Tem sido meu empenho todo o tempo", escreveu como forma de resumo, "agir por princípios moderados, entre as extremidades de cada lado, ... sem as ferozes e violentas animosidades, habituais em tais casos, contra tudo que não agisse exatamente como eu, sabendo que havia muitas pessoas dignas envolvidas de cada lado."[1]

Todavia, como matemático e professor saviliano, Wallis estava comprometido com um campo que tradicionalmente se orgulhava de sua metodologia inflexível e da verdade absoluta e incontestável de seus resultados. Como era possível conciliar isso com a moderação e flexibilidade que prezava como membro da Royal Society? A solução de Wallis foi simples e radical: ele criou um novo tipo de matemática. Ao contrário da tradicional, essa nova abordagem atuaria não por meio da prova dedutiva rigorosa, mas por tentativa e erro; seus resultados seriam altamente prováveis, mas não irrefutavelmente certos, e seriam validados não por "raciocínio puro", mas por consenso, como os experimentos públicos realizados na Royal Society. Em última análise, sua matemática seria julgada não pela perfeição lógica, mas pela eficácia em produzir novos resultados.

Sua matemática, em outras palavras, não era modelada pela geometria euclidiana, o grande edifício lógico que havia inspirado Clávio, Hobbes e inúmeros outros ao longo de dois milênios; ao contrário, era planejada para imitar a abordagem experimental praticada na Royal Society. Se Wallis tivesse êxito, libertaria a matemática de sua associação com o dogmatismo e a intolerância, e resolveria as objeções de longa data sugeridas por seus colegas na Sociedade. Seria uma nova "matemática experimental", poderosa e efetiva, a serviço da ciência, mas mostrando um modelo de tolerância e moderação, em vez da rigidez dogmática. Sua própria essência seria o conceito de infinitamente pequenos.

A natureza singular da abordagem de Wallis é visível já no primeiríssimo teorema do primeiríssimo trabalho que escreveu e publicou como professor saviliano, "Das seções cônicas".[2]

> Suponho, para começar (segundo a *geometria dos indivisíveis* de Bonaventura Cavalieri), que qualquer plano seja composto, por assim dizer, de infinitas retas paralelas. Ou melhor (como prefiro), de um número infinito de paralelogramos de igual altura, sendo a altura de cada um $1/\infty$ da altura total, ou uma alíquota infinitamente pequena (o símbolo ∞ representando um número infinito); de tal modo que a altura de todos seja equivalente à altura da figura.[3]

Imediatamente nos encontramos no mundo altamente heterodoxo da matemática infinitesimal de Wallis. Como Cavalieri e Torricelli, Wallis considerava os planos objetos quase materiais compostos de um número infinito de retas empilhadas uma sobre a outra, e não como os conceitos abstratos da geometria euclidiana. Era óbvio para qualquer matemático que lesse o tratado que isso entrava em conflito com os paradoxos clássicos de Zenão e com o problema da incomensurabilidade, e tanto Hobbes quanto o matemático francês Pierre de Fermat foram rápidos em destacar esse aspecto. Mas Wallis não se impressionou com essas críticas óbvias. Sua noção de que figuras planas são compostas de retas derivava da famosa analogia de Cavalieri comparando um plano a um pedaço de pano feito de fios, bem como a prática do jesuata de ver um plano como um agregado de retas. Portanto, ele simplesmente remetia o leitor a Cavalieri, que supostamente já tinha lidado com todas as objeções e seguido adiante.

Wallis chegou a inventar um sinal para marcar o número de infinitesimais que compõem o plano e suas magnitudes, respectivamente, ∞ e 1/∞.

Com essas ferramentas básicas à mão, Wallis então propõe-se a demonstrar o poder de sua abordagem provando um teorema real:

> Como um triângulo consiste em um número infinito de retas* ou paralelogramos aritmeticamente proporcionais, começando com um ponto e continuando até a base (como fica evidente pela discussão), então, a área do triângulo é igual à base vezes a metade da altura.[4]

Desnecessário dizer que Wallis não precisou fornecer uma prova complexa para determinar que a área do triângulo é metade do produto da base pela altura. O propósito da prova não era provar o resultado, e sim o oposto, demonstrar a validade de sua abordagem não convencional mostrando que ela conduzia a um resultado familiar e correto. Uma vez estabelecida a confiabilidade do método, ele pôde então resolver problemas mais desafiadores e pouco familiares.

A afirmação de que as retas que compõem um triângulo são "aritmeticamente proporcionais" exige alguma explicação. O que Wallis quer dizer é que, se as retas forem desenhadas pelo triângulo paralelas à sua base, e se essas retas forem igualmente espaçadas ao longo da altura do triângulo, então os comprimentos das retas formam uma progressão aritmética. Por exemplo, se uma reta é desenhada a meio caminho entre o vértice do triângulo e a base, seu comprimento será metade do comprimento da base, formando a série aritmética (0, ½, 1), para o vértice, a reta e a base, respectivamente. Se a altura é dividida em três, e forem desenhadas retas nas marcas de ⅓ e ⅔ da altura, seus comprimentos formarão a série (0, ⅓, ⅔, 1); se a altura for dividida em dez, os comprimentos serão (0, 1/10, 2/10, 3/10 … 9/10, 1), e assim por diante. Isso se mantém válido independentemente de

* Mais uma vez estamos nos permitindo acompanhar o texto original, utilizando o termo "reta" mesmo quando nos referimos a "segmento de reta". Tecnicamente, a reta não tem extremidades, segundo as definições de Euclides. (N.T.)

quantas partes se dividir a altura, contanto que essas partes estejam a distâncias iguais uma da outra. Na sua prova, Wallis assume que o princípio continua valendo se a altura for dividida em um número infinito de partes.

Ele continua: "É uma regra bem conhecida entre os matemáticos que a soma de uma progressão aritmética, ou o agregado de todos os termos, é igual à soma de seus extremos multiplicada pela metade do número total de termos." Essa é uma regra simples, hoje familiar a muitos alunos do ensino médio. A soma de todos os números de 1 a 10, por exemplo, é 11 (isto é, 1 + 10) vezes 5 (metade do número de termos na sequência), ou seja, 55. Designando a magnitude infinitesimal de um único ponto pela letra "o", Wallis então usa a regra para somar todas as retas indivisíveis que compõem o triângulo:

> Portanto, se considerarmos o menor termo "o" (já que supomos que um ponto equivale a "o" em magnitude bem como a zero em número), a soma das duas extremidades é igual ao termo maior. Substituo a altura da figura pelo número de termos na progressão, pela razão de que, se supomos o número de termos como sendo ∞, então a soma de seus comprimentos é $\infty/2 \times$ *Base* (já que a base é igual à soma dos dois extremos).

Wallis está em busca do comprimento total de todas as retas que compõem o triângulo. Como elas são infinitas em número, e variam de zero (ou "o") até o comprimento da base, seu comprimento total é $\infty/2 \times$ *Base*. Agora ele multiplica isso pela espessura de cada reta:

> Mas supomos que a espessura ou altura de cada (reta ou paralelogramo) seja $1/\infty \times$ *Altura do Triângulo*; pela qual deve ser multiplicada a soma dos comprimentos. Portanto $1/\infty \times A$ multiplicado por $\infty/2 \times$ *Base* nos dá a área do triângulo. Que é $1/\infty A \times \infty/2\, B = 1/2\, AB$.

E foi assim que Wallis calculou a área do triângulo. Somou os comprimentos de todas as retas componentes como uma progressão aritmética, e então multiplicou a soma pela "espessura" de cada reta. Chegando dessa

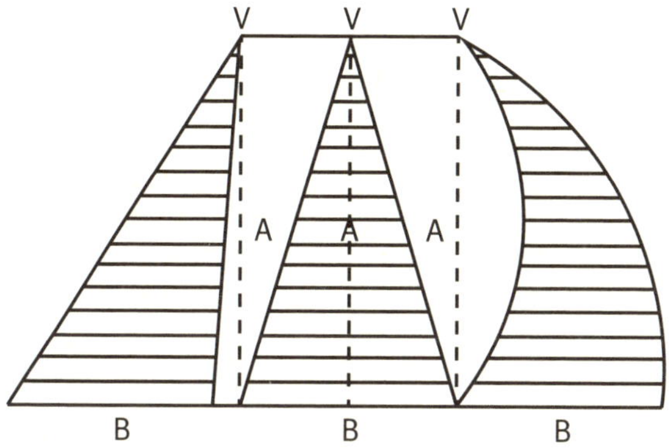

Figura 9.1. Os triângulos de Wallis, compostos de retas paralelas.

maneira a uma fórmula que tinha ∞ no numerador e ∞ no denominador, ele os simplificou e acabou com a fórmula familiar. *CQD*.

É pouco dizer que nenhum matemático moderno acompanharia Wallis nesses cálculos grosseiros e emaranhados. Tampouco conseguiriam muitos de seus contemporâneos, inclusive todos os jesuítas e Fermat, entre outros. Além da premissa problemática de que uma superfície é composta por retas com certa espessura (muito pequena), Wallis também está pressupondo, sem provas, que as regras para somar uma série finita também se aplicam a uma série infinita. Como se essas premissas não substanciadas já não fossem questionáveis o suficiente, Wallis divide, com displicência, infinito por infinito, ou, para usar sua própria notação, ∞ por ∞. Em matemática moderna, $^{\infty}/_{\infty}$ é indefinido pela simples razão de que, se $^{\infty}/_{\infty} = a$, então $\infty = a \times \infty$, e, como qualquer número multiplicado por ∞ é igual a ∞, a pode ser qualquer número. Mas Wallis trata $^{\infty}/_{\infty}$ como uma expressão algébrica comum, e cancela ∞ com ∞. Quando criticado por Fermat e outros,[5] Wallis não se preocupou com as dificuldades lógicas desses procedimentos, recusando-se a reconhecer os argumentos. Sua abordagem, afinal, não pretendia demonstrar sua adesão ao rigor formal estrito. Ao contrário, destinava-se a tornar a matemática aceitável para seus colegas da Royal Society.

O que Wallis conseguiu com esse método não convencional? Em primeiro lugar, ele afirmou que objetos geométricos eram objetos "lá fora" no mundo e podiam ser investigados como tal, como qualquer objeto da natureza. Isso é o oposto exato da visão tradicional, que sustentava que todos os objetos geométricos devem ser construídos a partir de princípios primordiais. E também contraria o ponto de vista de Hobbes, de que objetos geométricos são perfeitamente conhecidos porque nós os construímos. Para Wallis, por outro lado, o triângulo já existe no mundo, e a tarefa do geômetra é decifrar suas características ocultas – como um cientista tenta entender uma formação rochosa geológica ou os sistemas biológicos de um organismo. Recorrendo ao senso comum e à intuição acerca do mundo físico, Wallis concluía que o triângulo é composto de retas paralelas próximas entre si, exatamente como a formação rochosa é composta de estratos geológicos, um pedaço de madeira é feito de fibras, ou (segundo Cavalieri) um pedaço de pano é feito de fios.

Como, de acordo com Wallis, os objetos geométricos já existem no mundo, conclui-se que o rigor matemático é completamente desnecessário. Na geometria tradicional, na qual os objetos geométricos são construídos a partir de princípios primordiais e se demonstram teoremas das relações entre eles, o rigor lógico é indispensável. Afinal, é somente uma insistência estrita em inferências lógicas corretas que garante resultados corretos. O caso, porém, é muito diferente quando examinamos um objeto no mundo, porque é sua realidade externa que decide se o resultado está correto. Uma insistência exagerada no raciocínio lógico pode mais estorvar que ajudar.

Considere, por exemplo, um geólogo investigando uma formação rochosa. Ele certamente não jogará seus resultados pela janela só porque alguém lhe mostra que seu pedido de financiamento tem um erro de ortografia ou uma das medições contém um minúsculo engano. Em vez disso, se os resultados estiverem descrevendo corretamente a formação rochosa – estrutura, idade, como se compôs etc. –, o geólogo concluirá, corretamente, que a metodologia como um todo também está correta, afora mínimas inconsistências. O mesmo vale para Wallis, que estudava triângulos como objetos externos não diferentes, fundamentalmente, de uma formação rochosa. Tudo bem insistir em rigor estrito, podemos imaginar Wallis pensando, mas não se ele atrapalha as novas descobertas.

Alguns matemáticos podiam reclamar das retas infinitesimais e da divisão de infinito por infinito, mas para Wallis isso era mero pedantismo. Afinal, ele chegou a um resultado correto.

Esse descaso displicente pelo rigor lógico é uma posição estranha para um matemático, mas Wallis havia sinalizado sua concepção inusitada em *Truth Tried*, de 1643. Rejeitando o raciocínio puro da geometria euclidiana, ele apresentava o triângulo como um objeto quase material, que podia ser intuído por meio dos sentidos. Para Wallis, o triângulo era visível, sua estrutura interna era "sentida", e, se não podia ser exatamente "saboreado", tinha-se a impressão de que quase podia. "Entidades matemáticas existem", escreveu ele com confiança em *Mathesis universalis*, de 1657, "não na imaginação, mas na realidade."[6]

Muita coisa tinha acontecido na vida de Wallis nos anos que se passaram entre a divulgação de *Truth Tried* e as publicações matemáticas da década seguinte. Ele deixara para trás grande parte de suas raízes presbiterianas, mudara-se de Londres para Oxford, tornara-se matemático profissional e professor saviliano. Mas, quando se tratava da questão de como adquirir o verdadeiro conhecimento, Wallis, o distinto professor de matemática, não era diferente de Wallis, o jovem incendiário parlamentarista: "não parece estar na força da vontade rejeitar" o caminho pela intuição material, e não pelo raciocínio abstrato.[7]

Matemática experimental

A abordagem de Wallis em *Sobre as seções cônicas* estabelecia objetos geométricos como corpos reais no mundo, mas deixava em aberto a questão de como deviam ser investigados. Na prova da área do triângulo, Wallis baseou-se na intuição material para dividir o plano numa infinidade de retas paralelas e depois somá-las. Isso é eficaz para o problema abordado, mas não é um "método" aplicável a uma vasta gama de problemas matemáticos. Em *Truth Tried*, Wallis sugere que uma abordagem mais ampla deve basear-se em experimentos, mas está longe de ficar claro a que ele se refere. Como se deve aplicar o método experimental, que se pauta em instrumentos científicos e observações físicas reais, para corpos matemáticos abstratos como triângulos, círculos e cones? Wallis tinha uma resposta, e a deu em *Aritmética do infinito*, publicado ao mesmo tempo que *Sobre as seções cônicas*, em 1656. Esse livro é considerado sua obra-prima.

"O método de investigação mais simples, neste e em vários problemas que se seguem, é exibir a coisa em certa medida, observar as razões produzidas e compará-las entre si; de modo que, com o tempo, uma proposta genérica possa tornar-se conhecida por indução."[8] Assim escreveu Wallis na proposição 1, na primeira página de *Aritmética do infinito*. A palavra-chave aqui também é a última, *indução*, e a abordagem ficou conhecida tanto para Wallis como para seus críticos como método da indução. Hoje, indução matemática é o nome dado a um método de prova perfeitamente rigoroso e usado de forma generalizada, ensinado a alunos do ensino médio e estudantes de faculdade. Ele consiste em demonstrar um teorema para um caso particular, digamos, quando $n = 1$, e depois provar que, se ele vale para n, também vale para o caso de $n + 1$, e, consequentemente, para todo e qualquer n. Isso, porém, foi desenvolvido muito mais tarde, e não é absolutamente o que Wallis tinha em mente. No século XVII, em especial na Inglaterra, "indução" era um termo associado a uma abordagem científica particular e a um indivíduo específico: Francis Bacon, lorde chanceler de Jaime I, profeta e principal defensor do método experimental.

Bacon desenvolveu sua teoria da indução em *Novum organum*, de 1620, sua obra mais sistemática sobre o método científico. Ele via a indução como uma alternativa para a dedução, que, segundo Aristóteles e seus seguidores nas universidades europeias, é a forma mais forte de raciocínio lógico. A dedução é o tipo de raciocínio empregado na geometria euclidiana e também na física aristotélica. Ela passa do geral ("todos os homens são mortais") para o particular ("Sócrates é mortal") e de causas ("corpos pesados pertencem ao centro do cosmo") para efeitos ("corpos pesados caem no chão"). Mas Bacon argumentava que esse tipo de raciocínio jamais levaria a um conhecimento novo, porque não deixava lugar para a aquisição de fatos novos por meio da observação e da experimentação. A indução, para Bacon, era uma forma alternativa de raciocínio que, ao contrário da dedução, podia fazer uso de experimentos.

A indução estava longe de ser uma ideia nova no começo do século XVII. Com certeza já era conhecida de Aristóteles e outros filósofos antigos, que a consideravam uma forma inferior de raciocínio quando comparada à dedução. Em vez de ir do geral para o particular, a indução faz o inverso: ela exige a compilação de muitos particulares e tira a partir deles uma regra abrangente. Isso quer dizer que, em vez de seguir dedutivamente de causas para efeitos, a indução começa pelos efeitos tirados do mundo à nossa volta e, a partir deles, infere as causas.

As armadilhas do raciocínio indutivo ficam claras quando consideramos o caso do cisne negro, o conto exemplar predileto de muitos filósofos. Por muitos séculos os europeus conviveram com cisnes e os observaram, e todos os cisnes que tinham visto eram brancos. Usando a indução, concluíram razoavelmente que todos os cisnes eram brancos. Mas quando os europeus chegaram à Austrália, nos anos 1700, fizeram uma descoberta inesperada: cisnes negros. Acontece que, apesar das inúmeras observações particulares feitas pelos europeus ao longo dos séculos, e apesar do fato de que toda observação era sempre de um cisne branco, a regra "todos os cisnes são brancos" era falsa.

Escrevendo no início dos anos 1600, Bacon não sabia nada de cisnes negros, mas tinha plena consciência da incerteza inerente à indução. Todavia, manteve-se firme. A física aristotélica, acreditava ele, era uma armadilha elegante e bem construída, logicamente consistente, mas divorciada do mundo. O único modo de expandir o conhecimento humano do mundo, argumentava ele, era pelo envolvimento direto com a natureza, e isso significava observações sistemáticas e experimentação. Como esses métodos, reconhecia ele, funcionam por indução, são vulneráveis às suas fraquezas, e as conclusões nunca são absolutamente certas. Mas, se aplicada com cuidado e de forma sistemática, com plena consciência de suas potenciais fraquezas, a indução pode em última instância levar ao progresso do conhecimento humano. Essa seria a única maneira, segundo Bacon, de estudar a natureza e revelar seus segredos.

Assim, quando Wallis, no início do *Aritmética do infinito*, escreve que seguirá por indução, ele está se associando a um empreendimento filosófico muito particular: a filosofia experimental advogada pelo falecido sir Francis Bacon e depois adotada e promovida pelos fundadores da Royal Society. Wallis já havia demonstrado em *Sobre as seções cônicas* que enxergava objetos matemáticos como coisas existentes no mundo, como objetos físicos. Em *Aritmética do infinito* ele indica como irá estudá-los: por meio de experimentos. Em outras palavras, estudará triângulos, círculos e quadrados usando o mesmo método que seu amigo Robert Boyle para analisar a estrutura do ar e o do seu colega Robert Hooke para examinar criaturas minúsculas ao microscópio.[9] Ao tentar estabelecer uma verdade matemática, ele começará experimentando-a em diversos casos particulares, observando com cuidado os resultados desses "experimentos". Com o tempo, depois de ter feito isso repetidamente para diferentes casos, "uma proposição geral pode se tornar conhecida por indução". Wallis descobrira a resposta para a desconfiança de seus colegas em relação ao método matemático. Desenvolvera uma matemática experimental para encaixar-se no espírito do éthos de experimentação da Royal Society. Em vez de deduzir leis universais que obrigavam à concordância e eliminavam a divergência, a matemática de Wallis aos poucos reuniria evidências, caso a caso, devagar, com cautela, e chegaria a conclusões gerais e provisórias. Esse é o caminho da experimentação.

A matemática experimental de Wallis é a ferramenta básica de *Aritmética do infinito*, o alicerce de sua fama de matemático. O tema da obra é muito semelhante à aventura matemática mais ambiciosa de Hobbes: determinar a área do círculo. Há, porém, uma diferença crucial entre seus projetos. Hobbes tenta efetivamente construir um quadrado de área igual à de um círculo usando apenas as ferramentas euclidianas tradicionais, régua e compasso. Estava destinado a fracassar, porque o lado de um quadrado com área igual à de um círculo de raio r é $\sqrt{\pi}\,r$, e π (como foi demonstrado dois séculos mais tarde) é um número transcendente, que não pode ser construído dessa maneira. Wallis, claro, não tenta construir nada. Em vez disso, busca chegar a um número que lhe dê a razão correta entre um círculo e um quadrado com lado igual ao raio r. Como a área do quadrado é r^2 e a área do círculo é πr^2, esse número é π. E como π é transcendente, ele não pode ser descrito como uma fração regular nem como fração decimal finita. Apesar disso, no fim do trabalho, Wallis consegue produzir uma série infinita, que lhe permite uma aproximação de π tão boa quanto ele desejar:

$$\frac{4}{\pi} = \frac{3 \times 3 \times 5 \times 5 \times 7 \times 7 \times 9 \times 9 \times 11 \times 11 \times \ldots}{2 \times 4 \times 4 \times 6 \times 6 \times 8 \times 8 \times 10 \times 10 \times 12 \times \ldots}$$

Wallis começa seu cálculo da área do círculo de forma muito parecida com o início do cálculo da área do triângulo. Olhando um quadrante do círculo com raio *R*, ele o divide em retas paralelas, como na Figura 9.2. A mais longa delas é *R*, e as outras vão ficando mais curtas até chegarem a zero exatamente sobre a circunferência. Chamemos a reta mais longa de r_0 e as outras de r_1, r_2, r_3, e assim por diante. Ao mesmo tempo, a área do quadrado onde o quadrante está inscrito também é composta de uma infinidade de retas, mas todas com o mesmo comprimento *R*. Consequentemente, a razão entre a área do quadrante e a do quadrado é:

$$\frac{r_0 + r_1 + r_2 + r_3 + \cdots + r_n}{R + R + R + R + \cdots + R}$$

Quanto mais retas temos no quadrante e no quadrado – ou, como diríamos hoje, à medida que *n* tende ao infinito –, mais perto esse número chega da razão entre a área do quadrante e a área do quadrado que o circunscreve.

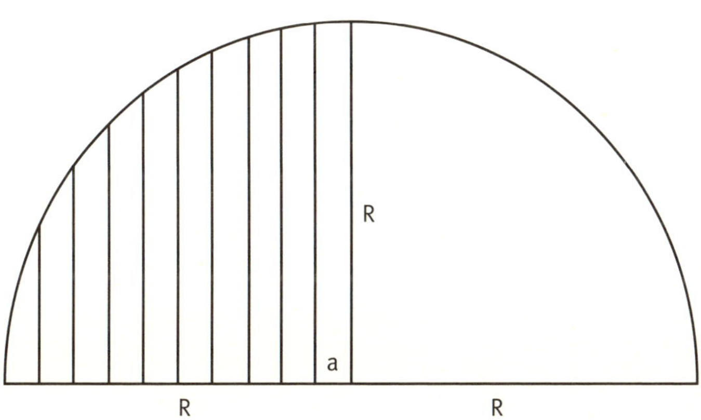

Figura 9.2. Retas paralelas compõem a superfície do quadrante.

Agora, o comprimento preciso de cada uma das retas paralelas r que compõem o quadrante depende de sua distância em relação à primeira e mais longa reta, R. Se dividimos a distância R em n partes iguais, e consideramos cada parte uma unidade, então o comprimento da linha mais próxima de R é $\sqrt{R^2 - 1^2}$; a segunda linha ao seu lado será $\sqrt{R^2 - 2^2}$; a seguinte será $\sqrt{R^2 - 3^2}$; e assim por diante, até chegarmos à circunferência, onde o comprimento da última será $\sqrt{R^2 - R^2}$, que é zero. A razão entre as linhas que dividem o quadrante e o mesmo número de linhas que dividem o quadrado em volta será, portanto:

$$\frac{\sqrt{R^2 - 0^2} + \sqrt{R^2 - 1^2} + \sqrt{R^2 - 2^2} + \sqrt{R^2 - 3^2} + \cdots + \sqrt{R^2 - R^2}}{R + R + R + R + \cdots + R}$$

O objetivo de Wallis em *Aritmética do infinito* é calcular a razão à medida que n aumenta, tendendo ao infinito, e essa tarefa não é nada fácil. Ele se aproxima do resultado por uma sucessão de aproximações de séries similares que chegam cada vez mais perto da razão desejada. Contudo, muito mais significativo que o cálculo de Wallis da área do círculo é seu método para somar séries infinitas que acabam levando ao resultado final.

Suponha, sugere ele no começo de *Aritmética do infinito*, que tenhamos uma "série de valores em proporção aritmética, aumentando continuamente e começando de um ponto ou de zero, como por exemplo 0, 1, 2, 3, 4 etc.". Qual é, pergunta ele, a razão entre a soma dos termos da série e a soma de uma quantidade igual do termo maior? Wallis decide tentar. Começa com o caso mais simples, a série de dois termos 0, 1. A razão é, portanto:

$$\frac{0+1}{1+1} = \frac{1}{2}$$

E testa outros casos:

$$\frac{0+1+2}{2+2+2} = \frac{3}{6} = \frac{1}{2}$$

$$\frac{0+1+2+3}{3+3+3+3}=\frac{6}{12}=\frac{1}{2}$$

$$\frac{0+1+2+3+4}{4+4+4+4+4}=\frac{10}{20}=\frac{1}{2}$$

$$\frac{0+1+2+3+4+5}{5+5+5+5+5+5}=\frac{15}{30}=\frac{1}{2}$$

$$\frac{0+1+2+3+4+5+6}{6+6+6+6+6+6+6}=\frac{21}{42}=\frac{1}{2}$$

Todo caso dá o mesmo resultado, e Wallis tira uma conclusão definida: "Se pegarmos uma série de valores em proporção aritmética (ou como a sequência natural de números), aumentando continuamente e começando de um ponto ou zero, finita ou infinita em quantidade (pois não haverá motivo para fazer a distinção), ela estará para uma série de mesma quantidade de termos iguais ao maior assim como 1 está para 2."[10]

Wallis poderia ter provado facilmente esse resultado simples dando a fórmula geral para a soma da sequência de números naturais começando por zero, e dividindo-a pela soma de igual quantidade do termo maior: $^{n(n+1)}/_2$ dividido por $n(n + 1)$, que dá imediatamente ½. Mas seu objetivo não era calcular a razão, e sim demonstrar a utilidade do método da indução: experimente um caso, depois outro e depois ainda outro. Se o teorema se sustentar em todos os casos, então, para Wallis, ele está provado e é verdadeiro. "*Indução*", escreveu ele muitos anos depois, "é um método de *investigação* muito bom, ... que frequentemente nos leva à rápida descoberta de uma regra geral." E, mais importante: "Não precisa ... de qualquer demonstração adicional."[11]

Uma vez estabelecido esse primeiro teorema, Wallis seguiu adiante para fazer a mesma coisa com séries mais complexas:[12] e se, em vez de somar uma sequência de números naturais e dividir a soma pela mesma quantidade de vezes o termo maior, ele somasse os quadrados dos números naturais e dividisse a soma por uma quantidade igual de quadrados do termo maior? Usando seu querido método da indução, ele fez a tentativa. Começando pelo caso mais simples, obteve:

$$\frac{0+1}{1+1}=\frac{1}{2}=\frac{1}{3}+\frac{1}{6}$$

Ele então soma mais termos, calculando a soma em cada caso:

$$\frac{0+1+4}{4+4+4}=\frac{5}{12}=\frac{1}{3}+\frac{1}{12}$$

$$\frac{0+1+4+9}{9+9+9+9}=\frac{14}{36}=\frac{1}{3}+\frac{1}{18}$$

$$\frac{0+1+4+9+16}{16+16+16+16+16}=\frac{30}{80}=\frac{3}{8}=\frac{1}{3}+\frac{1}{24}$$

$$\frac{0+1+4+9+16+25}{25+25+25+25+25+25}=\frac{55}{150}=\frac{11}{30}=\frac{1}{3}+\frac{1}{30}$$

$$\frac{0+1+4+9+16+25+36}{36+36+36+36+36+36+36}=\frac{91}{252}=\frac{13}{36}=\frac{1}{3}+\frac{1}{36}$$

Observando os diversos casos, Wallis deduz que, quanto mais termos houver, mais a razão se aproxima de ⅓. Para uma série infinita, concluiu, a diferença sumirá totalmente. Então ele redige um teorema (proposição 21):

> Se é proposta uma série infinita de valores que são quadrados de proporcionais aritméticos (ou uma sequência de quadrados de números) crescendo continuamente, e começando de um ponto ou zero, ela estará para uma série de mesma quantidade de termos iguais ao maior assim com o 1 está para 3.[13]

A prova de Wallis requer uma única sentença: o resultado, escreve ele, é "claro pelo que aconteceu antes". A indução não precisa de apoio adicional.

Wallis experimenta mais uma série desse tipo, examinando os cubos, em vez dos quadrados, dos números naturais:

$$\frac{0+1}{1+1}=\frac{1}{2}=\frac{2}{4}=\frac{1}{4}+\frac{1}{4}$$

$$\frac{0+1+8}{8+8+8}=\frac{9}{24}=\frac{3}{8}=\frac{1}{4}+\frac{1}{8}$$

$$\frac{0+1+8+27}{27+27+27+27} = \frac{36}{108} = \frac{4}{12} = \frac{1}{4} + \frac{1}{12}$$

$$\frac{0+1+8+27+64}{64+64+64+64+64} = \frac{100}{320} = \frac{5}{16} = \frac{1}{4} + \frac{1}{16}$$

$$\frac{0+1+8+27+64+125}{125+125+125+125+125+125} = \frac{225}{750} = \frac{6}{20} = \frac{1}{4} + \frac{1}{20}$$

$$\frac{0+1+8+27+64+125+216}{216+216+216+216+216+216+216} = \frac{441}{1512} = \frac{7}{24} = \frac{1}{4} + \frac{1}{24}$$

O método da indução prova a si mesmo mais uma vez. À medida que cresce a quantidade de termos, a razão aproxima-se de ¼, que leva à proposição 41:

> Se é proposta uma série infinita de valores que são cubos de proporcionais aritméticos (ou uma sequência de cubos de números) crescendo continuamente, e começando de um ponto ou zero, ela estará para uma série de mesma quantidade de termos iguais ao maior assim com o 1 está para 4.[14]

Como os teoremas precedentes, esse também não requer prova além da indução autoevidente.

Em notação moderna, os três teoremas de Wallis teriam o seguinte aspecto:

$$\lim_{n\to\infty} \frac{0+1+2+3+\cdots+n}{n+n+n+n+\cdots+n} = \frac{1}{2}$$

$$\lim_{n\to\infty} \frac{0^2+1^2+2^2+3^2+\cdots+n^2}{n^2+n^2+n^2+n^2+\cdots+n^2} = \frac{1}{3}$$

$$\lim_{n\to\infty} \frac{0^3+1^3+2^3+3^3+\cdots+n^3}{n^3+n^3+n^3+n^3+\cdots+n^3} = \frac{1}{4}$$

Wallis considerou essas razões passos importantes no caminho para o cálculo da área do círculo, porque cada razão algébrica correspondia para ele a um caso geométrico particular. A primeira mostra a razão entre um triângulo e o retângulo que o engloba. Exatamente como Wallis mostra na sua prova da área do triângulo em *Sobre as seções cônicas*. A série 0, 1, 2, 3, ... , *n* representa os comprimentos das linhas paralelas que formam o triângulo, e a série *n, n, n, n* ... *n* representa uma quantidade igual de linhas paralelas que compõem o retângulo que o engloba. A razão entre elas, ½, é de fato a razão entre as áreas do triângulo e do retângulo (ver Figura 9.1). O segundo caso corresponde à razão entre a meia parábola e seu retângulo circunscrito ou, mais precisamente, à razão entre a área fora da meia parábola e o retângulo. As linhas paralelas que compõem essa área aumentam como quadrados, ou seja, 0, 1, 4, 9, ... n^2, enquanto o retângulo é representado por $n^2, n^2, n^2, \ldots n^2$. Wallis, com efeito, mostra que a razão entre a área fora da parábola e a área do retângulo circunscrito é ⅓. A terceira razão (Figura 9.3) corresponde a uma parábola cúbica, que é "mais inclinada", mostrando que aqui a razão é ¼. Enquanto Wallis ainda tinha um longo caminho a percorrer antes de calcular a razão mais difícil entre a área do quarto de círculo e o quadrado que o engloba, sua estratégia para chegar lá claramente toma forma.

Com esses resultados estabelecidos, Wallis agora mais uma vez recorre à indução para chegar a um teorema ainda mais geral: o que vale para os números naturais, seus quadrados e seus cubos deve valer para todas as potências *m* dos números naturais:[15]

$$\lim_{n\to\infty} \frac{0^m+1^m+2^m+3^m+\cdots+n^m}{n^m+n^m+n^m+n^m+\cdots+n^m} = \frac{1}{m+1}$$

Wallis não escreve os resultados exatamente nessa forma. Carecendo da nossa notação moderna, ele usa uma tabela, onde atribui uma razão, ½, à "primeira potência", outra razão, ⅓, à "segunda potência", outra razão, ¼, à "terceira potência", e assim por diante. A tabela tem o final em aberto, e a regra é manifesta: para qualquer potência *m*, a razão será $1/_{m+1}$.

Wallis encarava as figuras geométricas como coisas materiais, e portanto acreditava que, como qualquer outro objeto, eram compostas de partes fundamentais. Figuras planas eram compostas de linhas indivisíveis dispostas próximas umas das outras, e sólidos eram compostos de planos

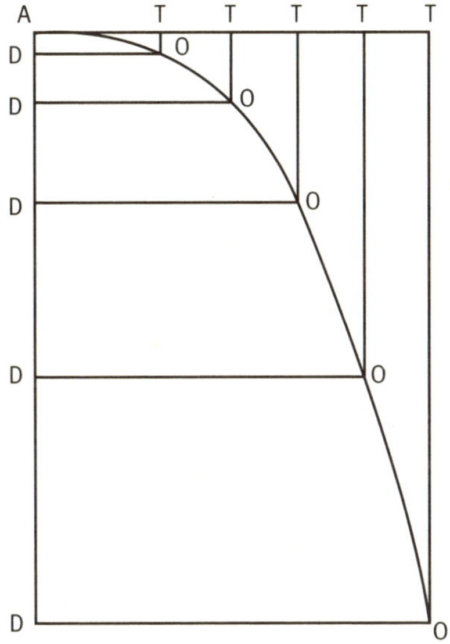

Figura 9.3. Meia parábola cúbica e seu retângulo circunscrito. As razão calculadas por Wallis mostram que a razão entre a área AOT fora da parábola cúbica e a área do seu retângulo circunscrito é ¼.

empilhados uns sobre os outros, exatamente como para Cavalieri e Torricelli haviam suposto. Mas, ao contrário dos mestres italianos, o método preferido de Wallis para investigar objetos matemáticos era a indução baconiana, que fazia sua metodologia parecer com a de um experimentalista em seu laboratório, e não um matemático sentado à sua mesa. Material, infinitesimal e experimental, o método de Wallis foi uma das empreitadas mais heterodoxas em toda a história da matemática ocidental.

Não deve surpreender, portanto, que nem todo mundo tenha se impressionado com o feito de Wallis. Pierre de Fermat hoje é lembrado sobretudo como autor do último teorema de Fermat, um dos duradouros problemas não resolvidos em matemática, até ser provado pelo matemático britânico Andrew Wiles, em 1994. Mas, no seu tempo, o francês foi um dos mais renomados e respeitados matemáticos da Europa. Ele leu *Aritmética do infinito* logo depois da publicação, em 1656, e no ano seguinte engajou-se num vívido debate com Wallis.[16] Fermat estava cético, e suas críticas foram diretamente no cerne não convencional da abordagem de Wallis. Primeiro, ele foi atrás do infinitesimalismo de Wallis, que assumia sem a menor crítica que é possível somar as linhas de uma figura plana para calcular sua área. Wallis, argumentou Fermat, fez tudo ao contrário: não se podem somar as linhas de uma figura a não ser que já se saiba a área da figura, à qual se chega por meios tradicionais. Se Fermat estivesse certo, então, todo o projeto de Wallis não fazia sentido, uma vez que fingia demonstrar o que de fato já era dado.

Se Fermat já ficou descontente com o uso descuidado dos infinitesimais feito por Wallis, não ficou mais satisfeito com seu método incomum de prova. De início, comentando o trabalho de Wallis com o cortesão católico inglês Kenelm Digby, foi ao menos superficialmente cavalheiresco: "Recebi uma cópia da carta do sr. Wallis, a quem muito estimo", começou, deixando em aberto a questão de exatamente quanta estima era aquela. A julgar pelo que vem em seguida, não devia ser muito alta: "Mas seu método de demonstração, que é fundamentado na indução, e não no raciocínio ao estilo de Arquimedes, pode ser um tanto difícil para novatos que queiram silogismos demonstrativos do começo ao fim."[17] Você e eu, ele sugere de forma bastante paternalista, seguramente entendemos o inusitado método de Wallis, mas matemáticos "novatos" terão problema com eles, e talvez Wallis fizesse a bondade de esclarecê-los. Mas polidez e condescendência à parte, logo ficou claro que a preocupação de Fermat não era realmente com as necessidades dos iletrados em matemática, e sim com o método de Wallis em si. É muito melhor, escreveu, "provar coisas pela maneira comum, legítima, de Arquimedes". O método de Wallis, resta concluir, não era nem comum nem legítimo.

Fermat deixa claro o problema da indução numa carta em separado, que redigiu pouco depois. Deve-se ser extremamente cuidadoso ao usar esse método, ele adverte, porque permite que se proponha uma regra que "é boa para diversos particulares, e mesmo assim é falsa e não universal". O método pode ser útil em algumas circunstâncias, continua ele, se usado com cuidado. Não deve, porém, "ser empregado para a fundação de uma ciência, da qual ela é deduzida, como faz o sr. Wallis: para tanto, não é necessário estabelecer nada menos que uma demonstração".[18] A inevitável implicação de que as induções de Wallis *não* eram demonstrações fica subentendida.

Wallis ficou impassível. Sua matemática dos infinitos, replicou ele, fundamentava-se no método dos indivisíveis de Cavalieri, e a crítica de Fermat referente à composição de figuras geométricas estava plenamente respondida nos livros do italiano.[19] Longe de ser um afastamento radical das práticas tradicionais, seu método era apenas uma abreviação do irretocável método da exaustão usado pelos antigos mestres Eudoxo e Arquimedes. Se, mesmo assim, Fermat desejasse reconstruir todas as provas na forma clássica, escreveu Wallis, "era totalmente livre para fazê-lo". Mas "poderia poupar-se do trabalho, porque já havia sido feito para ele por Cavalieri".[20]

Wallis desviou habilmente as válidas críticas de Fermat sobre os infinitesimais sem respondê-las diretamente. A alegação de que "aqui não há nada de novo" soa falsa vinda de alguém que proclamava em alto e bom som a novidade do seu trabalho. "Pode-se achar esse trabalho novo (se julgo corretamente)", ele escreveu na dedicatória de *Aritmética do infinito* para William Oughtred, acrescentando: "Não vejo razão por que não deva proclamá-lo."[21] Sua justificativa de que Cavalieri já havia respondido a todas as objeções era uma estratégia eficaz, também usada por Torricelli, Angeli e outros promotores dos infinitamente pequenos. Ele ignorava os contundentes ataques a Cavalieri feitos pelos jesuítas e outros, apresentando assim os indivisíveis como muito mais aceitos do que na realidade eram. E também contava com a alta probabilidade de Fermat jamais ter realmente lido os tomos de Cavalieri, cuja notória ilegibilidade servia de cobertura para muitos indivisibilistas do século XVII.

Wallis também ficou pouco impressionado com a crítica de Fermat a seu método de indução. Provas por indução, diz ele, "são diretas, óbvias e fáceis", e não demandam demonstração adicional. "Se alguém as julga menos valiosas", escreve, "por não serem apresentadas com a pomposa ostentação de linhas e figuras, tenho uma opinião bem diferente."[22] Qualquer matemático competente que dedique seu tempo, argumenta Wallis, pode converter suas provas por indução em provas geométricas tradicionais, mas fazer isso seria mera petulância: "Não creio que Euclides tivesse intenção de ser tão pedante", escreveu. "Tenho certeza de que Arquimedes não o era."[23] Pedantes como Fermat, segundo Wallis, eram uma distinta minoria: "[A] maioria dos matemáticos que tenho visto,[24] depois que essa indução prossegue por alguns passos … ficam satisfeitos [com tal evidência] para concluir universalmente *e da mesma maneira para as potências consequentes*. Essa indução tem sido até agora considerada … um argumento conclusivo."[25] Com esse breve e insolente comentário, Wallis desdenhava milhares de anos de tradição.

Wallis salva a matemática

Se a abordagem de Wallis era inaceitável para matemáticos relativamente ortodoxos como Fermat, para seus colegas da Royal Society ela foi a solução para um incômodo problema. Boyle, Oldenburg e outros associados haviam enaltecido o método experimental como a forma apropriada de praticar ciência. Para eles, não era somente a metodologia correta para revelar os segredos da natureza, mas também um modelo para o funcionamento adequado do Estado. Por infortúnio, enquanto o experimentalismo apoiava a visão dos fundadores da Royal Society acerca da natureza e da sociedade, ele também deixava a matemática do lado errado da divisão metodológica e política. A matemática como habitualmente entendida não deixava espaço para pontos de vista concorrentes, extraindo concordância por meio do irresistível poder do seu raciocínio, em vez de chegar a um acordo por livre consentimento. Ela era domínio exclusivo de um pequeno número de especialistas cujo trabalho era técnico e esotérico demais para ser avaliado de modo competente por leigos inteligentes e educados, e cujas afirmações – absolutas e arrogantes – tinham de ser aceitas como verdadeiras com base apenas na sua autoridade. Além disso tudo, a matemática era a pedra angular de uma visão do conhecimento e do Estado que os figurões da Royal Society encaravam com repulsa e horror: a ciência autoritária e o *commonwealth* totalitário de Hobbes. Da forma como viam, enquanto o experimentalismo representava moderação, tolerância e paz, a matemática era a ferramenta dos defensores de dogmatismo, intolerância e seu inevitável resultado, a guerra civil.

Isso deixava os fundadores da Royal Society num dilema. Como podiam conservar o poder e as conquistas científicas da matemática e ao mesmo tempo trazer para bordo a sua bagagem indesejável? Wallis tinha a resposta: seu estilo único de matemática era tão poderoso quanto o método tradicional, mas também estava em perfeita sintonia com o venerado experimentalismo da Sociedade. Para os fundadores da Royal Society, aquele era um presente divino: aí estava uma abordagem matemática flexível, que acomodava opiniões divergentes e era modesta em suas alegações. Precisamente o tipo de matemática que a Royal Society podia endossar e promover.

Para ver quanto a matemática de Wallis era diferente da rígida abordagem euclidiana detestada pela Sociedade, é instrutivo comparar sua prática com as opiniões matemáticas do homem que a Sociedade mais temia: Thomas Hobbes. Para começar, Hobbes insistia em que entidades geométricas deviam ser construídas por nós, a partir de princípios primordiais, e por consequência eram totalmente conhecidas. Não é assim, retorquia Wallis: retas, planos e figuras geométricas eram-nos dados, totalmente formados, e seus mistérios deviam ser investigados exatamente como o cientista estuda os objetos naturais. Aí entrava a questão do método matemático, com Hobbes teimando que a dedução era o único caminho aceitável em matemática, já que somente ele assegurava certeza absoluta. Wallis, por outro lado, advogava a indução, que, argumentava ele, era muito mais eficaz que a dedução para descobrir resultados novos. O fato de a indução nunca pretender chegar ao plano da certeza que Hobbes tanto prezava era para Wallis um pequeno preço a ser pago. Finalmente, como Hobbes insistia em que suas deduções matemáticas chegavam à verdade absoluta, ele não dava a mínima para as opiniões dos outros. A prova se sustentava por si, quer os outros a entendessem, quer não. Mas as provas indutivas de Wallis não são deduções lógicas infalíveis, e sim argumentos fortes, persuasivos, destinados a balançar a audiência. Seu sucesso dependia muito de os leitores acreditarem, no final, que os teoremas eram verdadeiros para todos os casos, e não só para os que ele experimentava.

Em quase todos os aspectos, a matemática de Wallis replicava as práticas experimentais de seus associados na Royal Society. Ele investigava objetos externos, não objetos construídos; sua matemática baseava-se na indução, não na dedução; ele nunca reivindicava ter chegado a uma verdade definitiva; e o árbitro derradeiro dessa verdade era o consenso dos homens. Esse era precisamente o tipo de matemática que se esperaria do único matemático entre os fundadores da Royal Society, e era o que os figurões da Sociedade procuravam. Em vez de ser uma rival perigosa das práticas experimentais, a matemática podia agora unir-se a elas para promover uma ciência apropriada e uma ordem política adequada.

Wallis e Hobbes acreditavam que a ordem matemática era o alicerce para a ordem social e política, mas, com exceção dessa premissa comum, não concordavam em mais nada. Hobbes advogava um método matemático dedutivo estrito e rigoroso, que era seu modelo para um Estado absolutista, rígido e hierárquico. Wallis defendia uma matemática modesta, tolerante e guiada pelo consenso, planejada para incentivar as mesmas qualidades no corpo político como um todo. Através da linha divisória de matemática e política, os dois se defrontavam, e as apostas não podiam ser maiores: a natureza da verdade; a ordem social e política; a face da modernidade.

Golias contra os caluniadores

A primeira rajada na guerra entre o professor saviliano de geometria e o filósofo político da corte foi disparada no verão de 1655, quando Wallis publicou *Elenchus geometriae Hobbianae*,[26] uma mordaz crítica aos esforços geométricos de Hobbes em *De corpore*. A última rajada foi disparada 23 anos depois, quando Hobbes, então com noventa anos, publicou *Decameron physiologicum*, que incluía um debate sobre a "proporção de uma linha reta em relação a meio arco de um quadrante".[27] Esse foi o último esforço de Hobbes em defesa de sua matemática e para solapar o rival, mas o vaivém teria continuado indefinidamente se ele não tivesse morrido no ano seguinte. Nesse meio-tempo, Wallis publicou dez livros e ensaios adicionais cujo alvo direto era Hobbes, enquanto este publicou pelo menos treze tratados mirando Wallis. A estes podem ser acrescentados inúmeros outros insultos, reprimendas, acusações e (ocasionalmente) críticas sérias, que constituíam apartes em outras obras desses dois autores muito prolíficos. Quando a batalha estava no auge, acusações voavam de lado a lado, em ritmo feroz, cada qual acusando o outro não só de incompetência matemática, mas também de subversão política, heresia religiosa e vilania pessoal.

Quando a guerra começou, os dois provavelmente nunca tinham se encontrado. Wallis sem dúvida ouvira falar do celebrado autor de *Leviatã*, e seu amigo e colega Seth Ward tinha viajado a Londres a fim de conhecer Hobbes quando voltou para a Inglaterra em 1651.[28] Se Hobbes sabia alguma coisa de Wallis, era que se tratava do novo (e aparentemente não qualificado) professor saviliano em Oxford, indicado pelo Parlamento por razões obviamente políticas. Mesmo em anos posteriores, quando os dois passavam grande parte do tempo tentando demolir mutuamente a reputação um do outro, não há registro de que alguma vez tenham se encontrado, embora seja difícil imaginar que não se esbarraram nos estreitos círculos sociais da elite intelectual inglesa. O conflito entre eles tinha raiz em seus pontos de vista políticos, religiosos e metodológicos diferentes, e não em animosidade pessoal. Mas não demorou muito para que as coisas ficassem pessoais e cheias de rancor.

Wallis foi quem deu o tom logo de início: "Ninguém pode duvidar de quanto esse homem é afetado pelo orgulho e a arrogância", escreveu em sua dedicatória de *Elenchus* para John Owen, deão do Christ Church College e vice-chanceler da Universidade de Oxford. "Quando olho para ele, é igual ao Leviatã (que fez seu nome para ele), ou melhor, Golias. Desfilando com tamanha arrogância, resolvi que ele deveria ser meticulosamente atacado, para que veja que não pode fazer qualquer coisa que queira sem ser chamado à razão."[29] Um Golias afetado e arrogante desfilando por aí como se fosse o único dono da verdade, esta se tornou para Wallis a caricatura predileta de Hobbes, e ele prometeu "estourar o balão daquele homem tão cheio de falatório vazio". Já Hobbes parecia imperturbável diante da linguagem agressiva de Wallis, e, ainda que ocasionalmente se queixasse do tom malcriado do oponente, entrou na guerra com prazer, revidando com a mesma força com que apanhava.

O título condescendente da primeira resposta de Hobbes à investida de Wallis pressagiava tudo que estava por vir: *Six Lessons to the Professors of Mathematics, One of Geometry, the Other of Astronomy*. Se Wallis considerava Hobbes arrogante antes, então esse tratado só fez confirmar a opinião. Aí estava Hobbes, um intelectual do clã Cavendish, sem credenciais nem posição, pretendendo ensinar geometria a Wallis e Ward, detentores de duas das mais distintas cadeiras de matemática da Europa. E Hobbes tampouco parou por aí, pois na dedicatória a lorde Pierrepont ele foi mais longe, argumentando que na verdade merecia a posição deles mais que eles próprios: estabelecendo as verdadeiras fundações da geometria em *De corpore*, argumenta ele, "eu fiz o trabalho pelo qual o dr. Wallis recebe seus salários".[30]

Na obra em si, Hobbes passa da defesa de seu trabalho matemático à ridicularização de Wallis, e responde desdém com desdém. "Acredito verdadeiramente", escreve ele sobre *Aritmética do infinito* e o trabalho de Wallis sobre o ângulo de contato, "que, desde o começo do mundo, não houve nem haverá tanto absurdo escrito em geometria quanto se encontra nesses livros." Sobre o uso feito por Wallis de símbolos algébricos, alguns (tais como ∞) de sua própria invenção, ele opina que "símbolos são os pobres, deselegantes, embora necessários, andaimes de uma demonstração; não deveriam aparecer em público mais que as deformadas necessidades que cada um faz nos seus aposentos".[31] "O livro sobre as seções cônicas" de Wallis, segundo Hobbes, "está tão coberto pela crosta de símbolos que não tive a paciência de examinar se está bem ou mal demonstrado."[32] Pode ser que Wallis tivesse essas ironias em mente quando se queixou, anos mais tarde, daqueles que zombam dos símbolos e insistem em provas clássicas revestidas da "pomposa ostentação de linhas e figuras".[33] Quando Wallis tentava responder a algumas das críticas mais substanciais de Hobbes, este fazia pouco, como um professor autoritário disciplinando uma criança mal comportada: "Você oscila e se perde, sim", escreveu ele com impaciência, "e joga tanta tinta fora que não consigo perceber para onde você vai, e nem preciso."[34] Mas de nada adianta: "Seu livro *Aritmética do infinito* é um nada do começo ao fim."

E assim seguiram as coisas, de um lado e de outro, por quase um quarto de século. Hobbes tinha melhor estilo e agilidade mental mais aguçada, porém Wallis contava com o puro fervor e o volume das denúncias. E era também, de longe, o mais bem relacionado dos dois, usando suas posições em Oxford e na Royal Society para gradualmente isolar Hobbes e desacreditá-lo entre os literatos ingleses. Se nos anos 1650 Hobbes era considerado um cientista e matemático formidável, na década de 1670 ele era visto como um filósofo político que se aventurara insensatamente além do seu campo de especialidade, apenas para ser exposto como amador incompetente. Mesmo Carlos II, ex-pupilo de Hobbes, aderiu à diversão geral de atormentar o idoso filósofo: "Aí vem o urso para ser abatido!",[35] anunciava o rei quando Hobbes fazia uma de suas frequentes visitas à corte. Por conseguinte, apesar de ser um dos sábios mais celebrados da Inglaterra, e apesar de ter muitos conhecidos nos quadros da Royal Society, o idoso filósofo nunca foi admitido. Hobbes atribuía esse fato à implacável hostilidade de seus poderosos inimigos na Sociedade, Wallis e Boyle, e há alguma verdade nisso. Mas há também o fato de que sua agressiva briga de décadas com Wallis (e uma briga mais curta com Boyle) deixou sua reputação científica em frangalhos, de modo que ele podia ser legitimamente repudiado como indigno de ingressar na Sociedade.

Por baixo do som e da fúria gerados quando os dois intelectuais se engajavam em debates públicos, havia de fato muita coisa em jogo. Wallis disse isso ao explicar por que deflagrara seu primeiro ataque à matemática de Hobbes. Por que, perguntava ele, "devo assumir o encargo de refutar sua geometria, deixando de fora a teologia e outras filosofias, quando há outras coisas nas quais ele cometeu erros muito mais perigosos?"[36] O motivo, explica ele, é que Hobbes tinha "dado tanta importância à geometria que sem ela dificilmente haveria alguma coisa sólida a se esperar na filosofia".[37] Hobbes tem tanta certeza da fundamentação matemática de seu sistema que, "se vê alguém discordando dele em teologia ou filosofia, acha que a pessoa deve ser mandada embora com a desdenhosa resposta de que, se é inculta em geometria, não pode entender essas coisas". Um meio seguro de derrubar todo o edifício filosófico de Hobbes é mostrar que ele na verdade é um ignorante em matemática. Então, o homem "tão cheio de falatório" será "esvaziado", e as pessoas saberão "que não há mais nada a temer desse Leviatã em relação a isso, uma vez que sua armadura (na qual ele tinha a maior confiança) é facilmente perfurável".[38]

Wallis repetiu essa explicação, depois de suportar alguns rounds de pancadaria com Hobbes, numa carta de 1659 ao polímata holandês Christiaan Huygens. A "própria diatribe severa" contra Hobbes, explica ele, não foi causada por sua falta de boas maneiras, mas pela "necessidade do caso". Ela foi "provocada pelo nosso Leviatã, quando ele ataca com toda sua força e destrói nossas universidades … e especialmente o clero, e todas as instituições e toda a religião". Como esse "Leviatã" se baseava tanto na matemática, continua Wallis, "pareceu necessário que agora algum matemático … mostrasse quão pouco ele entende dessa matéria (da qual ele tira sua coragem)".[39] Destruir a credibilidade matemática de Hobbes desacreditaria seus ensinamentos e preservaria as instituições ameaçadas pela sua filosofia destrutiva.

Felizmente para Wallis, o tipo de geometria não convencional de Hobbes oferecia muitas aberturas para ataque por parte de um matemático habilidoso. Se Hobbes tivesse se atido à geometria clássica que o cativara anos antes, quando deparou com o livro de Euclides na biblioteca de um nobre no continente europeu, teria permanecido em terreno mais seguro. Mas, para Hobbes, isso não foi suficiente. Para dar sustentação a seu sistema político, sua geometria precisava ser uma ciência perfeita, capaz de resolver todos os problemas extraordinários. E, na busca para transformar a geometria nesse ideal, Hobbes naufragou. Não porque fosse um ignorante em matemática, uma vez que suas provas mostram uma mente matemática poderosa em funcionamento. Mas porque é impossível resolver os problemas antigos por meios clássicos, e o projeto no qual ele havia embarcado estava condenado desde o início.

Até certo ponto, Hobbes seguia os passos de Clávio e dos jesuítas, que tentaram usar a geometria como modelo de conhecimento, sociedade e Estado para a ordem. O Estado rígido que defendiam, no qual a palavra do soberano (para Hobbes) e do papa (para os jesuítas) tinha força de lei, e toda oposição era considerada absurda, espelhava a ordem geométrica racional. Mas Hobbes foi um passo além dos jesuítas. Em vez de se satisfazer em tratar a geometria como um modelo e um ideal, tentou deduzir a filosofia lógica e sistematicamente de seus princípios geométricos modificados. Isso exigia que ele demonstrasse que todas as coisas no mundo podiam ser construídas a partir de princípios geométricos, e em *De corpore* ele se propôs a fazer exatamente isso.

Mas o mundo, como se percebe, não pode ser obtido da matemática. Os pitagóricos haviam aprendido isso mais de 2 mil anos antes, quando a existência de grandezas incomensuráveis pôs fim à sua crença de que tudo no mundo podia ser descrito em termos de razão entre números inteiros.

Hobbes tentou se defender. Quando Wallis ridicularizou seus repetidos fracassos na quadratura do círculo, ele protestou contra a regurgitação de Wallis quanto a resultados descartados: "Vendo que você sabia que eu havia rejeitado essa proposição", Hobbes escreveu, "não passava de pura ambição esvoaçar, como pensou em fazer, como besouro sobre os meus excrementos."[40] Hobbes admitiu seus erros nas duas primeiras tentativas, em *De corpore*, mas insistiu em que a causa do erro era mera negligência, e não um problema do método.

Hobbes não reconheceria, e provavelmente nem podia reconhecer, que sua abordagem fundamental era falha. Todo o seu sistema filosófico estava em jogo, acreditava ele, e admitir que sua geometria era irremediável, para ele, equivalia a admitir que tudo que havia escrito e argumentado era inútil. Assim, repetidas vezes, por mais de duas décadas, ele continuou a produzir novas "provas", e Wallis, que entendia muito bem quanto elas eram importantes para Hobbes, continuou a demoli-las. Acuado e só, e enfrentando uma maré crescente de críticas matemáticas, Hobbes se encolheu. "Não desejo mais mudar, confirmar ou argumentar sobre a demonstração que está impressa", escreveu ao amigo Sorbière em 1664, falando sobre mais uma de suas quadraturas do círculo. "Ela está correta; se as pessoas carregadas de preconceito não conseguem lê-la com cuidado suficiente, a culpa é delas, não minha."[41] Ele foi para o túmulo convencido de que havia conseguido quadrar o círculo.

Qual matemática?

Wallis tinha prazer em demolir as soluções de Hobbes, a cada vez que o velho filósofo propunha uma nova saída. Mas ele também tinha críticas metodológicas à abordagem matemática do rival, e elas encontraram caminho nas suas denúncias da matemática de Hobbes. Em particular, Wallis objetava à tentativa de Hobbes de construir matemática a partir de princípios físicos materiais. "Quem alguma vez, antes de você, definiu um ponto como um corpo? Quem já afirmou com seriedade que pontos matemáticos têm magnitude?"[42] Se pontos têm tamanho, continua Wallis, então somar dois, três ou cem pontos aumentará seu tamanho em duas, três ou cem vezes, o que é absurdo. A mesma crítica aplicava-se ao uso feito por Hobbes de outras propriedades físicas na definição de conceitos geométricos como "conato" e "ímpeto". Hobbes necessitava desses termos porque acreditava que todas as demonstrações deviam ser guiadas por causas materiais. Mas Wallis, vendo uma abertura, adotou a posição euclidiana clássica, que estabelecia uma distinção entre objetos geométricos perfeitos e suas defeituosas contrapartes materiais. "Com que finalidade", pergunta Wallis, "precisa haver uma consideração de tempo ou peso ou qualquer outra grandeza dessas" em definições geométricas? Tais atributos físicos, argumentava, não têm lugar no mundo da geometria.

A crítica de Wallis a Hobbes, baseada no fato de que sua matemática incorporava noções materiais, para falar com delicadeza, não era verdadeira. Afinal, a abordagem matemática de Wallis fazia quase a mesma coisa, apresentando objetos geométricos como existentes "lá fora" no mundo, dividindo-os em componentes indivisíveis e estudando-os do ponto de vista experimental. De fato, Hobbes ficava feliz em retribuir o favor condenando Wallis precisamente por isso. Não obstante, no final, a matemática de Wallis era menos vulnerável a ataques metodológicos que a de Hobbes, porque este queria usar a matemática como baluarte de certeza que sustentasse sua filosofia política. Por conseguinte, qualquer crítica que propusesse questões sobre a solidez lógica de sua abordagem atingia o próprio cerne da empreitada. Wallis, ao contrário, pouco se importava com certezas metodológicas. Seu propósito, explicou ele anos depois, "não era tanto defender um método de demonstrar coisas já sabidas, ... mas mostrar um caminho de *investigação* para descobrir coisas ainda desconhecidas".[43] Era a eficácia de sua abordagem para estabelecer resultados novos que importava para Wallis. Usar um método perfeito e irrepreensível de prova contava realmente muito pouco.

Hobbes jamais poderia aceitar isso. Alicerces confusos, estava convencido, levavam a pensamento confuso, conhecimento confuso, controvérsia e confronto social. Hobbes dizia que a única razão possível para Wallis e seus colegas sacerdotes promoverem tais posições indefensáveis, como pontos sem magnitude e espíritos imateriais, era que agiam por interesse próprio, tentando apropriar-se de uma autoridade que pertencia de direito ao soberano civil. Ele estava determinado a impedi-los. *Leviatã*, explicava, foi escrito para expor quanto os pastores ingleses, em seu esforço para tomar o máximo de poder possível, haviam contribuído para a irrupção da Guerra Civil, e sua briga com Wallis também era parte da mesma luta contra os clérigos famintos de poder. "Meu problema", explicou ele a Sorbière em 1655, era "com todos os eclesiásticos da Inglaterra de uma só vez, em cujo nome Wallis escrevia contra mim".[44] A forma de impedir a conspiração e salvar o *commonwealth* era expor a falsidade da matemática de Wallis e lançar seu autor em desgraça, para fora das fileiras dos matemáticos.

Hobbes atacou diretamente os dois principais pilares da matemática de Wallis. Primeiro, a indução: "Egrégios lógicos e geômetras", exclama Hobbes descrente, "que pensam que a indução ... é suficiente para inferir uma conclusão universal e adequada para ser recebida como demonstração geométrica!"[45] O fato de que uma regra vale para certo número de casos nada diz sobre sua validade para outros casos não testados. Fermat insistira nesse mesmo ponto, como faria qualquer matemático com treinamento clássico.

Mas foi o segundo pilar da matemática de Wallis o foco do verdadeiro desprezo de Hobbes: o conceito dos infinitamente pequenos. Wallis calculara a área de um triângulo dividindo-o num número infinito de linhas paralelas, cada qual com uma largura infinitesimal de $1/\infty$, e somando-as em seguida. Hobbes, percebendo a vulnerabilidade do método, atacou com força e precisão: "Na primeira proposição de *Seções cônicas*, primeiro aparece isso: '*um paralelogramo cuja altura é infinitamente pequena, ou seja, nenhuma, é escassamente mais que uma linha*'", começa Hobbes, citando as palavras de Wallis. "Será essa a linguagem da geometria?", trovejou. "Como você determina a palavra *escassamente*?"[46] De modo intuitivo, sabemos muito bem o que Wallis quer dizer com essa palavra, mas Hobbes está correto quando afirma que *escassamente* não é um termo matemático. Essa não era uma questão desimportante. Para Hobbes, todo o sentido de se estudar matemática era seu rigor, precisão e certeza. Usar uma terminologia ambígua, como Wallis gostava de fazer, solapava todo o empreendimento.

Mas Hobbes ainda tinha mais guardado para Wallis. A altura das linhas/paralelogramos que compõem o triângulo é alguma coisa ou nada, e a prova de Wallis naufraga de ambas as maneiras. Se as linhas não têm largura, ataca Hobbes, "a altura do triângulo consiste numa quantidade infinita de não alturas, ou seja, num número infinito de nadas, e, portanto, a área do triângulo não tem grandeza". Permitir que as linhas possuam certa largura formando minúsculos paralelogramos também é desastroso para a prova de Wallis: "Se você diz que por paralelas entende paralelogramos infinitamente pequenos, não há como se sair melhor", argumenta Hobbes.[47] Isso porque os lados opostos dos supostos paralelogramos na construção de Wallis formam os lados do triângulo. E como, segundo Hobbes, o triângulo nunca tem dois lados paralelos, tampouco podem ser paralelos os lados opostos dos paralelogramos componentes. Isso leva à conclusão inevitável de que não são paralelogramos de todo.

Em relação a outros pontos de *Aritmética do infinito*, de Wallis, Hobbes foi ainda mais contundente. Em suas provas, Wallis calculou razões entre uma série infinita crescente no numerador e "igual número" do maior termo da série. Mas como pode uma série infinita crescente ter um "maior termo"? E como podem duas séries infinitas, uma no numerador e outra no denominador, ter o "mesmo número" de termos? Agir como se uma série infinita tivesse um maior termo ou certo número de termos, acusa Hobbes, equivale a tratar o infinito como finito, o que é uma contradição em termos. "Esse princípio é tão absurdo", conclui ele, "que acredito que não poderia ter sido proposto por uma pessoa sã."[48] À afirmação casual de Wallis de que Cavalieri mostrara *"que qualquer grandeza contínua consiste numa quantidade infinita de indivisíveis*, ou partes infinitamente pequenas", Hobbes responde que, embora tivesse lido o livro de Cavalieri (que ele suspeitava, corretamente, que Wallis não tinha lido), não se recordava que contivesse nada do tipo. "Pois isso é falso. Uma grandeza contínua é por natureza sempre divisível em partes indivisíveis. E tampouco qualquer coisa pode ser infinitamente pequena."[49]

A batalha pelo futuro

Esse era, de fato, o xis da questão: Hobbes rejeitava o conceito dos infinitamente pequenos e a matemática que vinha junto com o conceito. A matemática, dizia ele, precisa começar com princípios primordiais e avançar dedutivamente, passo a passo, em direção a verdades mais complexas, embora igualmente corretas. Nesse processo, todos os objetos geométricos devem ser construídos a partir de objetos mais simples, empregando-se as definições simples, evidentes, de ponto, reta, superfície etc. Dessa maneira, acreditava Hobbes, podia-se construir um mundo inteiro – perfeitamente racional, transparente e conhecido, um mundo que não guardava segredos e cujas regras eram tão simples e absolutas como os princípios da geometria. Quando tudo tivesse sido dito e feito, esse era o mundo de Leviatã, o soberano supremo cujos decretos têm o poder da verdade indiscutível.

Qualquer tentativa de remendar o raciocínio racional perfeito da matemática minaria a perfeita ordem racional do Estado, levando a discórdia, facciosismo e guerra civil.

Na visão de Hobbes, os infinitamente pequenos, um intruso indesejado, na matemática faziam precisamente isso: destruíam a transparente racionalidade da matemática, o que por sua vez minava a ordem social, religiosa e política. Por um motivo, eles não construíam seus objetos lógica e sistematicamente, como deve fazer a matemática, quando se deseja que ela sirva de base para uma ordem racional do Universo. E, o que era ainda mais crítico, o infinitesimal em si era notoriamente paradoxal e até contraditório, e podia ser usado com facilidade para produzir erros óbvios como se fossem verdades. Essa abordagem paradoxal, não construtiva, representava para Hobbes tudo o que a matemática jamais deveria ser. Se os infinitamente pequenos fossem permitidos na matemática, então toda ordem estaria em risco, e sociedade e Estado rumariam para a ruína. Nos vagos e mal definidos infinitamente pequenos, Hobbes percebia um eco dos insubmissos *diggers* de St. Georges Hill.

Wallis percebia as coisas de outro modo. Quase todas as características dos infinitamente pequenos que Hobbes considerava um desastre, ele via como vantagens claras. Hobbes estava convencido de que a própria existência da dissensão levava inexoravelmente ao caos e ao confronto, e estava determinado a esmagar qualquer indício disso. A matemática, a única ciência (acreditava ele) que conseguira eliminar divergências, servia-lhe para esse propósito. Mas Wallis, com seus colegas da Royal Society, acreditava que dogmatismo e intolerância tinham sido responsáveis pelos desastres dos anos 1640 e 1650. Sua preocupação não era que o conhecimento pudesse ser incerto, mas que parecesse certo e dogmático demais, excluindo crenças concorrentes. A matemática de Wallis oferecia uma alternativa.

Ao contrário da geometria clássica, a matemática de Wallis não tentava construir um mundo matemático, mas, em vez disso, investigar o mundo como ele era. Isso em si a tornava mais palatável para aqueles que receavam uma ordem mundial racional estrita? O mundo de Wallis ainda era misterioso, inexplorado e pronto para novas investigações, fosse pela matemática ou por outros meios. A ambiguidade dos infinitamente pequenos, longe de desqualificá-la como conceito matemático apropriado, era também um traço positivo: opaca e mesmo paradoxal, deixava espaço para diferentes interpretações e explicações acerca de sua natureza e de seu funcionamento. Em resumo, os infinitamente pequenos de Wallis são extraordinariamente bem-sucedidos em revelar novas verdades matemáticas, demonstrando o poder desse conceito de compreensão incompleta. Como ficava evidente para seus defensores, o caminho a seguir era avançar com cuidado, experimentalmente, de forma gradual e laboriosa, usando qualquer coisa que funcionasse para revelar os mistérios do mundo. Qualquer tentativa de construir um mundo matemático perfeitamente conhecido e racional não era apenas perigosa do ponto de vista político, mas um beco sem saída do ponto de vista científico.

Epílogo: Duas modernidades

WALLIS VENCEU. Na década de 1660, passados só alguns anos de uma guerra que duraria décadas, Hobbes foi efetivamente expulso dos quadros matemáticos, enquanto Wallis continuou honorável membro da república da matemática. Ao contrário de seu colega (e também oponente de Hobbes), Seth Ward, ele não foi nomeado bispo anglicano, e é provável que o ardoroso presbiterianismo dos primeiros anos tenha impedido a indicação. Mas continuou professor saviliano e guardião dos arquivos de Oxford, era regularmente empregado pelo rei como decifrador de códigos das correspondências capturadas e visitava com frequência a corte. Contava entre seus amigos os fundadores da Royal Society, inclusive Henry Oldenburg e Robert Boyle, e também seus ilustres sucessores, Isaac Newton e John Locke. Prosseguiu publicando ao longo de toda a vida, escrevendo não só sobre matemática, mas também acerca de mecânica, lógica e gramática inglesa, e considerava-se especialista em ensinar surdos e mudos a falar. Duas coletâneas de algumas das dezenas de sermões por ele proferidos durante várias décadas foram publicadas ainda durante sua vida.[1] Por ocasião de sua morte, em 1703, aos 86 anos, foi pranteado como "um homem de elegante aspecto, extremamente admirável, de grande diligência, pela qual, em poucos anos, se tornou a tal ponto notado pelo profundo talento em matemática que foi merecidamente considerado a pessoa de maior destaque nessa profissão do que qualquer outro contemporâneo seu".[2]

Contudo, mais importante que seu sucesso pessoal e profissional foi o fato de que a controversa matemática de Wallis prevalecera. Enquanto as provas de Hobbes eram em geral repudiadas como trabalho de amador, os resultados de Wallis em *Aritmética do infinito* e outras obras foram conferidos e confirmados por seus colegas. Inquestionavelmente, o leitor mais importante do trabalho foi Isaac Newton. Ele relatou que, aos 23 anos, ao elaborar sua própria versão da matemática infinitesimal, em 1665, *Aritmética do infinito* fora uma de suas principais fontes de inspiração. Nas décadas seguintes, o cálculo de Newton, bem como a versão de seu rival Leibniz, se espalhou por todos os cantos, transformando a prática e todas as ciências matemáticas. A análise, o novo campo que tomava o cálculo como ponto de partida, se transformou no ramo dominante da matemática no século XVIII, e continua a ser um dos principais pilares da disciplina. Ela possibilitou o estudo matemático de tudo, do movimento dos planetas à vibração das cordas, do funcionamento das máquinas a vapor à eletrodinâmica – praticamente todo e qualquer campo da física matemática daquele tempo até hoje. Wallis só viveu para ver a agitação inicial dessa revolução matemática que transformou o mundo nos séculos seguintes. Mas quando morreu, em 1703, o veredicto já tinha sido dado: os infinitamente pequenos haviam vencido.

De Roma e Florença a Londres e Oxford, a briga em torno dos infinitesimais assolou a Europa ocidental nas décadas intermediárias do século XVII. Em extremos opostos do continente europeu, o combate produziu resultados antagônicos: na Itália, os jesuítas prevaleceram sobre os galileanos, enquanto na Inglaterra, Wallis predominava sobre Hobbes. Esses resultados não eram evidentes. Se pedissem a um observador objetivo, em 1630, para predizer a sorte da matemática nos dois países, quase com certeza ele teria previsto o oposto. A Itália era o lar de uma ilustre tradição matemática, enquanto a Inglaterra jamais produzira qualquer geômetra digno de nota, com a possível exceção do recluso Thomas Harriot, que nunca publicou nada. Se algum país tinha a possibilidade de ser pioneiro numa nova e desafiadora matemática, esse país era a Itália, cujas arte e ciência inspiravam a Europa desde o Renascimento. A Inglaterra, nesse ínterim, talvez tivesse ficado o que sempre fora, uma água parada intelectual, alimentando-se das migalhas de seus vizinhos continentais mais cultos.

Mas as coisas saíram de outro jeito. Após a guerra em torno dos infinitamente pequenos, a matemática avançada da Itália emperrou, enquanto a matemática inglesa logo se tornou uma das tradições nacionais dominantes na Europa, rivalizando apenas com a francesa.

Para apreciar a magnitude do efeito que a aceitação dos infinitesimais teve sobre o Ocidente moderno, pense em como seria o mundo sem eles. Caso os jesuítas e seus aliados tivessem conseguido impor sua maneira de ser, não haveria cálculo, análise, nem qualquer uma das inovações científicas e tecnológicas que fluíram a partir dessas poderosas técnicas matemáticas. Já no começo do século XVII, o "método dos indivisíveis" era aplicado a problemas de mecânica, mostrando-se bastante eficaz no estudo do movimento. Galileu o utilizou para descrever o movimento dos corpos em queda, e seu contemporâneo Johannes Kepler o empregou para descobrir e descrever a órbita dos planetas ao redor do Sol. Isaac Newton recorreu ao cálculo para criar uma nova física e descrever matematicamente o completo "sistema do mundo" aglutinado pela gravitação universal.

O trabalho de Newton foi seguido, no século XVIII, por luminares como Daniel Bernoulli, Leonhard Euler e Jean d'Alembert, que forneceram descrições mecânicas genéricas do movimento dos fluidos, da vibração das cordas e das correntes de ar. Seus sucessores, Joseph-Louis Lagrange e Pierre-Simon Laplace, foram capazes de estudar a mecânica do céu e da Terra com um conjunto de elegantes "equações diferenciais" – isto é, equações que lançam mão do cálculo. De fato, daqueles dias até hoje, a análise – a forma mais ampla de cálculo – é a ferramenta fundamental da física para explicar os fenômenos naturais. Tudo isso teve suas raízes na "linha indivisível dos matemáticos" que preocupava Sorbière em 1664.

O impacto do cálculo sobre a engenharia e a tecnologia levou um pouco mais de tempo para se revelar, porém, quando o fez, foi igualmente revolucionário. A teoria matemática da difusão do calor desenvolvida por Joseph Fourier e a termodinâmica desenvolvida por William Thomson no século XIX permitiram que se projetassem e produzissem máquinas a vapor cada vez mais eficientes. Na década de 1860, James Clerk Maxwell formulou aquelas que se tornaram conhecidas como equações de Maxwell, um conjunto de equações diferenciais descrevendo a relação entre eletricidade e magnetismo. O desenvolvimento subsequente de motores elétricos, geradores e da radiocomunicação jamais teria sido possível sem seu trabalho. Acrescente-se a isso o papel fundamental do cálculo na aerodinâmica (possibilitando as viagens aéreas), hidrodinâmica (embarcações, coleta e distribuição de água), eletrônica, engenharia civil, arquitetura, modelos empresariais e mais, mais e mais – e a conclusão se torna clara: o mundo moderno seria inimaginável sem o cálculo e as percepções que ele nos abriu quanto ao funcionamento do mundo natural.

Mas a história não termina aqui, pois as implicações da luta em torno dos infinitamente pequenos chegou muito além do mundo matemático, ou mesmo da ciência e tecnologia. A briga foi sobre a face da modernidade. De fato, nos dois países onde a luta foi travada com mais ferocidade, a modernidade percorreu trajetórias mais que distintas. A Itália tornou-se o que os jesuítas fizeram dela. Profundamente católica, imbuiu-se das verdades eternas, imutáveis, dos dogmas católicos, foi dominada pela autoridade espiritual absoluta do papa e da hierarquia da Igreja. Essa ordem espiritual respaldava uma ordem secular com a qual compartilhava muitas características. Enquanto a supremacia papal não permitia o desenvolvimento de um Estado forte, os mesquinhos príncipes que governavam a Itália como autocratas tirânicos deviam suas posições a antigos direitos dinásticos e reivindicavam autoridade absoluta sobre seus domínios. Dissensão religiosa era algo impensável; a oposição política era ferozmente reprimida; a inovação intelectual era vista com maus olhos; e a mobilidade social, praticamente inexistente. À medida que as nações do norte tornaram-se palco de debate intelectual, inovação tecnológica, experimentação política e progresso econômico, a Itália continuou congelada no tempo. A terra que durante séculos havia liderado a Europa nas artes e nas ciências, cujas famosas cidades-Estado eram, a certa altura, mais ricas e nas mais prósperas que muitos reinos imensos, ficou estagnada, retrógrada e pobre.

Nos mesmos anos em que a Itália ia ficando para trás, a Inglaterra tornava-se o país mais dinâmico, progressista e evoluído da Europa. Por muito tempo considerada uma área selvagem e semibárbara na fronteira setentrional da civilização europeia, ela se tornou líder da cultura e da ciência europeias, bem como um modelo de pluralismo político e sucesso econômico. Aí estava uma visão da modernidade sob todos os aspectos oposta àquela que dominava na Itália. Em vez de uniformidade dogmática, a Inglaterra exibia uma acentuada e sempre crescente abertura para a divergência e o pluralismo. A Inglaterra tornou-se política, religiosa e economicamente uma terra de muitas vozes, onde opiniões e interesses rivais competiam às claras, relativamente livres de repressão estatal. E foi nessa relativa liberdade que ela descobriu seu caminho para a riqueza e o poder.

Os esforços dos Stuart para estabelecer uma monarquia absoluta foram derrotados por uma feroz resistência do Parlamento, primeiro durante a Guerra Civil, depois na Revolução Gloriosa de 1688. Quando o último Stuart, Jaime II, foi levado ao exílio e substituído por Guilherme de Orange, com sua mentalidade constitucional, o Parlamento tornou-se o corpo governante supremo do Estado. É fato que o Parlamento inglês dos séculos XVII e XVIII estava muito longe da instituição democrática que hoje conhecemos. Ele era um corpo conservador que representava as classes proprietárias de terras e de bens, que temia a inquietação social provocada pelos sem-terras muito mais do que temia a dominação real. Mesmo assim, era um corpo deliberativo que permitia um grau sem precedentes de divergência, debate e livre expressão de ideias. Com o tempo, a abertura inerente ao sistema parlamentarista triunfou sobre as lealdades sociais e de classe de seus membros. Durante os séculos XVIII e XIX, o privilégio foi se expandindo de forma lenta mas irreversível, e a participação no Parlamento ampliou-se para incluir segmentos cada vez mais amplos da população. O processo não foi completado até 1928, quando todas as mulheres passaram a ter direito ao voto.

O pluralismo político na Inglaterra se associou a um grau sem precedentes de tolerância religiosa. Os puritanos do começo do século XVII não eram muito tolerantes. Enxergavam-se como eleitos de Deus, e o zelo para impor suas crenças e sua moral sobre a população mais ampla teve papel nada desprezível na deflagração da crise de 1640 e na Guerra Civil que se seguiu. Mas a tragédia da Guerra Civil, em grande parte atribuída ao choque entre dogmas concorrentes, deu origem a uma atitude mais indulgente em relação à verdade religiosa. Muitos dos bispos anglicanos, depois do Interregno, e quase todos os líderes da então recém-fundada Royal Society, advogavam uma abordagem abrangente e não dogmática da religião. Em vez de insistir numa doutrina religiosa estrita e excluir quem não a seguisse, eles defendiam uma vasta latitude de matérias doutrinárias, reconhecendo que a verdade última não era algo dado, mas a ser buscado. Uma gama de crenças diferentes era bem-vinda sob o manto anglicano, contanto que essas crenças concordassem em certos princípios fundamentais, como a Santíssima Trindade e a supremacia do rei (e não do papa).

Defendido em primeiro lugar pela própria Igreja da Inglaterra, o pluralismo religioso logo se estendeu para além dos confins da Igreja. A Lei da Tolerância, de 1689, seguindo de perto a Revolução Gloriosa, concedeu liberdade sem risco de perseguição a seitas protestantes dissidentes, como presbiterianos, quacres e unitaristas. Embora excluídos (até 1828) de muitas esferas da vida pública e das universidades de Oxford e Cambridge, os divergentes estavam a salvo de interferências do Estado, e prosperaram econômica e intelectualmente. Formaram suas próprias igrejas e academias, muitas vezes bem mais avançadas em seus ensinamentos que as paquidérmicas universidades anglicanas. No entanto, o catolicismo não era tolerado com facilidade. Detestado e temido, estava associado ao perigo de intervenção estrangeira, às reivindicações papais de supremacia e aos reclamos dos depostos Stuart. Contudo, mesmo sofrendo sistemática discriminação, os católicos ingleses foram deixados em paz até sua emancipação, em 1829.

O pluralismo político e religioso andava de mãos dadas com a abertura científica, intelectual e econômica. A Royal Society, com a Academia de Ciências da França, logo se tornou a principal agremiação científica da Europa, e a ciência inglesa estabeleceu o padrão para toda a Europa. No campo das letras, a Inglaterra tornou-se um centro de debates filosófico e político, no qual luminares como John Locke, Jonathan Swift e Edmund Burke assumiam lados opostos, com argumentações brilhantes. A liberalização política também possibilitou a liberdade econômica e o empreendedorismo privado numa escala sem precedentes. A acumulação de capital e o crescente tamanho das oficinas de trabalho tornou lucrativo o investimento em novas tecnologias, em particular na máquina a vapor. Por conseguinte, no fim do século XVIII, a Inglaterra tornou-se o primeiro país industrializado do mundo, saltando muito adiante de seus rivais do continente europeu, deixando que se atropelassem para conseguir acompanhá-la.

Se o continuum é ou não formado de infinitesimais, essa parece a mais excêntrica das questões, e para nós pode ser difícil imaginar as paixões que ela desencadeou. No entanto, quando a luta foi travada, no século XVII, os combatentes de ambos os lados acreditavam que a resposta podia moldar cada faceta da vida no mundo moderno – que então começava a engatinhar. Eles estavam certos: quando a poeira baixou, os defensores dos infinitesimais haviam vencido, seus inimigos estavam derrotados. E o mundo nunca mais foi o mesmo.

Dramatis personae

Os "infinitesimalistas"

Luca Valerio (1553-1618). Matemático e amigo de Galileu, deu importantes contribuições para os métodos infinitesimais. No entanto, quando Galileu entrou em choque com os jesuítas, em 1616, Valerio tomou partido contra ele, e foi ferozmente denunciado por seus antigos amigos. Morreu em desgraça pouco depois.

Galileu Galilei (1564-1642). O mais celebrado cientista de sua época. Foi perseguido pelos jesuítas por defender o sistema de Copérnico, o que levou a seu julgamento e ruína. Galileu fez uso de infinitesimais em seu trabalho, apoiando e incentivando uma geração de jovens matemáticos a desenvolver o conceito. Mesmo depois de sua condenação, ainda era o líder indiscutível dos infinitesimalistas italianos.

Grégoire de Saint-Vincent (1584-1667). Matemático jesuíta, desenvolveu um método novo para o cálculo dos volumes de figuras geométricas que envolvia divisão infinita. Seus superiores na Companhia de Jesus consideraram o método próximo demais daqueles dos infinitesimais, e o proibiram de publicar seu trabalho.

Bonaventura Cavalieri (1598-1647). Discípulo de Galileu, posteriormente professor de matemática na Universidade de Bolonha e membro da ordem dos jesuatas. Seus livros *Geometria indivisibilibus* (1635) e *Exercitationes geometricae* (1647) tornaram-se obras de referência sobre a nova matemática, que ele chamou de "método dos indivisíveis".

Evangelista Torricelli (1608-1647). Discípulo de Galileu e por fim seu sucessor em Florença. Ardoroso infinitesimalista, muito menos preocupado com rigor técnico que Cavalieri, foi famoso pelo desenvolvimento de técnicas poderosas e criativas, que envolviam o cálculo da "largura" e "espessura" de infinitesimais. Seu *Opera geometrica* (1644) foi amplamente lido por matemáticos em toda a Europa. Wallis, em particular, modelou *Aritmética do infinito* segundo a obra de Torricelli. Entre os resultados mais surpreendentes de Torricelli estava o sucesso em calcular o volume de um sólido de comprimento infinito.

John Wallis (1616-1703). Ardoroso parlamentarista e sacerdote puritano nos primeiros anos do Interregno, Wallis serviu como secretário da Assembleia dos Sacerdotes de Westminster. Desde meados dos anos 1640 foi participante regular nas reuniões privadas que mais tarde levaria ao estabelecimento da Royal Society de Londres; e em 1649 foi nomeado professor saviliano de geometria na Universidade de Oxford. Wallis fez seu nome na matemática como principal infinitesimalista, e, em política, como relativo pragmatista e moderado, alinhado a seus colegas da Royal Society. Engajou-se numa guerra de décadas contra Hobbes acerca de sua matemática e política autoritarista.

Stefano degli Angeli (1623-1697). Amigo e discípulo de Cavalieri, professor de matemática na Universidade de Pádua e membro da ordem dos jesuatas. Nas décadas de 1650 e 1660, foi a última voz pública na Itália a defender os infinitesimais e denunciar abertamente os jesuítas. Mas quando a ordem dos jesuatas foi dissolvida sem a menor cerimônia pelo papa, em 1668, Angeli finalmente desistiu, e jamais voltou a publicar obras sobre infinitesimais.

Os "anti-infinitesimalistas"

Cristóvão Clávio (1538-1612). Professor de matemática no Collegio Romano da Companhia de Jesus e fundador da tradição matemática jesuíta. Clávio insistia na abordagem geométrica, a qual valorizava pelo caráter ordeiro, pelo rigoroso método dedutivo e os resultados absolutamente verdadeiros. Tinha esperança de aplicar sua metodologia a todos os campos do conhecimento, e não estava interessado em inovação matemática. Clávio não abordou diretamente os infinitesimais, pois eram pouco usados pelos matemáticos durante a maior parte de sua carreira, mas foi autor dos princípios essenciais da matemática jesuítica, que levava diretamente à guerra aos infinitesimais.

Paul Guldin (1577-1643). Preeminente matemático jesuíta, encarregado de desacreditar os infinitesimais. Atacou o método de Cavalieri em *De centro gravitatis* (1641).

Mario Bettini (1584-1657). Matemático que se tornou o principal crítico jesuíta dos infinitamente pequenos após a morte de Guldin. Ridicularizou os infinitesimais em suas coletâneas de curiosidades matemáticas, *Apiaria universae philosophiae* (1642) e *Aerarium philosophiae mathematicae* (1648).

Thomas Hobbes (1588-1679). Autor de *Leviatã* e advogado de um Estado absoluto autoritário, Hobbes considerava-se também matemático. Acreditava que sua filosofia fundamentava-se em princípios matemáticos, e que portanto era tão certa quanto uma demonstração geométrica. Os decretos de Leviatã, acreditava, seriam tão incontestáveis quanto as provas geométricas.

André Tacquet (1612-1660). Importante matemático jesuíta, também encarregado de desacreditar os infinitesimais. Denunciou a matemática infinitesimal em *Cylindricorum et annularium* (1651), mas aceitava seu uso limitado como dispositivos heurísticos. Subsequentemente, seus superiores ordenaram-lhe que se abstivesse de publicar trabalho original e se concentrasse exclusivamente em escrever livros-texto. Ele assim o fez.

Jesuítas

Inácio de Loyola (1491-1556). Nobre e soldado espanhol da região basca, experimentou um despertar religioso depois de ser ferido na Batalha de Pamplona, em 1521. Com dez devotados seguidores, fundou a Companhia de Jesus, oficialmente reconhecida pelo papa Paulo III em 1540. Sob sua liderança, os jesuítas tornaram-se a ordem mais dinâmica da Igreja e a mais efetiva em combater a Reforma. Na época da morte de Inácio, o número de membros da Companhia subira para mil e havia várias dúzias de escolas e colégios, expandindo-se rapidamente.

Benito Pereira (1536-1610). Nêmesis de Clávio no Collegio Romano, insistia em que a matemática não se qualificava como ciência. Foi também o primeiro jesuíta a condenar diretamente os infinitesimais, embora o contexto não fosse a matemática, e sim um comentário sobre Aristóteles.

Claudio Acquaviva (1543-1615). Geral superior dos jesuítas de 1581 a 1615, estabeleceu a função de revisor geral e apoiou a campanha inicial contra os infinitesimais.

Mutio Vitelleschi (1563-1645). Geral superior dos jesuítas de 1615 a 1645, durante o período de eclipse (1623-31) da Companhia e seu retorno ao poder em Roma. Presidiu a campanha final contra os infinitesimais e escreveu às províncias proibindo a doutrina.

Jacob Bidermann (1578-1639). Líder dos revisores gerais em 1632, quando os jesuítas renovaram seu ataque aos infinitesimais.

Vincenzo Carafa (1585-1649). Geral superior dos jesuítas de 1646 a 1649. Fez vigorar a proibição dos infinitesimais e humilhou Pallavicino, obrigando-o a se retratar. Escreveu a seus subalternos para que se mantivessem vigilantes contra os infinitesimais e começou o processo de adicionar os infinitesimais a uma lista de doutrinas permanentemente proibidas.

Rodrigo de Arriaga (1592-1667). Importante filósofo jesuíta. Publicou *Cursus philosophicus* (1632), que surpreendentemente conclui pela plausibilidade dos infinitesimais. Na época em que o livro foi publicado, porém, os jesuítas estavam de volta ao poder em Roma e determinados a eliminar o apoio aos infinitesimais. O geral superior Carafa declarou que não haveria outros Arriagas.

Pietro Sforza Pallavicino (1607-1667). Marquês de nascimento e ardoroso galileano na juventude, foi expulso de Roma após a queda de Galileu. Regressou e, sentindo a direção para onde soprava o vento, tornou-se jesuíta e finalmente cardeal. Ainda ligado a concepções galileanas, ensinou no Collegio Romano que os infinitesimais eram plausíveis. Em 1649 foi denunciado numa carta do geral superior e obrigado a retratar-se publicamente de suas opiniões.

A Royal Society

Sir Francis Bacon (1561-1626). Jurista, filósofo, estadista inglês, foi lorde chanceler de Jaime I de 1618 a 1621. Embora não fosse ele próprio cientista, Bacon é considerado uma das principais figuras na revolução científica pela defesa que fez do empirismo no estudo da natureza. Numa série de ensaios e livros influentes, Bacon argumentava que a forma apropriada de investigar a natureza era por observação e experimentação sistemática, e não por um raciocínio a priori ou pela matemática. Muito depois da sua morte, tornou-se o santo patrono extraoficial da Royal Society, que defendia sua abordagem empirista.

Henry Oldenburg (1619-1677). Alemão de nascimento, estabeleceu-se em Londres na década de 1650 e tornou-se figura-chave em círculos intelectuais e científicos, famoso por sua vasta rede de correspondentes. Junto com Robert Boyle, John Wallis e outros, foi um dos principais fundadores da Royal Society e serviu como primeiro secretário. Nessa função, guiou a Sociedade nos difíceis primeiros anos e a estabeleceu como principal academia científica da Europa, conhecida por sua inclinação empirista.

Robert Boyle (1627-1691). Um dos fundadores da química moderna, era o mais distinto e admirado cientista entre os primeiros membros da Royal Society. Boyle advogava um empirismo humilde como abordagem correta para estudar a natureza, acreditando que isso seria para o benefício tanto da religião quanto do Estado.

Thomas Sprat (1635-1713). Principal propagandista dos primeiros tempos da Royal Society. Publicou *The History of the Royal Society* (1667), expondo os princípios científicos da Sociedade, bem como suas metas políticas. Sprat argumentava que o estudo experimental da natureza não só aumenta o conhecimento humano, mas também promove harmonia cívica e religiosa. Em 1665 Sprat foi autor de uma afiada resposta satírica ao relato de Sorbière sobre sua visita à Inglaterra.

Governantes

Carlos V (1500-1558). Imperador do Sacro Império Romano a partir de 1519 e rei da Espanha (como Carlos I) a partir de 1516 até sua abdicação, em 1556. Com domínios que se estendiam da Europa oriental até o Peru, foi o governante titular de um dos maiores impérios da história, embora a posse efetiva sobre seus territórios muitas vezes fosse tênue. Vendo a si mesmo como a espada da Igreja, confrontou Lutero em 1521 na Dieta (assembleia geral) de Worms e emitiu um édito que proscrevia seus ensinamentos. Passou o resto de seu reinado tentando sem êxito erradicar o protestantismo de suas terras.

Gustavo Adolfo (1594-1632). Rei da Suécia a partir de 1611, amplamente considerado um dos maiores inovadores militares de todos os tempos. Em junho de 1630 desembarcou com seu exército no norte da Alemanha, em apoio aos pressionados príncipes protestantes na Guerra dos Trinta Anos. Nos dois anos seguintes, avançou para derrotar os exércitos católicos do Sacro Império Romano numa sequência de batalhas, alterando drasticamente o equilíbrio de poder na Europa. A ameaça sueca também modificou o cálculo político em Roma, pondo fim a um período de ascendência galileana e devolvendo o poder aos jesuítas. Gustavo Adolfo morreu na Batalha de Lützen enquanto comandava uma carga de cavalaria contra forças imperiais.

Oliver Cromwell (1599-1658). Um dos mais importantes comandantes do Exército Novo Parlamentar durante a Guerra Civil Inglesa, e líder dos independentes puritanos (contra os presbiterianos). Tornou-se lorde protetor da Inglaterra, da Escócia e da Irlanda em 1653. Alguns acreditavam que o *Leviatã* de Hobbes foi escrito em apoio a seu regime autoritário.

Carlos I (1600-1649). Rei da Inglaterra a partir de 1625, seu reinado foi marcado por crescente confronto com o Parlamento e, em última instância, pela guerra civil. Seguindo o exemplo dos reis franceses, Carlos tentou estabelecer uma monarquia absoluta na Inglaterra, mas encontrou feroz resistência do Parlamento, que controlava as receitas do Estado. Sua malsucedida tentativa de governo pessoal levou à crise de 1640 e à deflagração da guerra civil entre o Parlamento e o rei. Derrotado em batalha, Carlos foi capturado por forças parlamentares e executado em 1649.

Carlos II (1630-1685). Filho de Carlos I, cresceu na corte no exílio, onde foi tutorado durante algum tempo por Hobbes. Em 1660 foi chamado para a Inglaterra e reempossado como rei por uma coalizão de ex-parlamentaristas e monarquistas preocupados com a ascensão de radicais religiosos e sociais. Cuidando em evitar o mesmo destino do pai, governou cautelosamente, junto com o Parlamento. Em 1662 concedeu a licença real a um grupo de filósofos naturais que acreditavam que o estudo da natureza continha a chave para a paz social e política. Esse grupo veio a se tornar a Royal Society de Londres.

Papas

Leão X (papa de 1513-21). Membro da família florentina Médici, era um homem culto e instruído, e grande patrono da arte renascentista. Mas sua resposta lenta e hesitante ao desafio de Lutero ajudou a transformar um problema local na Alemanha em uma crise existencial para a Igreja.

Paulo III (papa de 1534-49). Depois de ascender ao trono papal no auge da Reforma, quando a maré protestante varria tudo à sua frente, pôs em andamento a contraofensiva que viria a restaurar a fortuna da Igreja católica. Em 1540 atendeu ao pedido de Inácio de Loyola de fundar uma ordem nova chamada Companhia de Jesus, cujo destino seria desempenhar papel-chave na Contrarreforma. Em 1545 convocou o Concílio de Trento, que estabeleceu as doutrinas fundamentais da Igreja católica vigentes até nossos dias.

Gregório XIII (papa de 1572-85). Amigo e protetor da Companhia de Jesus, concedeu aos jesuítas o terreno e os recursos para construirem um lar permanente para sua principal universidade, o Collegio Romano. Convocou uma comissão para a reforma do calendário na qual Clávio teve papel fundamental, e implementou suas recomendações em 1582. O calendário gregoriano, de uso quase universal hoje, foi batizado em seu nome.

Urbano VIII (papa de 1623-44). Amigo e protetor de Galileu antes de ascender ao papado (conhecido então como cardeal Maffeo Barberini), depois de eleito prosseguiu o patronato a Galileu, levando a uma dourada "era liberal" em Roma. Mas em 1632, após a publicação do *Diálogo* de Galileu sobre o sistema copernicano e alguns acontecimentos políticos desfavoráveis, Urbano voltou-se contra Galileu, fazendo com que este último fosse julgado e banido. Os jesuítas voltaram às boas graças em Roma e receberam carta branca para suprimir os infinitesimais.

Clemente IX (papa de 1667-69). Como parte representante de um papado breve e indistinto, Clemente IX foi responsável pela supressão da ordem dos jesuatas, da qual eram membros dois dos principais matemáticos infinitesimalistas: Bonaventura Cavalieri e Stefano degli Angeli.

Outros reformadores, revolucionários e cortesãos

Martinho Lutero (1483-1546). Originalmente monge agostiniano e professor de teologia na Universidade de Wittenberg, lançou a Reforma em 1517, afixando suas 95 teses na porta da igreja do castelo da cidade. Em 1521 havia sido excomungado pelo papa e banido pelo imperador, mas a disseminação do protestantismo se mostrou irreversível. Outros reformadores religiosos logo seguiram o exemplo de Lutero, estabelecendo suas próprias marcas de protestantismo.

Charles Cavendish (1594-1654). Respeitado matemático e membro de um dos grandes clãs aristocráticos da Inglaterra, conhecidos no século XVII como patronos e praticantes de artes e ciências. Seu irmão William (1592-1676), duque de Newcastle, mantinha um laboratório em suas terras, e a esposa de William, Margaret (1623-1673) foi aclamada poeta e ensaísta. Os Cavendish transformaram solares em Chatsworth e Welbeck Abbey em prósperos centros intelectuais, e foram permanentes patronos de Hobbes.

Gerrard Winstanley (1609-1676). Líder dos *diggers*, que começaram a cavar as terras em St. Georges Hill, Surrey, em 1649. Winstanley e seus seguidores acreditavam que a terra era propriedade comum e que todos os homens tinham direito a cultivá-la. Suas atividades alarmaram os proprietários locais, que conseguiram desalojá-los mediante ações legais e ataques violentos. O medo que sentiam dos *diggers* e de outros grupos radicais forçou as classes proprietárias a superar suas diferenças, levando à restauração da monarquia em 1660.

Samuel Sorbière (1615-1670). Cortesão francês, médico e homem de letras, bem como amigo e admirador de Thomas Hobbes. De 1663 a 1664, Sorbière visitou a Inglaterra, passando grande parte do tempo como hóspede da Royal Society. Seu relato posterior da visita ofendeu profundamente os anfitriões, especialmente a glorificação de Hobbes e ridicularização de Wallis. Isso provocou uma forte réplica de Thomas Sprat e pôs fim à carreira de Sorbière na corte francesa.

Linha do tempo

Século VI AEC. Pitágoras e seus seguidores declaram que "tudo é número", querendo dizer que tudo no mundo pode ser descrito por números inteiros ou pela razão entre eles.

Século V AEC. Demócrito de Abdera usa infinitesimais para calcular o volume de cones e cilindros.

Século V AEC. O pitagórico Hipaso de Metaponto descobre a incomensurabilidade (isto é, os números irracionais). Daí se deduz que diferentes grandezas não são compostas de minúsculos átomos distintos. Depois da descoberta, Hipaso desaparece misteriosamente no mar, possivelmente afogado por seus irmãos pitagóricos.

Século V AEC. Zenão de Eleia propõe diversos paradoxos mostrando que infinitesimais levam a contradições lógicas. Depois disso, os infinitesimais são evitados pelos matemáticos antigos.

300 AEC. Euclides propõe seu muito influente tratado sobre geometria, os *Elementos*, que cuidadosamente evita os infinitesimais. O tratado serve de modelo para o estilo e a prática da matemática por quase 2 mil anos.

Cerca de 250 AEC. Arquimedes de Siracusa foge do caminho geral e faz experimentos com infinitesimais. Chega a notáveis resultados referentes às áreas e aos volumes englobados por figuras geométricas.

1517. Martinho Lutero lança a Reforma pregando uma cópia de suas 95 teses na porta da igreja do castelo em Wittenberg. As subsequentes lutas entre católicos e protestantes prosseguem por dois séculos.

1540. Inácio de Loyola funda a Companhia de Jesus, popularmente conhecida como "jesuítas", ordem dedicada a reviver doutrinas católicas e restaurar a autoridade da Igreja.

1544. Uma tradução latina das obras de Arquimedes é publicada em Basileia, tornando, pela primeira vez, o estudo dos infinitesimais amplamente acessível aos eruditos.

1560. Cristóvão Clávio começa a lecionar no Collegio Romano dos jesuítas. Cria a tradição matemática na ordem, sobre o leito da geometria euclidiana.

Fim do século XVI e começo do XVII. Revive o interesse pelos infinitesimais entre os matemáticos europeus.

1601-15. Os "revisores gerais" jesuítas, responsáveis por reger as doutrinas, produzem uma sequência de denúncias sobre os infinitesimais.

1616. Os jesuítas entram em choque com Galileu por causa de sua defesa do sistema de Copérnico, mas também pelo uso de infinitesimais. Galileu baixa o tom de sua retórica, mas aguarda a oportunidade para reabrir os debates.

1616. O matemático Luca Valerio fica do lado dos jesuítas contra seu amigo Galileu. Ele morre em desgraça pouco depois.

1618. Irrompe a Guerra dos Trinta Anos, lançando católicos contra protestantes.

1623. Maffeo Barberini, amigo de Galileu, torna-se o papa Urbano VIII e se alinha abertamente a Galileu e seus seguidores.

1623-31. Uma "era liberal" de ouro em Roma. Ascendência galileana.

1625-27. O matemático jesuíta Grégoire de Saint-Vincent é proibido por seus superiores de publicar um trabalho considerado próximo demais dos infinitesimais.

1628. Thomas Hobbes encontra uma prova geométrica pela primeira vez, durante uma viagem pela Europa.

1629. Bonaventura Cavalieri é nomeado professor de matemática na Universidade de Bolonha.

Década de 1630. Evangelista Torricelli desenvolve seus métodos infinitesimais, mas não os publica.

1631. O rei protestante Gustavo Adolfo, da Suécia, derrota os exércitos do Sacro Império Romano na Batalha de Breitenfeld, durante a Guerra dos Trinta Anos. Sua vitória altera o equilíbrio de poder na Europa.

1631. Sob pressão dos tradicionalistas, Urbano renuncia às suas políticas liberais e restaura as graças dos jesuítas. Fim da ascendência galileana.

1632. Os revisores gerais jesuítas emitem a condenação mais abrangente dos infinitesimais até aquele momento. Decretos similares se sucedem nos anos posteriores.

1632. O geral jesuíta Mutio Vitelleschi escreve às províncias para denunciar os infinitesimais.

1632-33. Galileu é acusado de heresia, julgado pela Inquisição e condenado a passar o resto da vida em prisão domiciliar, o que ele cumpre em sua *villa* em Arcetri, nos arredores de Florença.

1635. Cavalieri publica *Geometria indivisibilibus*, que se torna a obra-padrão sobre infinitesimais em toda a Europa.

1638. É publicado em Leiden, na Holanda, *Discursos sobre duas novas ciências*, de Galileu. O livro debate extensivamente os infinitesimais e louva Cavalieri como "novo Arquimedes".

1640-60. O Interregno. A Guerra Civil entre o rei Carlos I e o Parlamento leva à execução do rei em 1649 e ao estabelecimento de uma ditadura militar sob o comando de Cromwell.

1640. Hobbes, adepto da realeza, foge para Paris e junta-se à corte de Carlos I no exílio, onde serve como tutor matemático do príncipe de Gales, futuro Carlos II.

1641. O matemático jesuíta Paul Guldin publica *De centro gravitatis*, com um ataque a Cavalieri e uma crítica sistemática a seu método.

1642. Torricelli é nomeado sucessor de Galileu na corte dos Médici e professor de matemática na Academia de Florença.

1642. Hobbes publica sua primeira obra filosófica, *De cive*, na qual argumenta que somente uma monarquia absoluta pode salvar a sociedade humana do caos e da guerra civil.

1644. Torricelli publica sua obra mais importante sobre infinitesimais, *Opera geometrica*.

1644. John Wallis é nomeado secretário da Assembleia dos Sacerdotes de Westminster.

1645. Wallis se junta a outros entusiastas da ciência para realizar e debater experimentos científicos. O grupo, conhecido como "Colégio Invisível", reúne-se regularmente durante anos.

1647. Cavalieri responde a Guldin em sua última obra, *Exercitationes geometricae sex*. Morre pouco depois.

1647. Morte de Torricelli.

1648. A Paz de Vestfália põe fim à Guerra dos Trinta Anos.

1648. O matemático jesuíta Mario Bettini denuncia os infinitesimais em seu livro *Aerarium philosophiae mathematicae*.

1648. Pietro Sforza Pallavicino, jesuíta da nobreza e futuro cardeal, é forçado a retratar-se publicamente de sua defesa dos infinitesimais.

1649. Carlos I da Inglaterra é executado.

1649. Wallis é nomeado professor saviliano de matemática em Oxford.

1649. O geral superior jesuíta Vincenzo Carafa escreve às províncias para denunciar os infinitesimais.

1651. O matemático jesuíta André Tacquet, em *Cylindricorum et annularium libri IV*, declara que os infinitesimais devem ser destruídos, ou então a matemática será destruída.

1651. Hobbes publica *Leviatã*, no qual advoga por um Estado totalitário. Fundamenta seu raciocínio na geometria.

1651. Os jesuítas publicam uma lista de doutrinas permanentemente banidas, incluindo os infinitesimais.

1652. Hobbes se indispõe com a corte em Paris e volta à Inglaterra.

1655. Wallis publica *Sobre as seções cônicas*.

1655. Hobbes publica *De corpore*, que inclui "provas" de antigos problemas não resolvidos, como o da quadratura do círculo.

1655. Wallis publica *Elenchus geometriae Hobbianae*, em que ridiculariza Hobbes e aponta seus erros matemáticos.

1656. Wallis publica *Aritmética do infinito.*

1656. Hobbes responde com *Seis lições para os professores de matemática*, em que revida atacando o uso que Wallis faz dos infinitesimais, que considera sem sentido e indutores de erros, não da verdade.

1657-79. Hobbes e Wallis criticam-se, ridicularizam-se e agridem-se mutuamente em dezenas de livros, panfletos e ensaios.

1658-68. Stefano degli Angeli, professor de matemática na Universidade de Pádua, publica oito trabalhos sobre infinitesimais, todos eles ridicularizando abertamente as críticas jesuítas da matemática infinitesimal.

1660. Carlos II é reconduzido ao trono inglês.

1662. O "Colégio Invisível" recebe licença de Carlos II e torna-se a Royal Society de Londres.

1665. O jovem Isaac Newton faz experimentos com infinitesimais e desenvolve uma técnica que será conhecida como cálculo.

1668. A ordem monástica dos jesuatas, lar de Cavalieri e Angeli, é suprimida por decreto papal.

1675. Gottfried Wilhelm Leibniz desenvolve sua própria versão do cálculo.

1679. Morre Hobbes, matematicamente desacreditado e politicamente isolado.

1684. Leibniz publica seu primeiro artigo acadêmico sobre o cálculo na revista *Acta Eruditorum.*

1687. Newton publica *Principia mathematica*, revolucionando a física e estabelecendo a primeira teoria moderna acerca do sistema solar. A obra baseia-se no cálculo infinitesimal e contém a primeira exposição do método de Newton.

1703. Morre Wallis, enaltecido como matemático de primeira grandeza, precursor do cálculo e fundador da Royal Society.

Notas

Introdução (p.9-21)

1. Sobre a viagem de Samuel Sorbière à Inglaterra, ver relato in *A Voyage to England Containing Many Things Relating to the State of Learning, Religion and Other Curiosities of That Kingdom* (Londres, J. Woodward, 1709), publicado primeiramente em Paris, em 1664, como *Relation d'une voyage en Angleterre*. Para a reação inglesa ao relato de Sorbière, ver Thomas Sprat, *Observations on M. de Sorbière's Voyage into England* (Londres, John Martyn e James Allestry, 1665). Uma breve biografia de Sorbière é encontrada in Alexander Chalmers, *General Biographical Dictionary* (Londres, J. Nichols and Son, 1812-17), v.28, p.223. Para um relato recente da carreira de Sorbière e especialmente sua visita à Inglaterra, ver Lisa T. Sarasohn, "Who was then the gentleman? Samuel Sorbière, Thomas Hobbes, and the Royal Society", *History of Science*, n.42, 2004, p.211-32.
2. A descrição de Sorbière de si mesmo como "corneteiro" e não "soldado" encontra-se na sua dedicatória ao rei Luís XIV, *A Voyage to England*.
3. Sorbière, *A Voyage to England*, p.23-4.
4. Ibid., p.47.
5. Apud Sarasohn, "Who was then the gentleman?", p.223.
6. Sorbière, *A Voyage to England*, p.41.
7. Para o elogio de Sorbière a Hobbes, ver ibid., p.40-1. A resposta de Sprat, apud Sarasohn, "Who was then the gentleman?", p.225.
8. Sorbière, *A Voyage to England*, p.93.

1. Os filhos de Inácio (p.25-62)

1. A sugestão de Maquiavel do governante ideal está em *O príncipe*, publicado primeiramente em italiano em 1532.
2. Para a fundação da Companhia de Jesus, ver William V. Bangert, *A History of the Society of Jesus* (St. Louis, MO, Institute of Jesuit Sources, 1972), p.21.
3. Ibid., p.98; R. Po-Chia Hsia, *The World of Catholic Renewal* (Cambridge, Cambridge University Press, 1998), p.32.
4. A história da visita de Montaigne ao Collegio Romano é narrada in Bangert, *History of the Society of Jesus*, p.56.
5. Os problemas dos jesuítas na França são discutidos in ibid., esp. p.120-1.

6. Inácio de Loyola, "The first rule", "Rules for thinking, judging and feeling with the Church", "The spiritual exercises", in *Spiritual Exercises and Selected Works* (Mahwah, NJ, Paulist Press, 1991), p.111.
7. Loyola, "The thirteenth rule", in *The spiritual exercises*, p.213.
8. George Orwell, *1984*, Parte 3, cap.2.
9. Uma excelente discussão do ideal jesuíta de obediência pode ser encontrada in Steven Harris, "Jesuit ideology and jesuit science", dissertação de doutorado, Universidade de Wisconsin-Madison, 1988, p.54-7, e também in Bangert, *History of the Society of Jesus*, p.42.
10. A importância do asseio para os jesuítas é discutida in Hermann Stoeckius, *Untersuchungen zur Geschichte der Noviziates in der Gesellschaft Jesu* (Bonn, P.Rost & Co., 1918), apud Harris, "Jesuit ideology", p.83.
11. A carta de Favre é citada in Bangert, *History of the Society of Jesus*, p.75.
12. A citação é de Francis Bacon, *The Advancement of Learning*, Livro I, III.3. Bacon está citando Plutarco acerca da vida do rei de Esparta, Agesilau.
13. Sobre o trabalho dos jesuítas na Alemanha, Bélgica e Polônia, ver Hsia, *The World of Catholic Renewal*, cap.4, "The Church militant".
14. O discurso do papa Gregório XIII aos jesuítas pode ser encontrado in Bangert, *History of the Society of Jesus*, p.97.
15. Sobre Rubens e os jesuítas, ver Hsia, *The World of Catholic Renewal*, p.128, 154.
16. Sobre as ideias dos jesuítas da autoridade derivada da verdade absoluta e expressa na hierarquia da Igreja, ver Rivka Feldhay "Authority, political theology, and the politics of knowledge in the transition from medieval to early modern Catholicism", *Social Research*, v.73, n.4, 2006, p.1065-92.

2. Ordem matemática (p.63-91)

1. A recomendação de Inácio sobre o ensino da matemática é citada in Giuseppe Cosentino, "Mathematics in the jesuit ratio studiorum", in Frederick J. Homann, SJ (org.), *Church Culture and Curriculum* (Filadélfia, St. Joseph University Press, 1999), p.55.
2. A carta de Polanco é citada in Cosentino, "Mathematics in the jesuit Ratio Studiorum", p.57.
3. O pronunciamento de Nadal é citado in M. Feingold, "Jesuits: savants", in M. Feingold (org.), *Jesuit Science and the Republic of Letters* (Cambridge, MA, MIT Press, 2003), p.6.
4. Sobre Inácio e a definição do currículo nos colégios jesuítas, ver Cosentino, "Mathematics in the jesuit Ratio Studiorum", p.54.
5. As opiniões de Pereira e Acquaviva sobre inovação são citadas in Feingold, "Jesuits: savants", p.18.
6. A estampa da Academia Partênica é discutida in Ugo Baldini, *Legem impone subactis: studi su filosofia e scienza dei Gesuiti in Italia, 1540-1632* (Roma, Bulzoni, 1992), p.19-20.

7. Sobre os primeiros anos de Clávio na Companhia de Jesus, ver James M. Lattis, *Between Copernicus and Galileo: Christoph Clavius and the Collapse of Ptolemaic Astronomy* (Chicago, University of Chicago Press, 1994), cap.1.
8. Sobre a educação matemática de Clávio, ver Lattis, *Between Copernicus and Galileo*, p.16-8.
9. Sobre a luta de Clávio pelo reconhecimento para professores de matemática na Companhia, ver A.C. Crombie, "Mathematics and platonism in the Sixteenth-Century Italian Universities and in the Jesuits Educational Policy", in Y. Maeyama e W.G. Saltzer (orgs.), *Prismata* (Wiesbaden, Franz Steiner Verlag, 1977), p.63-94, esp. p.65.
10. Sobre a carreira de Clávio no Collegio Romano, ver Cosentino, "Mathematics in the jesuit Ratio Studiorum"; Crombie, "Mathematics and platonism", p.64-8; Lattis, *Between Copernicus and Galileo*, cap.1.
11. Apud J.D. North, "The Western calendar: 'Intolerabilis, horribilis, et derisibilis'", in G.V. Coyne, M.A. Hoskin e O. Pedersen (orgs.), *Gregorian Reform of the Calendar: Proceedings of the Vatican Conference to Commemorate its 400th Anniversary, 1582-1982* (Vaticano, Pontificia Academia Scientarum, 1983), p.75.
12. Sobre Lílio e a comissão do calendário, ver Ugo Baldini, "Christoph Clavius and the scientific scene in Rome", in Coyne, Hoskin e Pedersen (orgs.), *Gregorian Reform of the Calendar*, p.137.
13. O relato de Clávio sobre a comissão do calendário foi publicado como Christopher Clavius, *Romani calendarii a Gregorio XIII restituti explication*, em 1603. Clávio também redigiu vários panfletos refutando críticos como Joseph Justus Scaliger, Michael Maestlin e François Viète.
14. A sátira de Donne foi publicada como John Donne, *Ignatius His Conclave* (Londres, Nicholas Okes para Richard Moore, 1611). A passagem é citada in Lattis, *Between Copernicus and Galileo*, p.8.
15. Sobre a crença de Clávio, de que foi a matemática que tornou possível o triunfo do calendário, ver Romano Gatto, "Christoph Clavius' 'Ordo servandus in addiscendis disciplinis mathematicis' and the teaching of Mathematics in Jesuit Colleges at the beginning of the Modern Era", *Science and Education*, n.15, 2006, p.235-6.
16. Ver Clávio, "In disciplinas mathematicas prolegomena", in Cristóvão Clávio (org.), *Euclidis elementorum libri XV* (Roma, Bartholemaeum, 1589), p.5. O *Euclides* de Clávio, incluindo os "Prolegomena", foi publicado pela primeira vez em 1574.
17. Ver Clávio, "Prolegomena", p.5, tradução a partir de Lattis, *Between Copernicus and Galileo*, p.35.
18. Idem.
19. Esses teoremas aparecem nos *Elementos* de Euclides como proposições I.5, I.47 e III.21.
20. Ver o exemplo in Dana Densmore (org.), *Euclid's Elements, the Thomas L. Heath Translation* (Santa Fe, NM, Green Lion Press, 2002), p.24-5.
21. A citação é de Antonio Possevino, *Biblioteca selecta* (1591), apud Crombie, "Mathematics and platonism", p.71-2.

22. Pereira prossegue: "Ter ciência é adquirir conhecimento de uma coisa mediante a causa por conta da qual a coisa é; e ciência (*scientia*) é o efeito de demonstração: mas a demonstração ... deve ser estabelecida a partir daquelas coisas que são 'per se', e própria daquilo que é demonstrado, mas o matemático nem considera a essência da quantidade nem trata os afetados à medida que fluem de tal essência, tampouco os declara pelas causas apropriadas por conta das quais eles são em quantidade, e nem faz suas demonstrações do que é próprio e 'per se', mas de predicados comuns e acidentais." Benito Pereira, *De communibus omnium rerum naturalium principiis* (Roma, Franciscus Zanettus, 1576), I.12, p.24, apud Crombie, "Mathematics and platonism", p.67.
23. Para mais sobre Pereira e o "Quaestio de certitude mathematicarum", ver Paolo Mancosu, "Aristotelian logic and euclidean mathematics: Seventeenth-Century developments in the Quaestio de certitude mathematicarum", *Studies in History and Philosophy of Science*, v.23, n.2, 1992, p.241-65; Paolo Mancosu, *Philosophy of Mathematics and Mathematical Practice in the Seventeenth-Century* (Nova York e Oxford, Oxford University Press, 1996); Gatto, "Christoph Clavius' 'Ordo servandus'", esp. p.239-42; e Lattis, *Between Copernicus and Galileo*, p.34-6.
24. A citação completa é "como as disciplinas matemáticas discutem coisas que são consideradas apartadas de qualquer matéria sensível – embora estejam elas mesmas imersas na matéria –, é evidente que detêm um lugar intermediário entre a metafísica e a ciência natural. Pois o tema da metafísica é separado de toda matéria, tanto na coisa quanto na razão; o tema da física é na verdade conjuminado com a matéria sensível, tanto na coisa quanto na razão; de onde, uma vez que o tema das disciplinas matemáticas é considerado livre de toda matéria – embora ela [isto é, a matéria] esteja fundada na coisa em si – claramente é estabelecida intermediária entre as outras duas". Clávio, "Prolegomena", p.5, in Peter Dear, *Discipline and Experience* (Chicago, University of Chicago Press, 1995), p.37.
25. A passagem é de Clávio, "Modus quo disciplinas mathematicas in scholis Societatis possent promoveri", apud Crombie, "Mathematics and platonism", p.66.
26. A discussão e as citações podem ser encontradas in Clávio, "Modus quo disciplinas mathematicas", p.65.
27. Sobre o "Ordo servandus" de Clávio, ver Gatto, "Christoph Clavius' 'Ordo servandus'", esp. p.243-6.
28. Sobre a matemática no "Ratio studiorum", ver Cosentino, "Math in the Ratio Studiorum", p.65-6.
29. Para livros-texto e publicações de Clávio, ver Gatto, "Christoph Clavius' 'Ordo servandus' ", esp. p.243-4, e Ugo Baldini, "The Academy of Mathematics of the Collegio Romano from 1553 to 1612", in Feingold (org.), *Jesuit Science and the Republic of Letters*, esp. Apêndice C, p.74-5.
30. Sobre a academia de Clávio no Collegio Romano, ver Baldini, "The Academy of Mathematics". Sobre o decreto de Acquaviva, ver Gatto, "Christoph Clavius' 'Ordo servandus'", p.248.

31. Sobre o comprometimento dos jesuítas com a matemática tanto como chave para compreensão da realidade física quanto como ciência-modelo a ser imitada, ver Rivka Feldhay, *Galileo and the Church: Political Inquisition or Critical Dialogue?* (Cambridge, Cambridge University Press, 1995), p.222.
32. Sobre o embate jesuíta-dominicano pela supremacia intelectual e teológica, ver Feldhay, *Galileo and the Church.*
33. O comentário de Riccioli é citado in Eberhard Knobloch, "Sur la vie et l'oeuvre de Christophore Clavius (1538-1612)", *Revue d'Histoire des Sciences*, v.1, n.3-4, 1998, p.335.
34. Sobre as opiniões de Tycho Brahe e do arcebispo de Colônia sobre Clávio, ver ibid., p.335-6. Sobre Commandino e Guidobaldo, ver Mario Biagioli, "The social status of Italian mathematicians, 1450-1600", *History of Science*, n.25, 1989, p.63-4.
35. Os detratores de Clávio são citados in Knobloch, "Sur la vie et l'oeuvre de Christophore Clavius", p.333-5.
36. Sobre as inovações de Clávio nesse campo, ver ibid., p.343-51.
37. Sobre Clávio como defensor da ortodoxia, ver Lattis, *Between Copernicus and Galileo*, bem como Knobloch, "Sur la vie et l'oeuvre de Christophore Clavius".
38. Sobre a ausência da análise de Viète da *Algebra* de Clávio, ver Baldini, "The Academy of Mathematics", p.63.
39. Clávio, "Prolegomena", p.5, tradução a partir de Lattis, *Between Copernicus and Galileo*, p.35.
40. A advertência de Acquaviva é citada in Feingold, "Jesuits: savants", p.18.

3. Desordem matemática (p.92-132)

1. A história das descobertas astronômicas de Galileu e sua triunfal visita a Roma e ao Collegio Romano é resumida in Stillman Drake (org.), *Discoveries and Opinions of Galileo* (Nova York, Anchor Books, 1957).
2. O *Discurso* é debatido in ibid., p.79-81.
3. As *Cartas* são discutidas e amplamente traduzidas in ibid., p.59-144.
4. Discutida e traduzida in ibid., p.145-216.
5. Cavalieri para Galileu, 15 dez 1621. A carta pode ser encontrada in Bonaventura Cavalieri, in Paolo Guidera, *Lettere a Galileo Galilei* (Verbania, Caribou, 2009), p.9-10.
6. O trabalho inicial de Galileu com infinitesimais é citado in Festa, "La querelle de l'atomisme", p.1042; e Festa, "Quelques aspects de la controverse sur les indivisibles", p.196.
7. Ver Festa, "La querelle de l'atomisme", p.1043.
8. A edição-padrão em inglês, *Dialogue on the Two Chief World Systems* (Berkeley, University of California Press, 1962), publicada pela primeira vez em Florença, em 1632.
9. Além da discussão nos *Discursos*, Galileu apresenta visão similar do continuum em seu comentário de 1633 sobre *Filosofiche esercitazioni* de Antonio Rocco. Ver

François de Gandt, "Naissance et métamorphose d'une théorie mathématique. La géometrie des indivisibles en Italie", *Sciences et techniques in perspective*, v.9, 1984-85 (Nantes, Université de Nantes, 1985), p.197.

10. Sobre o trabalho de Valerio a respeito de indivisíveis, ver Carl B. Boyer, *The History of the Calculus and Its Conceptual Development* (Nova York, Dover Publications, 1949), p.104-6; e a entrada "Luca Valerio" no arquivo de biografias matemáticas The MacTutor History of Mathematics; disponível em: http://www-history.mcs.st-andrews.ac.uk/Biographies/Valerio.html.
11. A discussão de Salviati da lei dos corpos em queda pode ser encontrada em Galileu, in Henry Crew e Alfonso de Salvio (orgs.), *Dialogues Concerning Two New Sciences* (Buffalo, NY, Prometheus Books, 1991), p.173-4. Na Edizione Nazionale italiana, p.208-9.
12. Apud Enrico Giusti, *Bonaventura, Cavalieri and the Theory of Indivisibles* (Bolonha, Edizioni Cremonese, 1980), p.3n9.
13. Ibid., p.3n10.
14. Cavalieri para Galileu, 18 jul 1621, ibid., p.6n18.
15. A citação é do biógrafo de Cavalieri, Cristóvão Girolamo Ghilini, ibid., p.7n19.
16. Cavalieri para Galileu, 7 ago 1626, ibid., p.9n26.
17. Galileu para Cesare Marsili, 10 mar 1629, ibid., p.11n30.
18. A comparação feita por Cavalieri de indivisíveis com fios num pano e páginas num livro, e sua discussão das metáforas, são encontradas in *Exercitationes geometricae sex* (Bolonha, Iacob Monti, 1647), p.3-4.
19. Cavalieri, *Geometria indivisibilibus libri VI*, proposição 19, p.437-9. Para discussões dessa prova, ver De Gandt, "Naissance et métamorphose d'une théorie mathématique", p.216-7; e Margaret E. Baron, *The Origins of the Infinitesimal Calculus* (Nova York, Dover Publications, 1969), p.131-2.
20. Sobre o cálculo de Arquimedes da área inscrita numa espiral, ver Baron, *The Origins*, p.43-4.
21. O cálculo é apresentado como proposição 19 in Cavalieri, *Geometria indivisibilibus libri VI*, p.238.
22. Cavalieri para Galileu, 21 jun 1639, in Galileu, *Opere*, v.18, p.67, carta n.3889. Apud Amir Alexander, *Geometrical Landscapes* (Stanford, CA, Stanford University Press, 2002), p.184.
23. Sobre a importância do conceito de "todas as retas" e "todos os planos" no trabalho de Cavalieri, ver De Gandt, "Naissance et métamorphose d'une théorie mathématique", e François de Gandt, "Cavalieri's indivisibles and Euclid's canons", in Peter Barker e Roger Ariew (orgs.), *Revolution and Continuity: Essays in the History and Philosophy of Early Modern Science* (Washington, DC, Catholic University of America, 1991), p.157-82; e Giusti, *Bonaventura Cavalieri*.
24. A informação biográfica sobre Torricelli é tirada de Egidio Festa, "Repères biographique et bibliographique", in François de Gandt (org.), *L'oeuvre de Torricelli: Science Galiléene et nouvelle géométrie* (Nice, CNRS e Université de Nice, 1987), p.8.

25. Torricelli para Galileu, 11 set 1632, ibid.
26. Castelli para Galileu, 2 mar 1641, ibid., p.9.
27. Sobre a correspondência de Torricelli com seus colegas franceses, ver Armand Beaulieu, "Torricelli et Mersenne", in De Gandt, *L'oeuvre de Torricelli*, p.39-51. Sobre sua ligação com galileanos italianos, ver Lanfranco Belloni, "Torricelli et son époque", in De Gandt, *L'oeuvre de Torricelli*, p.29-38; sobre o barômetro, ver Festa, "Repères", p.15-8, e Souffrin, "Lettres sur la vie", in De Gandt, *L'oeuvre de Torricelli*, p.225-30.
28. *Opera geometrica* de Torricelli pode ser encontrado no volume 1 de Gino Loria e Giuseppe Vassura (orgs.), *Opere di Evangelista Torricelli* (Faenza, G. Montanari, 1919-44). Uma tradução italiana está in Lanfranco Belloni (org.), *Opere scelte di Evangelista Torricelli* (Turim, Unione Tipografico-Editrice Torinese, 1975), p.53-483.
29. Para discussões sobre "De dimensione parabolae", ver François de Gandt, "Les indivisibles de Torricelli", in De Gandt, *L'oeuvre de Torricelli*, p.152-3; e De Gandt, "Naissance et métamorphose", p.218-9.
30. Torricelli discute essa ideia no *Opera geometrica*, esp. in Loria e Vassura (orgs.), *Opere*, v.1, p.139-40. A tradução italiana está in Belloni (org.), *Opere scelte*, p.381.
31. Ver Loria e Vassura (orgs.), *Opere*, v.1, p.173. Apud De Gandt, "Les indivisibles de Torricelli", p.153.
32. Loria e Vassura (orgs.), *Opere*, v.1, p.141.
33. Ver De Gandt, "Naissance et métamorphose", p.219.
34. Sobre a lista de paradoxos de Torricelli, ver De Gandt, "Les indivisibles de Torricelli", p.163-4.
35. O paradoxo básico de Torricelli é apresentado num tratado intitulado "De indivisibilibium doctrina perperam usurpata", in Loria e Vassura (orgs.), *Opere*, v.1, Parte 2, p.417.
36. A discussão de Torricelli sobre indivisíveis desiguais pode ser encontrada in Loria e Vassura (orgs.), *Opere*, v.1, Parte 2, p.320. É citada in De Gandt, "Les indivisibles de Torricelli", p.182.
37. Os diagramas aqui são derivados de De Gandt, "Les indivisibles de Torricelli", p.187.
38. Para uma discussão do método das tangentes, ibid., p.187-8, e idem, "Naissance et métamorphose", p.226-9. A exposição de De Gandt baseia-se em *Opere* de Torricelli, Loria e Vassura (org.), v.1, Parte 2, p.322-33.

4. "Destrua ou seja destruído" (p.133-67)

1. Apud H. Bosmans, "André Tacquet (SJ) et son traité d'arithmétique théorique et pratique", *Isis*, n.9, 1927, p.66-82.
2. André Tacquet, *Cylindricorum et annularium libri IV* (Antuérpia, Iacobum Mersium, 1651), p.23-4.
3. Sobre a persistência da tradição euclidiana entre os matemáticos jesuítas durante o século XVIII, ver Bosmans, "André Tacquet", p.77. Não por coincidência, alguns

dos mais populares livros-texto sobre geometria euclidiana dessa época foram compostos por jesuítas, inclusive Honoré Fabri, *Synopsis geometrica* (Lyon, Antoine Molin, 1669); e Ignace-Gaston Pardies, *Éléments de géométrie* (Paris, Sébastien Maire-Cramoisy, 1671). Ambos os livros foram reimpressos repetidas vezes nos séculos XVII e XVIII.

4. Tacquet, *Cylindricorum et annularium*, p.23-4.
5. Benito Pereira, *De communibus omnium rerum naturalium principiis* (Roma, Franciscus Zanettus, 1576). Sobre a discussão de Pereira da composição do continuum, ver Paolo Rossi, "I punti di Zenone", *Nuncius*, v.13, n.2, 1998, p.392-4.
6. Apud Feingold, "Jesuits: savants", p.30.
7. As condenações dos revisores de 1606 e 1608 podem ser encontradas no arquivo jesuíta Arsi (Archivum Romanum Societatis Iesu), manuscrito FG656 A I, p.318-9.
8. O livro era de Luca Valerio, *De centro gravitatis solidorum libri tres* (Roma, B. Bonfadini, 1604). Sobre o uso feito por Valerio de métodos infinitesimais, ver Carl B. Boyer, *History of the Calculus* (Nova York, Dover Publications, 1947), p.104s.
9. Sobre a experimentação de Galileu em 1604 com indivisíveis, ver Festa, "Quelques aspects de la controverse sur les indivisibles", p.196.
10. Galileu, *Discursos sobre duas novas ciências*, p.148.
11. A primeira condenação de 1615, datada de 4 abr, está no Arsi manuscrito FG 656A II, p.456. A segunda, datada de 19 nov, está no manuscrito FG 656A II, p.462.
12. Sobre a ascensão e queda de Valerio, ver David Freedberg, *The Eye of the Lynx: Galileo, His Friends, and the Beginning of Modern Natural History* (Chicago, University of Chicago Press, 2002), esp. p.132-4, bem como a biografia MacTutor on-line de Valerio, de J.J. O'Connor e E.F. Robertson; disponível em: http://www.gap-system.org/~history/Biographies/Valerio.html. Sobre o uso de infinitesimais, ver Boyer, *History of the Calculus*, p.104-6.
13. Sobre as tensões entre intelectuais jesuítas e os esforços da hierarquia para controlar seu trabalho acadêmico, ver Feingold, "Jesuits: savants"; e Marcus Hellyer, "'Because the authority of my superiors commands': censorship, physics, and the German jesuits", *Early Science and Medicine*, v.1, n.3, 1996, p.319-54.
14. Em contraste, quando Tacquet publicou seu *Cylindricorum et annularium* quatro anos depois, também em Flandres, a licença declarava que sua obra fora lida e aprovada por três matemáticos da Companhia. O livro de Saint-Vincent não trazia tal endosso.
15. Sobre os problemas de Grégoire de Saint-Vincent, ver Feingold, "Jesuits: savants", p.20-1; Herman van Looey, "A chronology and historical analysis of the mathematical manuscripts of Gregorius a Sancto Vincentio (1584-1667)", *Historia Mathematica*, n.11, 1984, p.58; Bosmans, "André Tacquet", p.67-8; também Paul B. Bockstaele, "Four letters from Gregorius a S. Vincentio to Christopher Grienberger", *Janus*, n.56, 1969, p.191-202.
16. Sobre a mudança do clima político e cultural em Roma cercando a eleição de Urbano VIII, ver Pietro Redondi, *Galileo Heretic* (Princeton, NJ, Princeton University Press, 1987), esp. p.44-61 e 68-106.

17. Trecho de uma carta do "lince" dr. Johannes Faber para Galileu, 15 fev 1620. Apud Redondi, *Galileo Heretic*, p.43.
18. Cesarini para Galileu, 28 out 1623. Apud Redondi, *Galileo Heretic*, p.49.
19. Sobre o caso Santarelli, ver Bangert, *History of the Society of Jesus*, p.200-1; e Redondi, *Galileo Heretic*, p.104-5.
20. Ver Redondi, *Galileo Heretic*, p.50.
21. Sobre a defesa da dissertação de Pallavicino, ibid., p.200-2. Padre Grassi fora oponente de Galileu numa disputa sobre a natureza dos cometas e o principal alvo de *O ensaísta*. Sua condenação da ortodoxia do atomismo de Galileu estava contida no livro de 1626, *Ratio ponderum librae et simbellae*, publicado sob o pseudônimo de Lothario Sarsi.
22. Sobre a crise política em Roma em 1631, e sobre o ataque do cardeal Bórgia a Urbano VIII, ver Redondi, *Galileo Heretic*, p.229-31.
23. Nem todos conseguiram ficar a salvo. Em abril de 1632, Giovanni Ciampoli, o mais proeminente "lince" na Cúria e secretário pessoal do próprio papa, recebeu o altissonante título de "governador de Montalti di Castri" e foi exilado de Roma para os Apeninos. Ele jamais retornaria.
24. Sobre Rodrigo Arriaga, seu *Cursus philosophicus* e suas opiniões sobre os infinitamente pequenos, ver Rossi, "I punti di Zenone", p.398-9; Hellyer, "'Because the authority of my superiors commands'", p.339; Feingold, "Jesuits: savants", p.28; Redondi, *Galileo Heretic*, p.241-2; e John L. Heilbron, *Electricity in the 17th and 18th Centuries* (Berkeley, University of California Press, 1979), p.107.
25. Sobre a amizade de Arriaga com Saint-Vincent, ver Van Looey, "A chronology and historical analysis of the mathematical manuscripts of Gregorius a Sancto Vincentio", p.59.
26. O decreto dos revisores é preservado como manuscrito FG 657, p.183, in Arsi. Também é reproduzido in Egidio Festa, "La querelle de l'atomisme", *La Recherche*, n.224, set 1990, p.1040; e citado em francês in Egidio Festa, "Quelques aspects de la controverse sur les indivisibles, in M. Bucciantini e M. Torrini (orgs.), *Geometria e atomismo nella scuola Galileana* (Florença, Leo S. Olschki, 1992), p.198. Agradecimentos especiais à professora Carla Rita Palmerino, da Radboud University Nijmegen, na Holanda, por tornar acessíveis suas anotações dos arquivos jesuítas.
27. Geral Mutio Vitelleschi para Ignace Cappon, 1633, apud Michael John Gorman, "A matter of faith? Christoph Scheiner, jesuit censorship, and the trial of Galileo", *Perspectives on Science*, v.4, n.3, 1996, p.297-8. Também apud Feingold, "Jesuits: savants", p.29.
28. Manuscrito Arsi, FG 657, p.481.
29. Ibid., p.381. Citado e discutido in Festa, "Quelques aspects", p.201-2.
30. Manuscrito Arsi FG 657, p.395.
31. Ibid., p.475.
32. Sobre Arriaga e a história da publicação do seu *Cursus philosophicus*, ver Hellyer, "'Because the authority of my superiors commands'", p.339-41.

33. Sobre Pietro Sforza Pallavicino e sua carreira, ver Redondi, *Galileo Heretic*, p.264-5; Hellyer, "'Because the authority of my superiors commands'", p.339; Festa, "La querelle de l'atomisme", p.1045-6; Festa, "Quelques aspects", p.202-3; e Feingold, "Jesuits: savants", p.29.
34. Redondi, *Galileo Heretic*, p.265.
35. Sobre os conflitos de Pallavicino com os revisores e o geral Carafa, ver Claudio Costantini, *Baliani e i Gesuiti* (Florença, Giunti, 1969), esp. p.98-101.
36. Pallavicino insinua seus problemas in Pietro Sforza Pallavicino, *Vindicationes Societatis Iesu* (Roma, Dominic Manephi, 1649), p.225. Citado e discutido in Festa, "Quelques aspects", p.202-3.
37. Geral superior Vincenzo Carafa para Nithard Biberus, 3 mar 1649, in G.M. Pachtler, SJ (org.), *Ratio studiorum et institutiones scholasticae Societatis Jesu* (Osnabrück, Biblio-Verlag, 1968), p.3-76, doc. n.41.
38. Para o texto do *Ordinatio*, ver G.M. Pachtler, SJ (org.), *Ratio studiorum*, v.3 (Berlim, Hofman and Comp., 1890), p.77-98. As 65 proposições "filosóficas" banidas estão nas p.90-4, e uma lista adicional de 25 proposições "teológicas" estão nas p.94-6. Para uma discussão do *Ordinatio*, suas origens e seus efeitos, ver Hellyer, "'Because the authority of my superiors commands'", p.328-9. Ele também é mencionado in Feingold, "Jesuits: savants", p.29; e Carla Rita Palmerino, "Two jesuit responses to Galileo's science of motion: Honoré Fabri and Pierre le Cazre", in M. Feingold (org.), *The New Science and Jesuit Science Seventeenth-Century Perspectives* (Dordrecht, Kluwer Academic Publishers, 2003), p.187.
39. As proposições estão listadas in Pachtler (org.), *Ratio studiorum*, p.92.

5. A batalha dos matemáticos (p.168-201)

1. Stefano degli Angeli, *De infinitis parabolis* (Veneza, Ioannem La Nou, 1659), in "Lectori benevolo".
2. Sobre Guldin, Bettini e Tacquet como agentes da Companhia enviados para combater o método dos indivisíveis, ver Redondi, *Galileo Heretic*, p.291.
3. Para uma excelente biografia breve de Guldin (e muitos outros matemáticos), ver arquivo MacTutor on-line, History of Mathematics, abrigado pela Universidade de St. Andrews, na Escócia; disponível em: http://www-history.mcs.st-and.ac.uk/. Ver também a biografia de Guldin, de autoria de J.J. O'Connor e E.F. Robertson; disponível em: http://www.gap-system.org/~history/Biographies/Guldin.html.
4. Sobre a acusação de Guldin de que Cavalieri derivou seu método de Kepler e Sover, ver Giusti, *Bonaventura Cavalieri*, p.60-2; e Mancosu, *Philosophy of Mathematics and Mathematical Practice*, p.51-2.
5. Paul Guldin, *De centro gravitatis*, livro 4 (Viena, Matthaeus Cosmerovius, 1641), p.340.
6. Sobre as críticas matemáticas de Guldin a Cavalieri e seu método, ver Giusti, *Bonaventura Cavalieri*, p.62-4; e Mancosu, *Philosophy of Mathematics*, p.50-5.

7. Paul Guldin, *De centro gravitatis*, livro 2 (Viena, Matthaeus Cosmerovius, 1639), p.3. Apud Bonaventura Cavalieri, *Exercitationes geometricae sex* (Bolonha, Iacob Monti, 1647), p.180, e citado e discutido in Festa, "Quelques aspects", p.199.
8. Sobre os planos de Cavalieri para um diálogo e o conselho de Rocca, ver Giusti, *Bonaventura Cavalieri*, p.57-8.
9. Para as alegações de Cavalieri de ser agnóstico quanto ao assunto da composição do continuum, ver Mancosu, *Philosophy of Mathematics*, p.54.
10. Ver Mancosu, *Philosophy of Mathematics*, p.54; e Giusti, *Bonaventura Cavalieri*, p.64.
11. Cavalieri, *Exercitationes geometricae sex*, parte 3, "In Guldinum", apud Giusti, *Bonaventura Cavalieri*, p.62-3.
12. Guldin, *De centro gravitatis*, livro 4, p.344, apud Giusti, *Bonaventura Cavalieri*, p.63.
13. Sobre Bettini, seu lugar entre os jesuítas e sua relação com Cristóvão Grienberger, ver Michael John Gorman, "Mathematics and modesty in the Society of Jesus: the problems of Christoph Grienberger", in Feingold, *The New Science and Jesuit Science*, p.4-7.
14. Mario Bettini, *Apiaria universae philosophiae mathematicae* (Bolonha, Io. Baptistae Ferronij, 1645); Mario Bettini, *Aerarium philosophiae mathematicae* (Bolonha, O. Baptistae Ferronij, 1648).
15. Cavalieri para Galileu, 7 ago 1626, apud Giusti, *Bonaventura Cavalieri*, p.9.
16. Ver Giusti, *Bonaventura Cavalieri*, p.9-10n26.
17. Guldin, *De centro gravitatis*, livro 4, p.341, apud Mancosu, *Philosophy of Mathematics*, p.54.
18. Bettini, *Aerarium*, v.3, livro 5, p.20. A citação é de Horácio, *Epístolas*, livro 1.7, verso 23: "Quid distent aera lupinis."
19. Apud Stefano degli Angeli, "Appendix pro indivisibilibus", in *Problemata geometrica sexaginta* (Veneza, Ioannem La Nou, 1658), p.295.
20. André Tacquet, *Cylindricorum et annularium libri IV* (Antuérpia, Iacobus Meurisius, 1651).
21. Sobre Tacquet e o geral Nickel, ver Bosmans, "André Tacquet", p.72.
22. Tacquet, *Cylindricorum*, p.23-4, citado e discutido in Festa, "Quelques aspects", p.204-5.
23. Tacquet, *Cylindricorum*, p.23.
24. Ibid., p.24, citado e discutido in Bosmans, "André Tacquet", p.72.
25. Sobre Aviso e Mengoli, ver Giusti, *Bonaventura Cavalieri*, p.49-50, bem como as entradas de Cavalieri e Mengoli in Charles Gillispie (org.), *Dictionary of Scientific Biography* (Nova York, Scribner, 1981-90).
26. Sobre Viviani, ver Giusti, *Bonaventura Cavalieri*, p.51, e in J.J. O'Connor e E.F. Robertson, "Vincenzo Viviani", biografia MacTutor; disponível em: http://www.groups.dcs.st-and.ac.uk/history/Biographies/Viviani.html.
27. Sobre Nardi, ver Giusti, *Bonaventura Cavalieri*, p.51, bem como Belloni, "Torricelli et son époque", p.29-38.
28. Angeli, "Appendix pro indivisibilibus".

29. A discussão de Angeli de Bettini como uma abelha laboriosa porém de pouca sorte pode ser encontrada in *Problemata*, p.293-5.
30. A polêmica de Angeli contra Tacquet e seus colegas matemáticos jesuítas está incluída em seu prefácio, in Stefano degli Angeli, "Lectori Benevolo", *De infinitis parabolis*.
31. Sobre a bula papal de 1668 suprimindo as três ordens, ver Sydney F. Smith, SJ, Joseph A. Munitiz, SJ (orgs.), *The Supression of the Society of Jesus* (Eastbourne, UK, Antony Rowe Ltd., 2004), p.291-2. Publicado primeiramente como uma série de artigos por Sydney Smith, *The Month*, entre fev 1902 e ago 1903.
32. Ver William Eamon, "The Aquavitae brother"; disponível em: http://williameamon.com/p=552. T. Kennedy, "Blessed John Colombini", in *The Catholic Encyclopedia* (Nova York, Robert Appleton Company, 1910).
33. Os livros de Angeli foram *Problemata geometrica sexaginta* (1658); *De infinitis parabolis* (1659); *Miscellaneum hyperbolicum et parabolicum* (1659); *Miscellaneum geometricum* (1660); *De infinitorum spiralium spatiorum mensura* (1660); *De infinitorum cochlearum mensuris* (1661); *De superficie ungulae* (1661); *Accessionis ad stereometriam et mecanicam* (1662); e *De infinitis spiralibus inversis* (1667). Ver Giusti, *Bonaventura Cavalieri*, p.50n39.
34. A citação é de Galileu Galilei, "Third letter on sunspots", in Drake (org.), *Discoveries and Opinions of Galileo*, p.134. Uma tradução da "Carta à grã-duquesa Christina" pode ser encontrada no mesmo volume, p.173-216.
35. Sobre os primeiros tempos da tradição matemática moderna na Itália, ver Mario Biagioli, "The social status of Italian mathematicians, 1450-1600", *History of Science*, v.27, n.1, 1989, p.41-95.

6. A chegada de Leviatã (p.205-36)

1. A história dos *diggers* é narrada in Christopher Hill, *The World Turned Upside Down* (Harmondsworth, Penguin Books, 1975), cap.7, "Levellers and true levellers". Citações encontram-se na p.110.
2. O panfleto chamava-se *The True Levellers Standard Advanced*, impresso em 1649.
3. Para um relato detalhado das seitas radicais da Revolução Inglesa, ver Hill, *The World Turned Upside Down*.
4. O comentário é do reverendo Henry Newcombe, apud Christopher Hill, *The Century of Revolution, 1603-1714* (Nova York, W.W. Norton and Company, 1982), p.121.
5. Pepys apud ibid., p.121.
6. Apud Samuel I. Mintz, *The Hunting of Leviathan: Seventeenth-Century Reactions to the Materialism and Moral Philosophy of Thomas Hobbes* (Cambridge, Cambridge University Press, 1970), p.1.
7. A biografia de Hobbes escrita por John Aubrey pode ser encontrada in Andrew Clark (org.), "Thomas Hobbes", *Brief Years 1669 and 1696* (Oxford, Clarendon Press, 1898), p.321-403, cit. p.391.

8. O relato de Aubrey do hábito de beber de Hobbes pode ser encontrado em sua biografia, ibid., p.350.
9. Apud Mintz, *Hunting of Leviathan*, p.2.
10. Ibid., p.8-9.
11. Sobre Harriot, ver Alexander, *Geometrical Landscapes*.
12. Sobre a nomeação de Hobbes como tutor real e a oposição a essa nomeação, ver Mintz, *Hunting of Leviathan*, p.12.
13. Thomas Hobbes, *Leviathan, or the Matter, Forme, and Powers of a Commonwealth Ecclesiastical and Civil* (Londres, Andrew Crooke, 1651).
14. Ver Hobbes, *Leviathan*, 11:2.
15. Essa famosa citação aparece in ibid., 13:9.
16. Ibid., 13:13.
17. Para a visão de Hobbes sobre nativos americanos vivendo em estado de natureza, ver ibid., 13:11.
18. Ibid., 17:13.
19. Idem.
20. Idem.
21. Ibid., Introdução, p.1.
22. Refletindo sobre o papel dos clérigos anos depois, Hobbes escreveu que "a causa de eu escrever este livro [*Leviatã*] foi a consideração do que os ministros antes e no começo da guerra civil, com suas pregações e textos, contribuíram para isso". Ver Thomas Hobbes, *Six Lessons to the Professors of Mathematics*, in sir William Molesworth (org.), *The English Works of Thomas Hobbes* (Londres, Longman, Brown, Green, and Longmans, 1845), p.335.
23. Apud Steven Shapin e Simon Schaffer, *Leviathan and the Air Pump* (Princeton, NJ, Princeton University Press, 1985), p.290.
24. Hobbes, *Leviathan*, 18:9.

7. Thomas Hobbes, geômetra (p.237-56)

1. O relato é da biografia de John Aubrey, "Thomas Hobbes", p.332.
2. Sorbière apud Douglas M. Jesseph, *Squaring the Circle: The War between Hobbes and Wallis* (Chicago, University of Chicago Press, 1999), p.6.
3. Hobbes, *Leviathan*, 4:12
4. Ibid., 5:4.
5. Todas as citações nessa passagem são de Thomas Hobbes, "Elements of philosophy, the first section, concerning body", in Molesworth (org.), *The English Works of Thomas Hobbes*, p.vii-xii, "The author's epistle dedicatory".
6. Como Hobbes publicou *De corpore* em 1655 e *De cive* saiu em 1642, a verdadeira filosofia civil não tem mais de treze anos de idade.
7. Hobbes, "Elements of philosophy", p.vii-xii.

8. Hobbes, *Leviathan*, 5:16.
9. Thomas Hobbes, dedicatória epistolar a *De principiis et rationcinatione geometrarum* (Londres, Andrew Crooke, 1666), apud Jesseph, *Squaring the Circle*, p.282.
10. Hobbes, "Elements of philosophy", p.vii-xii.
11. Thomas Hobbes, *Six Lessons to the Professors of Mathematics, One of Geometry, the Other of Astronomy, in the Chairs Set Up by the Noble and Learned Sir Henry Savile, in the University of Oxford* (Londres, Andrew Crooke, 1656), reimpr. in Molesworth (org.), *The English Works of Thomas Hobbes*, 7:181-356, cit. p.184.
12. Sobre o poder geométrico dos decretos do *Leviatã*, ver também Shapin e Schaffer, *Leviathan and the Air Pump*, p.253.
13. Hobbes, *Leviathan*, 20:19.
14. Sobre a insistência de Hobbes de que a geometria não deveria ter problemas não solucionados, ver Hobbes, *De homine*, 2.10.5, apud Jesseph, *Squaring the Circle*, p.221.
15. O relato baseia-se in Jesseph, *Squaring the Circle*, p.22-6; e Arquimedes, "Measurement of a circle", cap.6, in E.J. Dijketerhuis, *Archimedes* (Princeton, NJ, Princeton University Press, 1987), p.222-3.
16. Sobre opiniões acerca da solubilidade da quadratura do círculo, ver Jesseph, *Squaring the Circle*, p.25-6.
17. Para a discussão de Hobbes acerca das definições de Euclides, ver *Six Lessons*, 7:201.
18. Hobbes, *De corpore*, 2.8.11, reimpr. em latim in Thomas Hobbes, *Opera philosophica* (Londres, John Bohn, 1839), 1:98-99, mais comumente conhecido como *Opera Latina*. A passagem está traduzida in Jesseph, *Squaring the Circle*, p.76-7.
19. Sobre a concepção de Hobbes de que pontos têm tamanho e retas têm largura para construir corpos geométricos, ver Hobbes, *Six Lessons*, p.318.
20. Para a discussão de Hobbes de seus conceitos de "conato" e "ímpeto", ver *De corpore*, 3.15.2, e *Opera Latina*, 1:177-78, ambos traduzidos in Jesseph, *Squaring the Circle*, p.102-3.
21. Sorbière, *A Voyage to England*, p.94.
22. Hobbes, *De principiis*, cap.12, apud Jesseph, *Squaring the Circle*, p.135.
23. Ward publicou isso anonimamente in [Seth Ward] *Vindiciae academiarum* (Oxford, L. Lichfield, 1654), p.57, apud Jesseph, *Squaring the Circle*, p.126.
24. Sobre os primórdios da guerra entre Hobbes e Wallis, e o papel nela desempenhado por Ward, ver Jesseph, *Squaring the Circle*, p.126.
25. A retratação está in Hobbes, *De corpore* (1655), p.181. Tradução do latim in Jesseph, *Squaring the Circle*, p.128. Os títulos dos capítulos estão in *De corpore*, p.171.
26. Ver John Wallis, *Elenchus geometriae Hobbianae* (Oxford, H. Hall para John Crooke, 1655).
27. Sorbière, *A Voyage to England*, p.94.
28. Para uma exposição moderna de duas dessas provas, ver Jesseph, "Two of Hobbes's quadratures from *De corpore*, part 3, chapter 20", in Jesseph, *Squaring the Circle*, p.368-76.

29. Para uma discussão mais completa acerca da impossibilidade de quadrar o círculo, ver Jesseph, *Squaring the Circle*, p.22-8.
30. A lista das realizações de Hobbes está incluída in Aubrey, "Thomas Hobbes", p.400-1. Traduzida in Jesseph, *Squaring the Circle*, p.3-4.

8. Quem foi John Wallis? (p.257-86)

1. John Wallis, *Truth Tried* (Londres, Richard Bishop para Samuel Gellibrand, 1643), p.60-1.
2. O relato da infância de Wallis e as citações são de John Wallis, "Autobiography", in Christoph J. Scriba, "The autobiography of John Wallis, F.R.S.", *Notes and Records of the Royal Society of London*, v.25, n.1, jun 1970, p.21-3.
3. Ibid., p.25.
4. A citação é de *The Autobiography of Sir John Bramston*, apud Vivienne Larminie, "Holbeach [Holbech], Martin", *Oxford Dictionary of National Biography* (Oxford, Oxford University Press, 2004-12).
5. Wallis, "Autobiography", p.27.
6. Idem.
7. Ibid., p.29.
8. Agnes Mary Clerke, "Wallis, John (1616-1703)", *Dictionary of National Biography*, v.59, 1899.
9. O título completo do panfleto era *A Serious and Faithful Representation of the Judgements of Ministers of the Gospel within the Province of London, Contained in a Letter from Them to the General and His Counsel of War, Delivered to His Excellency by Some of the Subscribers, January 18, 1649* (impr. em Edimburgo, 1703).
10. Wallis, "Autobiography", p.40.
11. Os dois tratados de Wallis eram *De sectionibus conicis* (Oxford, Leon Lichfield, 1655) e *Arithmetica infinitorum* (Oxford, Leon Lichfield, 1656), ambos incluídos em Wallis, *Opera mathematicorum* (Oxford, Leon Lichfield, 1656-57), v.2.
12. Wallis escreveu: "Quando eram chamados *presbiterianos*, não era no sentido de *antiepiscopais*, mas *anti-independentes*." Ver Wallis, "Autobiography", p.35.
13. Sobre a eleição de Wallis como guardião dos arquivos e a oposição de Stubbes, ver Christoph J. Scriba, "John Wallis", in Gillispie (org.), *Dictionary of Scientific Biography*. Sobre Stubbe e Hobbes, ver Jesseph, *Squaring the Circle*, p.12. Sobre a demonização de Hobbes, ver Mintz, "Thomas Hobbes", in Gillispie (org.), *Dictionary of Scientific Biography*.
14. John Aubrey, "Thomas Hobbes", p.339nc.
15. Thomas Sprat, *The History of the Royal Society* (Londres, T.R., 1667), p.53.
16. Ibid., p.55-6.
17. Sobre o envolvimento de Wallis com o "Colégio Invisível" durante o Interregno, e sobre os diversos campos de interesse do grupo, ver Wallis, "Autobiography", p.39-40.

18. Wallis, "Autobiography", p.40.
19. A outra candidata para "primeira revista científica" é *Le Journal des Savants*, da Academia de Ciências da França, cujo primeiro número saiu dois meses antes de *Philosophical Transactions*.
20. Sprat, *The History of the Royal Society*, p.56.
21. Ibid., p.427.
22. Para mais sobre o início da Royal Society e sua missão de remodelar a vida política inglesa e impedir um retorno ao desastroso dogmatismo do Interregno, ver Shapin e Schaffer, *Leviathan and the Air Pump*; Margaret C. Jacob, *The Newtonians and the English Revolution 1689-1720* (Nova York, Gordon and Breach, 1990), publicado pela primeira vez em 1976; James R. Jacob, *Robert Boyle and the English Revolution* (Nova York, Burt Franklin and Co., 1977); Barbara J. Shapiro, *Probability and Certainty in Seventeenth Century England* (Princeton, NJ, Princeton University Press, 1983); Steven Shapin, *A Social History of Truth: Civility and Science in Seventeenth-Century England* (Chicago, University of Chicago Press, 1995).
23. O resumo mais conciso da filosofia de Descartes está contido no seu eminentemente legível *Discurso do método*, publicado pela primeira vez anonimamente em Leiden, em 1637, como *Discours de la méthode*.
24. As opiniões de Sprat sobre os perigos do dogmatismo podem ser encontradas in Sprat, *The History of the Royal Society*, p.33.
25. Ibid., p.428.
26. Ibid., p.430.
27. Ibid., p.428-9.
28. Sobre Sprat e os figurões da Royal Society, ver "Introduction", in Jackson I. Cope e Harold Whitmore Jones (orgs.), *The History of the Royal Society by Thomas Sprat* (S. Louis, MO, Washington University Studies, 1958), esp. p.xiii-xiv.
29. Nas palavras de Sprat, "dá-lhes uma destemida confiança em seus próprios julgamentos, leva-os a competir por esporte em oposição mais séria, … no *Estado* bem como nas *Escolas*". Ver Sprat, *The History of the Royal Society*, p.429.
30. Ibid., p.427.
31. Sobre os efeitos benéficos do experimentalismo, ibid., p.429.
32. Para o processo de transformação de Bacon em ídolo pela Royal Society, ibid., p.35.
33. As principais obras de Bacon incluem *The Advancement of Learning* (1605), *Novum organum* (1620) e *New Atlantis* (1627).
34. Conhecimento verdadeiro, no esquema aristotélico, era mencionado como *scientia* e requeria certeza absoluta baseada em raciocínio lógico e autoridade ancestral.
35. A citação é de Francis Bacon, "Of the dignity and advancement of learning", livro 3, cap.6, in James Spedding (org.), *The Philosophical Works of Francis Bacon*, v.4 (Londres, Longman and Co., 1861), p.370.
36. Sobre a ambivalência inicial da Royal Society em relação à matemática, e particularmente a desconfiança de Robert Boyle nesse campo, ver Shapin, *A Social History of Truth*, cap.7.

9. Matemática para um Mundo Novo (p.287-319)

1. John Wallis, "Autobiography", in Scriba, *The autobiography of John Wallis, F.R.S.*, p.42.
2. John Wallis, *De sectionibus conicis, nova methodo expositis, tractatus* (Oxford, Leon Lichfield, 1655). Sobre a publicação desse tratado, junto com o *Arithmetica infinitorum*, ver Jacqueline Stedall, *The Arithmetic of the Infinitesimals, John Wallis, 1656* (Nova York, Springer-Verlag, 2004), p.xvii.
3. Wallis, *De sectionibus conicis*, prop. 1, in Wallis, *Opera mathematica* (Oxford, Sheldonian Theatre, 1695), p.297.
4. Wallis, *De sectionibus conicis*, prop. 3, in Wallis, *Opera mathematica*, p.299.
5. As críticas de Fermat estão incluídas numa ampla correspondência de *Arithmetica infinitorum* de Wallis, que este publicou em 1658 com o título de *Commercium epistolicum*. As cartas de Fermat foram publicadas em tradução francesa nos volumes 2 e 3 de Paul Tannery e Charles Henry (orgs.), *Oeuvres de Fermat* (Paris, Gauthier-Villars et Fils, 1894-96).
6. A citação é de Wallis, *Mathesis universalis* (Oxford, Leon Lichfield, 1657), cap.3, reimpr. in Wallis, *Opera mathematica* (Oxford, Sheldonian Theatre, 1695), p.21.
7. Ibid., p.60-1.
8. Wallis, *Arithmetica infinitorum* (Oxford, Leon Lichfield, 1656), p.1, prop. 1; *The Arithmetic of the Infinitesimals*, p.13.
9. As surpreendentes imagens ampliadas por Hooke de insetos comuns e micróbios invisíveis a olho nu foram publicadas in Robert Hooke, *Micrographia or Some Physiological Descriptions of Minute Bodies Made by Magnifying Glasses* (Londres, John Allestry, 1667).
10. Wallis, *Arithmetica infinitorum*, prop. 2, de Stedall, *The Arithmetic of the Infinitesimals*, p.14. Wallis inclui um passo adicional demonstrando que aquilo que vale para a série 0, 1, 2, 3, ... também vale para qualquer série aritmética começando com zero.
11. A discussão de Wallis da indução está in John Wallis, *A Treatise of Algebra, Both Historical and Practical* (Londres, John Playford, 1685), p.306.
12. Wallis, *Arithmetica infinitorum*, prop. 19, de Stedall, *The Arithmetic of the Infinitesimals*, p.26.
13. Ibid., prop. 21, p.27.
14. Ibid., prop. 41, p.40.
15. Ibid., prop. 44, p.42.
16. Wallis publicou toda a troca de cartas com *Commercium epistolicum de quaestionibus quibusdam mathematicis nuper habitum* (Oxford, A. Lichfield, 1658). Além de Wallis e Fermat, foram incluídas cartas de sir Kenelm Digby, lorde Brouncker, Bernard Frénicle de Bessy e Frans van Schooten. A crítica de Fermat do *Arithmetica Infinitorum* está contida em sua maior parte na "Epístola XIII", carta de Fermat a lorde Brouncker, escrita em francês, encaminhada para Wallis. As contribuições de Fermat à correspondência também estão publicadas in Paul Tannery e Charles

Henry (orgs.), *Oeuvres de Fermat*, v.2-3 (Paris, Gauthier-Villars et Fils, 1894 e 1896). A "Epístola XIII" do *Commercium epistolicum* de Wallis está aí impressa como carta LXXXV, 2:347-53.

17. Fermat para Digby, 15 ago 1657, Epístola XII, p.21, *Commercium epistolicum*. Também carta LXXXIV, in Tannery e Henry (orgs.), *Oeuvres de Fermat*, 2:343.
18. Epistola XIII, p.27-8, *Commercium epistolicum*; também carta LXXXV, in Tannery e Henry (orgs.), *Oeuvres de Fermat*, 2:352.
19. A afirmativa de Wallis de que seu método é derivado de Cavalieri aparece pela primeira vez na dedicatória do *Arithmetica infinitorum* de Stedall, trad., *The Arithmetic of Infinitesimals*, p.1-2.
20. Wallis, *Treatise of Algebra*, p.305. A equivalência do método dos indivisíveis de Cavalieri e o método da exaustão é discutida na p.280, e a composição de retas, superfícies e sólidos na p.285.
21. Walllis, dedicatória do *Arithmetica infinitorum*, de Stedall, trad., *The Arithmetic of Infinitesimals*, p.1.
22. Wallis, *Treatise of Algebra*, p.298. A alegação de que a indução não necessita de demonstração adicional está na p.306.
23. Apud Wallis, *Treatise of Algebra*, p.306.
24. Ibid., p.308.
25. Wallis dá o argumento de que a verdade de uma demonstração baseia-se numa concordância da "maioria dos homens", in Wallis, *Treatise of Algebra*, p.307-8.
26. John Wallis, *Elenchus geometricae Hobbinianae* (Oxford, H. Hall para John Crooke, 1655).
27. Thomas Hobbes, *Decameron physiologicum* (Londres, John Crooke para William Crooke, 1678).
28. Sobre Ward e Hobbes, ver Jesseph, *Squaring the Circle*, p.50.
29. John Wallis, dedicatória a John Owen in *Elenchus*, fólios A2r, A2v. A tradução do original em latim é da carta 37, in Peter Toon (org.), *The Correspondence of John Owen* (Cambridge, James Clarke and Co. Ltd., 1970), p.86-8.
30. Thomas Hobbes, dedicatória epistolar para lorde Pierrepont, *Six Lessons*. Ver Molesworth (org.), *The English Works of Thomas Hobbes*, 7:185.
31. Hobbes, *Six Lessons*, 7:248.
32. Ibid., 7:316.
33. Wallis, *Treatise of Algebra*, p.298.
34. Thomas Hobbes, *Stigmai, or markes of the absurd geometry, rural language, Scottish church-politicks, and barbarisms of John Wallis* (Londres, Andrew Crooke, 1657), p.12, apud Stedall, *The Arithmetic of Infinitesimals*, p.xxix-xxx.
35. A anedota está incluída na biografia de Hobbes escrita por Aubrey, "Thomas Hobbes", p.340.
36. John Wallis, dedicatória de *Elenchus* a John Owen, p.86.
37. John Wallis, *Elenchus*, p.108, apud Jesseph, *Squaring the Circle*, p.341.
38. John Wallis, dedicatória do *Elenchus* a John Owen, p.87.

39. Wallis para Huygens, 11 jan 1659, apud Jesseph, *Squaring the Circle*, p.70.
40. Hobbes, *Six Lessons*, 7:324.
41. Hobbes para Sorbière, 7-17 mar 1664, apud Jesseph, *Squaring the Circle*, p.272-3.
42. Wallis, *Elenchus*, p.6, apud Jesseph, *Squaring the Circle*, p.78-9.
43. Wallis, *Treatise of Algebra*, p.305.
44. A discussão do motivo para escrever *Leviatã* está in Hobbes, *Six Lessons*, 7:335. A carta para Sorbière, apud Simon Schaffer, "Wallification: Thomas Hobbes on School Divinity and experimental pneumatics", *Studies in History and Philosophy of Science*, n.19, 1988, p.286.
45. Hobbes, *Six Lessons*, 7:308.
46. Idem.
47. Ibid., 7:310.
48. Thomas Hobbes, *Lux mathematica* (1672), in William Molesworth (org.), *Thomas Hobbes Malmesburiensis opera philosophica*, v.5 (Londres, Longman, Brown, Green, and Longmans, 1845), p.110, citado e traduzido in Jesseph, *Squaring the Circle*, p.182.
49. Hobbes, *Lux mathematica*, 5:109, ibid., p.182.

Epílogo (p.320-26)

1. Os sermões foram reunidos in John Wallis, *Three Sermons Concerning the Sacred Trinity* (Londres, Thomas Parkhurst, 1691); e John Wallis, *Theological Discourses and Sermons on Several Occasions* (Londres, Thomas Parkhurst, 1692).
2. A citação é de seu contemporâneo mais jovem, o antiquário Thomas Hearne. Apud "John Wallis", Sidney Lee (org.), *Dictionary of National Biograph*, v.49 (Londres, Smith, Elder, and Co., 1899), p.144.

Créditos das figuras

p.56. Alinari/Art Resource, NY.
p.61. Alinari/Art Resource, NY.
p.89. I. Bullart, *Académie des Sciences*, Amsterdã, Daniel Elzevier, 1682; cortesia Huntington Library.
p.95. RMN-Grand Palais/Art Resource, NY.
p.101. Galileu, *Discursos*, dia 1, *Le Opere dei Galileo Galilei*, v.8, Fig.3.1, p.68, Edizione Nazionale (Florença, Galeria Barbera, 1898).
p.105. Galileu, *Discursos*, dia 3, Naz., v.8, p.208.
p.110. Cavalieri, *Exercitationes*, p.35, prop. 19 (Bolonha, Iacob Monti, 1647).
p.113. Cavalieri, *Geometria indivisibilibus libri VI*, prop. 19 (Bolonha: Clementis Ferroni, 1635).
p.127. baseado in E. Torricelli, *Opera omnia*, v.1, Parte 2, p.417.
p.180. foto, cortesia da Huntington Library.
p.220. bpk, Berlim/Art Resource, NY.
p.232. British Library Board/robana/Art Resource, NY.
p.272. foto, cortesia da National Portrait Gallery, Londres.
p.291. Wallis, *De sectionibus conicis*, prop. 3 (Oxford, Leon Lichfield, 1755).
p.297. John Wallis, *Arithmetica infinitorum*, prop. 135, p.108 (Oxford, Leon Lichfield, 1656).
p.303. Wallis, *Arithmetica infinitorum*, prop. 42.

Agradecimentos

As raízes deste livro remontam a um passado distante, ao meu primeiro ano como aluno de pós-graduação em Stanford, quando escrevi um artigo acadêmico argumentando que os infinitesimais eram politicamente subversivos na Europa do século XVII. Nos anos seguintes meus interesses de pesquisa me levaram para outras partes, primeiro para a cultura marítima das primeiras explorações modernas, depois para a "virada romântica" na matemática do começo do século XIX. Mas nunca esqueci aquela primeira percepção, e nunca duvidei de que um dia eu contaria a sua história. Levou mais tempo do que pensei, mas finalmente eu a fiz. E como tenho pensado sobre esse tema por mais de duas décadas, a lista das pessoas que consultei e cujos comentários me ajudaram a modelar este livro é bastante longa.

Gostaria de agradecer a Timothy Lenoir, Peter Galison e Moti Feingold, que comentaram o artigo anos atrás, bem como Douglas Jesseph, cujas críticas detalhadas me instigaram a refinar e melhorar o argumento. Passei horas conversando sobre esses assuntos com Christophe Lecuyer, Jutta Sperling, Phillip Thurtle, Josh Feinstein e Patricia Mázon, meus colegas de pós-graduação na época. Em anos posteriores meus colegas na Universidade da Califórnia em Los Angeles foram minha caixa de ressonância, e agradeço a Margaret (Peg) Jacob, Mary Terrall, Ted Porter, Norton Wise, Soraya de Chadarevian e Sharon Traweek pelos insights e a amizade. Carla Rita Palmerino gentilmente me deu acesso a suas anotações dos Arquivos Jesuítas e Ugo Baldini ajudou a me guiar através do labirinto das fontes da Companhia de Jesus.

Steven Vanden Broecke tornou-se bom amigo durante um trimestre de escritório partilhado, e contribuiu com comentários penetrantes e um profundo conhecimento dos primórdios do mundo moderno. Conversas com Joan Richards e Arkady Plotnitsky ajudaram a moldar meu pensamento sobre matemática e cultura mais geral, e Mario Biagioli e Massimo Mazzotti aprofundaram minha compreensão acerca dos primeiros tempos da Itália moderna e o lugar da matemática em sua sociedade. O workshop "Matemática como literatura/Matemática como texto", de Reviel Netz, deu-me a oportunidade de testar algumas dessas ideias diante de um grupo vivaz e bem-informado, e beneficiei-me grandemente das compenetradas sugestões. Doron Zeilberger, Michael Harris e Jordan Ellenberg foram generosos em conselhos matemáticos, e Siegfried Zielinski foi um exemplo de disponibilidade intelectual. Apostolos Doxiadis, tanto em seus escritos quanto em suas palestras, mostrou-me que a matemática, quando belamente apresentada, tem uma audiência ampla, devota e entusiasmada.

Amanda Moon, da Farrar, Straus and Giroux, pastoreou o livro ao longo de todos os seus estágios, desde a aquisição até a publicação, sempre dando conselhos úteis e incisivos. Suas colegas Debra Helfand, Delia Casa, Jenna Dolan, Debra Fried e Jennie Cohen trabalharam com diligência em todos os aspectos do livro, desde o copidesque até a leitura de provas e produção, transformando um arquivo eletrônico de aparência neutra num produto final lindo e elegantemente escrito. Dan Gerstle leu cada palavra de um primeiro rascunho e fez muitas sugestões e Laird Gallagher contribuiu com um aguçado olhar editorial para versões posteriores do texto. Ambos, inquestionavelmente, fizeram deste um livro melhor. Lisa Adams, da Agência Garamond, acompanhou o projeto desde a concepção inicial até sua materialização, e posso dizer verdadeiramente que *Infinitesimal* jamais teria vindo a existir sem seu conselho, apoio e profissionalismo. Meu amigo de infância Daniel Baraz tem sido uma presença constante na minha vida, apesar de morar do outro lado do mundo. Sua amizade ajudou a me sustentar ao longo de todo o processo.

Para Bonnie, meu amor: obrigado por ser a melhor esposa que qualquer homem poderia desejar. Sua inteligência e seu apoio estão em cada página deste livro. Meus filhos estiveram comigo durante o processo de planejar, escrever e produzir, mas agora estão embarcando em suas próprias aventuras de vida longe de casa. Vou sentir falta da presença diária e do companheirismo, bem como da energia, inteligência e criatividade, e de nossas longas conversas sobre tudo, de futebol até a *Ilíada* e a arte de escrever. Jordan e Ella, aonde quer que seus caminhos os levem, meu amor sempre os acompanhará.

Índice remissivo

Os números de página em *itálico* referem-se a ilustrações.

95 Teses, 30, 334, 335

Academia de Ciências da França, 325
Academia dos Desejosos [Accademia dei Desiderosi], 151
Academia dos Linces [Accademia dei Lincei], 97, 103, 108, 141-2, 143, 147, 148, 151, 154, 197
Academia, 17
Académie des Sciences, 89
Acquaviva, Claudio, 45, 50, 86
  desdenha inovação, 66, 91, 137-8
  opõe-se aos indivisíveis, 329
  revisores criados por, 25, 28, 329
Acta Eruditorum (Leibniz), 339
Adolfo, Gustavo, 152, 332, 336
Aerarium philosophiae mathematicae (Bettini), 176, 329, 338
aerodinâmica, 323
Alberti, Leon Battista, 200
Albrecht de Hohenzollern, 34
Alcibíades, Alberto, 67
Aldobrandini, cardeal, 177
Alemanha, 31, 52, 152, 199, 216
Alemanha nazista, 234
Alexandre VI, papa, 40, 45
Algebra (Clávio), 90
álgebra, 77, 85, 89, 90
alquimia, 26, 283
Alvarado, 25
Ammannati, Bartolomeo, 54, *56*
anabatistas, 37-8
análise, 200, 321, 322
Angeli, Stefano degli, 168, 173, 185-90, 191, 192, 193-5, 196, 197, 199, 328, 333, 339
anglicana, Igreja *ver* Igreja da Inglaterra
Antuérpia, catedral de, 59
Apiaria universae philosophiae mathematicae (Bettini), 176, 329
Apolônio, 118, 184
Aquiles e a tartaruga, 16
Aristóteles, 54, 64, 65, 81, 157, 219, 239, 263, 294
  opõe-se aos indivisíveis, 5, 17, 27, 136-7, 138-9, 158-9
aritmética, 84
Aritmética do infinito (Wallis), 269, 294, 295-6, 298, *298*, 303, *303*, 305, 310-1, 317, 320-1, 328, 338
Armada Espanhola, 218
Arquimedes, 18, 108, 118, 121, 123, 245-8, 304, 305, 306, 335
Arquimedes, espiral de *ver* espiral de Arquimedes
arquitetura, 323
Arriaga, Rodrigo de, 157-9, 162, 164, 165, 330
Arti, duque de, 45
Arundel, conde de, 221
Assembleia dos Sacerdotes, 266, 268, 328, 337
astrolábio, 85
astronomia, 84, 89, 286
Astronomia nova (Kepler), 140
átomos, 27, 166, 274, 335
Aubrey, John, 218, 222, 237, 238, 256
Augsburgo, 34
Áustria, 58
autoridade, 197, 198-9
axioma de Arquimedes, 99, 171

Babbage, Charles, 274
Bacon, Francis, 57, 222, 264, 282-5, 294-6, 303, 330-1
Bacon, Roger, 70
Baldi, Bernardino, 68
Bamberg, 67
Barberini, Antonio, 154
Barberini, Francesco, 148
Barberini, Maffeo (papa Urbano VIII), 147-9, 153-5, 156, 333, 336
barômetros, 120, 286
Barrow, Isaac, 125, 131
Baviera, 58, 154

Beaugrand, Jean, 188, 189
Bélgica, 58
Bellarmino, Roberto, 45, 52-3, 55, 86, 93
  édito do heliocentrismo, 96-7, 142, 155
  morte de, 148
  supremacia papal defendida por, 149
beneditinos, 68
Berkeley, George, infinitesimais zombados por, 14
Bernini, Gian Lorenzo, 200
Bernoulli, Daniel, 322
Bettini, Mario, 168-9, 172, 176-8, 180-1, 182, 187-8, 189, 329
Biberus, Nithard, 164
Bíblia, 74, 94, 95-6, 142
  ciência *versus*, 197
Biblioteca Nazionale Centrale, 184
Bibliotheca selecta (Possevino), 80
Bidermann, Jacob, 25, 26, 28, 29, 158, 162, 330
boas obras, crença católica em, 74
Bockelson, Jan, 38
Boêmia, 152-4
bolcheviques, 73
Bolena, Ana, 36
Bolonha, Senado de, 108, 161, 177-8
Bolonha, Universidade de, 107-9
Bórgia, César, 40
Bórgia, Francisco, duque de Gandia, 45, 53, 153-4
Bórgia, Gaspar, 153
Borromeo, Federico, 107
Boscovich, Roger, 45, 55
Bosse, Abraham, 231
Botticelli, Sandro, 200
Boulliau, Ismael, 188, 189
Boulonois, E. de, 89
Bourbon, 149
Boyle, Robert, 13, 273, 276, 278, 279, 280, 281, 283, 286, 296, 306, 311, 320, 331
Brahe, Tycho, 88, 90, 118
Bramante, Donato, 39
Brasil, 46
Breitenfeld, Batalha de, 152, 157, 336
Briggs, Henry, 221, 222
Brouncker, lorde, 13, 281
Brunelleschi, Filippo, 200
Bucer, Martin, 37
buracos negros, 274
Burke, Edmund, 325
buscadores *ver seekers*
cálculo, 132, 203, 322-3
  criação do, 19, 321, 339
  infinitesimal, 199
cálculo diferencial, 132, 322
cálculo infinitesimal, 199
cálculo integral, 132
calendário, reforma do, 69-74, 75, 80-1, 333
calendário gregoriano, 71-3, 333
calendário juliano, 70, 71, 73
calendário lunar, 70
calendário solar, 70
calvinismo, 210-1
Calvino, João, 35, 36, 37, 65, 75
Cambridge, Universidade de, 231-2, 325
Campion, Edmund, 53
Canísio, Pedro, 52, 53, 67
Capela Sistina, 39
Cappon, Ignace, 159
Carafa, Vincenzo, 164-5, 330, 338
Cardano, Gerolamo, 199
Carlos I, rei da Inglaterra, 206, 207, 208-9, 211, 212, 213, 214-5, 217, 223, 224, 265, 332, 337, 338
Carlos II, rei da Inglaterra, 11, 214-5, 217, 224, 233, 270, 273, 276, 278, 311, 332, 337, 339
Carlos V, imperador, 30, 31, 32, 34, 40-1, 44, 137, 331
Carlos Magno, 32
"Carta à grã-duquesa Christina" (Galileu), 94-6
Cartas sobre as manchas solares (Galileu), 93
cartesiana, filosofia, 280
Castel Sant'Angelo, 40
Castelli, Benedetto, 107, 118-9, 120, 151, 184
Catarina de Aragão, 36
Catarina de Siena, 47
católica, Igreja *ver* Igreja católica, catolicismo
Cavalieri, Bonaventura, 120, 140, 160, 193, 222, 339
  Angeli como discípulo de, 186
  ataque dos jesuítas a, 305
  conservadorismo de, 115-6, 196-7
  disputa de Bettini com, 177-8, 181
  disputa de Guldin com, 170-6, 177, 178, 181, 186, 187, 189, 328, 338
  disputa de Tacquet com, 117, 181-2
  disputa de Torricelli com, 124-5
  entrada para a ordem dos jesuatas, 106, 192-3
  histórico de, 106-7

indivisíveis sustentados por, 18, 109-17, *110*, *113*, 125-6, 127, 151, 158, 161, 170-6, 177, 178, 181, 185-6, 187, 189, 196-7, 199, 250-1, 288, 305, 317, 327, 333, 337
matemática ensinada por, 106-9, 177, 183, 336
método dos indivisíveis criado por, 106, 112-3, 151, 160, 166-7, 327
morte de, 131-2, 176
paradoxos vistos por, 125-6, 131
prova do paralelogramo de, 110-3, *110*, 124
sobre a composição do continuum, 92, 98-9, 115-7
cavaliers [cavaleiros], 216
Cavendish, Charles, 219, 223, 334
Cavendish, família, 257, 310
Cavendish, Margaret, 219, 334
Cavendish, William, 219, 223, 239, 334
Centrobaryca (Guldin), 170-6, 328, 337
centros de gravidade, 103, 138
Cesarini, Virginio, 148
Cesi, Federico, 97, 148
China, 45-6
Ciampoli, Giovanni, 108, 148
ciência:
autoridade em, 197
fé e, 96, 156, 197
cientistas, 276-7
círculo, área do, 296-302, *297*
cisnes negros, 295
Clarendon, conde de, 11
Clávio, Cristóvão, 45, 55, *89*, 136
academia matemática criada por, 86, 88
calendário reformado por, 69-70, 71-3, 75, 80, 333
currículo matemático de, 84-5
descobertas astronômicas de Galileu aceitas por, 87, 93
falta de originalidade de, 88, 90, 328
geometria vista como central por, 134, 135-6, 242-3, 244, 313, 328
Hobbes *versus*, 242-4, 251
livros-texto escritos por, 85-6, 89-90, 222-3
matemática ensinada por, 68-9, 103-4, 139, 141-2, 163, 170, 222-3, 336
matemática vista como chave para disputas religiosas por, 75-7, 80, 81-2, 195-6, 328
matemática vista como estável por, 90-1, 288
morte de, 87, 242
recebido na Companhia de Jesus, 67-9
reverência jesuíta por, 87, 90
Clavis mathematicae (Oughtred), 269
Clemente IX, papa, 191, 333
Clemente VII, papa, 36, 39, 40
Clemente VIII, papa, 141
Clérigos Apostólicos de São Jerônimo *ver* jesuatas
códigos, 265
coesão, 100, 101-2
Colégio de Cardeais, 147, 148, 151
"Colégio Invisível", 273, 337, 339
Collegio Romano, 25, 26, 28, 54-5, *56*, 66, 68-9, 81, 85, 144, 150, 151, 156, 163, 170, 186, 330, 336
academia de matemática criada no, 86, 88-9
defesa da dissertação de Pallavicino, 150-1
disputa de Galileu com, 139, 142, 146, 147
fundação do, 54-5
Galileu homenageado pelo, 93, 94
indivisíveis banidos pelo, 27, 28
Colombini, João, 192
Colônia, 57
cometas, 86
Commandino, Federico, 88, 199
Companhia de Jesus:
banida de ensinar na França, 149
candidatura de Castelli a, 108
caráter ordeiro da, 51
colégios da, 27-8
crescente interesse nos indivisíveis na, 140, 151
crescimento da, 52
criação da, 42, 44, 45, 46-7, 195, 329, 335
desafio de Pallavicino à, 162-3
eclipse da, 146-51
geometria como núcleo da prática matemática da, 134-6, 170, 196, 198, 312-3
hierarquia da, 49-50, 62, 137, 141, 144, 156, 162
matemática como disciplina central na, 63, 65, 68, 81-5, 86-7, 159
como meritocracia, 169
primeiros líderes da, 45
princípios norteadores da, 47-8

reforma do calendário e, 74
revisores gerais da, 25, 26-9, 138-41, 142-3, 146, 156-9, 160, 162, 164, 165, 169, 182, 329, 330, 336, 337
sistema educacional da, 53-9, 63-6, 81-3, 153, 194-6
supremacia papal defendida pela, 147, 149
tensão de Galileu com, 94-7, 155-6
treinamento na, 48-9, 106
verdade absoluta como crença da, 61, 62, 66, 75, 79-80, 87, 90-1, 172, 174, 197, 217
viagens da, 46, 49
Companhia de Jesus, oposição e banimento dos indivisíveis por parte da, 14, 19, 20, 27-9, 103, 132, 134-6, 138, 140, 141, 142-3, 145, 156-62, 166-7, 168-201, 328
caminho legal da, 182
Cavalieri atacado pela, 305
disputa de Angeli com, 185-90
facetas ocultas da, 183
trabalho de Saint-Vincent e, 327
vitória na, 321
compasso, 170, 254-5, 296
conato, 250-1, 314
Concílio de Constança, 70
Concílio de Niceia, 69-70
Concílio de Trento, 70
Concis (Apolônio), 184
Confederação Suíça, 35
congregação geral, 165, 167
consistório, 154
Constituições (Inácio de Loyola), 51
continuum:
Cavalieri sobre, 92, 98-9, 115-7, 172, 173-4
Galileu e, 99, 101-4, 109, 110, 131, 167
indivisíveis no, 18-9, 21, 27, 28, 98-9, 115-6, 136, 138, 140, 142-3, 157-8, 166, 172, 173-4, 186, 189-90
paradoxos do *ver* paradoxos
realidade física e, 103
Contra as hordas assassinas e salteadores dos camponeses (Lutero), 37
"Contra Guldin" (Cavalieri), 173
contradições *ver* paradoxos
Contrarreforma, 46, 58, 63, 65-6, 242, 333
Copérnico, Nicolau, teoria heliocêntrica de, 25-6, 28, 90, 94-7, 100, 118, 142, 146, 155-6, 239, 264, 275, 327, 336
cordas, vibração de, 321, 322
correntes de ar, 322
Cortes Imperiais, 210
Cosme II de Médici, 93, 147
cossistas, 199
Crick, Francis, 274
Cristina de Lorena, 94
Cromwell, Oliver, 212, 213, 235,
Cromwell, Richard, 213
curar ferimentos a distância, 166
Cursus philosophicus (Arriaga), 157, 162, 330
curvas geométricas, 128
Cylindrica et annularia, 188
Cylindricorum et annularium libri IV (Tacquet), 133, 179, 180, 329, 338

D'Alembert, Jean, 322
D'Aviso, Urbano, 183
Darwin, Charles, 274
De centro gravitatis (Guldin), 170-6, 328, 337
De centro gravitatis (Valerio), 103
De cive (Hobbes), 225, 235, 239, 240, 242, 337
De corpore (Hobbes), 225, 236, 239-40, 242, 245, 252-4, 256, 308, 310, 313, 338
De Corpore Politico, ou os Elementos da lei (Hobbes), 225
De homine (Hobbes), 225, 236, 240, 242
De infinitis parabolis (Angeli), 188
De la Chaise, François, 53
De Lugo, Giovanni, 159
De Nemore, Jordanus, 84
De revolutionibus (Copérnico), 264
De Thou, Jacques-Auguste, 88, 90
Decameron physiologicum (Hobbes), 308
dedução, 294-5
Del Monte, Guidobaldo, 88, 199
Della Rovere, família, 39
democracia liberal, 199
Demócrito, 335
Descartes, René, 11, 57, 222, 237, 269, 280, 281, 282, 285
infinitesimais desdenhados por, 14
desconstrução, 171
Diálogo sobre os dois máximos sistemas do mundo (Galileu), 100, 106, 118-9, 150, 155-6
Dieta de Worms, 30-4
difusão do calor, 322
Digby, Kenelm, 304
diggers, 205-7, 213, 216, 227, 266, 318, 334
Dinamarca, 35

direito divino dos reis, 209-10
direitos de voto, 324
discursadores *ver ranters*
Discurso sobre corpos flutuantes (Galileu), 93, 142
Discursos e demonstrações matemáticas sobre duas novas ciências (Galileu), 99-103, *101*, 104-6, *105*, 110, 115, 119, 120, 139, 160, 187-8, 337
Disputationes metaphysicae (Suárez), 75, 137
divindade escolar, 239
DNA, 274
dominicanos, 87
Donatello, 200
Drake, Francis, 207
ductus plani in planum, 144-5
Duperron, Jacques Davy, 88
duplicação do cubo, 245, 254

Eck, Johann, 31, 75
Eduardo VI, rei da Inglaterra, 36
Einstein, Albert, 274
Elementorum philosophiae sectio tertia de cive (Hobbes), 224
Elementos (Euclides), 84-5, 184, 237, 240, 335, 342
    edição de Clávio de, 75-80, 84, 85, 90, 91
Elenchus geometriae Hobbianae (Wallis), 254, 308, 309, 338
eletricidade, 322-3
eletrodinâmica, 321
eletrônica, 323
Elizabeth I, rainha da Inglaterra, 36, 73, 207, 208
engenharia, 322
engenharia civil, 323
ensaísta, O (Galileu), 148, 150, 151
entusiastas, 274
escavadores *ver diggers*
Escócia, 213
escolástica, 136, 157, 219, 233, 242, 263
esferoides, 120
Espanha, 208
espelho em chamas, O (Cavalieri), 109
espirais, 170
espiral de Arquimedes, 112-5, *113*, 124
Estados Gerais, 208, 210
Estados papais, 40, 41, 149
Estrasburgo, 34
eucaristia, 52
Euclides, 135-6, 139, 243-4, 250, 252, 255, 306, 312, 335, 336
Euclides (Clávio), 90
Eudoxo de Cnido, 122, 305

Euler, Leonhard, 322
evolução, 274
Exercícios espirituais (Inácio de Loyola), 43, 47, 48, 50, 51
Exercitationes geometricae sex (Cavalieri), 109, 110, *110*, 161, 173, 174, 184, 186, 338
Exército Novo, 206, 212-3, 215, 332
experimentos, 20, 281-6
    como critérios para tolerância, 307
    em matemática, 287-8, 293-308

Fairfax, Thomas, 206-7, 212
Faithorne, William, *272*
Farnese, família, 39
Favre, Pierre, 52
fé, 31-2, 74-5
    e pesquisa científica, 96, 156, 197
Fermat, Pierre de, 131, 222, 237, 288, 303-6, 316
Fernando II, duque da Toscana, 92
Fernando II, imperador, 57, 152
filosofia, 91; *ver também* liberdade de filosofar
Finlândia, 35
física, 81, 82, 170, 284
Física (Aristóteles), 17
física aristotélica, 93, 94, 137, 142, 165, 294, 295
fluidos, 322
fluxões, 132
Fontenelle, Bernard Le Bovier de, 14, 203
Fordinus, 25
fortificações, 176
Foscarini, Paolo, 96
Fourier, Joseph, 322
França, 153, 199, 322
    aliança inglesa com a, 12
    huguenotes expulsos da, 12
    jesuítas banidos de lecionarem na, 149-50
    maneiras na, 12-3
    protestantes na, 10
Francisco I, rei da França, 30, 40
Francisco de Toledo, 45
Francisco Xavier, 45, 46, 146
Franck, Sébastian, 37
Franklin, Benjamin, 273-4
Frederico I, rei da Dinamarca, 35
Frederico o Sábio da Saxônia, 31, 34

Galeno, 263
Galileu Galilei, 86, *95*, 117-9, 136, 154, 184, 191, 193, 194, 200, 221, 239
    amizade de Barberini com, 147

conservadorismo de, 196
e o continuum, 99, 101-4, 109, 110, 131, 167
denúncia de, 26, 28
descobertas astronômicas de, 86, 87, 92-3, 94-6, 264
discussões e relação de Urbano com, 150, 155-6, 333
fama de, 92-3
heliocentrismo defendido por, 94-7, 99, 327
indivisíveis aceitos por, 14-5, 18, 21, 100-4, 105-6, 109, 158, 160, 196, 199, 322, 327, 337
liberdade de filosofar advogada por, 197
morte de, 119, 132
prisão domiciliar e humilhação, 99, 119, 146, 155-6, 173, 264, 327
remoção da proteção de Urbano a, 154
tensão dos jesuítas com, 94-7, 155-6
visita de Hobbes, 221
Wallis influenciado por, 269
Galvani, Luigi, 201
Gandia, duque de, 45, 53, 153
Gandia, Espanha, 53
Gassendi, Pierre, 11
Genebra, Suíça, 35, 36
geografia, 84
geometria, 79-80, 84, 85, 89, 106, 114-5, 116
na Academia de Platão, 17
encarnação da ordem, 77, 79-80, 91, 103-4, 134-5, 195-6, 198, 238, 240-2, 243-4, 248, 262, 271, 280, 312-3, 317-8
geometria euclidiana, 106, 111, 122, 171, 173, 254, 280
como construção do mundo, 318
dedução em, 294
método de apresentação na, 115, 116, 117
raciocínio puro em, 293
rigidez da, 271
Geometria indivisibilibus (Cavalieri), 109, 116, 124, 160, 161, 174, 327, 337
geometria plana, 84
geradores, 323
Gilbert, William, 286
Giotto, 200
gnômon, 85
semignômon, 129, *129*
Goa, 46
Gonzaga, Carlos, duque de Nevers, 149
graça divina, 30, 31, 47, 74
Grassi, Orazio, 86, 151
gravitação, 322
gravitação universal, 322
gregoriano, calendário *ver* calendário gregoriano
Gregório XIII, papa, 54, 59, 69, 70, 72, 74, 192, 333
Gregório XV, papa, 146-7
Grienberger, Cristóvão, 45, 55, 86, 145
Guerra Civil Inglesa, 9, 206, 211, 214, 215, 223-4, 225-6, 231, 233, 235, 260, 324-5, 332
ameaça de anarquia na, 266, 271-2
causas da, 208
como contexto do *Leviatã*, 225-7
Guerra do Peloponeso (Tucídides), 223
"guerras de Castro", 149
Guilherme III, rei da Inglaterra, 270, 324
Guldin, Paul, 86, 117, 161, 168-9, 182, 183
Cavalieri questionado por, 170-6, 177, 178, 181, 186, 187, 189, 328, 338
Gustavo Vasa, rei da Suécia, 35

Habsburgo, 30, 41, 58, 147, 148-9, 152, 153, 154, 170
Harriot, Thomas, 18, 221, 223, 321
Harvey, William, 264, 286
Hawking, Stephen, 274
heliocentrismo, 25-6, 28, 90, 94-6, 100, 118, 142, 146, 155-6, 239, 264, 327, 336
Henrique IV, rei da França, 50, 228
Henrique VIII, rei da Inglaterra, 30, 35-6, 207
hidrodinâmica, 323
hierarquia:
defesa de Hobbes da, 308
do conhecimento, 65-6
da Igreja, 75, 87, 142, 323
dos jesuítas, 49-50, 62, 137, 141, 144, 156, 162
indivisíveis e a, 14-5, 19, 20, 21
e oposição aos indivisíveis, 14-5, 19, 20, 21, 136, 175
na religião, 10-1
supremacia papal na, 149
da verdade, 65-6
hieronimitas, 191-2
Hipaso, 335
História (De Thou), 88
History of the Royal Society, The (Sprat), 280-1, 331

Hitler, Adolf, 234
Hobbes, Francis, 218
Hobbes, Thomas (pai), 218
Hobbes, Thomas, 10, 13-4, 217-22, *220*, 334, 336, 337, 338
Clávio *versus*, 242-4, 251
disputa de Wallis com, 11, 13-4, 21, 257-9, *272*, 308-19, 320-1, 328
e conhecimento baseado na lógica, 258, 288
educação de, 218-9
elogio de Sorbière a, 11, 13-4
escolástica desdenhada por, 219, 233, 263
expulso dos círculos matemáticos, 311-2, 320
falhas na geometria vistas por, 244-5, 248-51
Galileu visitado por, 221
geometria como modelo da filosofia, 240, 241-4, 244-5, 248, 262, 271, 280, 313, 314, 329
geometria reformada por, 250-2, 254
grandes viagens de, 221, 228
indivisíveis interpretados por, 250-1
indivisíveis rejeitados por, 13-4, 19, 21, 317-8
introdução à matemática de, 237-8, 261-2, 312-3, 336
noções materiais na matemática de, 314
própria filosofia elogiada por, 238
quadratura do círculo e, 244-56, 296-7, 313-4, 338
como realista na Guerra Civil, 224-5
rigidez de, 271, 280, 281, 282, 285, 306-7, 308
como secretário de Bacon, 222, 283
Holanda, guerra da Inglaterra com a, 12
Holbeach, Martin, 260, 263, 265, 269
Homens da Quinta Monarquia, 227
homogenes, 181
Hooke, Robert, 276, 296
Horácio, 115
horror vacui (aversão ao vácuo), 100, 120
huguenotes, 208
Huygens, Christiaan, 133, 312

Ignatius His Conclave (Donne), 72
Igreja católica, catolicismo, 210, 325
Bíblia requer interpretação, 74
crítica de Hobbes à, 231
hierarquia da, 75, 87, 142, 323
infinitesimais e, 26
oposição de Lutero à, 30-4
protestantismo *versus*, 74-5
sobre boas obras, 74
suprimida na Inglaterra, 12
Igreja da Inglaterra, 10, 73, 210-1, 215, 217, 260, 266, 278
criação da, 36, 207
oposição aos indivisíveis pela, 14
reforma da, 211-2
Igreja ortodoxa russa, 73
Iluminismo, 201
Império Otomano, 34, 44
ímpeto, 250-1, 314
Inácio de Loyola, 137, 153
Clávio recebido na Companhia de Jesus por, 67-9
educação matemática valorizada por, 63
histórico de, 42-4
e início dos colégios jesuítas, 53
jesuítas criados por, 42, 44, 45, 46-7, 195, 329, 335
ordem defendida por, 23
santidade de, 146, 150
são Tomás de Aquino como autoridade de, 64, 81
incomensurabilidade, 16-7, 288, 313, 335
independentes (grupo), 11, 212, 227, 266, 267, 274, 277-8, 332
indivisíveis:
aceitação de Fontenelle dos, 14
aceitação de Galileu dos, 14-5, 18, 21, 100-4, 105-6, 109, 158, 160, 196, 199, 322, 327, 337
aceitação de Newton dos, 14
aceitação de Torricelli dos, 117-8, 121-5, *121*, *122*, *123*, 125-32, 151, 158, 161, 189, 196, 199, 251, 288, 305, 327-8, 336, 337
aceitação de Wallis dos, 13-4, 21, 180, 288-90, 318-9
aceitação geral dos, 321-3
aparente fim dos, 146
apoio de Cavalieri aos, 18, 109-17, *110*, *113*, 125-6, 127, 151, 158, 161, 170-6, 177, 178, 181, 185-6, 187, 189, 196-7, 199, 250-1, 288, 305, 317, 327, 333, 337
no continuum, 18-9, 21, 27, 28, 98-9, 115-6, 136, 138, 140, 142-3, 157-8, 166, 172, 173-4, 186, 189-90

crítica de Fermat aos, 305
fixos *versus* não fixos, 29
hierarquia e, 14-5, 19, 20, 21
Hipaso e, 335
incomensurabilidade e, 16-7
matemática experimental e, 288
na medição de centros de gravidade, 138-9
método dos *ver* método dos indivisíveis
oposição de Aristóteles aos, 5, 17, 27, 136-7, 138-9, 158-9
problemas com, 15-9
rejeição de Hobbes aos, 13-4, 19, 21, 317-8
rejeição de Sorbière dos, 13-4
rejeição jesuíta dos *ver* Companhia de Jesus, oposição e banimento dos indivisíveis por parte da; indivisíveis
significado político dos, 14, 20-1
indução, 222, 294-6, 299-301, 303, 304, 305-6, 307-8, 315
indução matemática, 294
indulgências, 30
infinito, 98-9, 166-7
absoluto *versus* relativo, 174
infinito, símbolo de, 288-90, 310
infinito absoluto, 174
infinito relativo, 174
Inglaterra, 21, 199, 321, 323-4
catolicismo suprimido na, 12
guerra holandesa com, 12
maneiras na, 12-3
inovação, 66
Inquisição, 97, 99, 155, 337
Instituição da religião cristã (Calvino), 35, 75
intensidade das qualidades, 166
Inter gravissimas, 71
Istoria del Concilio di Trento (Pallavicino), 163
Itália, 21
declínio da matemática na, 132, 199-200, 321, 323-4

Jaime I, rei da Inglaterra, 208, 211, 222, 282, 294, 330
Jaime II, rei da Inglaterra, 324
Japão, 46
Java, 46
Jerusalém, 44
jesuatas, 107-9, 117, 161, 177, 178, 185-6, 190, 339
formação dos, 106
queda dos, 191-4, 328
treinamento dos, 106
jesuítas *ver* Companhia de Jesus
João II Casimiro, 58
João Jorge da Saxônia, 152-3
Joaquim de Fiore, 47
Júlio II, papa, 39
Júpiter, 87, 92, 93, 275

Kelvin, lorde, 274
Kepler, Johannes, 90, 118, 140, 141, 170, 239, 264, 322
Kircher, Athanasius, 45, 55
Kunsthistorisches Museum, 59

Lagrangia, Giuseppe Luigi (Joseph-Louis Lagrange), 200
Laplace, Pierre-Simon, 322
Laud, William, 265
Lavoisier, Antoine-Laurent, 273
Laynez, Diego, 52
Leão X, papa, 32, 36, 39, 41, 333
Lei da Tolerância (1689), 325
lei dos corpos em queda, 99, 105
Leibniz, Gottfried Wilhelm, 125, 184
cálculo de, 132, 321, 339
método dos indivisíveis formalizado por, 19
Leonardo da Vinci, 200, 220
Leoni, Ottavio, *95*
levellers, 212, 214, 216, 227
Leviatã (Hobbes), 217, 225-35, *232*, 241-3, 252, 263, 309, 315, 329, 332, 338
Guerra Civil como contexto do, 225-6, 227
"liberalizadores", 15
liberdade de filosofar, 197, 199, 324
Lílio, Luigi (Aloysius Lilius), 71
Lindemann, Ferdinand von, 255-6
Lipsius, Justus, 57
Locke, John, 320, 325
Longomontanus, 118, 237
Lua, 87, 92
Luís XIII, rei da França, 208
Luís XIV, rei da França, 10, 12
Lutero, Martinho, 65, 136, 137, 333
95 Teses de, 30, 334, 335
apoio de príncipes a, 34-5
chamado a Roma, 30-2, 74-5
na Dieta de Worms, 32-4, 331

morte de, 41
Revolta dos Camponeses e, 36
sobre a onipresença de Cristo, 74
Lützen, Batalha de, 332

Maestlin, Michael, 88
Magini, Giovanni Antonio, 107
Magiotti, Raffaello, 120, 189
magnetismo, 26, 286, 323
manchas solares, 93-4
Maquiavel, Nicolau, 40
máquinas a vapor, 321
"mantos negros", 187
marés, 96
Maria I, rainha da Inglaterra, 36
Maria II, rainha da Inglaterra, 270
Marston Moor, Batalha de, 223, 226
matemática:
como chave para disputas religiosas, 75-7, 80, 86-7
desconfiança da Royal Society em relação a, 285-6, 306-8
desconfiança de Bacon em relação a, 284-5
na educação jesuíta, 63, 65, 68, 81-5, 86-7, 159
encaixe no mundo físico, 19-20
estabilidade da, 90-1
experimental, 287-8, 293-308
como ferramenta de dogmáticos, 307
prestígio da, 83
ver também geometria
matéria, 26, 91, 101-3, 176, 242-3, 249-51
materialismo, 166, 303
Mathesis universalis (Wallis), 293
Maurizio di Savoia, cardeal, 147
Mazarino, cardeal, 10
Médici, corte dos, 39, 93, 97, 107, 120, 161, 183, 184, 186, 221, 333, 337
Mengoli, Pietro, 183, 185
menonitas, 11
mensageiro das estrelas, O (Galileu), 92, 264
Mersenne, Marin, 57, 120, 131, 222, 224
Messina, 53-4
metafísica, 82, 170
método da exaustão, 122-4, *122*, 129, 247
método das fluxões, 132
método dos indivisíveis, 19, 91, 106, 112-3, 132, 134, 166-7, 168-9, 172, 174, 181, 184, 189-90, 199, 327
México, 46
Michelangelo, 39, 200, 220
milagres de santo Inácio, Os (Rubens), 59, *61*, *62*, 74
missa, sacramento da, 74
modelos empresariais, 323
modernidade, 323-4
"modos como as disciplinas matemáticas podem ser promovidas nas escolas da Companhia, Os" (Clávio), 82-3
Molucas, Ilhas, 46
monarquia absoluta, 209
Monck, George, 215
Montaigne, Michel de, 46
Montanha Branca, Batalha da, 152
motores elétricos, 323
movimento, 222, 242, 250, 251, 322
mulheres, direito de voto das, 324
mundo físico, encaixe da matemática no, 19-20
Münster, 37-8
münsteriana, anarquia, 216-7, 218
Müntzer, Thomas, 37

Nadal, Jerónimo, 52, 53, 54, 64
Nardi, Antonio, 120, 184-5, 187
Naseby, Batalha de, 212, 226
natureza humana, 225, 226, 229, 238
natureza humana, A (Hobbes), 225, 236
navegação, 176
Newton, Isaac, 273, 321
cálculo de, 321, 322, 339
indivisíveis aceitos por, 14-5, 339
método das fluxões, 132
método dos indivisíveis formalizado por, 19
Niccolini, Francesco, 154
Nickel, Goswin, 179
niveladores *ver levellers*
Noruega, 35
Nova Atlântida (Bacon), 283
Nova Filosofia, 264, 275, 286
Nova stereometria doliorum vinariorum (Kepler), 140
Novum organum (Bacon), 294
números algébricos, 256
números irracionais, 17
números transcendentes, 256, 296
Nuñez, Pedro, 68
Nuremberg, 34

Oldenburg, Henry, 9, 10, 133, 276, 280, 281, 306, 320, 331
onipotência divina, 166
Opera geometrica (Torricelli), 120-1, *121*, 124, 161, 327, 337
Opera mathematica (Tacquet), 133
Opera omnia (Torricelli), *127*
"Ordem a ser mantida no ensino de disciplinas matemáticas", 84
ordem racional, 20
Ordinatio pro studiis superioribus, 165-7, 169
Oughtred, William, 221, 269, 305
Owen, John, 309
Oxford Philosophical Society, 276

Pallavicino, Pietro Sforza, 150-1, 162-5, 169, 330, 338
papado, 31-2, 36, 38-40, 52, 313
  jesuítas favorecidos pelo, 146
  luta pela supremacia do, 147, 149, 323, 325
parábola cúbica, 302-3, *303*
parábola infinita, 128-30, *129*, *130*
parábolas, 113, 114, 120, 121-3, *123*, 124, 170, 302
  infinitas, 128-30, *129*, *130*
  quadratura da, 184
paradoxos, 91, 175, 190
  os aceitáveis para os galileanos, 198
  circunferência da tigela, 187-8
  do continuum, 125-6, 127, 131
  dos indivisíveis, 16, 19-20, 160, 167, 190, 198, 288, 318, 335
  de Zenão, 16, 19, 160, 164, 288, 335
paralelogramo, 316
Parlamento de Paris, 149-50
Parlamento inglês, 208-10, 215, 229, 231, 270, 275, 309, 324, 332, 337
  Longo, 209, 211, 266
  Rump Parliament, 213, 215
  universidades reformadas pelo, 268
Parlamento Longo, 209, 211, 266
Páscoa, 69-70
Paulo III, papa, 39, 41, 44, 329, 333
Paulo V, papa, 97, 146, 187
Pell, John, 237
Pepys, Samuel, 216
Percy, família, 223
Percy, Henry, 221
Pereira, Benito, 66, 68, 81-2
  sobre o continuum infinitamente divisível, 136, 137, 329
perspectiva, 84
Peru, 46
Petrarca, Francesco, 200
Philip de Hesse, 34
Philosophical Transactions of the Royal Society of London, 276-7
pi (π), 296-7
Piccolomini, Francesco, 165
Pico della Mirandola, Giovanni, 200, 220
Pierrepont, lorde, 310
Pitágoras, 17, 98, 335
Pitágoras, teorema de *ver* teorema de Pitágoras
pitagóricos, 313
planetas, 321
plano, composição do, 98-106, 109-12, *110*, 171-2, 174, 175, 271, 288, 293, 302
Platão, 17, 81, 239, 250
Polanco, Juan de, 63
Polônia, 58, 152
pólvora, 283
pontos, definição de, 249-51, 314
Possevino, Antonio, 50, 80
presbiterianos, 211-2, 214, 216, 227, 266-7, 270, 274, 275, 277-8, 293, 320, 325, 332
Pride's Purge [Expurgo do Orgulho], 267
Principia mathematica (Newton), 273
Problemata geometrica sexaginta (Angeli), 187
projéteis, 176
"Prolegômenos à disciplina matemática" ("In disciplina mathematicas prolegomena", Clávio), 76-8, 82, 90
protestantes, protestantismo, 33-4, 36, 63, 242, 334
  Bíblia acessível no, 74
  catolicismo *versus*, 74
  conversão ao,33-6
  na França, 10, 12
  reforma do calendário e os, 73
  e o "sacerdócio de todos os crentes", 74
  sobre fé e boas obras, 74
provas construtivas, 170-2
provas dedutivas, 170, 287
Ptolomeu, 84, 118
puritanos, 265, 274, 324

quacres, 11, 214, 266, 325
quadratura do círculo, 144-5, 244-56, 296-7, 313-4, 338
Quadratura parabola (Valerio), 103
química, 273

rádio, 323
Rafael, 39
Raleigh, família, 223
Raleigh, Walter, 221
ranters, 214, 266
Ratio studiorum (Inácio de Loyola), 51, 54, 84
Real Academia de Ciências da França, 276
realistas, adeptos da monarquia, 215-6, 224, 234-5, 267, 274, 277-8
Reforma, 21, 34-9, 41, 46, 60, 106, 135, 136, 195, 216-7, 329, 333
  e Contrarreforma, 46, 58, 63, 65-6, 242, 333
régua, 170, 255, 296
regula, 127
Regulamentos para estudos superiores, 165-7
regulares canônicos, 191-2
Relation d'un voyage en Angleterre (Sorbière), 12
relatividade, 274
República Holandesa, 73, 213
Restauração, 265
retas/linhas, 308
  composição das, 98-106, 136, 171
  definição de, 249-51
  indivisível, 13-4, 15-6, 27, 137
  plano composto de, 98-106, 109-12, *110*, 171-2, 174, 175, 271, 288, 293, 302
Revolta dos Camponeses, 37
revolução científica, 25, 264-5, 275, 283, 286
Revolução Francesa, 213
Revolução Gloriosa, 270, 324, 325
Ricci, Matteo, 45
Ricci, Michelangelo, 184-5, 187, 199
Riccioli, Giambattista, 87
Richelieu, cardeal, 57, 149, 152, 153, 154
Roberval, Gilles Personne de, 120, 131, 180, 237, 269
Rocca, Giannantonio, 173, 183-4, 189
roda de Aristóteles, 101-3, *101*, 160, 167
Rodriguez, 25, 29
Roma, 58
Rosco, 25
roundheads [cabeças redondas], 216
Royal Society, 9, 10, 11, 13, 265, 273, 274, 276-83, 285-6, 288, 296, 306-7, 311, 318, 320, 325, 328, 330-1, 332, 334, 339
  desconfiança da matemática por parte da, 285-6, 306-8
  experimentalismo da, 306, 331
Rubens, Peter Paul, 59, *61*, 74
Rump Parliament, 213, 215
Rusconi, Camillo, 72
Rutherford, Ernest, 274

sacramentos, 31, 74
Sacro Império Romano, 30, 31, 57, 67, 151-2, 331, 332
Sacrobosco, 84, 85, 90
Saint-Vincent, Grégoire de, 45, 86, 144, 157, 159, 327, 336
  alegação de quadratura do círculo por, 144-5
Sangallo, 39
sangue, circulação do, 26, 264, 275, 286
Santa Croce, basílica da, 119
Santarelli, Antonio, 149-50, 159
Santi, Leone, 138
Santíssima Trindade, 325
Santo Inácio, igreja de, 146
São Pedro, basílica de, 39, 72
Sarpi, Paolo, 163
Saxônia, 31, 151-3
Scaliger, Joseph Justus, 88
Scheiner, Cristóvão, 45, 94
Schwenckfeld, Caspar von, 37
seekers, 214
semignômons, 129, *129*
Senado:
  de Bolonha, 108, 161, 177-8
  de Veneza, 187, 191, 194, 197
"Séria e legítima representação, Uma", 267-8
Sforza, família, 221
Shakespeare, William, 221, 222
Sigismundo III, rei da Polônia, 58
silogismos, 263
Six Lessons to the Professors of Mathematics, One of Geometry, the Other of Astronomy (Hobbes), 310
Sobre as seções cônicas (Wallis), 269, 288, 293-4, 196, 302, 310, 338
socinianos, 11
sólidos, composição dos, 172
Sorbière, Samuel, 9-14, 237, 251, 254, 314, 315, 322, 331, 334
  espírito republicano inglês desdenhado por, 10-1
  Hobbes elogiado por, 11, 13-4
Sorbonne, 43-4, 45, 147, 150
Sover, Bartholomeu, 170
Spallanzani, Lazzaro, 201

Sprat, Thomas, 11, 274, 277-8, 280-2, 331, 334
St. Georges Hill, 205-7, 318, 334
Stálin, Joseph, 234
Stevin, Simon, 18
Strafford, conde de, 211
Stubbe, Henry, 270
Suárez, Francisco, 45, 52, 55, 75, 137-8
Suécia, 35, 73, 151-2, 154
Suíça, 199
superfícies, 249, 250-1
 definição de como indivisíveis, 27
Swift, Jonathan, 325

Tacquet, André, 45, 133-4, 136, 144, 168-9, 172, 178, 179, 180-2, *180*, 329, 338
 Cavalieri questionado por, 117, 181-2
 disputa de Angeli com, 188-90
tangentes, 128-30
Tartaglia, Niccolò Fontana, 199
tecnologia, 322, 323
telescópio, 87, 90-2, 264
tempo como indivisível, 27
Teodósio, 118
teologia, 91
teorema de Pitágoras, 77, 237, 238, 241, 244
teoria musical, 84
termodinâmica, 322
Thomson, William, lorde Kelvin, 274, 322
Ticiano, 39
Tilly, conde de, 152
"todas as retas", 98-9, 109, 111, 116-7, 125, 171-2, 174, 302
"todos os planos", 98, 109, 116-7, 125, 172, 174, 302
Tomás de Aquino, são, 64, 81
Torricelli, Evangelista, 107, 118-9, 184-5
 Cavalieri *versus*, 124-6
 conservadorismo de, 196-7
 continuum visto por, 127-8
 indivisíveis sustentados por, 117-8, 121-5, *121*, *122*, *123*, 125-32, 151, 158, 161, 189, 196, 199, 251, 288, 305, 327-8, 336, 337
 paradoxos vistos por, 125-8
 professorado de matemática oferecido a, 120, 183, 337
 Wallis influenciado por, 269
Torricelli, experimento de, 275, 286
totalitarismo, 234
Tractatus de Sphaera (Sacrobosco), 85, 90
Tratado de seções angulares (Wallis), 269
Tratado sobre heresia... (Santarelli), 149, 150
Tratado sobre o poder do supremo pontífice em questões temporais (Bellarmino), 149
triângulos, 316
Trinta Anos, Guerra dos, 148, 151-4, 332, 336, 338
Trinta e Nove Artigos, 36
trissecção do ângulo, 244-5
True Law of Free Monarchies, The (Jaime I), 208-9
Truth Tried (Wallis), 257, 258, 293
Tucídides, 223
Turner, Peter, 268

União Soviética, 73, 234
unitaristas, 325
Universidade de Oxford, 231, 325
Urbano VIII, papa, 147-9, 153-5, 156, 333, 336
Urbino, ducado de, 149

vácuo, 166
 aversão da natureza ao, 100-1, 120
Valerio, Luca, 103, 138-9, 141-2, 327, 336
 renúncia à Academia dos Linces, 143, 146
Valois, 41
Van Schooten, Frans, 188-9
Veneza, Senado de, 187, 191, 194, 197
verdade, hierarquia da, 65-6
Vere, Horatio, 265
Vere, lady Mary, 265
Vesalius, 264
Vestfália, Paz de, 338
Viète, François, 88, 90
Villamena, Francisco, *89*
Vindicationes Societatis Iesu (Pallavicino), 163-4
Vitelleschi, Mutio, 144-5, 150, 159, 163, 330, 337
Viviani, Vincenzo, 184-5, 199
Volta, Alessandro, 201
Voltaire, 32
volumes, cálculo de, 144

Wallenstein, Albrecht von, 152, 153
Wallis, Joanna, 259
Wallis, John, 13, 125, 131, 236, 253-4, 256, 257-76, 286, 298, 331, 334, 337, 338, 339
 adesão à Royal Society de, 276, 278, 279
 aversão ao dogmatismo de, 287, 288, 318
 base sensorial do conhecimento como crença de, 258

como parlamentarista, 260, 265
desconfiado do povo comum, 279, 287
disputa de Hobbes com, 11, 13-4, 21, 257-9, *272*, 308-19, 320-1, 328
escolasticismo dominado por, 263
indivisíveis defendidos por, 13-4, 21, 180, 288-90, 318-9
introdução à matemática de, 261-2
livros-texto escritos por, 269
matemática experimental, 287-9, 293-308
morte de, 320, 339
nomeado professor em Oxford, 267-8
notação material na matemática de, 315
pluralidade na política de, 259, 308
pragmatismo em matemática para, 262
provas dedutivas de, 287
série infinita em provas de, 297-303, 317
símbolo de infinito inventado por, 288-9, 310
Wallis, John, pai, 259
Ward, Seth, 252, 253, 270, 309, 310, 320
Watson, James, 274
White, Richard, 188, 189
Wiles, Andrew, 303
Winstanley, Gerrard, 206, 213, 334
Wittenberg, 30, 31
Woods, Anthony, 269
Worms, Dieta de, 30-4
Wright, John Michael, *220*

Zenão de Eleia, 16, 17, 19, 98, 160, 164, 288, 335
Zwingli, Huldrych, 34-5, 52, 65, 74

FSC
www.fsc.org
MISTO
Papel produzido
a partir de
fontes responsáveis
FSC® C011188

A marca FSC® é a garantia de que a madeira utilizada na fabricação
do papel deste livro provém de florestas de origem controlada
e que foram gerenciadas de maneira ambientalmente correta,
socialmente justa e economicamente viável.

Este livro foi composto por Mari Taboada em Dante Pro 11,5/16
e impresso em papel offwhite 80g/m² e cartão triplex 250g/m²
por Intergraf em novembro de 2016.